数据结构与算法

SHUJU JIEGOU YU SUANFA

主　编　贾月乐　刘冬妮　石玉玲
副主编　范　晖　郭少辉　王　亚　孙秀明

内 容 提 要

全书分上、下两篇。上篇主要阐述数据结构的相关内容；下篇主要阐述算法设计的相关内容。具体内容包括：线性表、栈和队列、串、数组与广义表、树与二叉树、图、查找、排序、文件、分治法、动态规划法、贪心法、回溯法、分支限界法等。本书内容丰富，结构严谨，逻辑清晰，可作为高等学校计算机相关专业的教材，也可供从事科研工作的专家学者参考。

图书在版编目(CIP)数据

数据结构与算法 / 贾月乐，刘冬妮，石玉玲主编
. --北京：中国水利水电出版社，2015.6（2022.10重印）
ISBN 978-7-5170-3360-8

Ⅰ.①数… Ⅱ.①贾… ②刘… ③石… Ⅲ.①数据结构②算法分析 Ⅳ.①TP311.12

中国版本图书馆CIP数据核字(2015)第156007号

策划编辑：杨庆川　责任编辑：陈　洁　封面设计：崔　蕾

书　　名	**数据结构与算法**
作　　者	主　编　贾月乐　刘冬妮　石玉玲
	副主编　范　晖　郭少辉　王　亚　孙秀明
出版发行	中国水利水电出版社
	（北京市海淀区玉渊潭南路1号D座 100038）
	网址：www.waterpub.com.cn
	E-mail：mchannel@263.net(万水)
	sales@mwr.gov.cn
	电话：(010)68545888(营销中心）、82562819（万水）
经　　售	北京科水图书销售有限公司
	电话：(010)63202643、68545874 68545874
	全国各地新华书店和相关出版物销售网点
排　　版	北京厚诚则铭印刷科技有限公司
印　　刷	三河市人民印务有限公司
规　　格	184mm×260mm　16开本　24.25印张　620千字
版　　次	2015年11月第1版　2022年10月第2次印刷
印　　数	2001-3001册
定　　价	82.00元

前言

计算机和通信技术的迅猛发展，不仅形成了融合度最高、潜力最大、增长最快的信息产业，而且成为推动全球经济快速增长和全面变革的关键因素。进入21世纪，我国信息化的发展和信息产业国际竞争能力的提高，迫切需要高素质、创新型的计算机专业人才。计算机在各个领域的应用过程中，都会涉及数据的组织与程序的编排等问题，都会用到各种各样的数据结构，特别是针对各种特殊数据的表示，就更需要学会分析和研究计算机加工对象的特性、选择最合适的数据组织结构及其存储表示方法，以及编制相应实现算法的方法，这是计算机工作者不可缺少的知识。

本书分数据结构和算法设计两部分。在数据结构中，讨论了四大类型数据结构的逻辑特性、存储表示及其应用。在算法设计中着重阐述典型算法的设计与分析。每一章后都配有适量的习题，以供学生练习。

全书分上、下两篇，共15章。前10章为上篇，主要阐述数据结构的相关内容；后5章主要阐述算法设计的相关内容。第1章为绪论；第2章至第5章主要介绍数据结构的基本知识和几种基本的数据结构，即线性表、栈和队列、串、数组和广义表，除广义表外，其他几种数据结构都属于线性数据结构；第6章和第7章叙述非线性数据结构，它们是树和图；第8章和第9章分别介绍数据处理中广泛使用的技术——查找和排序；第10章讨论外存储器上的数据结构——文件；第11章至第14章介绍了分治法、动态规划法、贪心法和回溯法等典型算法及应用；第15章介绍分支限界法的设计与分析。

本书是在计算机科学与技术专业规范和编者多年的教学经验的基础上编写而成的。全书以“语言叙述通俗易懂，讲解由浅入深，算法可读性好，应用性强，易教易学”为指导，并在以下几方面有所突破：

· 从应用的角度出发，尽可能地将最基础、最实用的软件技术写入教材，略去一些理论推导和烦琐的数学证明，同时也删掉了平时讲不到或难度较大或应用性差的一些问题，增加了部分更基础、更常用或应用性强的内容。

· 在内容的深浅程度上，侧重实用的同时把握理论深度，通过大量的例题、算法和每章后给出的练习题，帮助学生提高数据的抽象能力和程序设计能力。

· 部分内容重新进行了组织，使全书内容结构清晰，层次分明。

本书由贾月乐、刘冬妮、石玉玲担任主编，范晖、郭少辉、王亚、孙秀明担任副主编，并由贾月乐、刘冬妮、石玉玲负责统稿，具体分工如下：

第7章～第9章：贾月乐（西南石油大学）；

第5章、第10章、第12章：刘冬妮（甘肃省庆阳林业学校）；

第3章、第6章、第11章：石玉玲（牡丹江大学）；

第2章、第4章：范晖（西京学院）；

第15章：郭少辉（许昌学院）；

第1章、第13章：王亚（许昌学院）；

第 14 章：孙秀明（许昌学院）。

本书在编写过程中参考了大量的文献和著作，在此向相关作者表示感谢。

由于编者水平有限，书中难免存在错误或不妥之处，恳请读者批评指正。

编　者

2015 年 4 月

目　录

上　篇

下　篇

第1章 绪论

1.1 数据结构的基本概念和术语

在本节中，为了与读者就某些概念取得“共识”，将对一些概念和术语赋以确定的含义。这些概念和术语将在后续的章节中多次出现。

数据(data) 是信息的载体，是对客观事物的符号表示。它能够被计算机所识别、存储、加工和处理，是计算机程序加工的“原料”。数据是指所有能输入计算机中并被计算机程序处理的符号的总称。例如，一个利用数值分析方法解代数方程的程序，其处理对象是整数和实数；一个编译程序或文字处理程序的处理对象是字符串。因此，对计算机科学而言，数据的含义极为广泛，如图像、声音等都可以通过编码而归之于数据的范畴。

信息是经过计算机加工处理的带有一定意义的结果。如方程式的解、遥感图像、视频信号等等。

数据元素(data element) 是数据的基本单位，在计算机程序中通常作为一个整体进行考虑和处理。有时，一个数据元素可由若干个数据项(data item) 组成，例如，一本书的书目信息为一个数据元素，而书目信息中的每一项(如书名、作者名等) 为一个数据项。数据项是数据的不可分割的最小单位。

数据对象(data object) 是性质相同的数据元素的集合，是数据的一个子集。例如，整数数据对象是集合 $N=\{0,\pm1,\pm2,\cdots\}$，字母字符数据对象是集合 $C=\{'A','B',\cdots,'Z','a','b',\cdots,'z'\}$。

简单地说，数据结构(data structure) 是相互之间存在一种或多种特定关系的数据元素的集合。在任何问题中，数据元素都不是孤立存在的，而是在它们之间存在着某种关系，这种数据元素相互之间的关系称为结构(structure)。根据数据元素之间关系的不同特性，通常有下列四类基本结构：

1) 集合。结构中的数据元素之间除了“同属于一个集合”的关系外，别无其他关系。

2) 线性结构。结构中的数据元素之间存在一对一的关系。

3) 树形结构。结构中的数据元素之间存在一对多的关系。

4) 图形结构或网状结构。结构中的元素之间存在多对多的关系。

图 1-1 为上述四类基本结构的关系图。由于“集合”是元素之间关系极为松散的一种结构，因此也可用其他结构来表示它。

数据结构的形式定义为：

数据结构是一个二元组 Data－Structure＝(D,S) 其中：D是数据元素的有限集，S是D上关系的有限集。

存储结构(又称映象) 是数据结构在计算机中的表示，也称为数据的物理结构。它包括数据元素的表示和关系的表示。在计算机中表示信息的最小单位是二进制数的二位，叫做位(bit)。计算机中，可以用一个由若干位组合起来形成的一个位串表示一个数据元素(如用16位二进制数表示一个整数，用 8 位二进制数表示一个字符等)，通常称这个位串为元素(element) 或结点(node)。当数据元素由若干数据项组成时，位串中对应于各个数据项的子位串称为数据域(data field)。因此，元素或结点可看成是数据元素在计算机中的映象。

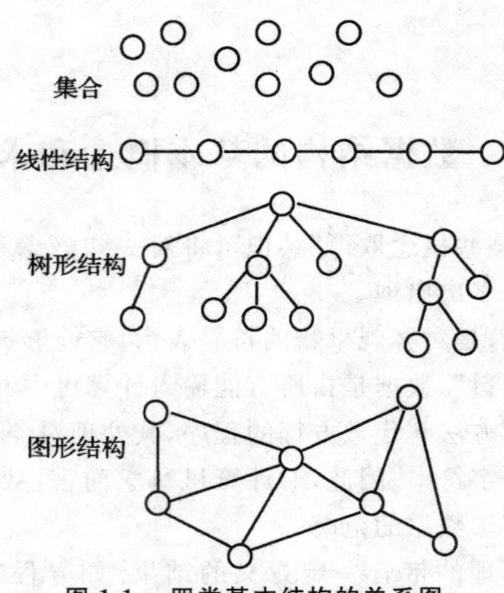

图 1-1　四类基本结构的关系图

数据元素之间的关系在计算机中有两种表示方法：顺序映象和非顺序映象。并由此得到两种不同的存储结构：顺序存储结构和链式存储结构。顺序映象的特点是借助元素在存储器中的相对位置来表示数据元素之间的逻辑关系。例如，假设用两个字节的位串表示一个实数，则可以用地址相邻的四个字节的位串表示一个复数，如图 1-2(a) 为表示复数 $z_1 = 3.0 - 3.2i$ 和 $z_2 = 8.9 - 1.6i$ 的顺序存储结构。

非顺序映象的特点是借助指示元素存储地址的指针(pointer) 表示数据元素之间的逻辑关系，如图 1-2(b) 为表示复数 z_0 的链式存储结构，其中实部和虚部之间的关系用值为“0415”的指针来表示(0415 是虚部的存储地址)。数据的逻辑结构和物理结构是密切相关的两个方面，任何一个算法的设计取决于所选定的逻辑结构，而算法的实现依赖于采用的存储结构。那么，在数据结构确立之后如何描述存储结构呢?虽然存储结构涉及数据元素及其关系在存储器中的物理位置，但由于本书是在高级程序语言的层次上讨论数据结构的操作，因此不能如上所谈的那样直接以内存地址来描述存储结构。可以借用高级程序语言中提供的“数据类型”来描述它，例如可以用所有高级程序语言中都有的“一维数组”类型来描述顺序存储结构，以 C 语言提供的“指针”来描述链式存储结构。假如把 C 语言看成是一个执行 C 指令和 C 数据类型的虚拟处理器，那么本书中讨论的存储结构是数据结构在 C 虚拟处理器中的表示，不妨称它为虚拟存储结构。

数据类型(Data type) 是和数据结构密切相关的一个概念，用以刻画(程序) 操作对象的特性。它最早出现在高级程序语言中。在用高级程序语言编写的程序中，每个变量、常量或表达式都有一个它所属的确定的数据类型。类型明显或隐含地规定了在程序执行期间变量或表达式所有可能取值的范围，以及在这些取值上所允许进行的操作。因此数据类型是一个值的集合和定义在这个值集合上的一组操作的总称。例如 C 语言中的整数类型，其值集为区间[- maxint，maxint] 上的整数(maxint 是依赖特定的计算机的最大整数)，定义在其上的一组操作为：加、减、乘、整除和取模等。按“值”的不同特性，高级程序语言中的数据类型可分为两类：

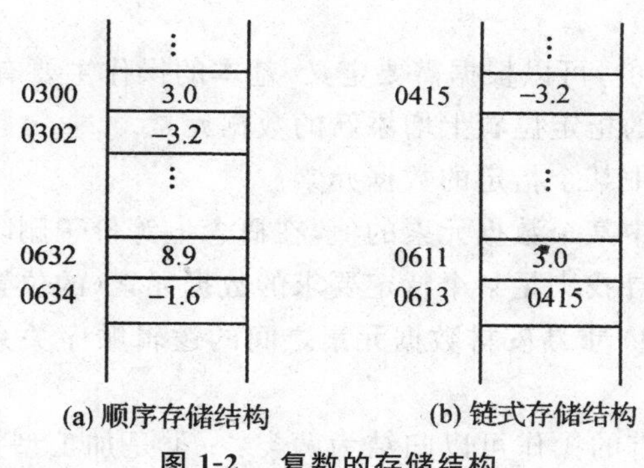

图 1-2 复数的存储结构

一类是非结构的原子类型。原子类型的值是不可分解的，如C语言中的标准类型(整型、单精度、双精度、字符型等)。

另一类是结构类型。结构类型的值是由若干成分按某种结构组成的，因此，它是可以分解的。它的成分既可以是非结构的，也可以是结构的。例如数组的值由若干分量组成，每个分量可以是整数，也可以是数组等。

实际上，在计算机中，数据类型的概念并非局限于高级语言中，每个处理器(包括计算机硬件系统、操作系统、高级语言、数据库等)都提供了一组原子类型或结构类型。例如，一个计算机硬件系统通常含有"位"、"字节"、"字"等原子类型。它们的操作通过计算机设计的一套指令系统直接由电路系统完成，而高级程序语言提供的数据类型，其操作需通过编译器或解释器转化成底层语言即汇编语言或机器语言的数据类型来实现。引入"数据类型"的目的，从硬件的角度看，是作为解释计算机内存中信息含义的一种手段，而对使用数据类型的用户来说，实现了信息的隐蔽，即将一切用户不必了解的细节都封装在类型中。例如，用户在使用"整数"类型时，既不需要了解"整数"在计算机内部是如何表示的，也不需要知道其操作是如何实现的。如"两整数求和"，程序设计者注重的仅仅是其"数学上求和"的抽象特性，而不是其硬件的"位"操作如何进行。

抽象数据类型ADT(Abstract Data Type)是指一个数学模型以及定义在该模型上的一组操作。抽象数据类型的定义仅取决于它的一组逻辑特性，而与其在计算机内部如何表示和实现无关。即不论其内部结构如何变化，只要它的数学特性不变，都不影响其外部的使用。

抽象数据类型和数据类型实质上是一个概念。例如，各个计算机都拥有的"整数"类型是一个抽象数据类型，尽管它们在不同处理器上实现的方法可以不同，但由于其定义的数学特性相同，在用户看来是相同的。因此，"抽象"的意义在于数据类型的数学抽象特性。另一方面，抽象数据类型的范畴更广，它不再局限于前述各处理器中已定义并实现的数据类型(也可称这类数据类型为固有数据类型)，还包括用户在设计软件系统时自己定义的数据类型。为了提高软件的复用率，在近代程序设计方法学中指出，一个软件系统的框架应建立在数据之上，而不是建立在操作之上(后者是传统的软件设计方法所为)。即在构成软件系统的每个相对独立的模块上，定义一组数据和施于这些数据上的一组操作，并在模块内部给出这些数据的表示及其操作的细节，而在模块外部使用的只是抽象的数据和抽象的操作。显然，所定义的数据类型的抽象层次越高，含有该抽象数据类型的软件模块的复用程度也就越高。

从以上对数据类型的讨论中可见，与数据结构密切相关的是定义在数据结构上的一组操作，操作的种类和数目不同，即使逻辑结构相同，这个数据结构的用途也会大为不同(最典型的例子是第 3 章所讨论的栈和队列)。

操作的种类是没有限制的,可以根据需要定义。基本的操作主要有以下几种:

1) 插入。在数据结构中的指定位置上增添新的数据元素。

2) 删除。删去数据结构中某个指定的数据元素。

3) 更新。改变数据结构中某个数据元素的值,在概念上等价于删除和插入操作的组合。

4) 查找。在数据结构中寻找满足某个特定要求的数据元素(的位置和值)。

5) 排序。(在线性结构中) 重新安排数据元素之间的逻辑顺序关系,使之按值由小到大或由大到小的顺序排序。

从操作的特性来分,所有的操作可以归结为两类:一类是加工型操作(constructor),此操作改变了(操作之前的) 结构的值;另一类是引用型操作(selector),此操作不改变结构的值,只是查询或求得结构的值。不难看出,前述 5 种操作中除“查找”为引用型操作外,其余均是加工型操作。

1.2 数据类型

数据类型是一组性质相同的值集合以及定义在这个集合上的一组操作的总称。数据类型中定义了两个集合,即该类型的取值范围,以及该类型中可允许使用的一组运算。例如高级语言中的数据类型就是已经实现的数据结构的实例。在高级语言如 C 语言中,整型类型可能的取值范围是 $-32768 \sim +32767$,可用的运算符集合为加、减、乘、除、乘方、取模。

按“值”的不同特性,高级程序语言中的数据类型可分为两大类:

一类是非结构的原子类型。原子类型的值是不可分解的,如 C 语言中的标准类型(整型、实型和字符型) 及指针。

另一类是结构类型,结构类型的值是由若干成分按某种结构组成的,因此是可以分解的,并且它的成分可以是非结构的,也可以是结构的。例如数组的值由若干分量组成,每个分量可以是整数,也可以是数组等。数据类型指由系统定义的、可直接使用且可构造的数据类型。

因此,数据类型不仅是数据对象的集合还有在这些数据对象上的操作集合。

抽象数据类型是指一个数学模型及定义在该数学模型上的一组操作。抽象数据模型的定义取决于它的一组逻辑特性,与其在计算机内部如何表示和实现无关。

抽象数据类型的范畴更加广泛,不局限于已固有的数据类型,还包括了用户自定义的数据类型。因此,在抽象数据定义时定义三元组:D 为数据对象,S 为数据对象间的关系,O 为数据集上所完成的基本操作集——(D,S,O)。

在现代软件设计和开发中,大量使用抽象数据类型。

抽象数据类型的定义格式:

```
ADT 抽象数据类型名{
    数据对象的定义
    数据关系的定义
    基本操作
}ADT 抽象数据类型名
```

线性表的抽象数据类型描述:

```
ADT Linear_list  {
```

数据元素所有 a_i 属于同一数据对象，$i = 1,2,\cdots,n(n \geqslant 1)$。

逻辑结构所有数据元素 a_i 存在次序关系（a_i, a_{i+1}），a_1 无前驱，a_n 无后继。

线性表的基本操作/* 设 L 为 Linear_list 类型的线性表 */

```
InitList(L);        /* 建立一个空的线性表 L */
Length(L);          /* 求线性表 L 的长度 */
GetElement(L,i);    /* 取线性表 L 中的第 i 个元素 */
Locate(L,x);        /* 确定元素 x 在线性表 L 中的位置 */
Insert(L,i,x);      /* 在线性表 L 中的第 i 个位置处插入数据元素 x */
Delete(L,i);        /* 删除表 L 中第 i 个位置的元素 */
}
```

1.3 算法与算法分析

1.3.1 算法及其特征

算法是对特定问题求解步骤的一种描述，它是指令的有限序列，其中每条指令表示一个或多个操作。算法有以下 5 个重要特征：

1）有穷性。一个算法必须总是（对任何合法的输入值）在执行有穷步之后结束，且每一步都可在有穷时间内完成。

2）确定性。算法中每一条指令必须有确切的含义，不会产生二义性。

3）可行性。一个算法是可行的，即算法中描述的操作都是可以通过已经实现的基本运算的有限次执行来实现。

4）输入性。一个算法有零个或多个的输入。

5）输出性。一个算法有一个或多个的输出。

例 1.1　考虑下列两段描述：

```
(1)void exam1()
   {
      n = 2;
      while(n%2 == 0)
           n = n+2;
      printf("%d",n);
   }
(2)void exam 2()
   {
        y = 2;
        x = 5/y;
        printf("%d,%d\n",x,y);
   }
```

这两段描述均不能满足算法的特征，试问它们违反了哪些特征？

解:1) 是一个死循环违反了算法的有穷性特征。

2) 包含除零错误,违反了的可行性特征。

1.3.2 算法描述

描述算法的方法很多,有的采用类 PASCAL,有的采用自然语言等。本书采用 C/C++ 语言来描述算法的实现过程。下面总结常用的用于描述算法的 C 语言语句。

(1) 输入语句

scanf(格式控制字符串,输入项表);

(2) 输出语句

printf(格式控制字符串,输出项表);

(3) 赋值语句

变量名 = 表达式;

(4) 条件语句

if < 条件 >< 语句 >;

或者

if < 条件 >< 语句 1 > else < 语句 2 >;

(5) 循环语句

• while 循环语句

while 表达式

  循环体语句;

• do-while 循环语句

do

  循环体语句;

while 表达式;

• for 循环语句

for(赋初值表达式 1;条件表达式 2;步长表达式 3)

  循环体语句;

(6) 返回语句

Return(返回表达式);

(7) 定义函数语句

函数返回值类型(类型名 形参 1,类型名 形参 2,...)

{

  说明部分;

  函数语句部分;

}

(8) 调用函数语句

函数名(实参 1,实参 2,...)

在 C++ 语言中,在函数调用时实参和形参的参数传递分为传值和传引用(引用符号为“&”)两种方式。

传值方式是单向的值传递例如，有一个函数 fun1(x,y)(其中 x 和 y 为值形参)，在调用 fun4(a,b)(其中a和b为实参)时，将a的值传给x,b的值传给y,然后执行函数体语句，执行完函数后x、y的值不会回传给a、b。

传引用方式是双向的值传递。例如，有一个函数fun2(x,y)(其中x和y为引用形参)，在调用fun2(a,b)(其中a和b为实参)时，将a的值传给x,b的值传给y然后执行函数体语句，执行完函数后x、y的值分别回传给a、b。

例如，有如下程序：

```
#include < stdio.h >
void fun1(int x,int y)
{
    y = (x < 0)? - x:x;
}
void fun2(int x,int &y)
{
    y = (x < 0)? - x:x;
}
void main()
{
    int a,b;
    a =- 2;b = 0;
    fun1(a,b);
    printf("funl:b = %d\n",b);
    a =- 2;b = 0;
    fun2(a,b);
    printf("fun2:b = %d\n",b);
}
```

其中，fun1(x,y)、fun2(x,y)的功能都是计算 $y=|x|$,fun1中形参y使用传值方式，fun2中形参y使用传引用方式，也就是说，执行fun1(a,b)时，b实参的值不会改变，而执行fun2(a,b)时，b实参的值可能发生改变。程序执行结果如下：

```
fun1:b=0
fun2:b=2
```

为此，在设计算法(通常设计成C/C++函数)时，若某个形参需要将计算的值回传给对应的实参，则需将其设计为引用传递参数的方式，否则不必使用引用方式。

1.3.3 算法分析

算法分析的两个主要方面是分析算法的时间复杂度和空间复杂度，其目的不是分析算法是否正确或是否容易阅读，主要是考察算法的时间和空间效率，以求改进算法或对不同的算法进行比较。一般情况下，鉴于运算空间(内存)较为充足，所以把算法的时间复杂度作为分析的重点。

算法的执行时间主要与问题规模有关。问题规模是一个和输入有关的量，例如，数组的元素个数、矩阵的阶数等。所谓一个语句的频度，即指该语句在算法中被重复执行的次数。算法中所有语句的频度之和记做 $T(n)$，它是该算法所求解问题规模 n 的函数，当问题的规模 n 趋向无穷大时，$T(n)$ 的数量级称为渐近时间复杂度，简称为时间复杂度，记作 $T(n)=0(f(n))$。

上述表达式中"0"的含义是 $T(n)$ 的数量级，其严格的数学定义是：若 $T(n)$ 和 $f(n)$ 是定义在正整数集合上的两个函数，则存在正的常数 C 和 n_0，使得当 $n \geqslant n_0$ 时，总是满足 $0 \leqslant T(n) \leqslant C \cdot f(n)$。但是应总是考虑在最坏情况下的时间复杂度，以保证算法的运行时间不会比它更长。

另外，由于算法的时间复杂度主要是分析 $T(n)$ 的数量级，而算法中基本运算的频度与 $T(n)$ 同数量级，所以通常采用算法中基本运算的频度来分析算法的时间复杂度，被视为算法基本运算的一般是最深层循环内的语句。

用数量级形式 $O(f(n))$ 表示算法执行时间 $T(n)$ 的时候，函数 $f(n)$ 通常取较简单的形式，如 1、$\log_2 n$、n、$n\log_2 n$、n^2、n^3、2^n 等。在 n 较大的情况下，常见的时间复杂度之间存在下列关系：

$$O(1) < O(\log_2 n) < O(n) < O(n\log_2 n) < O(n^2) < O(n^3) < O(2^n)$$

习题

1. 回答下列问题。

(1) 什么叫数据、数据元素、数据项和数据对象？

(2) 什么叫数据结构？分为哪几类？具体都是什么？

(3) 什么叫数据类型？什么叫抽象的数据类型？

(4) 什么叫算法？算法有哪几个基本特性？

(5) 如何评价一个算法的好与坏？

2. 举例说明常见的时间复杂性有哪些。

3. 写出下列算法总的语句执行次数。

```
(1)y = 5;x = 1;
while(y <= 10)
  if(x == 5)
  {
      x = 1;
      y += x;
  }
else x ++;
```

```
(2)x = 0;
  for(i = 0;i < 10;i ++)
    for(j = 0;j <= i; j ++)
      x = x + 1;
```

4. 分析如下各种算法的时空性能。

(1) 计算 n 个实数的平均值，并找出其中的最大数和最小数。

```
float ave = 0,max,min;
float calave(float a[],int n)
{
    int i;
    max = min = a[0];
    for(i = 0;i < n;i ++)
    {
        ave += a[i];
        if(max < a[i])max = a[i];
        if(min > a[i])min = a[i];
    }
    return ave/n;
}
```

(2) 将一个(有 m 个字符) 字符串中在另一个(有 n 个字符) 字符串中出现的字符删除。

```
int found(char  *t,char  *c)
{
    while(*t&&*t! = *c)t ++;
    return *t;
}
delchar(char*s,char*t)
{
    char *p,*q;
    p = s;
    while(*p)
      if(found(t,*p))
      {
        q = p;
        while(*q) *q ++= *(q+1);
      }
    else p ++;
}
```

第2章　线性表

2.1　线性表的定义与运算

2.1.1　线性表的定义

在一个线性表中数据元素的类型是相同的，或者说线性表是由同一类型的数据元素构成的线性结构。线性表的定义如下：

线性表是具有相同数据类型的 $n(n \geqslant 0)$ 个数据元素的有限序列，通常记为：

$$(a_1, a_2, \cdots, a_{i-1}, a_i, a_{i+1}, \cdots, a_n)$$

其中，n 为表长，$n = 0$ 时称为空表。

表中相邻元素之间存在着次序关系。将 a_{i-1} 称为 a_i 的直接前驱，a_{i+1} 称为 a_i 的直接后继。就是说，对于 a_i，当 $i = 2, \cdots, n$ 时，有且仅有一个直接前驱 a_{i-1}；当 $i = 1, 2, \cdots, n-1$ 时，有且仅有一个直接后继 a_{i+1}；而 a_1 是表中第一个元素，它没有前驱，a_n 是最后一个元素，它没有后继。

需要说明的是，a_i 为序号为 i 的数据元素（$i = 1, 2, \cdots, n$）。通常，将 a_i 的数据类型抽象为类型 datatype。datatype 的具体结构由具体问题而定。例如，在学生成绩表中，它是用户自定义的学生类型；在棋盘布局问题中，它是矩阵类型；在表示字符串时，它是字符型……

2.1.2　线性表的基本运算

数据结构的运算是定义在逻辑结构层次上的，而运算的具体实现是建立在存储结构上的，因此下面定义的线性表的基本运算作为逻辑结构的一部分，每一个操作的具体实现只有在确定了线性表的存储结构之后才能完成。

线性表上的基本操作有：

1)Init_List(L) 线性表初始化。操作结果是构造一个空的线性表。

2)Length_List(L) 求线性表的长度。操作结果是返回线性表中所含元素的个数。

3)Get_List(L, i) 取表元。表 L 存在，且 $1 \leqslant i \leqslant$ Length_List(L)，操作结果是返回线性表 L 中的第 i 个元素的值或地址。

4)Locate_List(L, x) 按值查找。x 是给定的一个数据元素。线性表 L 存在，操作结果是在表 L 中查找值为 x 的数据元素，其结果返回在 L 中首次出现的值为 x 的那个元素的序号或地址，称为查找成功；否则，在 L 中未找到值为 x 的数据元素，返回一特殊值表示查找失败。

5)Insert_List(L, i, x) 插入操作。线性表 L 存在，插入位置 $l \leqslant i \leqslant n+1$（$n$ 为插入前的表长），操作结果是在线性表 L 的第 i 个位置上插入一个值为 x 的新元素。这样，使原序号为 $i, i+1, \cdots, n$ 的数据元素的序号变为 $i+1, i+2, \cdots, n+1$，插入后表长 = 原表长 +1。

6)Delete List(L, i) 册除操作。线性表 L 存在，。删除位置 $l \leqslant i \leqslant n$（$n$ 为删除前的表长），操作结果是在线性表 L 中删除序号为 i 的数据元素，删除后使序号为 $i+1, i+2, \cdots, n$ 的元素变为

序号为 $i,i+1,\cdots,n-1$，新表长 = 原表长 − 1。

说明：

1）某数据结构的基本运算，不是它的全部运算，而是一些基础运算，并且每个基本运算在实现时也可能根据不同的存储结构派生出一系列相关的运算来。比如线性表的删除运算还会有删除某个特定值的元素，再如插入运算，也可能是将新元素 x 插入到适当位置上，等等，不可能也没有必要定义出它的全部运算，读者掌握了某一数据结构上的基本运算后，其他的运算可以通过基本运算来实现，也可以直接去实现。

2）在上面各操作中定义的线性表 L 仅仅是一个抽象在逻辑结构层次的线性表，尚未涉及它的存储结构。因此，每个操作在逻辑结构层次上尚不能用具体的某种程序设计语言写出具体的算法，而算法只有在存储结构确立之后才能实现。

2.2　线性表的顺序存储

2.2.1　顺序表的定义

顺序表是线性表的顺序存储结构，即按顺序存储方式构造的线性表。按照顺序存储方式，顺序表的一个存储单元存储线性表的一个结点的内容，即数据元素（此外不含其他信息），所有存储单元按相应数据元素间的逻辑关系（即一对一的邻接关系）来决定排列顺序。这就是顺序表表示法的基本思想。由此决定了顺序表的特点：逻辑结构中相邻的结点在存储结构中仍相邻。

假定线性表的数据元素的类型为 ElemType（在实际应用中，此类型应根据实际问题中出现的数据元素的特性具体定义，如为 int，char 类型等），在 C/C++ 语言中，可用下述类型定义来描述顺序表：

```
#DEFINE MAXSIZE                          /* 顺序表的容量 */
typedef   struct
{
    ElemType data[MAXSIZE];              /* 存放顺序表的元素 */
    int length;                          /* 顺序表的实际长度 */
}SqList;
```

其中，数据域 data 是一个一维数组，线性表的第 $1,2,\cdots,n$ 个元素分别存放在此数组的第 $0,1,\cdots,$length − 1 个分量中如图 2-1 所示。数据域 length 表示线性表当前的长度，而 length − 1 是线性表的终端元素在顺序表中的位置（因为 C/C++ 语言的数组下标从 0 开始）。常数 MAXSIZE 称为顺序表的容量，其值通常根据具体问题的需要取为线性表实际可能达到的最大长度。从 length 到 MAXSIZE − 1 为顺序表当前的空闲区（或称备用区）。

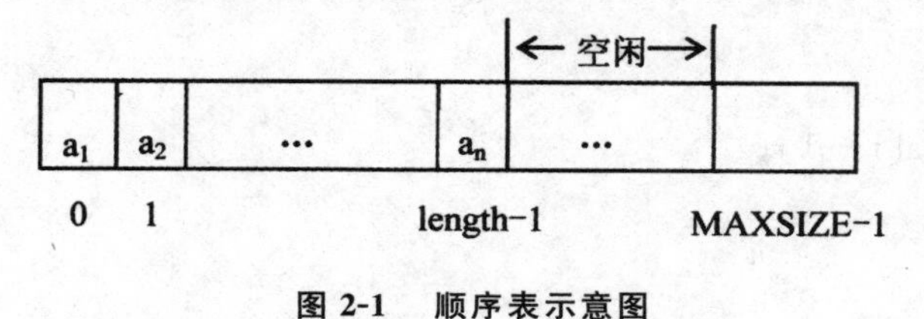

图 2-1　顺序表示意图

顺序表是由数组 data 和变量 length 两部分组成的。为了反映 data 与 length 之间的这种内在联系，避免误用，上述类型定义中将它们说明为结构体类型 SqList 的两个域。这样，SqList 类型完整地描述了顺序表的组织。它使得对顺序表 L 的引用仅涉及结构体变量 L，符合现代的结构化程序设计思想。

假定每个 ElemType 类型的变量占用 $R(R \geqslant 1)$ 个内存单元，b 是顺序表的第一个存储元素的内存地址，那么，第 i 个元素 a_i 的存储地址为 $b+(i-1)\times R$。

综上所述，顺序表是用一维数组实现的线性表，数组的下标可以看成是元素的相对地址。它的特点是逻辑上相邻的元素，存储在物理位置也相邻的单元中。

2.2.2 顺序表的基本运算

在本书的约定下，实现运算就是设计出完成该运算功能的算法，也就是用 C/C++ 语言给出求解方法和求解步骤的完整规定。因此，运算实现必须以存储结构的类型定义为前提。上面已经给出了顺序表的类型定义，在此基础上可以进一步讨论线性表的基本运算在顺序表上的实现。

在顺序表上实现线性表基本运算的算法如下。

1. 初始化线性表运算

将顺序表 L 的 length 域置为 0。

```
void InitList(SqList &L)
{
    L.length = 0;
}
```

2. 求线性表长度运算

返回顺序表 L 的 length 域值。

```
int GetLength(SqList L)
{
    return   L.length;
}
```

3. 求线性表中第 i 个元素运算

在 i 无效时返回特殊值 0，有效时返回 1，并用 e 存储第 i 个元素的值。

```
int GetElem(SqList L,int i,ElemType &e)
{
    if(i < 1 || i > L.length)      /* 无效的 i 值 */
    return 0;
    else
    {
        e = L.data[i-1];
        return 1;
    }
}
```

4. 按值查找运算

在顺序表 L 中查找第一个值为 x 的元素，并返回其位置，若未找到，则返回 0。

```
int Locate(SqList L,ElemType x)        /* 按值查找 */
{
    int  i = 0;
    while(L.data[i]! = x)        /* 查找值为 x 的第 1 个结点 */
      i++;
    if (i > L.length)
        return(0);     /* 未找到 */
    else
      return(i+1);
}
```

5. 插入元素运算

在 i 无效时返回 0，有效时将 L.data[i－1] ～ L.data[L.length－l] 后移一个位置，在 L.data[i－1] 处插入 x，顺序表长度增 1，并返回 1。

```
int InsElem(SqList &L,ElemType x, nt i)
{
    int j;
    if(i < 1 || i > L.length + 1)      /* 无效的参数 i */
      return 0;
    for(j = L.length;j > i;j --)      /* 将位置为 i 的结点及之后的结点后移 */
        L.data[j] = L.data[j - 1];
    L.data[i - 1] = x;      /* 在位置 i 处放入 x */
    L.length ++;      /* 线性表长度增 1 */
    return 1;
}
```

6. 删除元素运算

在 i 无效时返回 0，有效时将 L.data[i] ～ L.data[L.1ength－1] 前移一个位置，顺序表长度减 l，并返回 1。

```
int DelElem(SqLit &L,int i)
{
    int j;
    if(i < 1 || i > L.length)      /* 无效的参数 i */
      return 0;
    for(j = i;j < L.length;j ++)      /* 将位置为 i 的结点之后的结点前移 */
        L.data[j - 1] = L.data[j];
    L.length --;.      /* 线性表长度减 1 */
    return 1;
```

```
}
```

7. 输出线性表运算

扫描顺序表 L，输出各元素值。

```
void DispList(SqList L)
{
    int i;
    for(i = 1;i <= L.length;i ++)
        printf("%c",L.data[i-1]);
    print f("\n");
}
```

当顺序表的基本运算设计好后，给出以下程序调用这些基本运算函数，读者可以对照程序执行结果进行分析，进一步体会顺序表各种操作的实现过程：

```
void main()
{
    int 1;
    ElemType   e;
    SqList   L;
    InitList(L);        /* 初始化顺序表 L */
    InsElem(L,'a',1);       /* 插入元素 */
    InsElem(L,'c',2);
    InsElem(L,'a',3);
    InsElem(L,'e',4);
    InsElem(L,'d',5);
    InsElem (L,'b',6);
    printf(" 线性表:");
    DispList(L);
    printf(" 长度:%d\n",GetLength(L));
    i = 3;
    GetElem(L,i,e);
    printf(" 第 %d 个元素:%c\n",i,e);
    e = 'a';
    printf(" 元素 %c 是第 %d 个元素 \n",e,Locate(L,e));
    i = 4;printf(" 删除第 %d 个元素 \n",i);
    DelElem(L,i);
    printf(" 线性表:");
    DispList(L);
}
```

以上程序的执行结果如下：

```
线性表:a c a e d b
长度:6
第 3 个元素:a
元素 a 是第 1 个元素
删除第 4 个元素
线性表:a c a d b
```

例 2.1　用顺序表表示两个集合(每个集合中没有重复的元素),设计一个算法求这两个集合 A 和 B 的公共元素,并将求出的公共元素存放在顺序表 C 中。

算法设计思路是用 i 扫描顺序表 A,判断当前元素是否在顺序表 B 中,若在,表示它是公共元素,将其添加到顺序表 C 中。对应的算法如下:

```
void common(SqList A,SqList B,SqList  &c)      /*C 为引用型参数 */
{
    int  i,j;
    C.length = 0;
    for(i = 0;i < A.length;i ++)
    {
      j = 0;
      while(j < B.length && B.data[j]! = A.data[i])
           j ++;
      if(j < B.length)      /* 元素 A.data[i] 在 B 中,是公共元素 */
      {
          C.data[C.length] = A.data[i];/* 将 A.data[i] 添加到 C 中 */
          C.length ++;      /* 顺序表 C 的长度增 1 */
      }
    }
}
```

例 2.2　已知有两个按元素值递增有序的顺序表 A 和 B,设计一个算法将 A 和 B 表的全部元素归并成一个按元素递增有序的线性表 C。实现上述算法并分析时间复杂度。

算法设计思路是用 i 扫描顺序表 A,用 j 扫描顺序表 B。当 A 和 B 都未扫描完时,比较两者的当前元素,则将较小者复制到 C 中,若两者的当前元素相等,则这两个元素都复制到 C 中。最后将尚未扫描完的顺序表的余下元素均复制到顺序表 C 中。对应的算法如下:

```
void merge(SqList A,SqList B,SqList &c)      /*C 为引用型参数 */
{
    int i = 0,j = 0,k = 0;
    while (i < A.length && j < B.length)
    {
      if(A.data[i] < B.data[j])
      {
          C.dat a[k] = A.data[i];
```

```
            i ++;k ++;
        }
        elseif(A.data[i] > B.data[j])
            j ++;k ++;
    }
    else     /* A.data[i] = B.data[j] */
    {
        C.data[k] = A.data[i];
        i ++;k ++;
        C.data[k] = B.data[j];
        j ++;k ++;
    }
}
    while(i < A.length)   /* 将 A 中剩余的元素复制到 C 中 */
    {
    C.data[k] = A.data[i];
    i ++;k ++;
    }
    while(j < B.length)   /* 将 B 中剩余的元素复制到 C 中 */
    {
    C.data[k] = B.data[j];
    j ++;k ++;
    }
    C.length = k;      /* 指定顺序表 C 的实际长度 */
}
```

本算法的时间复杂度为 $O(m+n)$，其中 m 和 n 分别为顺序表 A 和 B 的长度。

2.2.3 顺序表实现算法的分析

对于顺序表上的插入、删除算法的时间复杂度分析来说，通常以结点移动为标准操作。其合理性依据是：在这类问题中，移动一个结点所花费的时间往往比其他基本操作（如条件判断、算术表达式的计算等）要多得多，因为在现实问题中一个结点往往包含了大量的信息。

对于插入算法 InsElem() 来说，结点移动的次数不仅与表长 L.length－n 有关，而且与插入位置 i 有关：当 $i=n+1$ 时，移动次数为 0；当 $i=1$ 时，移动次数为 n，达到最大值。在线性表 L 中共有 $n+1$ 个可以插入结点的地方。假设 pp_i（$p_i=\frac{1}{n+1}$）是在第 i 个位置上增加一个结点的概率，则在长度为 n 的线性表中插入一个结点时所需移动结点的平均次数为：

$$\sum_{i=1}^{n+1} P_i(n-i+1)=\sum_{i=1}^{n+1}\frac{1}{n+1}(n-i+1)=\sum_{i=1}^{n+1}(n-i+1)=\frac{1}{n+1}\times\frac{n(n+1)}{2}=\frac{n}{2}$$

因此插入算法的平均时间复杂度为 $O(n)$。

对于删除算法 DelElem() 来说，结点移动的次数也与表长 n 和删除结点的位置 i 有关：当 $i=n$ 时，移动次数为 0；当 $i=1$ 时，移动次数为 $n-1$。在线性表 L 中共有 n 个结点可以被删除。假设 $p_i(p_i=\frac{1}{n})$ 是删除第 i 个位置上结点的概率，则在长度为 n 的线性表中删除一个结点时所需移动结点的平均次数为：

因此删除算法的平均时间复杂度为 $O(n)$。

以上分析中，线性表的顺序实现在插入、删除算法的时间性能方面是不理想的。后面将考虑线性表的链式实现方法，并对两种实现做全面比较。

2.2.4 顺序表的应用举例

求解约瑟夫问题：n 只猴子要选大王，选举方法是，所有猴子按 1，2，…，n 编号围坐一圈，从第 l 号开始按 1，2，…，报数，凡报到 m 号的退出圈外，如此循环报数，直到圈内乘堕下一只猴子时，这只猴子就是大王。编写一个程序求猴子出列的次序，其中 n 和 m 由键盘输入。

这里采用顺序表进行存储，使用一个数组 mon，最多可存放 MaxSize 个元素，初始时 mon[i] 中存放猴子的编号 $i+1$（猴子的编号为 $1\sim n$），将出列猴子个数计数器 count 置为 0。d 置为 0，从 mon[0]（其编号为 1）开始循环报数，每报一次，d 值加 1，凡报到 m 条件 d == m 成立）时便输出 mon[i] 的值，同时将 mon[i] 的值改为 0（表示该猴子已出列）。该过程一直进行到 n 只猴子全部退出圈外为止（条件 count == n 成立），最后退出的便是大王。实现本题功能的程序如下：

```
void jose(int n,int m)
{
    int mon[MaxSize];        /* 存放 n 个猴子的编号 */
    int i,d,count;
    for(i = 0;i < n;i ++)    /* 设置猴子的编号 */
        mon[i] = i + 1;
    printf(" 出队前:");       /* 输出出列前的编号 */
    for(i = 0;i < n;i ++)
        printf("%d",mon[i]);
    printf("\n");
    printf(" 出队后:");
    count = 0;         /* 记录退出圈外的猴子个数 */
    i =-1;             /* 从 0 号位置的猴子开始计数 */
    while(count < n)
    {
        d = 0;
        while(d < m)      /* 累计 m 个猴子 */
        {
            i = (i + 1)%n;      /* 循环选取 */
            if(mon[i]! = 0)
                d ++;
```

```
        }
    }
    printf("%d",mon[i]);  /* 猴子出列 */
    mon[i] = 0;
    count ++;    /* 出列数增 1 */
    }
    printf("\n");
}
```

执行本程序,在输入猴子个数分别是 10 和 4 时输出结果如下:

```
出队前:1 2 3 4 5 6 7 8 9 10
出队后:4 8 2 7 3 10 9 1 6 5
```

2.3 线性表的链式存储

从上一节看到,线性表的顺序存储结构的特点是逻辑关系上相邻的两个元素在物理上也相邻,因此存取表中任一元素十分简单,但插入和删除运算需要移动大量的元素。而线性表的链式存储结构不要求逻辑上相邻的元素在物理上也相邻,因此没有顺序表的弱点,但同时也失去了顺序表可随机存取的优点。

在链式存储结构中,每个存储结点不仅包含所存元素本身的信息(称之为数据域),而且包含有元素之间逻辑关系的信息,即前驱结点包含有后继结点的地址信息,这称为指针域,这样可以通过前驱结点的指针域方便地找到后继结点的位置,提高数据查找速度。一般地,每个结点有一个或多个这样的指针域。若一个结点中的某个指针域不需要任何结点,则它的值为空,用常量 NULL 表示。由于顺序表中的每个元素至多只有一个前驱元素和一个后继元素,即数据元素之间是一对一的逻辑关系。

当进行链式存储时,一种最简单也最常用的方法是:在每个结点中除包含有数据域外,只设置一个指针域,用以指向其后继结点,这样构成的链接表称为线性单向链接表,简称单链表;另一种可以采用的方法是:在每个结点中除包含有数值域外,设置有两个指针域,分别用以指向其前驱结点和后继结点,这样构成的链接表称之为线性双向链接表,简称双向链表。

2.3.1 单链表

单链表的一个存储结点包含两个部分,结点形式如下:

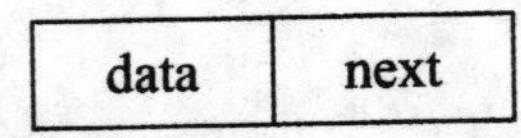

其中,data 部分称为数据域,用于存储线性表的一个数据元素(结点)。next 部分称为指针域或链域,用于存放一个指针,该指针指向本结点所含数据元素的直接后继所在的结点。

这样,所有结点通过指针的链接而组织成单链表,最后一个结点(终端结点)的 next 域为 NULL(空指针),它不指向任何结点,只起标志作用。

单链表分为带头结点(其 next 域指向第一个结点)和不带头结点两种类型。在许多情况下,带头结点的单链表能够简化运算的实现过程。实际上，不带头结点的单链表很容易通过添加头结点而转换成带头结点的单链表。因此本章讨论的单链表均指带头结点的单链表。

仍假设数据元素的类型为 ElemType。单链表的类型定义如下：

```
typedef struct node
{
    ElemType data;       /* 数据域 */
    struct node *next;/* 指针域 */
}SLink;
```

在带头结点的单链表中，头结点的数据域可以不存储任何信息，也可以存放一个特殊标志或表长。图 2-2 所示是一个 L 指向头结点的单链表。

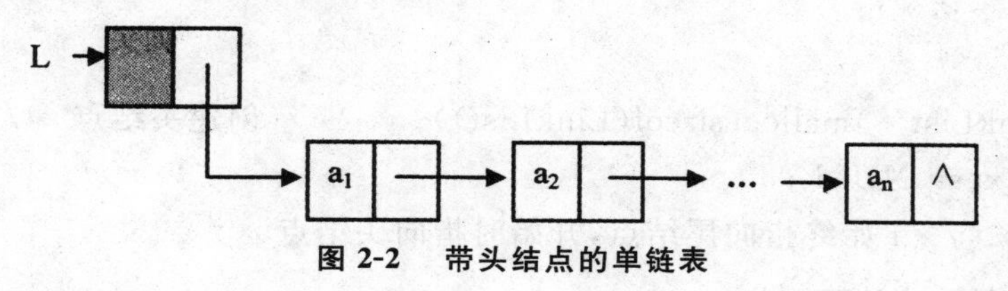

图 2-2　带头结点的单链表

在单链表上实现线性表基本运算算法如下。

1. 创建单链表运算

假设通过一个含有 n 个数据的数组来建立单链表。建立单链表的常用方法有如下两种。

(1) 头插法建表

该方法从一个空表开始，读取字符数组 a 中的字符，生成新结点，将读取的数据存放到新结点的数据域中，然后将新结点插入到当前链表的表头上，直到结束为止。采用头插法建表的算法如下：

```
void CreateListF(LinkList *&L,ElemType a[],int n)
{
    LinkList *s;int i;
    L = (LinkList *)malloc(sizeof(LinkList));      /* 创建头结点 */
    L -> next = NULL;
    for(i = 0;i < n;i ++)
    {
      s = (LinkList *)malloc(sizeof(LinkList));/* 创建新结点 */
      s -> dat a = a[i];
      s -> next = L -> next;      /* 将 *s 插在原开始结点之前，头结点之后 */
      L -> next = s;
    }
}
```

本算法的时间复杂度为 $O(n)$。

若数组 a 包含 4 个元素 'a'、'b'、'c' 和 'd'，则调用 CreateListF(L,a,4) 建立的单链表如图 2-3 所示。

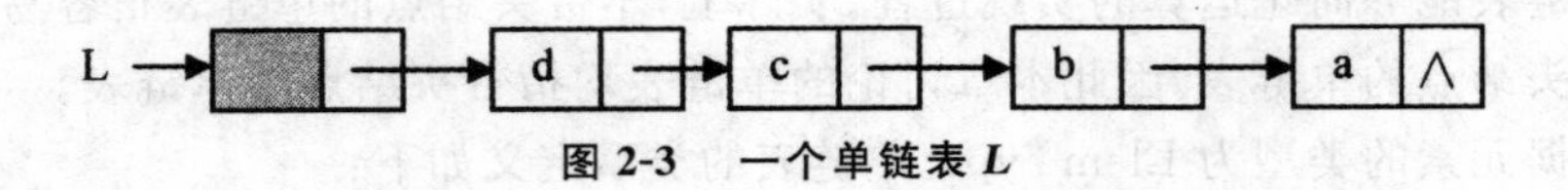

图 2-3　一个单链表 *L*

(2) 尾插法建表

头插法建立链表虽然算法简单,但生成的链表中结点的次序和原数组元素的顺序相反。若希望两者次序一致,可采用尾插法建立。该方法是将新结点插到当前链表的表尾上,为此必须增加一个尾指针 *r*,使其始终指向当前链表的尾结点。采用尾插法建表的算法如下:

```
void   CreateListR(LinkList  * &L,ElemType a[],int n)
{
    LinkList  * s, * r;
    int i;
    L = (LinkList * )malloc(sizeof(LinkList));      /* 创建头结点 */
    L -> next = NULL;
    r = L;     /* r 始终指向尾结点,开始时指向头结点 */
    for(i = 0;i < n;i ++)
    {
      s = (LinkList  *  )malloc(sizeof(LinkList));/* 创建新结点 */
      s -> dat a = a[i];
      r -> next = s;     /* 将  * s 插入  * r 之后 */
      r = s;
    }
   r -> next = NULL;     /* 尾结点 next 域置为 NULL */
}
```

本算法的时间复杂度为 $O(n)$。

若数组 a 包含 4 个元素 'a'、'b'、'c' 和 'd',则调用 CreateListR(L,a,4) 建立的单链表如图 2-4 所示。

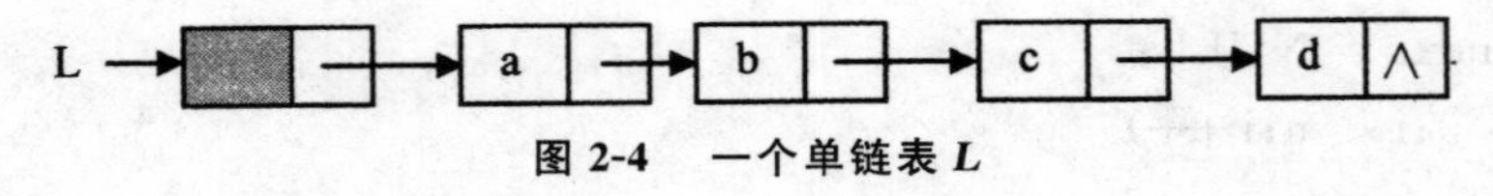

图 2-4　一个单链表 *L*

2. 初始化线性表运算

创建一个头结点,由 L 指向它。该结点的 next 域为空,data 域未设定任何值。由于调用该函数时,指针 L 在本函数中指向的内容发生改变,因此,为了返回改变的值,使用了引用型参数。

```
void InitList(SLink  * &L)      /* L 作为引用型参数 */
{
    L = (SLink )malloc(sizeof(SLink));   /* 创建头结点 * L */
    L -> next = NULL;
}
```

3. 求线性表的长度运算

设置一个整型变量 i 作为计数器，i 初值为 0，p 初始时指向第一个结点。然后沿 next 域逐个往下搜索，每移动一次，i 值增 1。当 p 所指结点为空时，结束这个过程，i 之值即为表长。

```
int GetLength(SLink *L)
{
    int i = 0;
    Slink *p = L-> next;
    while(p! = NULL)
    {
      i++;
      p = p-> next;

    return i;
}
```

4. 求线性表中第 i 个元素运算

在单链表中从第一个数据结点出发，沿 next 域逐个往下搜索，直到找到第 i 个结点为止。

```
int GetElem(Slink *L,int i,ElemType &e)
{
    int j = 1;
    SLink*p = L-> next;
    if(i<l || i> GetLength(L))
        return(0);      /*i 参数不正确，返回 0*/
    while(j<i)      /* 从第 1 个结点开始，查找第 i 个结点 */
    {
      p = p-> next;
      j++;
    }
    e = p-> data;
    return(1);      /* 返回 1*/
}
```

5. 按值查找运算

用 i 累计查找的数据结点个数，从第一个数据结点开始，由前往后依次比较单链表中各结点数据域的值，若某结点数据域的值等于给定值 x，则返回 i；否则继续向后比较。若整个单链表中没有这样的结点，则返回 0。

```
int Locate(Slink *L,ElemType x)
{
    int i = 1;
    SLink *p:L-> next;
```

```
    while(p! = NULL&&p—> data! = x)   /* 从第1个结点开始查找data域为x的结点 */
    {
        p = p—> next;
        i ++;
    }
    if(p == NULL)
        return(0);
    else
        return(i);
}
```

6. 插入结点运算

先创建一个以 x 为值的新结点 $*s$,保证插入位置 i 的正确性。在单链表上找到插入位置的前一个结点,由 p 指向它。插入操作如下:

1) 将结点 $*s$ 的 next 域指向结点 *p 的下一个结点(s—> next = p—> next)。

2) 将结点 $*p$ 的 next 域改为指向新结点 *s(p—> next = s)。

插入结点的过程如图 2-5 所示。其主要时间耗费在查找操作上,时间复杂度为 $O(n)$。

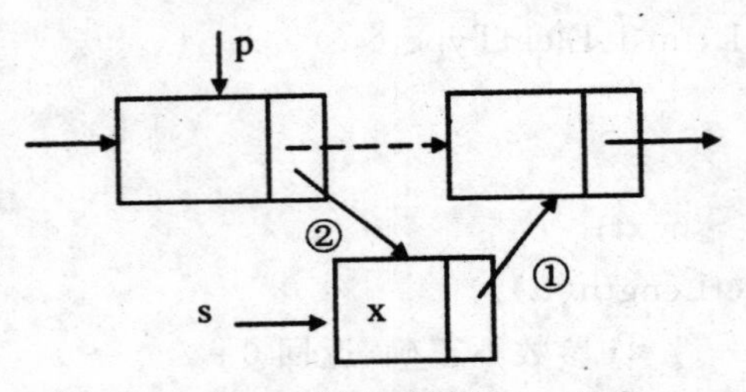

图 2-5　在 $*p$ 结点后插入 $*s$ 结点

```
int InsElem(SLink * L,ElemType x,int 1)
{
    int j = 1;
    SLink * p = L, * s;
    s = (SLink *)malloc(sizeof(SLink));      /* 创建data域为x的结点 */
    s—> data = x;
    s—> next = NULL;
    if(i < 1 || i > GetLength(L) + 1)
        return 0;      /*i参数不正确,插入失败,返回0*/
    while(j < i)    /* 从头结点开始找,查找第i-1个结点,由p指向它 */
    {
        p = p—> next;
        j ++;
    }
    s—> next:p—> next;      /* 将 *s的next域指向 *p的下一个结点(即第i个结
```

```
点）*/
        p->next = s;      /* 将 *p的next域指向 *s,这样 *s变成第i个结点 */
        return 1;      /* 插入运算成功,返回1*/
    }
```

7. 删除结点运算

先保证删除位置 i 的正确性。然后在单链表上找到删除位置的前一个结点，由 p 指向它，q 指向要删除的结点。删除操作如下：将 $*p$ 的 next 域改为指向待删结点 $*q$ 的后继结点如图 2-6 所示。其主要时间耗费在查找操作上，时间复杂度为 $O(n)$。

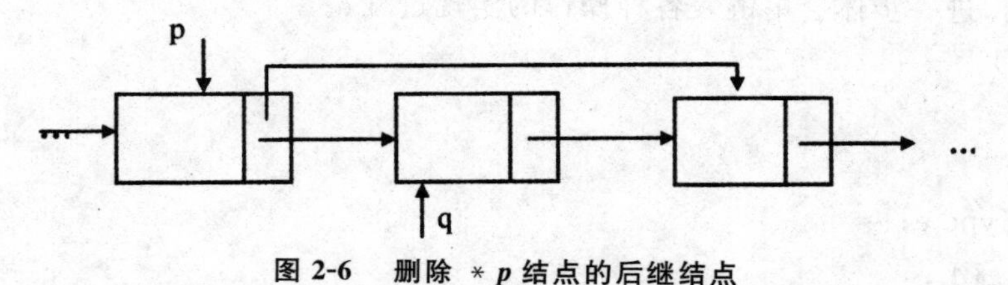

图 2-6　删除 *p 结点的后继结点

```
int DelElem(SLink   *L,int   i)
{
    int j = 1;
    SLink *p = L,*q;
    if(i < 1 || i > GetLength(L))
        return 0;      /*i参数不正确,插入失败,返回0*/
    while(j < i)      /* 从头结点开始,查找第i-1个结点,由p指向它 */
    {
        p = p->next;
        j++;
    }
    q = p->next;      /* 由q指向第i个结点 */
    p->next = q->next;/* 将 *p的next指向 *q之后结点,即从链表中删除第i个结点
*/
    free(q);      /* 释放第i个结点占用的空间 */
    return 1;      /* 删除运算成功,返回1*/
}
```

8. 输出线性表运算

从第一个数据结点开始，沿 next 域逐个往下扫描，输出每个扫描到结点的 data 域，直到终端结点为止。

```
void DispList(SLink *L)/* 输出单链表 */
{
    SLink *p = L->next;
    while(p! = NULL)
```

```
    {
        printf("%c",p->data);
        p = p->next;
    }
    printf("\n");
}
```

从上面的算法可以看出,在单链表上实现删除与插入运算时,无需移动结点,仅需修改指针。

当单链表的基本运算设计好后,给出以下程序调用这些基本运算函数,读者可以对其程序执行结果进行分析,进一步体会单链表各种操作的实现过程:

```
void main()
{
    int i;
    ElemType e;
    SLink *L;
    InitList(L);        /* 初始化单链表 L */
    InsElem(L,'a',1);       /* 插入元素 */
    InsElem(L,'c',2);
    InsElem(L,'a',3);
    InsElem(L,'e',4);
    InsElem(L,'d',5);
    InsElem(L,'b',6);
    printf("线性表:");
    DispList(L);
    printf("长度:%d\n",GetLength(L));
    i = 3;
    GetElem(L,i,e);
    printf("第 %d 个元素:%c\n",i,e);
    e = 'a';
    printf("元素 %c 是第 %d 个元素\n",e,Locate(L,e));
    i = 4;
    printf("删除第 %d 个元素\n",i);
    DelElem(L,i);
    printf("线性表:");
    DispList(L);
}
```

其执行结果与顺序表对应主函数的执行结果相同。

例 2.3　设计一个算法,通过一趟遍历确定单链表中元素值最大的结点。

以 p 遍历单链表,在遍历时用 q 指向 data 域值最大的结点,最后返回 q。对应的算法如下:

```
SLink *MaxNode(SLink *L)
```

```
{
    SLink *p = L->next, *q = p;
    while(p! = NULL)
    {
        if(p->data > q->data)
            q = p;      /*q 指向 data 域值较大的结点 */
        p = p->next;
    }
    return q;
}
```

例 2.4 设 *ha* 和 *hb* 分别是两个带头结点的非递减有序单链表的表头指针，试设计一个算法，将这两个有序链表合并成一个非递增有序的单链表。要求结果链表使用原来两个链表的存储空间，不另外占用其他的存储空间。表中允许有重复的数据。

这里采用尾插法建立新的单链表。用 *pa* 遍历 *ha*，*pb* 遍历 *hb*，新单链表 *hc* 先指向 * *ha*，*pc* 始终指向 *hc* 的最后一个结点(初始时指向 * *hc*)。比较 * *pa* 与 * *pb* 的 data 域值，将较小者链到 * *pc* 之后。data 域值相同时，将两个结点均链到 * *pc* 之后，同时让 *pc* 始终指向最后一个结点。如此重复直到 *ha* 或 *hb* 结束为止，再将余下的链表链到 *pc* 之后。对应的算法如下：

```
SLink *Connect(SLink *ha,SLink *hb)
{
    SLink *pa = ha->next, *pb = hb->next, *hc, *tc;
    hc = pa;
    hc->next = NULL;
    tc = hc;      /*tc 总是指向生成的新单链表的最后一个结点 */
    while(pa! = NULL&&pb! = NULL)
    {
      if(pa->data < pb->data)
      {
          tc->next = pa;tc = pa;      /* 将 *pa 链接到 *tc 之后 */
          pa = pa->next;
      }
          else if(pa->data > pb->data)
          {
             tc->next = pb;tc = pb;      /* 将 *pb 链接到 *tc 之后 */
             pb = pb->next;
          }
      else      /*pa->data == pb-data:将 *pa 和 *pb 两个结点都链到 hc 中 */
      {
          tc->next = pa;
          tc = pa;
```

```
            pa = pa -> next;
            tc -> next = pb;
            tc = pb;
            pb = pb -> next;
        }
    }
    tc -> next = NULL;
    if(pa! = NULL)tc -> next = pa;/ * ha 单链表还有结点时 * /
    if(pb! = NULL)tc -> next = pb;/ * hb 单链表还有结点时 * /
    return hc;
}
```

2.3.2 循环单链表

循环链表是另一种形式的链接存储结构。其特点是表中最后一个结点的指针域指向头结点，整个链表形成一个环。在循环链表中，从任一结点出发都可以找到表中其他结点。如图 2-7 所示是一个带头结点的有 n 个结点的循环单链表。

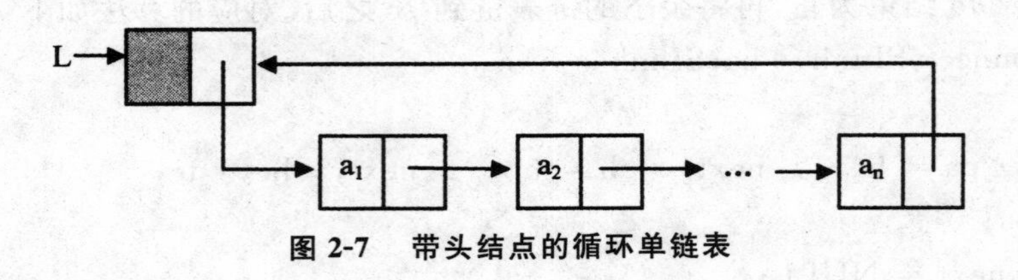

图 2-7 带头结点的循环单链表

在循环单链表上实现线性表基本运算算法如下。

1. 初始化线性表运算

创建一个头结点，由 L 指向它。该结点的 next 域指向该头结点，data 域未设定任何值。

```
void InitList(SLink * &L)      / * L 为引用型参数 * /
{
    L = (SLink * )malloc(sizeof(SLink));
    L -> next = L;
}
```

2. 求线性表的长度运算

设置一个整型变量 i 作为计数器，i 初值为 0，p 初始时指向第一个结点。然后沿 next 域逐个往下搜索，每移动一次，i 值增 1。当 p 所指结点为头结点时，结束这个过程，i 之值即为表长。

```
int GetLength(SLink * L)/ * 求线性表的长度 * /
{
    int i = 0;
    SLink * p = L -> next;
    while(p! = L)
```

```
    {
        i++;
        p = p-> next;
    }
        return i;
}
```

3. 求线性表中第 i 个元素运算

在循环单链表中从第一个数据结点出发，沿 next 域逐个往下搜索，直到找到第 i 个结点为止。

```
int GetElem(SLink *L,int i,ElemType &e)
{
    int j = 1;
    SLink *p = L-> next;
    if(i<1 || i> GetLength(L))
       return(0);       /*i参数不正确,返回0*/
    while(j<i)      /* 从第1个结点开始,查找第i个结点 */
    {
        p = p-> next;
        j++;
    }
    e = p-> data;
    return(1);      /* 返回1*/
}
```

4. 按值查找运算

用 i 累计查找数据结点的个数，从第一个数据结点开始，由前往后依次比较单链表中各结点数据域的值，若某结点数据域的值等于给定值 x，则返回 i；否则继续向后比较。若整个单链表中没有这样的结点，则返回0。

```
int Locate(SLink *L,ElemType x)/* 按值查找 */
{
    int i = 1;
    SLink *p = L-> next;
    while(p! = L && p->data! = x)     /* 从第1个结点开始查找data域为x的结点 */
    {
        p = p-> next;
        i++;
    }
    if(p == L)
      return(0);
```

```
    else
    return(i);
}
```

5. 插入结点运算

先创建一个以x为值的新结点 *s,保证插入位置 i 的正确性。在单链表上找到插入位置的前一个结点,由 p 指向它。插入操作如下:

1) 将结点 *s 的 next 域指向结点 *p 的下一个结点。

2) 再将结点 *p 的 next 域改为指向新结点 *s。

```
int InsElem(SLink *L,ElemType x,int i)/* 插入结点 */
{
    int j = 1;
    SLink *p = L, *s;
    s = (SLink *)malloc(sizeof(SLink));
    s -> data = x;
    s -> next = NULL;
    if(i < 1 || i > GetLength(L) + 1)
        return 0;
    while(j < i)
    {
        p = p -> next;
        j ++;
    }
    s -> next = p -> next;
    p -> next = s;
    return 1;
}
```

6. 删除结点运算

先保证删除位置 i 的正确性。然后在循环单链表上找到删除位置的前一个结点,由 p 指向它,q 指向要删除的结点。删除操作如下:将 *p 的 next 域改为指向待删结点,*q 的后继结点,然后释放 *q 结点的空间。

```
int DelElem(SLink *L,int i)/* 删除结点 */
{
    int j = 1;
    SLink *p = L, *q;
    if(i < 1 || i > GetLength(L))
    return 0;
    while(j < i)
    {
```

```
        p = p -> next;
        j ++;
    }
    q = p -> next;
    p -> next = q -> next;
    free(q);
    return 1;
}
```

7. 输出线性表运算

从第一个结点开始，沿 next 域逐个往下扫描，输出每个扫描到结点的 data 域，直到头结点为止。

```
void DispList(SLink * L)
{
    SLink * p = L -> next;
    while(p! = L)
    {
        printf("%c",p -> data);
        p = p -> next;
    }
    printf("\n");
}
```

与在非循环单链表上实现线性表基本运算算法相比，在循环单链表上这些算法的改动如下：

• 初始化运算算法 InitList(SLink * &L) 中，创建的头结点的 next 域不为空，而是指向自身即 * L(L 为头结点的指针)。

• 求表长运算算法 GetLength(SLink * L) 中，while 循环搜索的条件由 p! = NULL 改为 p! = L。

• 求线性表中第 i 个元素运算算法 GetElem(SLink * L,int i,ElemType &e) 中，没有任何改变。

• 按值查找运算算法 Locate(SLink * L,ElemType x) 中，while 循环中的条件之一由 p! = NULL 改为 p! = L。

• 插入运算算法 InsElem(SLink * L,ElemType x,int i) 中，没有任何改变(为什么?若是不带头结点的循环单链表，情况有什么不同?请读者思考)。

• 删除运算算法 DelElem(SLink * L,int i) 中，没有任何改变(为什么?若是不带头结点的循环单链表，情况有什么不同?请读者思考)。

• 输出元素值运算算法 DispList(SLink * L) 中，while 循环的条件由 p! = NULL 改为 p! = L。

从以上内容可以看到，单链表与循环单链表的结点类型完全相同，实现基本运算的算法也很相似。实际上，循环链表和对应的非循环链表的运算基本一致，差别仅在于算法中的循环条件不是判断 p 或 p -> next 是否为空，而是判断它们是否等于头结点的指针。

当循环单链表的基本运算设计好后，给出以下程序调用这些基本运算函数，读者可圳对照程序执行结果进行分析，进一步体会循环单链表各种操作的实现过程：

```
void main()
{
    int   i;
    ElemType e;
    SLink  * L;
    InitList(L);      /* 初始化循环单链表 L */
    InsElem(L,'a',1);  /* 插入元素 */
    InsElem(L,'c',2);
    InsElem(L,'a',3);
    InsElem(L,'e',4);
    InsElem(L,'d',5);
    InsElem(L,'b',6);
    printf("线性表:");
    DispList(L);
    printf("长度:%d\n",GetLength(L));
    i = 3;
    GetElem(L,i,e);
    printf("第 %d 个元素:%c\n",i,e);
    e = 'a';
    printf("元素 %c 是第 %d 个元素 \n",e,Locat e(L,e));
    i = 4;
    printf("删除第 %d 个元素 \n",i);
    DelElem(L,i);
    printf("线性表:");
    DispList(L);
}
```

其执行结果与顺序表对应主函数的执行结果相同。

例 2.5　有两个带头结点的循环单链表 *ha* 和 *hb*,设计一个算法将它们首尾合并成一个带头结点的循环单链表 *hc*。要求不改变单链表 *ha* 和 *hb* 占用的存储空间。

本例要求复制 *ha* 和 *hb* 的结点并按照顺序生成 *hc*。算法思路是:首先创建 *hc* 头结点,再用 *p* 遍历 *ha* 的结点,边遍历边复制生成结点 * *s*,将 * *s* 链接到 *hc* 之后;对 *hb* 进行同样的操作。对应的算法如下:

```
SLink  * link(SLink  * ha,SLink  * hb)
{
   SLink  * hc, * p, * s, * t c;
   hc = (SLink * )malloc(sizeof(SLink));      /* 建立 hc 的头结点 */
   tc = hc;       /* tc 始终指向 hc 的最后一个结点 */
   p = ha -> next;
   while(p! = ha)     /* 将 ha 的结点复制后链到 hc 中 */
```

```
        {
        s = (SLink *)malloc(sizeof(SLink));   /* 复制 *p 结点 */
        s -> data = p -> data;
        tc -> next = s;
        tc - s;
        p = p -> next;
    }
        p = hb -> next;
        while(p! = hb)      /* 将 hb 的结点复制后链到 hc 中 */
        {
            s = (SLink *)malloc(sizeof(SLink));   /* 复制 *p 结点 */
            s -> data = p -> data;
            tc -> next = s;
            tc = s;
            p = p -> next;
        }
        tc -> next = hc;      /* 将 hc 变成循环单链表 */
        return hc;
}
```

2.3.3　双链表

与单链表相比，在双链表中增加了一个指向其直接前驱的指针域 prior，这样形成的链表就有两条不同方向的链，使得从已知结点查找其直接前驱结点可以和查找其直接后继结点一样方便。与单链表一样，本章讨论的双链表均指带头结点的双链表。

仍假设数据元素的类型为 ElemType。双链表的类型定义如下：

```
typedef struct node
{
    ElemType data;      /* 数据域 */
    struct node *prior, *next;   /* 分别指向前驱结点和后继结点的指针 */
}DLink;
```

在带头结点的双链表中，头结点的数据域可以不存储任何信息，也可以存放一个特殊标志或表长。图 2-8 所示是一个 L 指向头结点的双链表。

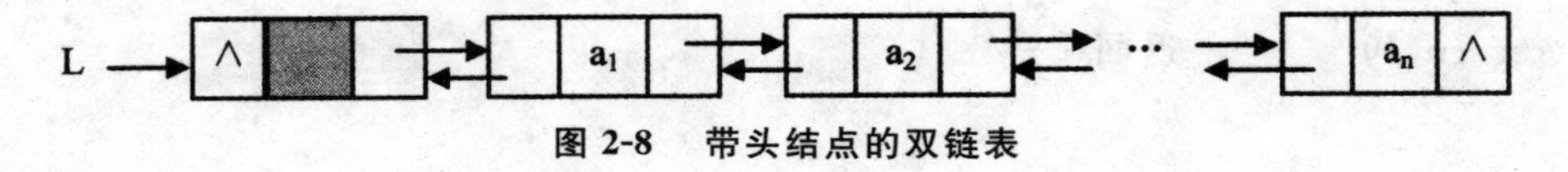

图 2-8　带头结点的双链表

在双链表上实现线性表基本运算算法如下。

1. 初始化运算

创建一个头结点，由 L 指向它，该结点的 next 域和 prior 域均为空，data 域未设任何值。

```
void InitList(Dlink *&L)
{
    L = (DLink *)malloc(sizeof(DLink));   /* 创建头结点 *L */
    L -> prior = L -> next = NULL;
}
```

2. 求表长运算

其设计思路与单链表的求表长算法完全相同。

```
int GetLength(Dlink *L)
{
    int i = 0;
    Dlink *p = L -> next;
    while(p! = NULL)
    {
        i++;
        p = p -> next;
    }
    return i;
}
```

3. 求线性表中第 *i* 个元素运算

其设计思路与单链表的求线性表中第 *i* 个元素运算算法完全相同。

```
int GetElem(Dlink *L,int i,ElemType &e)
{
    int j = 1;
    Dlink *p = L -> next;
    if(i < 1 || i > Get Length(L))
        return(0);      /*i 参数不正确,返回 0*/
    while(j < i)      /* 从第 1 个结点开始,查找第 i 个结点 */
    {
        p = p -> next;
        j++;
    }
    e = p -> data;
    return(1)     /* 返回 1*/
}
```

4. 按值查找运算

其设计思路与单链表的按值查找运算算法完全相同。

```
int Locate(Dlink *L,ElemType x)
{
```

```
    int i = 1;
    DLink *p = L->next;
    while(p! = NULL && p->data! = x)/* 从第1个结点开始查找data域为x的结点 */
    {
        p = p->next;
        i++;
    }
    if(p == NULL)
       return(0);
    else
       return(i);
}
```

5. 插入结点运算

先创建一个以 x 为值的新结点 $*s$,保证插入位置 i 的正确性。在双链表上找到插入位置的前一个结点,由 p 指向它。插入操作如图 2-9 所示。

1) 将结点 $*s$ 的 next 域指向结点 $*p$ 的下一个结点(s->next = p->next)。

2) $*s$ 的 prior 域指向 $*p$ 结点(s->prior = p)。

3) 若 $*p$ 不是最后结点(若 $*p$ 是最后结点,插入 $*s$ 作为最后结点),则将 $*p$ 之后结点的 prior 域指向 $*s$(p->next->prior = s)。

4) 将 $*p$ 的 next 域指向 $*s$(p->next = s)。

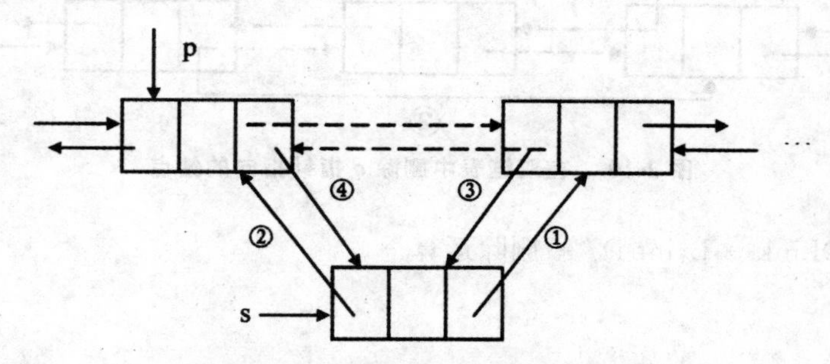

图 2-9 在双链表的 $*p$ 结点之后插入新结点 $*s$

```
int InsElem(DLink *L,ElemType x,int  i)
{
    int j = 1;
    DLink *p = L,*s;
    s = (DLink *)malloc(sizeof(DLink));      /* 创建 data 域为 x 的结点 */
    s->data = x;
    s->prior = s->next = NULL;
    if(i < 1 || i > Get Length(L) + 1)      /*i 参数不正确,插入失败,返回 0*/
    return 0;
    while(j < i)    /* 找到第 i-1 个结点,由 p 指向它 */
```

```
    {
        p = p -> next;
        j ++;
    }
    s -> next = p -> next;      /* * s 的 next 域指向 * p 的下一个结点 */
    s -> prior = p;     /* * s 的 prior 域指向 * p */
    if(p -> next! = NULL)   /* 若 * p 不是最后结点,则将 * p 之后结点的 prior 域指
向 * s */
    s -> next -> prior = s;
    p -> next = s;      /* * p 的 next 域指向 * s */
    return 1;       /* 插入运算成功,返回 1 */
}
```

6. 删除结点运算

先保证删除位置 i 的正确性。然后在双链表上找到删除位置的前一个结点,由 p 指向它,q 指向要删除的结点。删除操作如图 2-10 所示。

1) 将 $*p$ 的 next 域改为指向待删结点 $*q$ 的后继结点(p -> next = q -> next)。

2) 若 $*q$ 不是指向最后的结点,则将 $*q$ 之后结点的 prior 域指向 $*p$ (q-> next-> prior = p)。

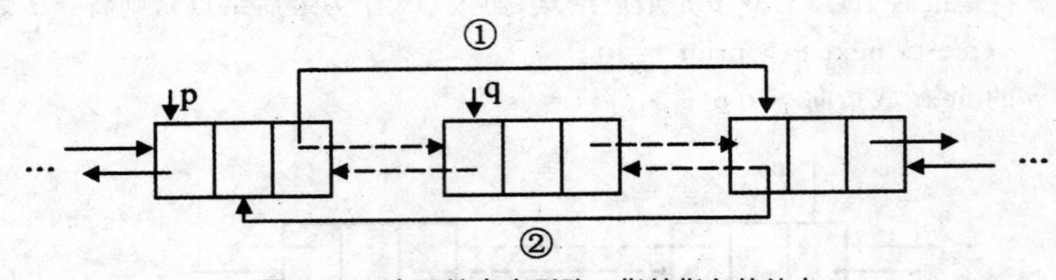

图 2-10　在双链表中删除 q 指针指向的结点

```
int DelElem(DLink * L,int i)/* 删除运算 */
{
    int j = 1;
    DLink * p = L, * q;
    if(i < 1 || i > Get Length(L))/* i 参数不正确,删除失败,返回 0 */
        return 0;
    while(j < i)      /* 找到第 i-1 个结点,由 p 指向它 */
    {
        p = p -> next;
        j ++;
    }
    q = p -> next;    /* q 指向 * p 的下一个结点,即要删除的结点 */
    p -> next = q -> next;
    if(q -> next! = NULL)   /* 若 * q 不是最后结点,则将 * q 之后结点的 prior 域指向
```

```
*p*/
        q->next->prior = p;
    free(q);      ;/* 释放第 i 个结点占用的空间 */
    return 1;     /* 删除运算成功,返回 1 */
}
```

7. 输出线性表运算

其设计思路与单链表的输出元素值运算算法完全相同。

```
void DispList(DLink *L)
{
    DLink *p = L->next;
    while(p! = NULL)
    {
        printf("%c",p->data);
        p = p->next;
    }
    printf("\n");
}
```

当双链表的基本运算设计好后,给出以下程序调用这些基本运算函数,读者可以对照程序执行结果进行分析,进一步体会双链表各种操作的实现过程:

```
void main()
{
    int i;
    ElemType  e;
    DLink *L;
    InitList(L);      /* 初始化双链表 L */
    InsElem(L,'a',1);     /* 插入元素 */
    InsElem(L,'c',2);
    InsElem(L,'a',3);
    InsElem(L,'e',4);
    InsElem(L,'d',5);
    InsElem(L,'b',6);
    printf(" 线性表:");
    DispList(L);
    printf(" 长度:%d\n",GetLength(L));
    i = 3;
    GetElem(L,i,e);
    printf(" 第 %d 个元素:%c\n",i,e);
    e = 'a';
    printf(" 元素 %c 是第 %d 个元素 \n",e,Locate(L,e));
```

```
    i = 4;
    printf(" 删除第 %d 个元素 \n",i);
    DelElem(L,i);
    printf(" 线性表");
    DispList(L);
}
```

其执行结果与顺序表对应主函数的执行结果相同。

例 2.6　设计一个实现下述要求的 ScanList 运算算法。设有一个带表头结点的双链表 h，每个结点有 4 个数据成员：指向前驱结点的指针 prior、指向后继结点的指针 next、存放数据的成员 data 和访问频度 freq。所有结点的 freq 初始值都为 0。每当在双链表上进行一次 ScanList(h,x) 运算时，令元素值为 x 的结点中 freq 域的值增 1，并使此链表中结点保持按访问频度递减的顺序排列，以便使频繁访问的结点总是靠近表头。

在每次查找到一个结点时，将其 freq 域增 1，再与它前面的一个结点进行比较，若它的 freq 域值较大，则两者交换（类似于插入排序）。对应的算法如下：

```
int ScanList(DLink *h,ElemType x)
{
    DLink *p = h->next, *q;
    while (p! = NULL&&p->dat a! = x)  /* 找 data 域值为 x 的结点 p */
    p = p->next;
    if(p == NULL)       /* 未找到的情况 *,
      return 0;
    else    /* 找到的情况 */
    {
        p->freq++;      /* 频度增 1 */
        q = p->prior;     /* q 为 p 前驱结点 */
        while(q! = h && q->freq < p->freq)
        {
            p->prior = q->prior;     /* 交换 p 和 q 的位置 */
            p->prior->next = p;
            q->next = p->next;
            if(q->next! = NULL)      /* p 不为最后一个结点时 */
                q->next->prior = q;
            p->next = q;
            q->prior = p;
            q = p->prior;     /* q 重指向 p 的前驱结点 */
        }
    }
    return i;
}
```

2.3.4　循环双链表

与循环单链表一样，也可以使用循环双链表。图2-11所示是一个带头结点的有n个结点的循环双链表。

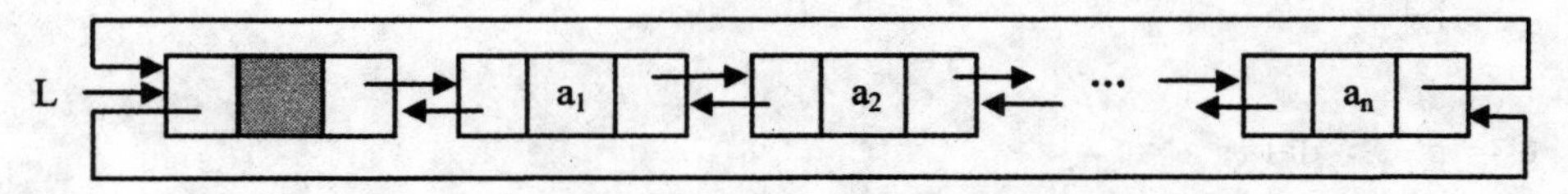

图2-11　带头结点的循环双链表

在循环双链表上实现线性表基本运算算法如下。

1. 初始化运算

创建一个头结点，由L指向它，该结点的next域和prior域均指向该头结点，data域未设定任何值。

```
void InitList(DLink *&L)
{
    L = (DLink *)malloc(sizeof(DLink));
    L->prior = L->next = L;
}
```

2. 求表长运算

其设计思路与循环单链表的求表长算法完全相同。

```
int GetLength(DLink *L)
{
    int i = 0;
    DLink *p = L->next;
    while(p! = L)
    {
        i++;
        p = p->next;
    }
    return i;
}
```

3. 求线性表中第i个元素运算

其设计思路与循环单链表的求线性表中第i个元素运算算法完全相同。

```
int GetElem(DLink *L,int i,ElemType &e)
{
    int j = 1;
    DLink *p = L->next;
    if(i<1 || i> GetLength(L))
```

```
        return(0);      /*i参数不正确,返回0*/
    while(j < i)     /* 从第1个结点开始,查找第i个结点 */
    {
        p = p -> next;
        j ++;
    }
    e = p -> data;
    return(i);      /* 返回1*/
}
```

4. 按值查找运算

其设计思路与循环单链表的按值查找运算算法完全相同。

```
int Locate(DLink *L,ElemType x)
{
    int i:1;
    DLink *p = L -> next;
    while(p! = L && p-> data! = x)     /* 从第1个结点开始查找data域为x的结点 */
    {
        p = p -> next;
        i ++;
    }
    if(p == L)
        return(0);
    else
        return(i);
}
```

5. 插入结点运算

其设计思想与双链表的插入运算算法基本相同。

```
int InsElem(DLink * L,ElemType x,int i)
{
    int j = 1;
    DLink *p = L, *s;
    s = (DLink *)malloc(sizeof(DLink));
    s -> data = x;
    s -> prior = s -> next = NULL;
    if(i < 1 || i > GetLength(L) + 1)
        return 0;
    while(j < i)     /* 找到第i-1个结点,由p指向它 */
    {
```

```
        p = p -> next;
        j ++;
    }
    s -> next = p -> next;  /* s 的 next 域指向 p 之后的结点 */
    s -> next -> prior = s;  /* p 之后结点的 prior 域指向 s */
    p -> next = s;      /* p 的 next 域指向 s */
    s -> prior = p;      /* s 的 prior 域指向 p */
    return 1;
}
```

6. 删除结点运算

其设计思想与双链表的删除运算算法基本相同。

```
int DelElem(DLink *L,int i)
{
    int j = 1;
    DLin k *p = L, *q;
    if(i < 1 || i > GetLength(L))
        return 0;
    while(j < i)      /* 找到第 i-1 个结点,由 p 指向它 */
    {
        p = p -> next;
        j ++;
    }
    q = p -> next;      /* q 指向 p 的下一个结点,即要删除的结点 */
    p -> next = q -> next;      /* p 的 next 指向 q 的下一个结点 */
    q -> next -> prior = p;  /* q 的下一个结点的 prior 域指向 p */
    free(q);     /* 释放 q 所占用的空间 */
    return 1;
}
```

7. 输出线性表运算

其设计思路与循环单链表的输出元素值运算算法完全相同。

```
void DispLis (DLink *L)/* 输出线性表 */
{
    DLink *p = L -> next;
    while(p! = L)
    {
        printf("%c",p -> data);
        p = p -> next;
    }
```

```
    printf("\n");
}
```

当循环双链表的基本运算设计好后，给出以下程序调用这些基本运算函数，读者可以对照程序执行结果进行分析，进一步体会循环双链表各种操作的实现过程：

```
void main()
{
    int i;
    ElemType e;
    DLink *L;
    Init List(L);        /* 初始化循环双链表 L */
    InsElem(L,'a',1);       /* 插入元素 */
    InsElem(L,'c',2);
    InsElem(L,'a',3);
    InsElem(L,'e',4);
    InsElem(L,'d',5);
    InsElem(L,'b',6);
    printf(" 线性表:");
    DispList(L);
    printf(" 长度:%d\n",GetLength(L));
    i = 3;
    GetElem(L,i,e);
    printf(" 第 %d 个元素:%c\n",i,e);
    e = 'a';
    printf(" 元素 %c 是第 %d 个元素 \n",e,Locate(L,e));
    i = 4;
    printf(" 删除第 %d 个元素 \n",i);
    DelElem(L,i);
    printf(" 线性表:");
    DispList(L);
}
```

其执行结果与顺序表对应主函数的执行结果相同。

例 2.7　有一个带头结点的循环双链表，其结点 data 域值为整数，设计一个算法，要求把所有数据域值大于 0 的结点放在所有数据域小于 0 的结点的前面。

在循环双链表中，从左向右找 data 域值小于 0 的结点 $*p$，从右向左找 data 域值大于 0 的结点 $*q$，交换两者的 data 域值。对应的算法如下：

```
int Move(DLink *L)
{
    ElemType temp;
    DLink *p = L->next, *q = L->prior;
```

```
    if(L->next==L)    /* 为空循环双链表时返回 0 */
        return 0;
    while (p! = q)
    {
        while(p->data>0 && p! = L)  /* 从左向右找第1个data域值小于0的结点 */
            p = p->next;
        while(q->data<0 && q! = L)  /* 从右向左找第1个data域值大于0的结点 */
            q = q->prior;
        if(p! = q)    /* 交换 *p和 *q两结点的data域值 */
        {
            temp = p->data;
            p->data = q->data;
            q->data = temp;
            p = p->next;
            q = q->prior;
        }
    }
    return 1;
}
```

2.4 线性表的应用

本节通过对数学中一元多项式的表示及常见的相加运算的介绍，来对本章学习的数据结构三要素及算法设计与分析的内容作进一步的总结。

数学中一个一元 n 次多项式按升幂可表示为

$$P_n(x) = p_0 + p_1 x + p_2 x^2 + \cdots + p_n x^n$$

其中，p_i 表示第 i 项的系数。该一元多项式可由其 $n+1$ 项系数唯一确定，这在计算机中可用一个线性表 p 来表示：

$$P = (p_0, p_1, p_2, \cdots, p_n)$$

每一项的指数 $i(0 \leqslant i \leqslant n)$ 隐藏在其位置序号中。

在数学中，两个一元多项式的相加(减)运算的规则很简单：指数相同项的系数相加(减)。

一个一元 n 次多项式的计算机的存储表示，采用顺序存储，一种方式是按升幂方式只存储每一项的系数，而每项的指数则隐含在顺序表的下标中，即 $p[i]$ 存储第 $i(0 \leqslant i \leqslant n)$ 项的系数，而 i 为该项的指数。这种存储方式使得相加运算非常简单。但在通常的应用中，经常遇到多项式的项数少而指数却很大的情况，对此采用上面的顺序存储，会使得线性表中有大量的零项，造成大量的空间浪费。这时可采用顺序存储的另一种方式，就是只存储多项式的非零项，对于每个非零项，需要将其系数和指数都表示出来，形成一个二元组(p_i, e_i)，其中 p_i 和 e_i 分别表示第 $i(0 \leqslant i \leqslant n)$ 项的系数和指数，按升幂形式顺序存储即可。

一元多项式还可采用链式存储，多项式的每个非零项可用一个结点表示，形成三个域的结

构,其中包含该项的系数和指数以及指向其后继非零项的指针。用单链表存储一元多项式的结点结构可定义如下:

```
typedef struct PolyNode
{/* 项的结点表示 */
    float coef;      /* 系数 */
    int exp;     /* 指数 */
    struct PolyNode * next;      /* 指向后继项的指针 */
}PolyNode, * PolyList;
```

例如有两个多项式 $P_{19} = 9 + 5x^3 + 8x^{10} + 7x^{19}$ 和 $Q_{10} = 10x^3 + 24x^9 - 8x^{10}$,采用链式存储如图 2-12 所示。

如果只对多项式进行"求值"等不改变多项式系数和指数的运算,那么采用顺序存储较为方便,否则采用链式存储更为合适。下面采用链式存储来设计一元多项式的建立及两个多项式的相加运算的算法。

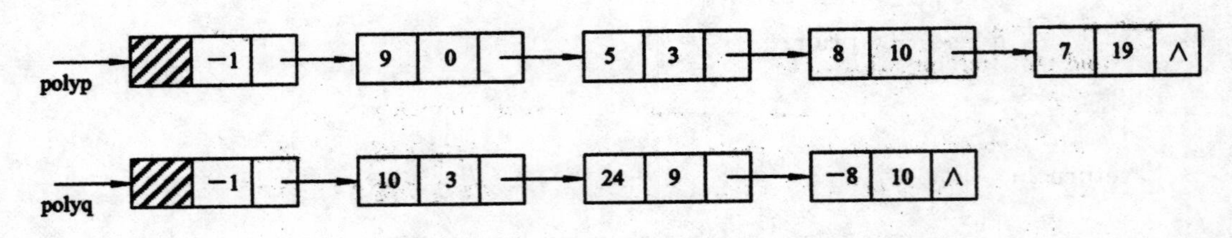

图 2-12　多项式的单链表存储结构

首先通过键盘输入一组多项式的系数和指数,运用尾插法建立一元多项式的链式存储,具体算法由算法 2.1 描述。

算法 2.1

```
PolyList CreatePoly()
{
    PolyNode * head, * rear, * s;
    float c;int e;
    head = (PolyNode * )malloe(sizeof(PolyNode));      /* 建立头结点 */
    rear = head;     /* rear 始终指向表尾,以进行尾插法建表 */
    scanf("%f,%e",&c,&e);/* 读入多项式一项的系数和指数 */
    while(c! = 0)
    {   /* c = 0 表示多项式输入结束 */
        s = (PolyNode * )malloc(sizeof(PolyNode));      /* 生成新结点 */
        s -> coef = c;
        s -> exp = e;
        rear -> next = s;
        rear = s;      /* 在当前表尾插入 */
        scanf("%f,%e",&c,&e);
```

```
    }
    Rear -> next = NULL)      /* 将表的最后结点的 next 域赋值为 NULL,表示结束 */
    return(head);
}
```

然后进行两个多项式的相加运算。当两个多项式有两项指数相同时,系数相加即可,而当系数相反时,应进行删除操作。该过程可以一个多项式的链表为基础,将另一个多项式的链表中的结点插入其中,应当满足相加规则并使"和多项式"按升序排列,具体算法由算法 2.2 描述。

算法 2.2

```
void AddPoly(PolyList polya,PolyList polyb)
{/* 将两多项式 polya 和 polyb 相加,和多项式为 polya,并将 polyb 删除 */
    PolyNode * p, * q,. tail, * temp;int sum;
    p = polya -> next;
    q == polyb -> next;      /* 将 p 和 q 分别指向两个链表的第一个结点 */
    tail = polya;
    while(p! -- NULL&&q! = NULL)      /* 两个链表均为结束 */
    {
        if(p -> exp < q -> extp)
        {/* 若 p 所指结点指数小,将 p 所指结点加入到和多项式中 */
            tail -> next = p;
            tail = p;
            p = p -> next;
        }
        else if(p -> exp == q -> extp)
        { /* 若指数相同,则系数相加 */
          sum = p -> coef + q -> coed;
          if(sum! = 0)
          {/* 若系数和非零,则将和赋给结点 * p,释放 * q 结点,并后移 */
              p -> coef = sum;
              tail -> next = p;
              tail = p;
              p = p -> next;
              temp = q;
              q = q -> next;
              free(temp);
        }
        else
        { /* 若系数和为零,则删除结点 * p 和 * q,两指针同时后移 */
            temp = p;
            p = p -> next;
```

```
                free(temp);
                temp = q;
                q = q -> next;
                free(temp);
            }
        }
        else
        {   /* 若p所指结点指数大,则将 *q结点插入到和多项式中 */
            tail -> next = q;
            tail = q;
            q = q -> next;
        }
    }
    if(p! = NULL)      /* 若多项式a有余项,则将余项加入到和多项式中 */
    tail -> next = p;
    else     /* 若多项式b有余项,则将余项加入到和多项式中 */
    tail -> next = q;
}
```

假如两个多项式分别有 n 项和 m 项,那么该算法的时间复杂度为 $O(n+m)$。图 2-13 所示为图 2-12 中两个多项式的相加运算,其中的孤立结点将被释放。

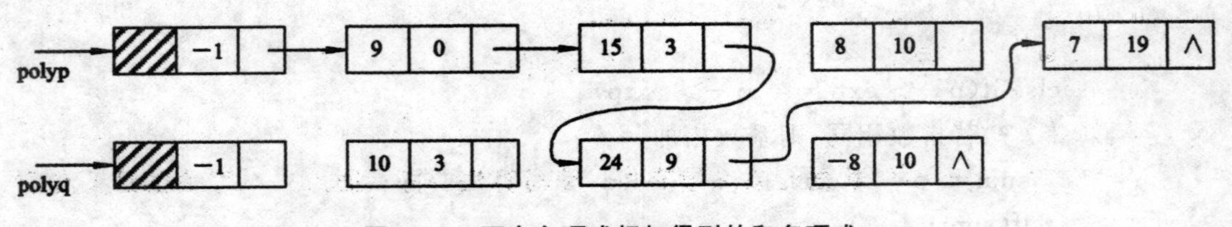

图 2-13 两个多项式相加得到的和多项式

两个多项式的相乘运算,可利用两个多项式的相加运算来实现。

习题

1. 选择题。

(1) 线性表是(　　)。

A. 一个有限序列,可以为空　　B. 一个有限序列,不能为空

C. 一个无限序列,可以为空　　D. 一个无序序列,不能为空

(2) 对顺序存储的线性表,设其长度为 n,在任何位置上插入或删除操作都是等概率的,插入一个元素时平均要移动表中的(　　)个元素。

A. $n/2$　　B. $(n+1)/2$

C. $(n-1)/2$　　D. n

(3) 线性表采用链式存储时,其地址(　　)。

A. 必须是连续的　　B. 部分地址必须是连续的

C. 一定是不连续的　　D. 连续与否均可以

(4) 用链表表示线性表的优点是(　　)。

A. 便于随机存取

B. 花费的存储空间较顺序存储少

C. 便于插入和删除

D. 数据元素的物理顺序与逻辑顺序相同

(5) 链表中最常用的操作是在最后一个元素之后插入一个元素和删除最后一个元素,则采用(　　)存储方式最节省运算时间。

A. 单链表　　B. 双链表

C. 单循环链表　　D. 带头结点的双循环链表

(6) 下面关于线性表的叙述错误的是(　　)。

A. 线性表采用顺序存储,必须占用一片地址连续的单元

B. 线性表采用顺序存储,便于进行插入和删除操作

C. 线性表采用链式存储,不必占用一片地址连续的单元

D. 线性表采用链式存储,便于进行插入和删除操作

(7) 单链表中,增加一个头结点的目的是为了(　　)。

A. 使单链表至少有一个结点

B. 标识表结点中首结点的位置

C. 方便运算的实现

D. 说明单链表是线性表的链式存储

(8) 在单链表指针为 p 的结点之后插入指针为 s 的结点,正确的操作是(　　)。

A. p -> next = s;s -> next = p -> next;

B. s -> next = p -> next;p -> next = s;

C. p -> next = s;p -> next = s -> next;

D. p -> next = s -> next,p -> next = s,

(9) 在双向链表存储结构中,删除 p 所指的结点时须修改指针(　　)。

A. (p -> prior) -> next = p -> next;(p -> next) -> prior = p -> prior;

B. p -> prior = (p -> prior) -> prior;(p -> prior) -> next = p;

C. (p -> next) -> prior = p;p -> flink = (p -> next) -> next;

D. p -> next = (p -> prior) -> prior;p -> prior = (p -> next) -> next;

(10) 若某线性表中最常用的操作是取第 i 个元素和找第 i 个元素的前驱元素,则采用(　　)存储方式最节省运算时间。

A. 单链表　　B. 顺序表

C. 双链表　　D. 单循环链表

2. 判断题。

(1) 线性表的逻辑顺序与存储顺序总是一致的。( )

(2) 顺序存储的线性表可以按序号随机存取。( )

(3) 顺序表的插入和删除操作不需要付出很大的时间代价,因为每次操作平均只有近一半的元素需要移动。( )

(4) 线性表中的元素可以是各种各样的,但同一线性表中的数据元素具有相同的特性,因此属于同一数据对象。( )

(5) 在线性表的顺序存储结构中,逻辑上相邻的两个元素在物理位置上并不一定相邻。( )

(6) 在线性表的链式存储结构中,逻辑上相邻的元素在物理位置上不一定相邻。( )

(7) 线性表的链式存储结构优于顺序存储结构。( )

(8) 在线性表的顺序存储结构中,插入和删除时移动元素的个数与该元素的位置有关。( )

(9) 线性表的链式存储结构是用一组任意的存储单元来存储线性表中数据元素的。( )

(10) 在单链表中,要取得某个元素,只要知道该元素的指针即可,因此,单链表是随机存取的存储结构。( )

(11) 静态链表既有顺序存储的优点,又有动态链表的优点。所以它存取表中第 i 个元素的时间与 i 无关。( )

(12) 线性表的特点是每个元素都有一个前驱和一个后继。( )

3. 算法设计题。

(1) 设线性表存放在向量 A[arrsize] 的前 elenum 个分量中,且递增有序。试写一算法,将 x 插入到线性表的适当位置上,以保持线性表的有序性,并且分析算法的时间复杂度。

(2) 已知一顺序表 A,其元素值非递减有序排列,编写一个算法删除顺序表中多余的值相同的元素。

(3) 写一个算法,从一个给定的顺序表 A 中删除值在 x ~ y(x <= y) 之间的所有元素,要求以较高的效率来实现。

(4) 线性表中有 n 个元素,每个元素是一个字符,现存于向量 $R[n]$ 中,试写一算法,使 R 中的字符按字母字符、数字字符和其他字符的顺序排列。要求利用原来的存储空间,元素移动次数最小。

(5) 线性表用顺序存储,设计一个算法,用尽可能少的辅助存储空间将顺序表中前 m 个元素和后 n 个元素进行整体互换,即将线性表

$(a_1, a_2, \cdots, a_m, b_1, b_2, \cdots, b_n)$ 改变为 $(b_1, b_2, \cdots, b_n, a_1, a_2, \cdots, a_m)$

(6) 已知带头结点的单链表 L 中的结点是按整数值递增排列的,试写一算法,将值为 x 的结点插入到表 L 中,使得 L 仍然递增有序,并且分析算法的时间复杂度。

(7) 假设有两个已排序(递增)的单链表 A 和 B,编写算法将它们合并成一个链表 C 而不改变其排序性。

(8) 假设长度大于 1 的循环单链表中,既无头结点也无头指针,p 为指向该链表中某一结点的指针,编写算法删除该结点的前驱结点。

(9) 已知两个单链表 A 和 B 分别表示两个集合,其元素递增排列,编写算法求出 A 和 B 的交

集 C,要求 C 同样以元素递增的单链表形式存储。

(10) 设有一个双向链表,每个结点中除有 prior、data 和 next 域外,还有一个访问频度 freq 域,在链表被起用之前,该域的值初始化为零。每当在链表进行一次 Locata(L,x) 运算后,令值为 x 的结点中的 freq 域增 1,并调整表中结点的次序,使其按访问频度的非递增序列排列,以便使频繁访问的结点总是靠近表头。试写一个满足上述要求的 Locata(L,x) 算法。

第3章　栈和队列

3.1　栈

3.1.1　栈的定义及基本运算

栈是限制在表的一端进行插入和删除的线性表。允许插入、删除的这一端称为栈顶,另一个固定端称为栈底。当表中没有元素时称为空栈。

如图3-1所示,栈中有三个元素,进栈的顺序是 a_1、a_2、a_3,当需要出栈时其顺序为 a_3、a_2、a_1,所以栈又称为后进先出的线性表(Last In First Out),简称 LIFO 表。

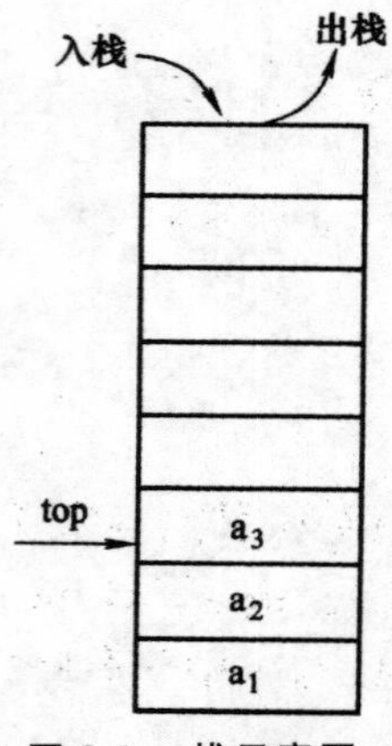

图3-1　栈示意图

在日常生活中,有很多后进先出的例子,读者可以列举。在程序设计中,常常需要栈这样的数据结构,使得与保存数据时相反顺序来使用这些数据。

设S表示一个栈,对于栈的基本运算有:

1)Init_Stack(S)。栈初始化,操作结果是构造了一个空栈。

2)Empty_Stack(S)。判栈空,操作结果是若栈S为空返回为1,否则返回为O。

3)Push_Stack(S,x)。入栈,操作结果是在栈S的顶部插入一个新元素x,x成为新的栈顶元素,栈发生变化。

4)Pop_Stack(S)。出栈,在栈S存在且非空的情况下,操作结果是将栈S的顶部元素从栈中删除,栈中少了一个元素,栈发生变化。

5)Top_stack(s)。读栈顶元素,在栈S存在且非空情况下,操作结果是读栈顶元素栈不变化。

3.1.2　栈的存储及运算实现

由于栈是运算受限的线性表,因此线性表的存储结构对栈也是适用的,只是操作不同而已。

1. 顺序栈

利用顺序存储方式实现的栈称为顺序栈。类似于顺序表的定义，栈中的数据元素用一个预设足够大的一维数组来实现：datatype data[MAXSIZE]，栈底位置可以设置在数组的任一个端点，而栈顶是随着插入和删除而变化的，因此需要一个栈顶指针来标示，设变量 int top 作为栈顶指针使用，指明当前栈顶的位置，同样将 data 和 top 封装在一个结构中，顺序栈的类型描述如下：

```
#define MAXSIZE 1024   /* 设定栈的最大长度为1024，可根据实际情况进行修改 */
typedef struct
{
    datatype data[MAXSIZE];
    int top;
}SeqStack
```

定义一个指向顺序栈的指针 SeqStack *s;

通常，0 下标端设为栈底。这样，栈顶指针 top =-1 表示空栈。入时，栈顶指针加 1，即 s-> top+；出栈时，栈顶指针减 1，即 s -> top --。栈操作的示意如图 3-2 所示。

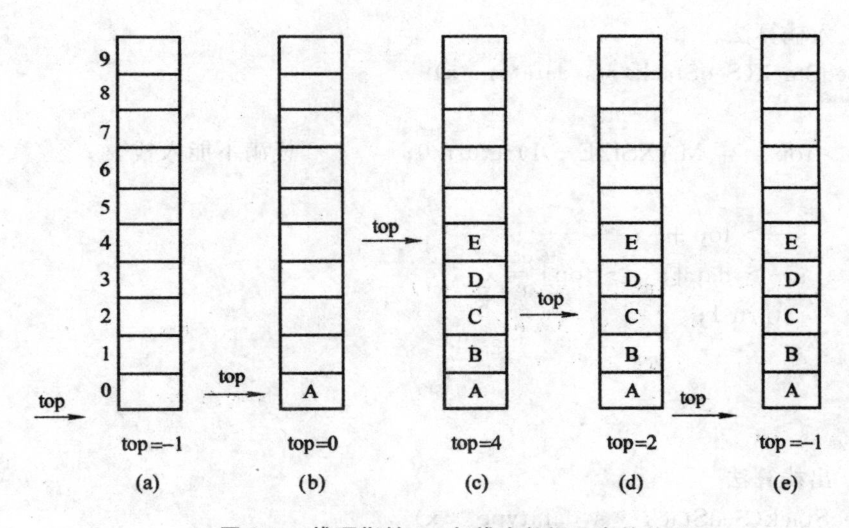

图 3-2　栈顶指针 top 与栈中数据元素的关系

(a) 空队；(b) 有 3 个元素；(c) 一般情况；(d) 假溢出现象

图 3-2(a) 是空栈，图 3-2(c) 是 A、B、C、D、E 5 个元素依次入栈之后，图 3-2(d) 是在图 3-2(c) 之后 E、D 相继出栈，此时栈中还有 3 个元素，或许最近出栈的元素 D、E 仍然在原先的单元存储着，但 top 指针已经指向了新的栈顶，则元素 D、E 已不再属于栈内的元素，通过这个示意图可进一步理解栈顶指针的作用。

在上述存储结构上实现的基本操作如下：

(1) 置空栈

首先建立栈空间，然后初始化栈顶指针。

算法 3.1　置空栈算法

```
SeqStack *Init_SeqStack()
```

```
{
    SeqStack * s;
    s = (SeqStack  * )malloc(sizeof(SeqStack));      /* 申请栈的空间 */
    s -> top =-1;        /* 初始化栈顶指针 */
    return s;
}
```

(2) 判栈空

算法 3.2　判栈空算法

```
int Empty_SeqStack(SeqStack  * s)
{
    if(s -> top == 1)
    return 1;
    else return 0;
}
```

(3) 入栈

算法 3.3　入栈算法

```
im Push_SeqStack(SeqStack  * s,datatype x)
{
    if(s -> top == MAXSIZE - 1)return 0;      /* 栈满不能入栈 */
    else{
            s -> top ++;
            s -> data[s -> top] = x;
            return 1;
        }
}
```

(4) 出栈

算法 3.4　出栈算法

```
int Pop_SeqStack(SeqStack  * s,datatype  * x)
{
    if(Empty_SeqStack(s))return 0;     /* 栈空不能出栈 */
    else
    {
        * x = s -> data[s -> top];
        s -> top --;      /* 更新栈顶指针 */
        return 1;
    } /* 栈顶元素存入 * x,返回 */
}
```

(5) 取栈顶元素

算法 3.5 取栈顶元素算法

```
int Top_SeqStack(SeqStack * s,datatype * x)
{
    if(Empty_SeqStack(s)) return0;      /* 栈空无元素 */
    else
    {
        * x = s-> data[s-> top];
        return 1;
    }
}
```

几点说明：

1) 对于顺序栈，入栈时，首先判栈是否满了，栈满的条件为 s-> top == MAXSIZE-1，栈满时，不能入栈，否则会出现空间溢出，引起错误，这种现象称为上溢。

2) 出栈和读栈顶元素操作，先判栈是否为空，为空时不能出栈和读栈顶元素，否则会产生错误。通常栈空时常作为一种控制转移的条件。

2. 链栈

用链式存储结构实现的栈称为链栈。通常链栈用单链表表示，因此其结点结构与单链表的结构相同，即有：

```
typedef stmct snode
{
    datatype data;
    struct snode * next;
}StackNode, * LinkStack;
```

其中，LinkStack top 是定义 top 为栈顶指针变量。

因为栈中的主要运算是在栈顶插入、删除，显然在链表的头部做栈顶是最方便的，而且没有必要像单链表那样为了运算方便附加一个头结点。通常将链栈表示成图 3-3 的形式。

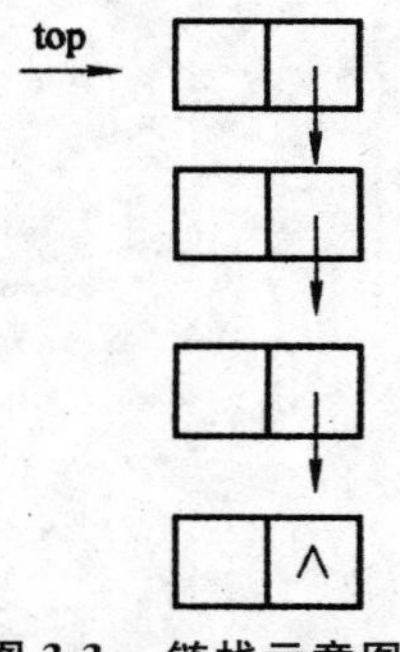

图 3-3 链栈示意图

链栈基本操作的实现：

(1) 置空栈

只需将栈顶指针置为空即可。

(2) 判栈空

算法 3.6　判栈空算法

```
int Empty_LinkStack(LinkStack top)
{
      if(top == NULL)
      return 1;
      else return 0;
}
```

(3) 入栈

算法 3.7　入栈算法

```
LinkStack Push_LinkStack(LinkStaek top,datatype x)
{
      StackNode *p;
      p = (StackNode *)malloc(sizeof(StackNode));
      p -> data = x;
      p -> next = top;
      top = p;
      return top;
}
```

(4) 出栈

算法 3.8　出栈算法

```
LinkStack Pop_LinkStack(LinkStack top,datatype,x)
{
      StackNode *p;
      if(top == NULL)
      return NULL;
      else{
            *x = top -> data;
            p = top;
            top = top -> next;
            free(p);
            return top;
      }
}
```

3.1.3　栈的应用举例

由于栈的“后进先出”特点，在很多实际问题中都利用栈作为一个辅助的数据结构来进行求解。下面通过几个例子进行说明。

例 3.1　数制转换问题。

将十进制数 N 转换为 r 进制的数，其转换方法利用辗转相除法。以 $N=3467$，$r=8$ 为例，转换方法如下：

N	N/8(整除)	N%8(求余)	
3467	433	3	↑低
433	54	1	
54	6	6	
6	0	6	高

所以 $(3467)_{10}=(6613)_8$。

我们看到所转换的八进制数是按低位到高位的顺序产生的，而通常的输出是从高位到低位的，恰好与计算过程相反，因此转换过程中每得到一位八进制数则进栈保存，转换完毕后依次出栈则正好是转换结果。

算法思想如下：

设栈 s，当 $N>0$ 时重复 1)，2)。

1）若 $N\neq 0$，则将 $N\%r$ 压入栈 s 中，执行 2)；

若 $N=0$，将栈 s 的内容依次出栈，算法结束。

2）用 N/r 代替 N。

算法如下：

算法 3.9　数制转换算法 1

```
typedef int datatype;
void conversion(int N,int r)
{
    SeqStack *s;
    datatype x;
    s = Init_SeqStack();      /* 建立一个栈区，并置为空 */
    while(N! = 0)
    {
        Push_SeqStack(s,N%r);      /* 将余数入栈 */
        N = N/r;
    }
    while(!Empty_SeqStack(s))
    {
        Pop_SeqStack(s,&x);
        printf("%d",x);
```

```
    }
}
```

算法 3.10　数制转换算法 2

```
#define L 10
void conversion(int N,int r)
{
    int s[L],top;       /* 定义一个顺序栈 */
    int x;
    top =-1;     /* 初始化栈 */
    while(N!= 0)
    {
        s[++ top] = N%r;      /* 余数入栈 */
        N = N/r;      /* 商作为被除数继续 */
    }
    while(top!=-1)
    {
        x = s[top--]
        printf("%d",x);
    }
}
```

在算法 3.9 中对栈的操作调用了相关函数，如对余数的入栈调用了算法 3.3，即“Push-SeqStack(s,N%r)”,使问题的层次更加清楚。而算法 3.10 中的直接用向量 s(数组表示)和变量 top 作为一个栈来使用。初学者往往将栈视为一个很复杂的东西，不知道如何使用，通过这个例子可以消除栈的“神秘”，当应用程序中需要使用与数据保存顺序相反的数据时，就要想到栈。通常用顺序栈较多。

例 3.2　利用栈实现迷宫的求解。

问题：

这是实验心理学中的一个经典问题，心理学家把一只老鼠从一个无顶盖的大盒子的入口处赶进迷宫。迷宫中设置很多隔壁，对前进方向形成了多处障碍，心理学家在迷宫的唯一出口处放置了一块奶酪，吸引老鼠在迷宫中寻找通路以到达出口。

求解思想：

回溯法是一种不断试探且及时纠正错误的搜索方法。下面的求解过程采用回溯法。从入口出发，按某一方向向前探索，若能走通(未走过的)，则到达新点，否则试探下一方向；若所有的方向均没有通路，则沿原路返回前一点，换下一个方向再继续试探，直到所有可能的通路都探索到，或找到一条通路，或无路可走又返回到入口点。

在求解过程中，为了保证在到达某一点后不能向前继续行走(无路)时，能正确返回前一点以便继续从下一个方向向前试探，则需要用一个栈保存能够到达的每一点的下标及从该点前进的方向。

需要解决的四个问题：

(1) 表示迷宫的数据结构

设迷宫为 m 行 n 列，利用 maze $[m][n]$ 来表示一个迷宫，maze $[i][j]=0$，或 1；其中 0 表示通路，1 表示不通。当从某点向下试探时，中间点有 8 个方向可以试探，(如图 3-4 所示) 而 4 个角点有 3 个方向，其他边缘点有 5 个方向。为使问题简单化，我们用 maze $[m+2][n+2]$ 来表示迷宫，而迷宫的四周的值全部为 1。这样做使问题简单化了，每个点的试探方向全部为 8，不用再判断当前点的试探方向有几个，同时与迷宫周围是墙壁这一实际问题相一致。

图 3-4 所示的是一个 6×8 的迷宫。入口坐标为(1,1)，出口坐标为(m,n)。

入口(1,1)

	0	1	2	3	4	5	6	7	8	9
0	1	1	1	1	1	1	1	1	1	1
1	1	0	1	1	1	0	1	1	1	1
2	1	1	0	1	0	1	1	1	1	1
3	1	0	1	0	0	0	0	0	1	1
4	1	0	1	1	1	0	1	1	1	1
5	1	1	0	0	1	1	0	0	0	1
6	1	0	1	1	0	0	1	1	0	1
7	1	1	1	1	1	1	1	1	1	1

出口 (6,8)

图 3-4　用 maze$[m+2][n+2]$ 表示的迷宫

迷宫的定义如下：

```
#define m 6      /* 迷宫的实际行 */
#define n 8      /* 迷宫的实际列 */
int maze[m+2]。[n+2];
```

(2) 试探方向

在上述表示迷宫的情况下，每个点有 8 个方向可以试探，如当前点的坐标为(x,y)，与其相邻的 8 个点的坐标都可根据与该点的相邻方位而得到，如图 3-5 所示。因为出口在(m,n)，因此试探顺序规定为：从当前位置向前试探的方向为从正东沿顺时针方向进行。为了简化问题，方便地求出新点的坐标，将从正东开始沿顺时针方向进行的这 8 个方向的坐标增量放在一个结构数组 move[8] 中。在 move 数组中，每个元素由两个域组成，x 为横坐标增量，y 为纵坐标增量。move 数组如图 3-6 所示。

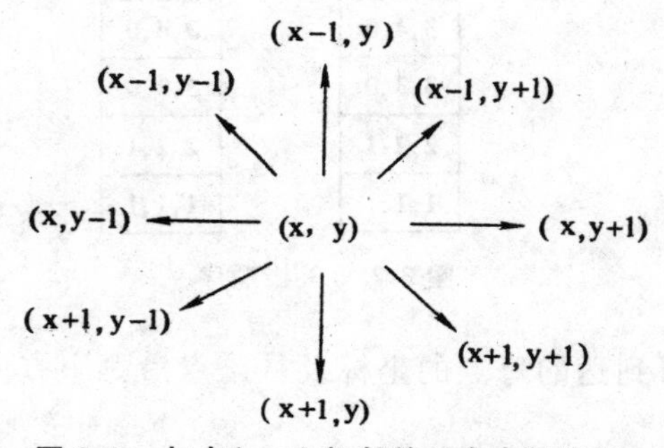

图 3-5　与点(x,y) 相邻的 8 个点及坐标

move 数组定义如下：

```
typedef struct
{
    int x,y;
}item;
item move[8];
```

这种对 move 设计的方法会很方便地求出从某点(x,y)按某一方向序号$(0\leqslant v\leqslant 7)$到达的新点$(i,j)$的坐标：

```
i = x + move[v]. x;j = y + move[v]. y;
```

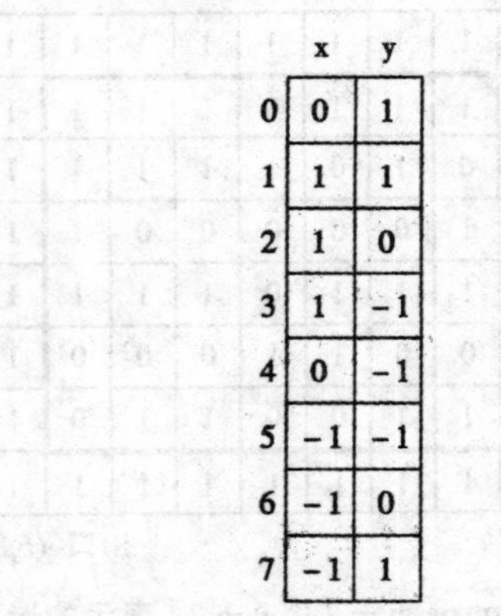

	x	y
0	0	1
1	1	1
2	1	0
3	1	−1
4	0	−1
5	−1	−1
6	−1	0
7	−1	1

图 3-6　增量数组 move

(3) 栈的设计

当到达了某点而无路可走时需返回前一点，再从前一点开始向下一个方向继续试探。因此，压入栈中的不仅是顺序到达的各点的坐标，而且还要有从前一点到达本点的方向序号。对于图 3-4 所示的迷宫，依次入栈如图 3-7 所示。

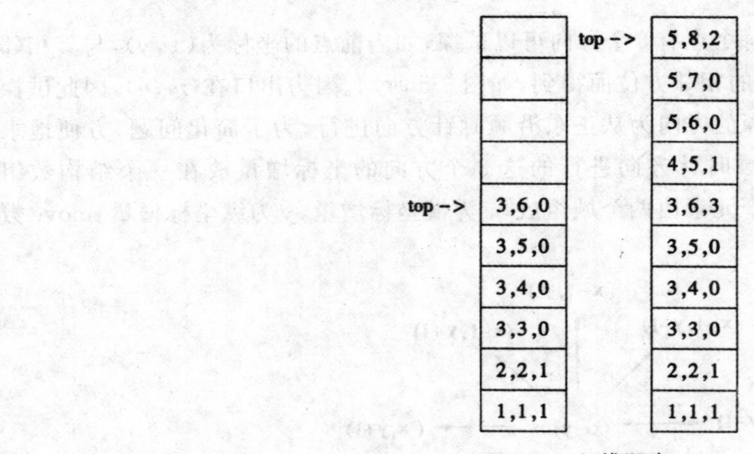

图 3-7　入栈顺序

栈中每一组数据表示所到达的每点的坐标及从该点沿哪个方向向下走的，对于图 3-4 所示的迷宫，走的路线为：

$(1,1)_1 \rightarrow (2,2)_1 \rightarrow (3,3)_0 \rightarrow (3,4)_0 \rightarrow (3,5)_0 \rightarrow (3,6)_0$(下脚标表示方向)

当从点(3,6)沿方向0到达点(3,7)之后,无路可走;则应回溯,即退回到点(3,6),对应的操作是出栈,沿下一个方向即方向1继续试探,1方向和2方向的试探失败,在方向3上试探成功,因此将(3,6,3)压入栈中,即到达了(4,5)点:

$$(1,1)_1 \rightarrow (2,2)_1 \rightarrow (3,3)_0 \rightarrow (3,4)_0 \rightarrow (3,5)_0 \rightarrow (3,6)_3 \rightarrow (4,5)\cdots$$

综上,栈中元素是一个由行、列、方向组成的三元组,定义如下:

```
typedef struct
{
    int x,y,d;      /* 横纵坐标及方向 */
}datatype;
```

栈的定义为 SeqStack s;

(4) 如何防止重复到达某点,以避免发生死循环

一种方法是另外设置一个标志数组 mark[m][n],它的所有元素都初始化为0,一旦到达了某一点(i,j)之后,使 mark[i][j] 置1,下次再试探这个位置时因为 mark[i][j] ==1 就不能再走了。另一种方法是当到达某点(i,j)后,使原迷宫数组 mark[i][j] 置-1,以便区别未到达过的点,同样也能起到防止走重复点的目的。本书采用后者方法,若需要,在算法结束前可恢复原迷宫。

迷宫求解算法的思路如下:

1) 栈初始化。

2) 将入口点坐标及到达该点的方向(设为-1)入栈。

3)while(栈不空)。

```
{
    读栈顶元素 => (x,y,d);
    出栈;
    求出下一个要试探的方向 d++;
    while(还有剩余试探方向时)
    {
        if(d方向可走)
        则{
             (x,y,d)入栈;
             求新点坐标(i,j);
             将新点(i,j)切换为当前点(x,y);
            if((x,y) == (m,n))结束;
            else 置 d = 0;
        }
        else d++;
    }
}
```

算法如下:

算法 3.11 迷宫求解算法

```
int path(int maze[m][n];item move[8])
{
    SeqStack *s;
    datetype temp;
    int x,y,d,i,j;
    s = Init_SeqStack();       /* 建立一个空栈 */
    temp.x = 1;
    temp.y = 1;
    temp.d =-1;
    Push_SeqStack(s,temp);       /* 入口进栈 */
    while(!Empty.SeqStack(s))
    {
        Pop_SeqStack(s,&temp);
        x = temp.x;
        y = temp.y;
        d = temp.d+1;/* 回到上一位置进行下一个方向的试探 */
        while(d < 8)     /* 当还有方向可试 */
        {
            i = x+move[d].x;     /* 新点坐标 */
            j = y+move[d].y;
            if(maze[i][j] = 0)      /* 判断是否可到达 */
            {
                -temp = {x,y,d};        /* 记录当前的坐标及方向 */
                Push_SeqStack(s,temp);      /* 坐标及方向入栈 */
                x = i;
                y = n;
                maze[x][y] =-1;/* 到达新点 */
                if(x == m&&y == n)return 1;/* 是出口则迷宫有路 */
                else d = 0;   /* 不是出口继续试探 */
            }
            else d++;
        }/*while(d < 8)*/
    }  /*while*/
    return 0;      /* 迷宫无路 */
}
```

自栈底到栈顶中保存的就是一条迷宫的通路。

例 3.3 表达式求值。

表达式求值是程序设计语言编译中一个最基本的问题，它的实现也用到栈。下面的算法是用算符优先法对表达式求值。

表达式是由运算对象、运算符、括号组成的有意义的式子。运算符从运算对象的个数上分，有单目运算符和双目运算符；从运算类型上分，有算术运算、关系运算、逻辑运算。在此仅限于讨论只含二目运算符的算术表达式。

(1) 中缀表达式求值

中缀表达式：每个二目运算符在两个运算量的中间，假设所讨论的算术运算符包括：

+、-、*、/、%、∧（乘方）和括号()。

设运算规则如下：

1) 运算符的优先级从高到低为：()，∧、*、/、%，+、-。

2) 有括号出现时先算括号内的，后算括号外的，多层括号，由内向外进行。

3) 乘方连续出现时先算最右边的。

设表达式作为一个满足表达式语法规则的串存储，如表达式"3*2^(4+2,2-1*3)-5"，它的求值过程为：自左向右扫描表达式，当扫描到3*2时不能马上计算，因为后面可能还有更高的运算。正确的处理过程是：需要两个栈，即运算对象栈 s_1 和算符栈 s_2。当自左至右扫描表达式的每一个字符时，若当前字符是运算对象，则入对象栈；是运算符时，若这个运算符比栈顶运算符高则入栈，继续向后处理，若这个运算符比栈顶运算符低则从对象栈出栈两个运算量，从算符栈出栈一个运算符进行运算，并将其运算结果入对象栈，继续处理当前字符，直到遇到结束符。

根据运算规则，左括号"("在栈外时它的级别最高，而进栈后它的级别则最低了；乘方运算的结合性是自右向左，所以，它的栈外级别高于栈内。也就是说，有的运算符栈内栈外的级别是不同的，当遇到右括号")"时，一直需要对运算符栈出栈，并且做相应的运算，直到遇到栈顶为左括号"("时，将其出栈，因此右括号")"级别最低，但它是不入栈的。对象栈初始化为空，为了使表达式中的第1个运算符入栈，算符栈中预设一个最低级的运算符。根据以上分析，本规则中的每个运算符栈内、栈外的级别见表3-1。

表3-1　运算符级别

算　符	栈内级别	栈外级别	算　符	栈内级别	栈外级别
∧	3	4	(	0	4
*、/、%	2	2	)	-1	-1
+、-	1	1			

中缀表达式"3*2^(4+2*2-1*3)-5"求值过程中两个栈的状态情况见表3-2。

表3-2　中缀表达式"3*2^(4+2*2-1*3)-5"的求值过程

读字符	对象栈 s_1	算符栈 s_2	说　明
		(	初始状态
3	3	(	3入栈 s_1
*	3	(*	*入栈 s_2
2	3,2	(*	2入栈 s_1
∧	3,2	(*^	∧入栈 s_2

续表

读字符	对象栈 s_1	算符栈 s_2	说　明
(	3,2	(* ^ (	(入栈 s_2
4	3,2,4	(* ^ (	4 入栈 s_1
+	3,2,4	(* ^ (+	+ 入栈 s_2
2	3,2,4,2	(* ^ (+	2 入栈 s_1
*	3,2,4,2	(* ^ (+ *	* 入栈 s_2
2	3,2,4,2,2	(* ^ (+ *	2 入栈 s_1
—	3,2,4,4	(* ^ (+	两个运算对象出栈，做 2 * 2 = 4，结果入栈 s_1
	3,2,8	(* ^ (	两个运算对象出栈，做 4 + 4 = 8，结果入栈 s_2
	3,2,8	(* ^ (—	— 入栈 s_2
1	3,2,8,1	(* ^ (—	1 入栈 s_1
*	3,2,8,1	(* ^ (— *	3 入栈 s_2
3	3,2,8,1,3	(* ^ (— *	3 入栈 s_1
)	3,2,8,3	(* ^ (—	两个运算对象出栈，做 1 * 3，结果 3 入栈 s_1
	3,2,5	(* ^ (	两个运算对象出栈，做 8 — 3，结果 5 入栈 s_2
	3,2,5	(* ^	(出栈
—	3,3,2	(*	两个运算对象出栈，做 2^5，结果 32 入栈 s_1
	96	(	两个运算对象出栈，做 3 * 32，结果 96 入栈 s_1
	96	(—	— 入栈 s_2
5	96,5	(—	5 入栈 s_1
结束符	91	(	两个运算对象出栈，做 96 — 5，结果 91 入栈 s_1

为了处理方便，编译程序常把中缀表达式首先转换成等价的后缀表达式，后缀表达式的运算符在运算对象的后面。在后缀表达式中，不再引入括号，所有的计算按运算符出现的顺序严格从左向右进行，而不用再考虑运算规则和级别。中缀表达式"3 * 2^ (4 + 2 * — 1 * 3) — 5"的后缀表达式为"32422 * + 13 * —^ * 5 —"。

(2) 后缀表达式求值

计算一个后缀表达式，算法上比计算一个中缀表达式简单得多。这是因为后缀表达式中既无括号又无优先级的约束。具体做法：只使用一个对象栈，当从左向右扫描表达式时，每遇到一个操作数就送入栈中保存，每遇到一个运算符就从栈中取出两个操作数进行当前的计算，然后把结果再入栈，直到整个表达式结束，这时送入栈顶的值就是结果。

后缀表达式"32422 * + 13 * —^ * 5 —"求值过程中，栈的状态变化情况见表 3-3。

表 3-3　后缀表达式求值过程

当前字符	栈中数据	说　明	当前字符	栈中数据	说　明
3	3	3入栈	3	3,2,8,1,3	3入栈
2	3,2	2入栈	*	3,2,8,3	计算1*3,将结果3入栈
4	3,2,4	4入栈	—	3,2,5	计算8－3,将结果5入栈
2	3,2,4,2	2入栈	^	3,32	计算2^5,将结果32入栈
2	3,2,4,2,2	2入栈	*	96	计算3*32,将结果96入栈
*	3,2,4,4	计算2*2,将结果4入栈	5	96,5	5入栈
＋	3,2,8	计算4＋4,将结果8入栈	—	96	计算96－5,结果入栈
1	3,2,8,1	1入栈	结束符	空	结果出栈

下面是后缀表达式求值的算法。在算法中假设，每个表达式是合乎语法的；并且假设后缀表达式已被存入一个足够大的字符数组 A 中，且以'#'为结束字符，为了简化问题，限定运算数的位数仅为一位，且忽略了数字字符串与相对应的数据之间的转换的问题。

算法 3.12　后缀表达式求值

```
typedef char datetype;
double calcul_exp(char A[])
{
    /* 本函数返回由后缀表达式 A 表示的表达式运算结果 */
    Seq_Starck *s;
    int i = 0;.
    s = Init_SeqStack();
    ch = A[i];
    i++;
    while(ch! = '#')
    {
        if(ch! = 运算符)
        Push_SeqStack(s,ch);
        else{
            Pop_Seqstack(s,&b);
            Pop_SeqStack(s,&a);/* 取出两个运算量 */
            switch(ch)
            {
                case ch == '+':c = a + b;break;
                case ch == '-':c = a - b;break;
                case ch == '*':c = a * b;break;
                case ch == '/':c = a/b;break;
```

```
                case ch == '%':c = a%b;break;
            }
            Push_SeqStack(s,c);
        }
        ch = A[i];
        i++;
    }
    Pop_SeqStack(s,result);
    return result;
}
```

(3) 将中缀表达式转换成后缀表达式

将中缀表达式转化为后缀表达式和前述对中缀表达式求值的方法完全类似，但只需要运算符栈，遇到运算对象时直接放后缀表达式的存储区，假设中缀表达式本身合法且在字符数组 A 中，转换后的后缀表达式存储在字符数组 B 中。具体做法：遇到运算对象则顺序向存储后缀表达式的 B 数组中存放，遇到运算符时类似于中缀表达式求值时对运算符的处理过程，但运算符出栈后不是进行相应的运算，而是将其送入 B 中存放。读者不难写出算法，在此不再赘述。

例 3.4　栈与递归。

栈的一个重要应用是在程序设计语言中实现递归过程。现实中，有许多实际问题是递归定义的，这时用递归方法可以使许多问题的结果大大简化，以 $n!$ 为例。

$n!$ 的定义为：

$$n! = \begin{cases} 1, n = 0 /* \text{ 递归终止条件 } */ \\ n*(n-1), n > 0 /* \text{ 递归步骤 } */ \end{cases}$$

根据定义可以很自然地写出相应的递归函数：

```
int fact(int n)
{
    if(n == 0)
        return 1;
    else
        return(n * fact(n-1));
}
```

递归函数都有一个终止递归的条件，如上例 $n = 0$ 时，将不再继续递归下去。

递归函数的调用类似于多层函数的嵌套调用，只是调用单位和被调用单位是同一个函数而已。在每次调用时，系统将属于各个递归层次的信息组成一个活动记录(ActivaTion Record)。这个记录中包含着本层调用的实参、返回地址、局部变量等信息，并将这个活动记录保存在系统的“递归工作栈”中。每当递归调用一次，就要在栈顶为过程建立一个新的活动记录，一旦本次调用结束，则将栈顶活动记录出栈，根据获得的返回地址信息返回到本次的调用处。下面以求 3! 为例，说明执行调用时工作栈中的状况。

为了方便，将求阶乘程序修改如下：

算法 3.13　求 n!算法

```
main()
{
    int m,n = 3;
    m = fact(n);
    R1:printf("%d! = %d\n",n,m);
}
int fact(int n)
{
    int f;
    if(n == 0)
        f = 1;
    else f = n * fact(n-1);
    R2:return f;
}
```

其中,R_1 为主函数调用 fact 时返回点地址;

R_2 为 fact 函数中递归调用 fact($n-1$) 时返回点地址,递归工作栈状况如图 3-8 所示。

程序的执行过程如图 3-9 所示。

设主函数中 $n = 3$:

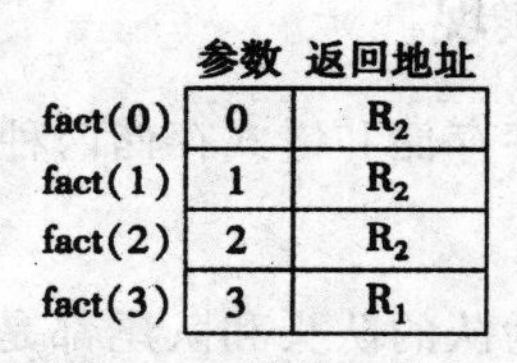

	参数	返回地址
fact(0)	0	R_2
fact(1)	1	R_2
fact(2)	2	R_2
fact(3)	3	R_1

图 3-8　递归工作栈

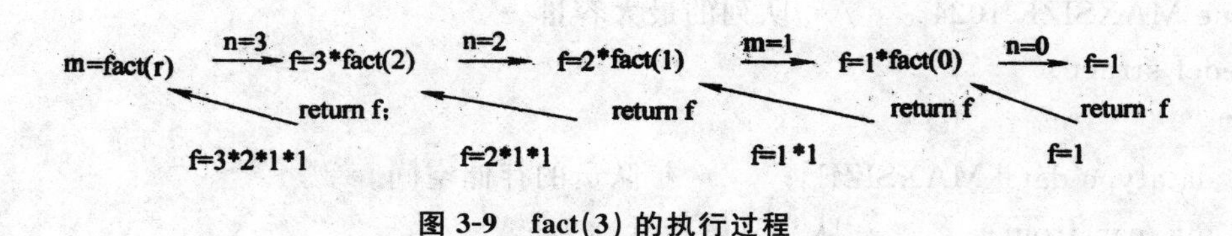

图 3-9　fact(3) 的执行过程

3.2　队列

3.2.1　队列的定义及基本运算

前面所讲的栈是一种后进先出的数据结构,在实际问题中还经常使用一种"先进先出"(First In First Out,FIFO) 的数据结构,即插入在表一端进行,删除在表的另一端进行,我们将这种数据结构称为队或队列,把允许插入的一端叫队尾(Rear),把允许删除的一端叫队头

(Front)。图 3-10 所示是一个有 5 个元素的队列。入队的顺序依次为 a_1、a_2、a_3、a_4、a_5，出队的顺序将依然是 a_1、a_2、a_3、a_4、a_5。

显然，队列也是一种运算受限制的线性表，所以又叫先进先出表。

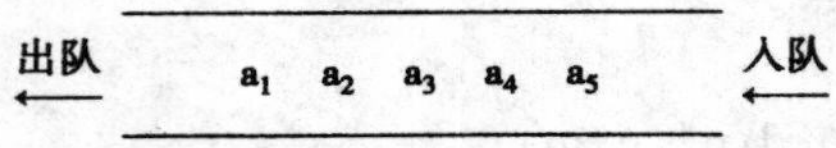

出队 ← a_1 a_2 a_3 a_4 a_5 ← 入队

图 3-10 队列示意图

在日常生活中，队列的例子很多，如排队买东西，排头的买完后走掉，新来的排在队尾。设 Q 表示一个队列，在队列上进行的基本运算有：

1)Inin_Queue(Q)：队列初始化，操作结果是构造一个空队。

2)In_Queue(Q,x)：入队操作，在队 Q 存在情况下，操作结果是插入一个元素 x 到队列 Q 的队尾，队发生变化。

3)Out_Queue(Q,x)：出队操作，队 Q 存在且非空情况下；操作结果是删除队首元素，其值送 x，队发生变化。

4)From_Queue(Q,x)：读队头元素，队 Q 存在且非空情况下，操作结果是读队头元素送 x，队不变。

5)Empty_Queue(Q)：判队空操作，队 Q 存在时，操作结果是若 Q 为空队则返回为 1，否则返回为 0。

3.2.2 队列的存储及运算实现

与线性表和栈类似，队列也有顺序存储和链式存储两种存储方法。

1. 顺序队列

顺序存储的队称为顺序队列。因为队的队头和队尾都是活动的，因此，除了队列的数据区外还有队头、队尾两个指针。顺序队的类型定义如下：

```
define MAXSIZE 1024      /* 队列的最大容量 */
typedef struct
{
    datatype data[MAXSIZE];     /* 队员的存储空间 */
    int rear,front;     /* 队头队尾指针 */
}SeQueue;
```

定义一个指向队的指针变量：

```
SeQueue *q;
```

申请一个顺序队的存储空间：

```
q = (SeQueue *)malloc(sizeof(SeQueue));
```

队列的数据区为：

q -> data[0] ~ q -> data[MAXSIZE - 1]

队头指针：q -> front

队尾指针：q -> rear

通常，可以设队头指针指向队头元素前面一个位置，队尾指针指向队尾元素（这样设置是为了某些操作的方便，并不是唯一的方法，也可以设队头指针指向队头元素，队尾指针指向队尾元素）。在这样设置队头队尾指针的情况下，若我们从数据区的低地址端开始使用，则队列的基本操作有：

空队时设置为：q -> front = q -> rear = -1；

在不溢出的情况下，入队操作：

队尾指针加 1，指向新位置后，元素入队。

q -> rear ++；

q -> data[q -> rear] = x；　/* 原队头元素送 x 中 */

在队不空的情况下，出队操作：

队头指针加 1，表明原队头元素出队，指针后面的是新队头元素。

q -> front ++；　　/* 队头指针后移 */

x = q -> data[q -> front]；　/* 原队头元素 */

队中元素的个数：

m = (q -> rear) - (q -> front)；

队满时：

m = MAXSIZE；

队空时：

m = 0。

按照上述思想建立的空队及入队出队示意图如图 3-11 所示，设 MAXSIZE = 10。

从图中可以看到，随着入队出队的进行，会使整个队列整体向后移动，这样就出现了图 3-1(d) 中的现象：队尾指针已经移到了最后，再有元素入队就会出现溢出，而事实上，此时队中并未真的“满员”，这种现象为“假溢出”，这是由于“队尾入、队头出”这种受限制的操作所造成。

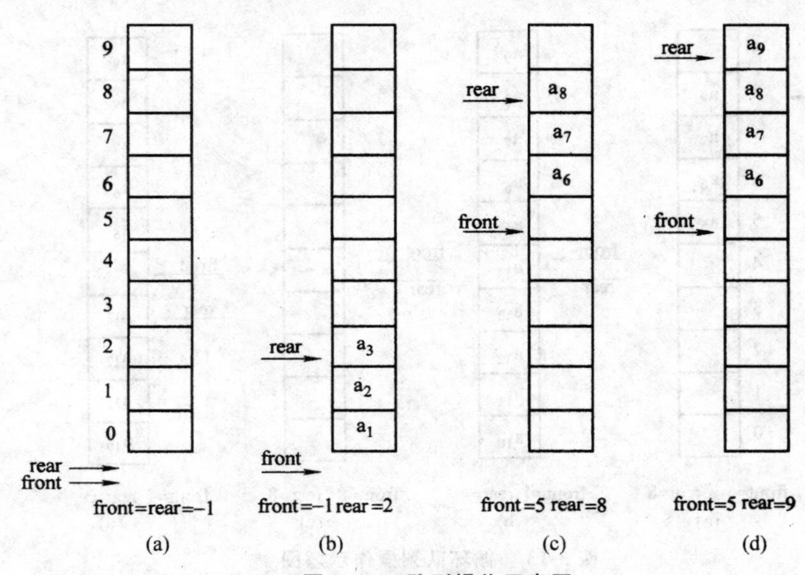

图 3-11　队列操作示意图

(a) 空队；(b) 有 3 个元素；(c) 一般情况；(d) 假溢出现象

解决假溢出的方法之一是将队列的数据区 data[0..MAXSIZE－1] 看成头尾相接的循环结构，头尾指针的关系不变，将其称为“循环队”。

“循环队”的示意如图 3-12 所示。

因为是头尾相接的循环结构，入队时的队尾指针加 1 操作修改为：

q－> rear ＝ (q－> rear＋1)％MAXSIZE

出队时的队头指针加 1 操作修改为：

q－> front ＝ (q－> front＋1)％MAXSIZE

设 MAXSIZE ＝ 10，图 3-13 所示是循环队列操作示意图。

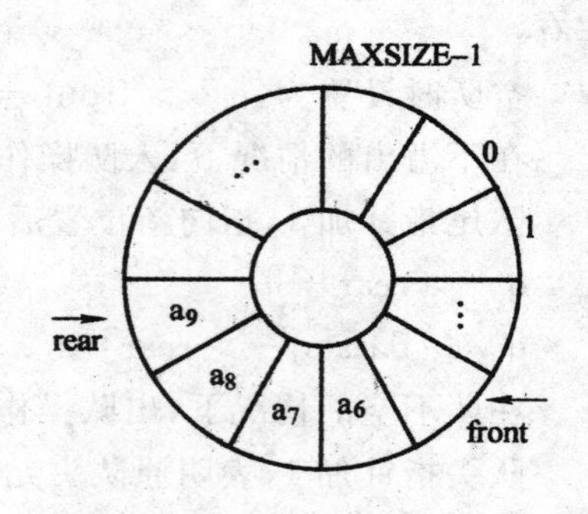

图 3-12 循环队列示意图

从图 3-13 中所示的循环队可以看出，图 3-13(a) 中具有 a_5、a_6、a_7、a_8 4 个元素，此时 front ＝ 4，rear ＝ 8；随着 a_9 ～ a_{14} 相继入队，队中具有了 10 个元素 —— 队满，此时 front ＝ rear ＝ 14；如图 3-13(b) 所示。可见，在队满情况下有 front ＝＝ near。若在图 3-13(a) 情况下，a_5 ～ a_8 相继出队，此时队空，front ＝ rear ＝ 4，如图 3-13(c) 所示，即在队空情况下也有 front ＝＝ rear。也就是说，“队满”和“队空”的条件是相同的了。这显然是必须要解决的一个问题。

方法之一是附设一个存储队中元素个数的变量，如 num，当 num ＝ 0 时，队空；当 num ＝ MAXSIZE 时，队满。

另一种方法是少用一个元素空间，把图 3-13(d) 所示的情况视为队满，此时的状态是队尾指针加 1 就会从后面赶上队头指针。这种情况下，队满的条件是：

(rear＋1)％MAXSIZE ＝＝ front

也能和空队区别开。

本书按第一种方法实现。

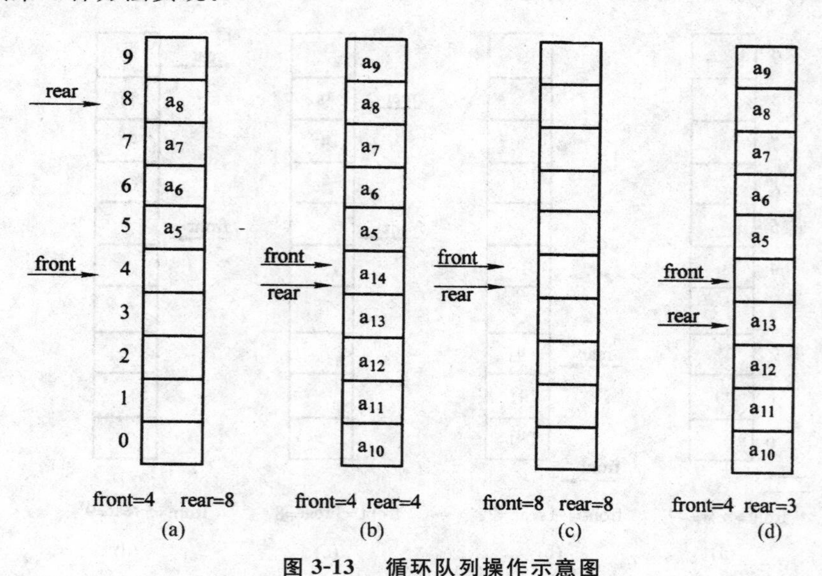

图 3-13 循环队列操作示意图

(a) 有 4 个元素；(b) 队满 ；(c) 队空；(d) 队满

循环队列的类型定义及基本运算如下：

```
typedef struct
{
    datatype data[MAXSIZE];     /* 数据的存储区 */
    int front,rear;     /* 队头队尾指针 */
    int num;     /* 队中元素的个数 */
}CSeQueue;     /* 循环队 */
```

(1) 置空队

算法 3.14　构建一个空的循环队算法

```
CseQueue * Init_SeQueue()
{
    CseQueue *q;
    q = (CseQueue *)malloc(sizeof(CSeQueue));
    q -> front = q -> rear = MAXSIZE - 1;
    q -> num = 0;
    return q;
}
```

(2) 入队

算法 3.15　循环队入队算法

```
int In_SeQueue(CseQueue *q,datatype x)
{
    if(q -> num == MAXSIZE)
    {
        prinff("队满");
        return -1;  /* 队满不能入队 */
    }
    else
    {
        q -> rear = (q -> rear + 1)%MAXSIZE;
        q -> data[q -> rear] = x;
        q -> num ++;
        return 1;     /* 入队完成 */
    }
}
```

(3) 出队

算法 3.16　循环队出队算法

```
int Out_SeQueue(CseQueue *q,datatype *x)
{
    if(q -> num == 0)
```

```
    {
        printf(" 队空");
        return -1;      /* 队空不能出队 */
    }
    else{
            q->front = (q->front+1)%MAXSIZE;
            * x = q->data[q->front];   /* 读出队头元素 */
            q->num--;
            return 1;     /* 出队完成 */
        }
}
```

(4) 判队空

算法 3.17　判循环队空队算法

```
int Empty_SeQueue(CseQueue *q)
{
    if(q->num==0)return 1;
    else return 0;
}
```

2. 链队列

链式存储的队称为链队列。和链栈类似，用单链表来实现链队列，根据队的 FIFO 原则，为了操作上的方便，我们分别需要一个头指针和尾指针。如图 3-14 所示，其实这就是一个带上尾指针的单链表，只要我们对它的操作按照队列的规则进行，它就是一个链队。

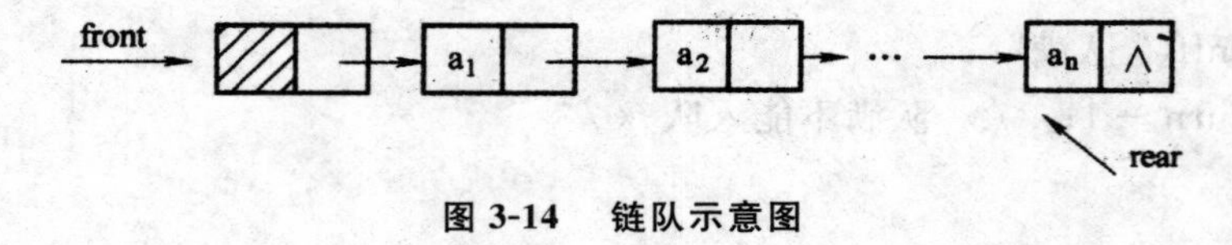

图 3-14　链队示意图

图 3-14 中，头指针 front 和尾指针 rear 是两个独立的指针变量，共同标示这个链队。因此，从结构性上考虑，将二者封装在一个结构中，如图 3-15 所示，用指向头尾指针结点的变量 q 标示这个链队。

根据以上思想，链队的描述如下：

```
typedef struet node
{
    datatype data;
    struet node, *next;
}QNode;          /* 链队结点的类型 */
typedef struet
{
    QNode *front, *rear;
```

}LQueue;　　/* 将头尾指针封装在一起的链队 */

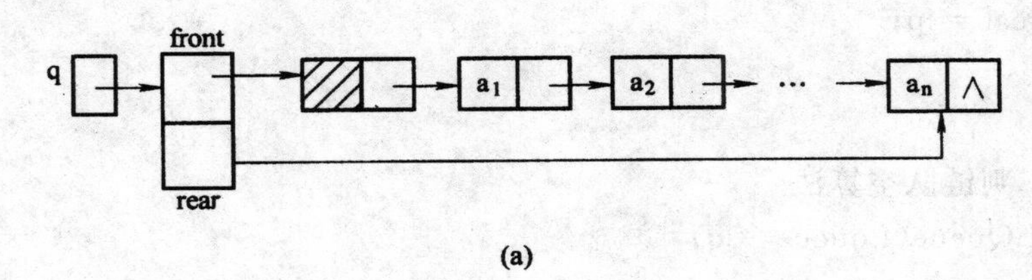

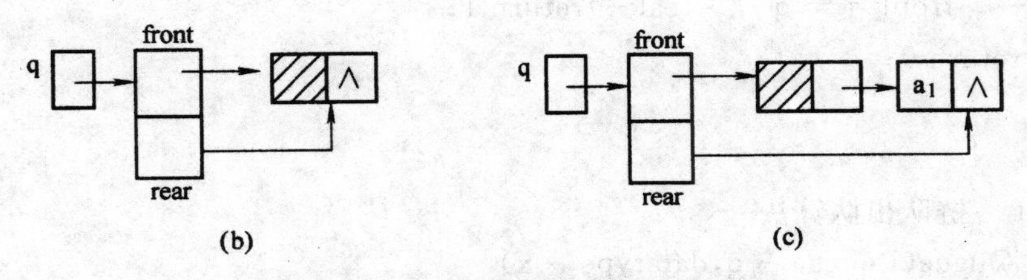

图 3-15　头尾指针封装在一起的链队

(a) 非空队;(b) 空队;(c) 链队中只有一个元素结点

定义指向链队的指针:

Lqueue *q;

链队的基本运算如下:

(1) 创建一个带头结点的空队

算法 3.18　置一个空链队算法

```
Lqueue *Init_LQueue()
{
    Lqueue *q;
    Qnode *p;
    q = (Lqueue *)malloc(sizeof(LQueue));      /* 申请头尾指针结点 */
    p = (Qnode *)malloc(sizeof(QNode));      /* 申请链队头结点 */
    p -> next = NULL;
    q -> front = p;
    q -> lear = p;
    return q;
}
```

(2) 入队

算法 3.19　链队入队算法

```
void In_LQueue(Lqueue *q,datatype x)
{
    Qnode *p;
    p = (Qnode *)malloc(sizeof(QNode));
    p -> data = x;
    p -> next = NULL;
```

```
    q -> rear -> next = p;
    q -> real = p;
}
```

(3) 判队空

算法 3.20　判链队空算法

```
int Empty_LQueue(Lqueue *q)
{
    if(q -> front == q -> real -)return 1;
    else return 0;
}
```

(4) 出队

算法 3.21　链队出队算法

```
im Out_LQueue(Lqueue *q,datatype *x)
{
    Qnode *p;
    if(Empty - LQueue(q))
    {
        printf(" 队空");
        return 0;      /* 队空,出队失败 */
    }
    else{
            p = q -> front -> neat;
            q -> front -> next = p -> next;
            *x = p -> data;      /* 队头元素放 x 中 */
            free(p);
            if(q -> front -> next == NULL)
            q -> real = q -> front;
      /* 只有一个元素时,出队后队空,此时还要修改队尾指针,参考图 3-15(c) */
            return 1;
        }
}
```

3.2.3　队列的应用举例

例 3.5　求迷宫的最短路径:要求设计一个算法,找一条从迷宫入口到出口的最短路径。

本算法要求找一条迷宫的最短路径,算法的基本思想为:从迷宫入口点(1,1)出发,向四周搜索,记下所有一步能到达的坐标点;然后依次再从这些点出发,再记下所有一步能到达的坐标点……依此类推,直到到达迷宫的出口点(m,n)为止,然后从出口点沿搜索路径回溯直至入口。这样,就找到了一条迷宫的最短路径,否则迷宫无路径。

有关迷宫的数据结构、试探方向、如何防止重复到达某点以避免发生死循环的问题与例 3.2

的处理相同，不同的是如何存储搜索路径。在搜索过程中必须记下每一个可到达的坐标点，以便从这些点出发继续向四周搜索。由于先到达的点先向下搜索，故引进一个“先进先出”数据结构——队列来保存已到达的坐标点。到达迷宫的出口点(m,n)后，为了能够从出口点沿搜索路径回溯直至入口，对于每一点，记下坐标点的同时，还要记下到达该点的前驱点，因此，用一个结构数组 *sq*[num] 作为队列的存储空间，因为迷宫中每个点至多被访问一次，所以 num 至多等于 $m \times n$。*sq* 的每一个分量有三个域：x，y 和 pre，其中 x，y 分别为所到达的点的坐标，ppre 为前驱点在 *sq* 中的坐标，是一个静态链域。除 *sq* 外，还有队头、队尾指针 front 和 rear 用来指向队头和队尾元素。

队的定义如下：

```
typedef struct
{
    int x,y;
    int pre;
}SqType;
SqType sq[num];
int front,rear;
```

初始状态：队列中只有一个元素 sq[1]，记录的是入口点的坐标(1,1)，因为该点是出发点，因此没有前驱点，pre 域为、-1，队头指针 front 和队尾指针 rear 均指向它，此后搜索时都是以 front 所指点为搜索的出发点。当搜索到一个可到达点时，即将该点的坐标及 front 所指点的位置入队。这样，不但记下了到达点的坐标，还记下了它的前驱点。front 所指点的 8 个方向搜索完毕后，则出队，继续对下一点搜索。搜索过程中遇到出口点则成功，搜索结束，打印出迷宫最短路径，算法结束；或者当前队空，即没有搜索点了，表明没有路径，算法也结束。

算法如下：

算法 3.22　求迷宫的最短路径

```
void path(int maze[m][n];item move[8])
{
  /* maze 为迷宫数组，move 为坐标增量数组 */
    SqType sq[NUM];
    int front,rear;
    int x,y,i,j,v;
    sq[0].x = 1;sq[0].y = 1;sq[0].pre =-1;      /* 入口点人队 */
    front = rear = 0;     /* 队头指针指向的是队头元素位置 */
    maze[1,1] =-1;
    while(front <= rear)      /* 队列不空 */
    {
        x = sq[front].x;y = sq[front].y;
        for(v = 0;v < 8;v ++)
        {
            i = x + move[v].x;j = x + move[v].y;
            if(mage[i][j] == 0)
```

```
                {
                    rear ++;
                    sq[rear].x = i;
                    sq[rear].y = j;
                    sq[rear].pre = front;
                    maze[i][j] =-1;
                }
                if(i == m&&j == n)
                {
                    printpath(sq,rear);   /* 打印路径 */
                    restore(maze);       /* 恢复迷宫 */
                    return 1;
                }
            }
        front ++;    /* 当前点搜索完,取下一个点搜索 */
    }
    return 0;
}
void printpath(SqType sq[],int rear)     /* 打印迷宫路径 */
{
    int i;
    i = rear;
    do{
        printf("(%d,%d) ←",sq[i].x,sq[i].y);
        i = sq[i].pre;       /* 回溯 */
    }while(i! =-1);
}
```

迷宫的最短路径搜索过程如图 3-16 所示。

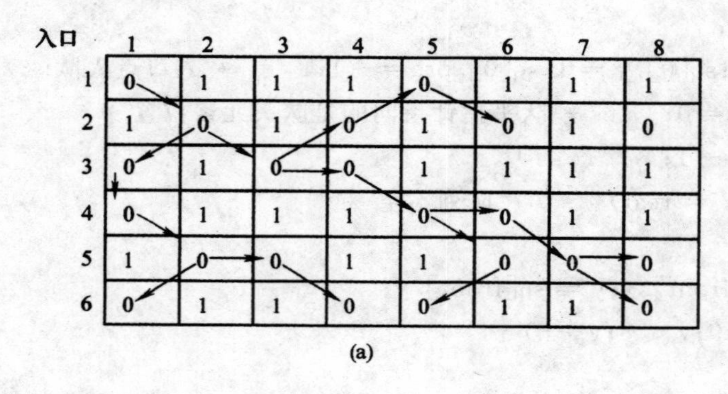

	0	1	2	3	4	5	6	7	8	9	10	11	12	13	14	15	16	17	18	19	…
x	1	2	3	3	3	2	4	4	1	5	4	5	2	5	6	5	6	6	5	6	
y	1	2	3	1	4	4	1	5	5	2	6	6	6	3	1	7	5	4	8	8	
pre	-1	0	1	1	2	2	3	4	5	6	7	7	8	9	9	10	11	13	15	15	

(b)

图3-16　迷宫搜索过程

(a)用二维数组表示的迷宫;(b)队列中的数据

运行结果:

$$(6,8) \leftarrow (5,7) \leftarrow (4,6) \leftarrow (3,4) \leftarrow (3,3) \leftarrow (2,2) \leftarrow (1,1)$$

在上面的例子中,不能采用循环队列,因为在本问题中,队列中保存了探索到的路径序列,如果用循环队列,则把先前得到的路径序列覆盖掉。而在有些问题中,如某实时监控系统,监控系统源源不断地收到监控对象顺序发来的信息,如报警,为了保持报警信息的顺序性,就要按顺序一一保存,而这些信息是无穷多个,不可能全部同时驻留内存,可根据实际问题,设计一个适当大的向量空间,用作循环队列,将最初收到的报警信息一一入队,当队满之后,又有新的报警到来时,新的报警则覆盖掉了旧的报警,内存中始终保持当前最新的若干条报警,以便满足快速查询。

习题

1. 填空题。

(1) 线性表、堆栈和队列都是(　　)结构,线性表允许在(　　)位置插入和删除元素;堆栈只能在(　　)插入和删除元素;队列只能在(　　)插入元素并且只能在(　　)删除元素。

(2)(　　)是一种特殊的线性表,允许插入和删除操作的一端称为(　　),不允许插入和删除运算的一端称为(　　)。

(3)(　　)是被限定为只能在表的一端进行插入操作,在表的另一端进行删除操作的线性表。

(4) 在具有 n 个存储单元的顺序循环队列中,如果采用少用一个存储单元的方法判断队满,则队满时共有(　　)个元素。

2. 单项选择题。

(1) 判定一个顺序循环队列 Q(数据元素最多为 Max) 为队满的条件是(　　)。

A. Q.rear − Q.front == Max

B. Q.rear − Q.front − 1 == Max

C. Q.front == Q.rear

D. Q.front == (Q.rear + 1)%Max

(2) 设有输入序列 a,b,c,经过入栈、出栈、入栈、入栈、出栈操作后,从堆栈中弹出的元素的序列是(　　)。

A. a,b　　　B. b,c　　　C. a,c　　　D. b,a

3. 从数据集合和操作集合两个方面说明线性表、堆栈和队列的相同点和不同点。

4. 顺序队列的"假溢出"问题是怎样产生的?

5. 说明顺序循环队列的构造方法。用什么方法解决顺序循环队列的队满和队空判断问题?

6. 什么叫优先级队列?优先级队列和队列有什么相同之处和不同之处?

7. 举例说明堆栈、队列和优先级队列的用途。

8. 设数据元素序列{a,b,c,d,e,f,g}的进堆栈操作和出堆栈操作可任意进行(排除堆栈为空时的出栈操作情况),下列哪些数据元素序列可由出栈序列得到:

(1){d,e,c,f,b,g,a}　　(2){f,e,g,d,a,c,b}

(3){e,f,d,g,b,c,a}　　(4){c,d,d, e ,f ,a, g}

9. 说明下列函数的功能。

```
void Demol(SeqStack * S)
{
    int i,arr[64], n = 0;
    DataType   x;
    while(StackNotEmpty( * S))
    {
        StackPop(S,&x);
        arr[n ++] = x;
    }
    for(i = 0;i < n;i ++)
        StackPush(S,arr[i]);
}
```

(2)

```
void Demo2(SeqStack  * S,DataType m)
{
    SeqStack T;
    DataType x;
    StackIni tiate(&T);
    while(StackNotEmpty( * S))
    {
        StackPop(S,&x);
        if(x! = m)
          StackPush(&T,x);
    }
    while(StackNotEmpty(T))
    {
        StackPop(&T,&x);
        StackPush(S,x);
    }
}
```

10. 设长度为 n 的链式队列采用单循环链表结构,若设头指针,则入队列和出队列操作的时间复杂度如何?若只设尾指针,则入队列和出队列操作的时间复杂度如何?

11. 写一个将顺序堆栈 S 中所有数据元素均删去的算法 void ClearStack(SeqStack * S),并说明参数 S 为何要设计为指针参数。

12. 写一个返回顺序堆栈 S 中结点个数的算法 int StackSize(SeqStack S),并说明参数 S 为何不用设计为指针类型。

13. 给出采用设置标志位方法解决“假溢出”问题的顺序循环队列的初始化操作、入队列操作和出队列操作的算法思想。

14. 设顺序双向循环队列的数据结构定义为:

```
typedef struct
{
    DataType. list[MaxSize];
    int front;      /* 队头指针 */
    int rear;       /* 队尾指针 */
}BSeqCQueue;
```

设 Q 为 BSeqCQueue 类型的指针参数(即输出型参数),并设初始化操作时有:Q->rear = Q->front = 0,现要求:

(1) 给出顺序双向循环队列满和队列空的条件。

(2) 给出顺序双向循环队列的入队列操作。

第 4 章　串

4.1　串的基本概念

串(string)是由零个或多个字符组成的有限序列。一般可记做 $S=$ “$a_1,a_2,a_3,\cdots,a_n$” $(n \geqslant 0)$，其中 S 是串名，双引号内的字符序列为串值；$a_i(1 \leqslant i \leqslant n)$ 是组成串的字符，它可以是字母、数字以及其他字符；串中所包含的字符个数称为串的长度(在串中双引号并不属于串，它只是用来标明串的起始和结束)；长度为零的串称为空串，空串中不包含任何字符，记为 $S=$ “”。当串中包含一个或多个空格符时，由于空格符显示出来是空白，容易和空串混淆，须注意区分。为清楚起见，用西表示空格符。

串中任意个连续的字符组成的子序列称为该串的子串，包含该子串的串称为主串。空串是任意串的子串，任意一个串是其自身的子串，通常称字符在串中的序号为该字符在串中的位置。子串在主串中的位置可以用子串在主串中第一次出现时该子串中的第一个字符在主串中的位置来表示。

例如，有两个串 S_1 和 S_2

$$S_1 = "\varphi am\Phi student"$$

$$S_2 = "am", S_3 = "am"$$

则 S_1 是 S_2 的子串，S_2 为主串。S_2 的长度为 14，S_2 的长度为 2，S_2 在 S_1 中的位置是 3。当两个串的长度相等且对应位置的字符均相同时称这两个串是相等的，即仅当两串的串值相等时，称两串相等。上例中 S_1 和 S_2 不相等，S_2 和 S_3 相等。

通常在程序中使用的串有串常量和串变量。串常量只能被引用不能改变其值，常常直接引用，如 printf("overflow")，其中的“overflow”就是一个串常量；而 char string[3] = “123”定义了一个串变量，其中 string 是串变量名，字符序列“123”是串变量 string 的初值，和其他类型变量一样，串变量的取值是可以改变的。

4.2　串的基本操作

对串的基本操作可利用高级语言中提供的串运算符和标准的库函数实现。下面介绍八种常见的串操作，为叙述方便起见，假设串 S_1，S_2，S_3 分别为 $S_1=$ “BEI”，$S_2=$ “JING”，$S_3=$ “BEIΦJING”

1. 串连接(strcat)

串的连接是将串 S_1 和 S_2 进行连接生成新串 S_1，可调用库函数 strcat(str1,str2)。例如：strcat(S_1,S_2)，结果使 S_2 接到 S_1 后面，即 $S_1=$ “BEIJING”。

2. 求串长(str1en)

str1en(str) 为求串长函数。该函数统计字符串中字符个数。

例如：strlen(S_1) = 3

strlen(S_2) = 4

strlen(S_3) = 8

3. 串比较(strcmp)

strcmp(str1,str2) 函数能够实现比较两个串的大小。

当 str1 < str2 时，返回值 < 0

当 str1 = str2 时，返回值 = 0

当 str1 > str2 时，返回值 > 0

例如：strcmp(S_1,S_3) 返回值 < 0

4. 串复制(strcpy)

串复制函数 strcpy(str1,str2) 可实现将 str2 复制到 str1 中，并返回指向 str1 开始处的指针。

例如：strcpy(S_4,S_1)，则 S_4 = "BEI"。

5. 子串定位(strstr)

子串定位操作可通过函数 strstr(str1,str2) 实现。该函数是找串 str2 在 str1 中第一次出现的位置。若找到返回该位置指针，否则返回空指针 NULL。

例如：strstr(S_3,S_1) = 1

strstr(S_3,S_2) = 5

还有一些操作如置换、插入、删除等均可通过以上 5 种基本操作来实现。

4.3 串的存储结构

从串的定义可以看到，串是一种特殊的线性表，因此串的存储结构与线性表的存储结构类似。线性表的顺序存储和链式存储方式对串也是适用的，只是由于串是由字符构成的，因此对串的存储应采用一些特殊的技巧。

4.3.1 串的顺序存储结构

串的顺序存储结构简称为顺序串，类似于线性表的顺序存储结构，可用一组地址连续的存储单元存储串中的字符序列。因此顺序串可利用高级语言中的数组实现，按存储分配方式的不同，可将顺序串分为两类：静态存储的顺序串和动态存储的顺序串。

1. 顺序串的静态存储表示

顺序串的静态存储是指在程序运行前编译阶段就已经确定了串值空间的大小。类似于线性表的顺序存储表示方法，在字符数组中可利用定长的字符数组存放串值的字符序列。

一般用一个不会出现在串中的字符如'\0'来表示串值的终结。"\0"占用一个字符空间，因此，如设置字符数组为

```
#define maxlen 64
char str[maxlen];
```

时实际只能存放 maxlen－1 即 63 个字符。若不设终结符，则可用一个整数 curlen 来表示串的长度，由于数组下界从 0 开始，所以串中最后一个字符的位置为 curlen－1。可将这种数据类型描述为：

```
#define maven 64
typedef   struct
{
    char ch[maxlen];      /* 串存储空间为 64 */
    int curlen;      /* 串的当前长度 */
}seqstrtp;
```

计算机采取不同的编址方式时串的存储方式也不尽相同。当计算机采用的是按字(word) 编址的结构时，顺序串可采用紧缩和非紧缩两种不同的存储方式。

(1) 紧缩方式

所谓紧缩方式是指在一个字存储单元中存放多个字符，如字长为 32 位，每个字符占 8 位，则一个字单元中将存放 32/8 = 4 个字符。例如，串 str = "DataΦStructures" 采用紧缩方式存储时的存储映像如图 4-1(a) 所示。

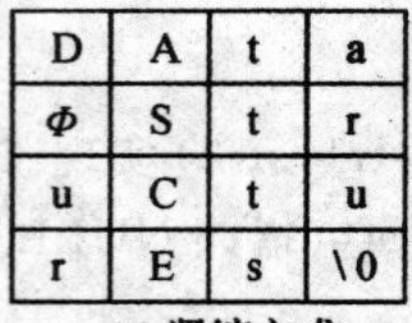

(a) 紧缩方式

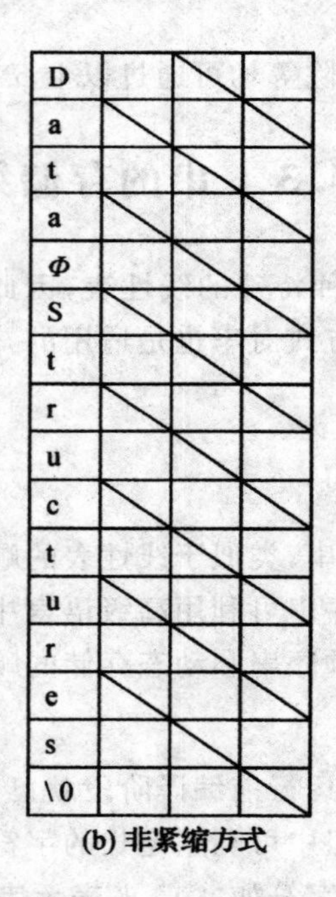

(b) 非紧缩方式

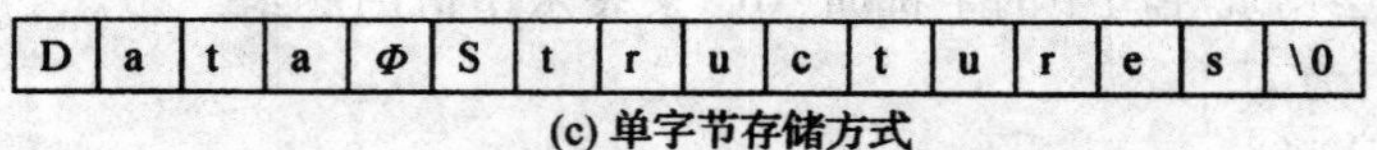

(c) 单字节存储方式

图 4-1 顺序串的不同存储方式

(2) 非紧缩方式

非紧缩就是指以字为单位，一个字单元存储一个字符，如图 4-1(b) 所示。

显然,紧缩方式的存储空间利用率高,但由于几个字符压缩到一个存储单元中,访问串值时需花费较多时间来分离同一存储单元串的字符。相反,非紧缩存储方式访问串值时比较方便,但存储空间浪费较大。

在以字节为单位编址的计算机中,字符是按字节为单位存放的,每个存储单元正好存放一个字符,把这种存储方式称为单字节存储方式。这时串中相邻的字符依次顺序存储在相邻的字节单元中,如图 4-1(c) 所示。这种存储方式空间利用率高,访问串值方便。

2. 顺序串的动态存储表示

静态存储的顺序串是在程序执行前已确立了串值空间大小,而在实际操作中串值长度的变化是比较大的,因此可利用C语言中的动态分配函数 malloc() 和 free() 来动态管理串存储空间。采用动态存储方式存储顺序串时,串变量的存储空间是在程序执行过程中按实际串长动态分配的,这个过程可利用 malloc() 实现,分配成功,返回一个指向串起始地址的指针作为串的基址。

在程序中所有串变量可共享一个容量很大,地址连续的称之为“堆”的自由存储空间,因此顺序串的动态存储表示又称为“堆分配存储表示”。这时可定义顺序串类型为

```
typedef struct
{
    char * ch;      /* 若为非空串,按实际长度分配存储区,否则 ch 为 NULL */
    int curlen ;
}hstring;
```

4.3.2 串的链式存储结构

采用顺序存储结构存储串时,要访问一组连续的字符十分方便,但要对串进行插入、删除等操作时,由于需要移动大量的字符,用顺序存储结构很不方便,这时可采用串的链式存储结构。串的链式存储结构简称为链串。链串的类型定义为:

```
define maxsize 80
typedef struct lnode
{
    char data[maxsize];
    struct lnode * next;
}lnode;     /* 定义链串结点类型 */
typedef struct
{
    lnode * head, * tail;/* 串首、尾指针 */
    int curlen;      /* 串的当前长度 */
}linkstring;     /* 链串结构类型 */
```

由于串结构的特殊性,在链串中常涉及结点大小问题,也就是在结点的 data 域中存放字符的个数的问题。如图 4-2(a) 为每个结点 data 域存放一个字符的情况。图 4-2(b) 为每个结点 data 域存放 4 个字符的情况。当 data 域存入 4 个字符时,串所占用的结点中最后一个结点的 data 域若没有填满,需添加上不属于字符集中的其他的特殊字符,如符号“\0”等。

对于结点大小为1的链串插入和删除操作十分方便,只须修改相应的链结点指针域即可。但对于结点大小大于1的链串,插入和删除操作就比较麻烦。图4-2(c)所示为在结点大小为1的链串中删除字符“B”时指针变化情况。

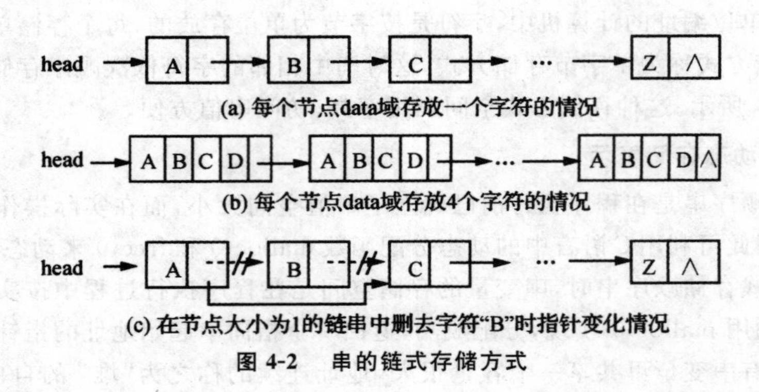

图4-2　串的链式存储方式

由于在一般情况下,串的操作是从前向后进行的,因此在链串中可以只设置头指针,并且一个链串通常可由该头指针唯一确定,有时为了便于对串进行连接等操作,在链串中可设置尾指针指示最后一个结点。

4.4　串的模式匹配

子串在主串中的定位操作称为串的模式匹配,记为

index(*s*,*t*,*pos*)

即在主串*s*中,从第*pos*个字符开始查找与子串*t*第1次相等位置。若查找成功,则返回子串*t*的和一个字符在主串中的位序,否则返回0。其中,主串称为目标串,子串称为模式串。模式匹配是一个比较复杂的串操作,许多人对此提出了效率各不相同的算法,在此介绍两种,并设串采用顺序存储结构存储。

1. Brute-Force 算法

Brute-Force算法的基本思想是:从目标串$s=$“$a_1a_2a_3\cdots a_n$”的第*pos*个字符开始和模式串$t=$“$b_1b_2b_3\cdots b_m$”的第1个字符比较,若相等,则继续逐个比较后续字符,否则从主串的第$pos+1$个字符开始再重新和模式串的进行字符比较。依此类推,若存在和模式串*t*相等的子串,则称匹配成功,返回模式串的第1个字符在目标串*s*中的位置;否则,匹配失败,返回0。

假设$s=$“abacabcacbab”,$t=$“abcac”,$pos=1$,则模式串*t*和目标串*s*的匹配过程如图4-3所示,在此,*i*和*j*为下标值。

```
            ↓i=2
第1趟匹配  a b a b c a b c a c b a b
           a b c
               ↑j=2
           ↓i=1
第2趟匹配  a b a b c a b c a c b a b
             a
             ↑j=0
                      ↓i=6
第3趟匹配  a b a b c a b c a c b a b
               a b c a c
                      ↑j=4
                ↓i=3
第4趟匹配  a b a b c a b c a c b a b
                 a
                 ↑j=0
                  ↓i=4
第5趟匹配  a b a b c a b c a c b a b
                   a
                   ↑j=0
                              ↓i=10
第6趟匹配  a b a b c a b c a c b a b
                       a b c a c
                              ↑j=5
```

图 4-3 Brute-Force 算法的匹配过程示例

Brute-Force 算法如下：

```
int index(string s,string t,int pos)
{
    int i,j;
    if(pos < 1 || pos > s.length || pos > s.length - t.length + 1)
        return 0;
    i = pos - 1;
    j = 0;
    while(i < s.length&&j < t.length)
        if(s.data[i] == t.data[j])
        {
            i++;
            j++;
        }/* 继续匹配下一个字符 */
        else
        {
            i = i-j + 1;
            j = 0;
        }   /* 主串、子串指针回溯,重新开始下一次匹配 */
```

```
    if(j >= t.length)
        return i - t.length + 1; /* 返回主串中已匹配子串的第 1 个字符的位序 */
    else
        return 0;     /* 匹配不成功 */
}
```

Brute-Force 算法比较简单，易于理解，但效率不高，主要原因是由于目标串指针 i 回溯消耗了大量的时间。该算法在最好情况下的时间复杂度为 $O(n+m)$，在最坏情况下的时间复杂度将达到 $O(n*m)$。

例 4.1　编写函数，在链串上实现 Brute-Force 算法。

```
int seek(linkstr *s,linkstr *t,int pos)
{
    int i;linkstr   *p, *q, *r;
    if(pos < 1)
        return 0;
    for(i = 0,r = s;r&&i < pos;i++,r = r-> next);
    if(!r)
        return 0;     /* pos 值超过链串长度 */
    while(r)
    {
        p = r;
        q = t-> next;
        while(p&&q&&q-> data == p-> data)
        {
            p = p-> next;
            q = q-> next;
        }/* 若当前字符相同，则继续比较下一个字符 */
        if(!q)
            return i;     /* 匹配成功，返回第 1 个字符在主串中的位序 */
            i++;
            r = r-> next;    /* 匹配不成功，继续进行下一趟匹配 */
    }
    return 0;     /* 匹配不成功，返回 0 */
}
```

2. KMP 算法

Brute-Force 算法由于指针有回溯现象，造成了算法时间效率不高，在图 4-4 匹配过程的第 3 趟的匹配中，当 $i=6,j=4$ 时，对应字符比较不等，又从 $i=3,j=0$ 重新开始比较。其实，$i=3$，$j=0,i=4,j=0$ 和 $i=5,j=0$ 这 3 次比较都是不必进行的。因为从第 3 趟部分匹配的结果可以得出，目标串中第 4,5 和 6 个字符必然是 'b','c' 和 'a'（即模式串中的第 2 个、第 3 个和第 4 个字符）。因为模式串中的第 1 个字符是 a，所以它不必再和这 3 个字符进行比较，仅需将模式串向右滑动3个字符的位置继续进行 $i=6,j=1$ 时的字符比较即可。同理，在第1趟匹配中出现字符不等时，仅需将模式串向右滑动两个字符的位置继续进行 $i=2,j=0$ 时的字符比较。这样，就使得在整个匹配过程中，i 指针没有回溯，图 4-4 展示了目标串为 s ＝“ababcabcacbab”，模式串为 $t=$“abcac”，从 $pos=1$ 开始的匹配过程。

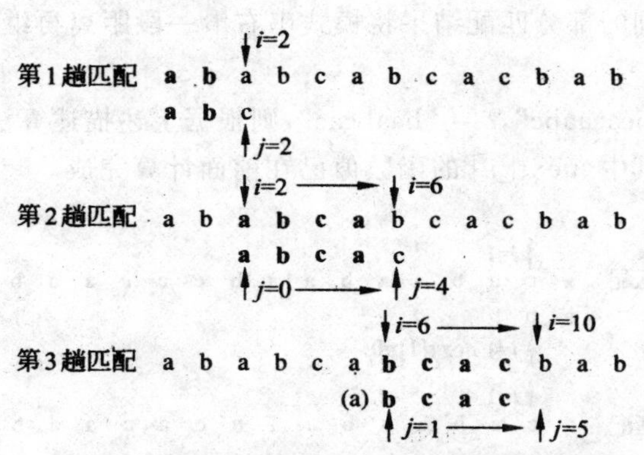

图 4-4　目标串指针不回溯的匹配过程示例

现在讨论一般情况，设目标串 $s=$“$s_0s_1\cdots s_{n-1}$”，模式串 $t=$“$t_0t_1\cdots t_{m-1}$”，当 $s_i\neq t_i$ 时存在：

$$“t_0t_1\cdots t_{j-1}”=“s_{i-j}s_{i-j+1}\cdots s_{i-1}”$$

若模式串 t 中存在可互相重叠的最大真子串满足：

$$“t_0t_1\cdots t_{k-1}”=“t_{j-k}t_{j-k+1}\cdots t_{j-1}”(0<k<j)$$

则下一次比较可直接从模式串的第 $k+1$ 个字符 t_k 开始与目标串的第 $i+1$ 个字符 s_i 相对应继续进行下一趟的匹配。若模式串 t 中不存在子串名“$t_0t_1\cdots t_{k-1}$”＝“$t_{j-k}t_{j-k+1}\cdots t_{j-1}$”，则下一次比较可直接从模式串的第1个字符 t_0 开始与目标串的第 $i+1$ 个字符 s_i 相对应继续进行下一趟的匹配。

若令 $next[j]=k$，则 next[j] 表明当模式串中第 j 个字符与目标串中相应字符 s_i“失配”时，在模式串中需重新和目标串中字符 s_i 进行比较的字符位置。

模式串的 next 函数的定义如下：

$$next[j]=\begin{cases}\max\{k\mid 0<k<j,且“t_0t_1\cdots t_{k-1}”=“t_{j-k}t_{j-k+1}\cdots t_{j-1}”\} & 此集合非空时\\ 0 & 其他情况\\ -1 & j=0\end{cases}$$

在此，之所以使用 next[j]，而不用函数形式 next(j)，是因为要用一维数组 next 来存储 j 值。由此可推出模式串 $t=$ “abaabcac” 的 next 函数值如下：

j	0	1	2	3	4	5	6	7
模式串	a	b	a	a	b	c	a	c
next[j]	－1	0	0	1	1	2	0	1

在求得模式串的 next 函数后，匹配可如下进行：假设 s 是目标串，t 是模式串，并设 i 指针和 j 指针分别指示目标串和模式串正待比较的字符，令主的初值为 $pos-1$（因为 C 语言的下标从 0 开始），j 的初值为 0，在匹配过程中，若有 $s_i=t_j$，则 i 和 j 分别增1，否则，i 不变，j 退回到 next[j]

的位置（即模式串右滑），比较 s_i 和 t_j，若相等，则 i 和 j 分别增 1，否则，i 不变，j 退回到 next[j] 的位置（即模式串继续右滑），再比较 s_i 和 t_j，依此类推，直到下列两种情况之一出现为止：一种是 j 退到某个 next 值（next [next [⋯next [j]]]）时有 $s_i == t_j$，则 i 和 j 分别增 1 后继续匹配；另一种是 j 退回到 −1（即模式串的第 1 个字符失配），此时令 i 和 j 分别增 1，即下一次比较 s_{i+1} 和 t_0。简言之，就是利用已经得到的部分匹配结果将模式串右滑一段距离再继续进行下一趟的匹配，而无需回溯目标串指针。

例如，若 s = "acabaabcacaabc"，t = "baabcac"，则根据上述描述算法，模式串 t 和目标串 s 的匹配过程如图 4-5 所示，其中，next[j] 的函数值已在前面计算完成。

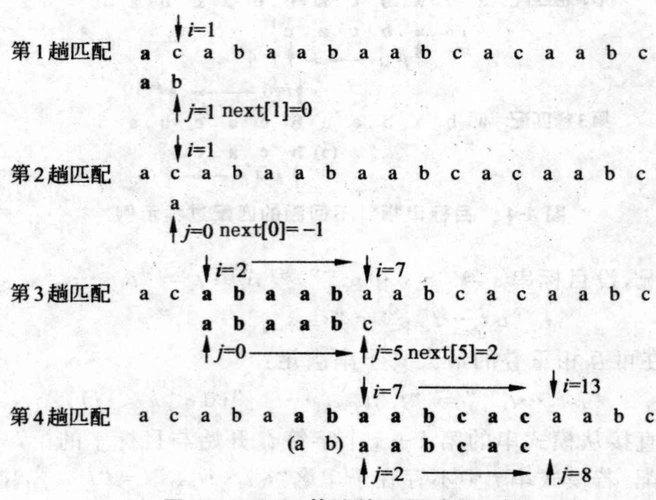

图 4-5 KMP 算法的匹配过程示例

上述算法是由 D. E. Kunth、J. H. Morris 和 V. R. Pratt 同时提出的，所以该算法被称为 Kunth-Morris-Pratt 算法，简称 KMP 算法。该算法与 Brute-Force 算法比较有了较大的改进，主要是消除了目标串的指针回溯，从而使算法效率有了某种程度的提高。

KMP 算法设计如下：

```
void getnext(string * t,int next[])   /* 由模式串 t 求出 next 值 */
{
    int j,k;
    j = 0;
    k =-1;
    next[0] =-1;
    while(j < t. length)
      if(k == 1 || t. data[j] = t. data[k])
      {
          j ++;
          k ++;
          next[j] = k;
      }
```

```
    else
        k = next[k];
}
int KMPindex(string *s,string *t,int pos)
{
    int next[INITSTRLEN],i,j;
    getnext(t,next);
    i = pos-1;
    j = 0;
    while(i < s.length&&j < t.length)
      if(j ==-1 || s.data[i] == t. data[j])
      {
            i++;
            j++;          /* 对应字符相同,指针后移一个位置 */
      }
      else
          j = next[j];     /*i不变,j后退,相当于模式串向右滑动 */
    if(j >= t.length)
        return i-t.length+1/* 匹配成功,返回第1个匹配字符在主串中的位序 */
    else
        return 0;     /* 匹配不成功,返回标志0*/
}
```

实际上,上述定义的 next 函数在某些情况下尚有缺陷。例如,模式串"aaaab"在和 1 标串"aaabaaaab"匹配时,当 $i=3,j=3$ 时,$s.\text{data}[i] \neq t.\text{data}[j]$,next[$j$]的指示还需 $i=3,j=2$,$i=3,j=1$,$i=3,j=0$ 等 3 次比较。实际上,因为模式串中的第 1、2、3 个字符和第 4 个字符都相等,因此,不需要再和目标串中的第 4 个字符比较,而可以将模式串一次向右滑动 4 个字符的位置直接进行 $i=4,j=0$ 时的字符比较。因此,若接上述定义得到 next[j] $=k$,而模式串中 $t_j = t_k$,则当目标串中字符 s_i 与 t_j 比较不等时,不需要再与进行比较,而直接与 $t_{\text{next}[k]}$ 进行比较即可,即此时的 next[j]应和 next[k]相同。为此,求 next 函数 getnext() 的算法修正如下,成为 next 函数的修正值算法。

```
vold getnextval(strmg *t,int nextvall I)
{
    int j,k;
    j = 0;
    k =-1;
    nextval[0] = -1;
    while(j < t.length)
      if(k ==-1 || t.data[j] == t.data[k])
      {
```

```
            j++;
            k++;
            if(t.data[j]! = t.data[k])
                nextval[j] = k;
            else
                nextval[j] = nextval[k];
        }
        else
        k = nextval[k];
    }
```

习题

1. 单项选择题。

(1)(　　)不是线性表的特性。

A. 除第1个元素外,每个元素都有前驱

B. 除最后一个元素外,每个元素都有后继

C. 线性表是数据的有限序列

D. 线性表的长度为n,并且$n \neq 0$

(2)(　　)不是顺序表的特点。

A. 逻辑上相邻的元素,一定存储在相邻的存储单元中

B. 插入一个元素,平均需要移动半个表长的数据元素

C. 用动态一维数组存储顺序表最合适

D. 在顺序表中查找一个元素与表中元素的位置排列没有关系

(3)在一个单链表中,已知q结点是p结点的前驱结点,若在q和p之间插入s结点,则执行(　)。

A. s->next = p->next;p->next = s;

B. p->next = s->next;s->next = p;

C. q->next = s;s->next = p;

D. p->next = s;s->next = q;

(4)在一个链队列中,假定front和rear分别为队首指针和队尾指针,则s结点入队列的操作是(　　)。

A. front->next = s;front->s;

B. rear->next = s;rear->s;

C. front = front->next;

D. front = rear->next;

(5)链表不具有的特点是(　　)。

A. 可以随机访问任何一个元素

B. 插入和删除元素不需要移动元素

C. 不必事先估计存储空间

D. 所需存储空间与链表长度相关

(6) 串是(　　)。

A. 一些符号构成的序列

B. 一些字母构成的序列

C. 一个以上的字符构成的序列

D. 任意有限个字符构成的序列

(7) 设输入序列为1、2、3、4,则借助一个栈可以得到的输出序列是(　　)。

A. 1,3,4,2　　B. 3,1,4,2

C. 4,3,1,2　　D. 4,1,2,3

(8) 在一个具有行个单元的顺序栈中,假定以地址低端作为栈底,以top作为栈顶指针,则当作退栈处理时,top变化为(　　)。

A. top 不变　　B. top += n

C. top --　　D. top ++

(9) 若循环队列的队头指针为front,队尾指针为rear,则队长的计算公式为(　　)。

A. rear − front

B. front − rear

C. year − front + 1

D. 以上都不正确

(10) 栈和队列都是(　　)。

A. 顺序存储的线性表

B. 链式存储的线性表

C. 限制插入和删除位置的线性表

D. 限制插入和删除操作位置的非线性表

(11) 某线性表中最常用的操作是在最后一个元素之后插入一个元素及删除第1个元素,则采用(　　)最节省操作时间。

A. 单链表　　B. 队列

C. 双链表　　D. 栈

(12) 若线性表采用链式存储,则表中各元素的存储地址(　　)。

A. 必须是连续的

B. 部分地址是连续的

C. 一定是不连续的

D. 不一定是连续的

2. 正误判断题。

(1) 单向循环链表中从任何结点出发均可以访问链表中的所有结点。(　)

(2) 双向循环链表中从任何结点出发均可以访问该结点的直接前驱和直接后继。(　)

(3) 链表中结点数据域部分占的存储空间越多,存储密度也就越大。(　)

(4) 带头结点单链表和不带头结点单链表在查找、删除、求长等操作上无区别。(　)

(5) 因为栈是一种线性表,所以线性表的所有操作都适用于栈。(　　)

(6) 队列是特殊的线性表,在队列的两端可以进行同样的操作。(　　)

(7) 如果两个串中含有相同的字符,则这两个串相等。(　　)

(8) 线性表中每个结点都有前驱和后继。(　　)

(9) 静态链表要求逻辑上相邻的元素在物理位置上也相邻。(　　)

3. 填空题。

(1) 下列函数的功能是实现带头结点的单链表逆置。

```
void turn(slink * L)
{
    slink * p, * q;
    p = L -> next;
    L -> next = NULL;
    while (______)
    {
        q = p;
        p = p -> next;
        q -> next = L -> next;
        L -> next = (______);
    }
}
```

(2) 已知长度为 len 的线性表 L 采用顺序存储结构存储。下列算法的功能是删除线性表 L 中所有值为 item 的数据元素。

```
void delnode(sqlist  * L,ElemType item)
{
    int k = 0,i = 0;
    while(i < L -> len)
    {
        if(L -> data[i] == item)
        (______)
        else
        L -> data[i - k] = L -> data[i];
    }
        L -> len = L -> len - k;
}
```

4. 算法设计题。

(1) 设 A 和 B 是两个非递减的顺序表。编写算法,把 A 和 B 中都存在的元素组成新的由大到小排列的顺序表 C,并分析算法的时间复杂度。

(2) 编写算法,删除单链表 L 中 p 指针指向结点的直接前驱。

(3) 编写算法,统计字符串 s 中含有子串 t 的个数。要求:分别用顺序串和链串实现。

(4) 编写算法，删除顺序表 A 中元素值在 x 到 $y(x \leqslant y)$ 之间的所有元素。

(5) 编写算法，在不带头结点单链表上实现插入和删除一个元素的操作。

(6) 编写算法，在不带头结点双链表上实现插入和删除一个元素的操作。

第 5 章　数组与广义表

5.1　数组的定义

类似于线性表，抽象数据类型数组可形式地定义为：

ADT Array

{

对象：$j_i = 0, \cdots, b_i - 1, i = 1, 2, \cdots, n,$

$D = \{a_{j_1 j_2 \cdots j_n} \mid (n > 0)$ 称为数组的维数，b_i 是数组第 i 维的长度，

j_i 是数组元素的第 i 维下标，$a_{j_1 j_2 \cdots j_n} \in \text{ElemSet}\}$。

数据关系：$R = \{R1, R2, \cdots, Rn\}$

$$Ri = \{< a_{j_1 \cdots j_i \cdots j_n}, a_{j_1 \cdots j_i + 1 \cdots j_n} > \mid$$

$$0 \leqslant j_k \leqslant b_k - 1, 1 \leqslant k \leqslant n \text{ 且 } k \neq i$$

$$0 \leqslant j_i \leqslant b_k - 2$$

$$a_{j_1 \cdots j_i \cdots j_n}, a_{j_1 \cdots j_i + 1 \cdots j_n} \in D, i = 2, \cdots, n\}$$

基本操作：

InitArray(&A,n,boundl,…,boundn)

操作结果：若维数 n 和各维长度合法，则构造相应的数组 A，并返回 OK。

DestroyArray(&A)

操作结果：销毁数组 A。

Value(A,&e,indexl,…,indexn)

初始条件：A 是 n 维数组，e 为元素变量，随后是 n 个下标值。

操作结果：若各下标不超界，则 e 赋值为所指定的 A 的元素值，并返回 OK。

Assign(&A,e,indexl,…,indexn)

初始条件：A 是 n 维数组，e 为元素变量，随后是 n 个下标值。

操作结果：若下标不超界，则将 e 的值赋给所指定的 A 的元素，并返回 OK。

}ADT Array

这是一个 C 语言风格的定义。从上述定义可见，n 维数组中含有 $\prod_{i=1}^{n} b_i$ 个数据元素，每个元素都受着 n 个关系的约束。在每个关系中，元素 $a_{j_1 \cdots j_i \cdots j_n}(0 \leqslant j_i \leqslant b_k - 2)$ 都有一个直接后继元素。因此，就其单个关系而言，这 n 个关系仍是线性关系。和线性表一样，所有的数据元素都必须属于同一数据类型。数组中的每个数据元素都对应于一组下标$(j_1, j_2, \cdots, j_n)$，每个下标的取值范围是 $0 \leqslant j_i \leqslant b_i - 1$，$b_i$ 称为第主维的长度$(i = 1, 2, \cdots, n)$。显然，当 $n = 1$ 时，n 维数组就退化为定长的线性表。反之，n 维数组也可以看成是线性表的推广。由此，我们也可以从另一个角度来定义 n 维数组。

我们可以把二维数组看成是这样一个定长线性表：它的每个数据元素也是一个定长线性表。例如。图 5-1(a) 所示是一个二维数组，以 m 行 n 列的矩阵形式表示。它可以看成是一个线性表

$$A = (\alpha_0, \alpha_1, \cdots, \alpha_p)\ (p = m-1 \text{ 或 } n-1)$$

其中每个数据元素 α_j 是一个列向量形式的线性表

$$\alpha_j = (a_{0j}, a_{1j}, \cdots, a_{m-1,j})(0 \leqslant j \leqslant n-1)$$

如图 5-1(b) 所示或者 α_i 是一个行向量形式的线性表

$$\alpha_i = (a_{i0}, a_{i1}, \cdots, a_{i,m-1})(0 \leqslant i \leqslant m-1)$$

如图 5-1(c) 所示。在C语言中，一个二维数组类型可以定义为其分量类型为一维数组类型的一维数组类型，也就是说，

```
typedef   ElemType   Array2[m][n];
```

等价于

```
typedef   ElemType   Arrayl[n];
typedef   Arrayl     Array2[m];
```

同理，一个 n 维数组类型可以定义为其数据元素为 $n-1$ 维数组类型的一维数组类型。

$$A_{m\times n} = \begin{bmatrix} a_{00} & a_{01} & a_{02} & \cdots & a_{0,n-1} \\ a_{10} & a_{11} & a_{12} & \cdots & a_{1,n-1} \\ \vdots & \vdots & \vdots & & \vdots \\ a_{m-1,0} & a_{m-1,1} & a_{m-1,2} & \cdots & a_{m-1,n-1} \end{bmatrix}, \quad A_{m\times n} = \left[\begin{bmatrix} a_{00} \\ a_{10} \\ \vdots \\ a_{m-1,0} \end{bmatrix} \begin{bmatrix} a_{01} \\ a_{11} \\ \vdots \\ a_{m-1,1} \end{bmatrix} \cdots \begin{bmatrix} a_{0,n-1} \\ a_{1,n-1} \\ \vdots \\ a_{m-1,n-1} \end{bmatrix} \right]$$

(a)　　　　　　　　　　　　　　　　(b)

$$A_{m\times n} = ((a_{00}a_{01}\cdots a_{0,n-1}), (a_{10}a_{11}\cdots a_{1,n-1}), \cdots, (a_{m-1,0}a_{m-1,1}\cdots a_{m-1,n-1}))$$

(c)

图 5-1　二维数组图例

(a) 矩阵形式表示；(b) 列向量的一维数组；(c) 行向量的一维数组

数组一旦被定义，它的维数和维界就不再改变。因此，除了结构的初始化和销毁之外，数组只有存取元素和修改元素值的操作。

5.2　数组的顺序表示和实现

由于数组一般不作插入或删除操作，也就是说，一旦建立了数组，则结构中的数据元素个数和元素之间的关系就不再发生变动。因此，采用顺序存储结构表示数组是自然的事了。

由于存储单元是一维的结构，而数组是个多维的结构，则用一组连续存储单元存放数组的数据元素就有个次序约定问题。例如图 5-1(a) 的二维数组可以看成如图 5-1(c) 的一维数组，也可看成如图 5-1(b) 的一维数组。对应地对二维数组可有两种存储方式：

一种以列序为主序(column major order) 的存储方式如图 5-2(a) 所示；

一种是以行序为主序(row major order) 的存储方式如图 5-2(b) 所示。

在扩展 BASIC、PL/1、COBOL、PASCAL 和 C 语言中，用的都是以行序为主序的存储结构，而在 FORTRAN 语言中，用的是以列序为主序的存储结构。

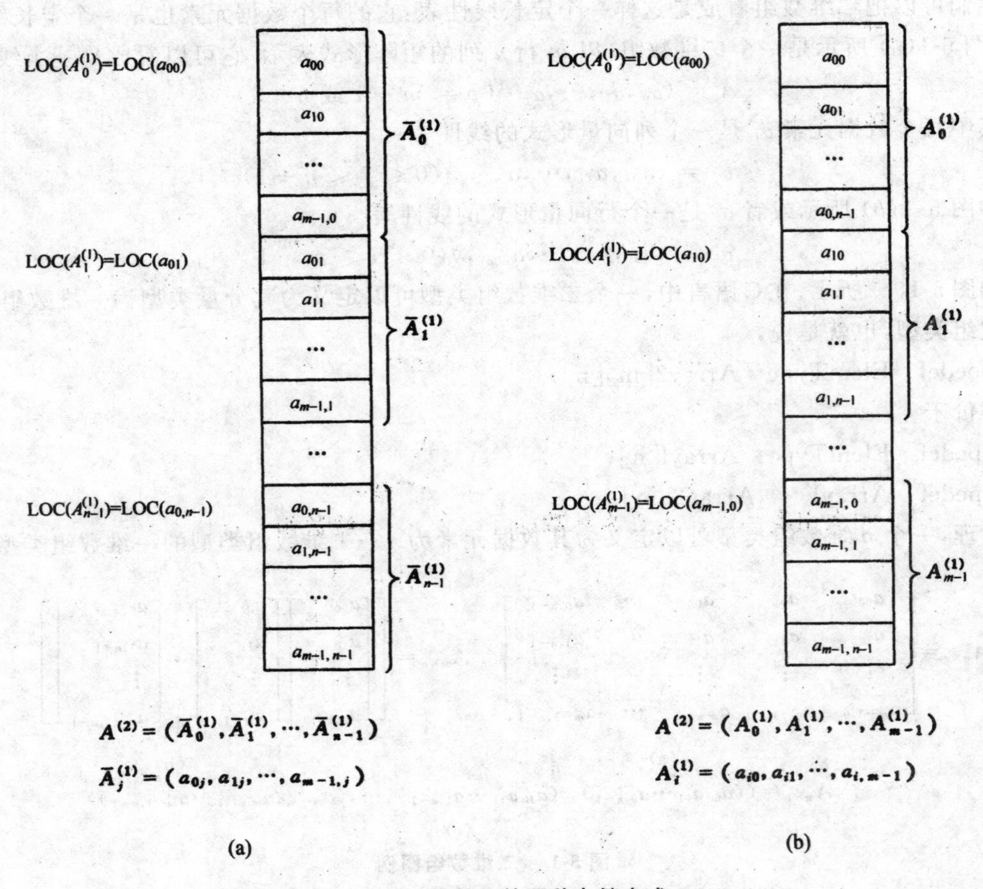

图 5-2　二维数组的两种存储方式

(a) 以列序为主序；(b) 以行序为主序

由此，对于数组，一旦规定了它的维数和各维的长度，便可为它分配存储空间。反之，只要给出一组下标便可求得相应数组元素的存储位置。下面仅用以行序为主序的存储结构为例予以说明。

假设每个数据元素占 L 个存储单元，则二维数组 A 中任一元素 a_{ij} 的存储位置可由下式确定

$$LOC(i,j)=LOC(0,0)+(b_2\times i+j)L \tag{5-1}$$

式中，$LOC(i,j)$ 是 a_{ij} 的存储位置；$LOC(0,0)$ 是 a_{00} 的存储位置，即二维数组 A 的起始存储位置，也称为基地址或基址。

将式(5-1) 推广到一般情况，可得到多维数组的数据元素存储位置的计算公式：

$$\begin{aligned}LOC(j_1,j_2,\cdots,j_n) &= LOC(0,0,\cdots,0)+(b_2\times\cdots\times b_n\times j_1+b_3\times\cdots\times b_n\times j_2\\&\qquad+\cdots+b_n\times j_{n-1}+j_n)L\\&=LOC(0,0,\cdots,0)+\left(\sum_{i=1}^{n-1}j_i\prod_{k=i+1}^{n}b_k+j_n\right)L\end{aligned}$$

可缩写成

$$LOC(j_1,j_2,\cdots,j_n)=LOC(0,0,\cdots,0)+\sum_{i=1}^{n}c_ij_i \tag{5-2}$$

式(5-2)称为n维数组的映像函数。容易看出,数组元素的存储位置是其下标的线性函数,一旦确定了数组的各维的长度,c_i就是常数。由于计算各个元素存储位置的时间相等,所以存取数组中任一元素的时间也相等。我们称具有这一特点的存储结构为随机存储结构。

下面是数组的顺序存储表示和实现。

```
/* 数组的顺序存储表示 */
#include < stdarg.h >        /* 标准头文件,提供宏 va_start、va_arg 和 va_end */
                             /* 用于存取变长参数表 */
#define MAX_ARRAY_DIM  8     /* 假设数组维数的最大值为 8 */
typedef struct
{
    ElemType   * base;       /* 数组元素基址,由 InitArray 分配 */
    int dim;                 /* 数组维数 */
    int      * bounds;       /* 数组维界基址,由 InitArray 分配 */
    int      * constants;    /* 数组映像函数常量基址,由 InitArray 分配 */
}Array;
/* 基本操作的函数原型说明 */
Status InitArray(Array&A,int dim,…);
/* 若维数 dim 和随后的各维长度合法,则构造相应的数组 A,并返回 OK。*/
Status DestroyArray(Array &A);
/* 销毁数组 A */
Status Value(Array A, ElemType &e,…);
/* A 是 n 维数组,e 为元素变量,随后是 n 个下标值 */
/* 若各下标不超界,则 e 赋值为所指定的 A 的元素值,并返回 OK */
Status Assign(Array &A,ElemType e,…);
/* A 是 n 维数组,e 为元素变量,随后是 n 个下标值 */
/* 若下标不超界,则将 e 的值赋给所指定的 A 的元素,并返回 OK */
/* 基本操作的算法描述 */
Status InitArray(Array &A,int dim,…)
{
    /* 若维数 dim 和各维长度合法,则构造相应的数组 A,并返回 OK */
    if(dim < 1 || dim > MAX_ARRAY_DIM)
        return ERROR;
    A.dim = dim;
    A.bounds = (int *)malloc(dim * sizeof(int));
    if(!A.bounds)
        exit(OVERFLOW);
    /* 若各维长度合法,则存入 A.bounds,并求出 A 的元素总数 elemtotal */
    elemtotal = 1;
    va_start(ap,dim)   /* ap 为 va_list 类型,是存放变长参数表信息的数组 */
```

```
    for(i = 0;i < dim; ++i)
    {
        A. bounds[i] = va_arg(ap,int);
        if(A. bounds[i] < 0)
            return UNDERFLOW;
        elemtotal * = A. bounds[i];
    }
    va_end(ap);
    A. base = (ElemType *)malloc(elemtotal * sizeof(ElemType));
    if(!A. base)
        exit(OVERFLOW);
     /* 求映像函数的常数 ci,并存入 A. constants[i-1],i = 1,…,dim */
     A. constants = (int *)malloc(dim * sizeof(int));
     if(!A. constants)
         exit(OVERFLOW);
     A. constants[dim-1] = 1;  /* L = 1,指针的增减以元素的大小为单位 */
     for(i = dim-2;  i >= 0; --i)
         A. constants[i] = A. bounds[i+1] * A. constants[i+1];
     return OK;
}
Status DestroyArray(Array &A)
{
      /* 销毁数组 A */
     if(!A. base)
          return ERROR;
     free(A. base);
     A. base = NULL;
     if!(A. bounds)
          return ERROR;
     free(A. bounds);
     A. bounds = NULL;
     if!(A. constants)
         return ERROR;
     free(A. constants);
     A. constants = NULL;
     return OK;
}
Status Locate(Array A,va_list ap,int &off)
{ /* 若 ap 指示的各下标值合法,则求出该元素在 A 中相对地址 off */
```

```
    off = 0;
    for(i = 0;idA.dim; ++i)
    {
        ind = va_arg(ap,int);
        if(ind < 0 || ind >= A.bounds[i])
            return 0VERFLOW;
        off += A.constants[i] * ind;
    }
    return OK;
}
Status Value(Array A,ElemType &e, …)
{/* A是n维数组,e为元素变量,随后是n个下标值 */
/* 若各下标不超界,则e赋值为所指定的A的元素值,并返回0K */
    va_start(ap,e);
    if((result = Locate(A,ap,off)) <= 0)
        return result;
    e = *(A.base + off);
    return OK;
}
Status Assign(Array &A,ElemType e,…)
{/* A是n维数组,e为元素变量,随后是n个下标值 */
/* 若下标不超界,则将e的值赋给所指定的A的元素,并返回0K */
    va_start(ap,e);
    if((result = Locate(A.ap,off)) <= 0)return result;
        *(A.base + off) = e;
    return OK;
}
```

5.3 矩阵的压缩存储

5.3.1 特殊矩阵的压缩存储

矩阵运算在许多科学和工程计算问题中经常遇到。通常,编写求解矩阵问题的应用程序都用二维数组来存储矩阵数据元素。但是,经常会遇到这样一些矩阵,其中有许多值相同的元素或有许多零元素,且值相同的元素或零元素的分布有一定的规律。

我们称有许多值相同的元素或有许多零元素,且值相同的元素或零元素的分布有一定规律的矩阵为特殊矩阵。当矩阵的维数比较大时,矩阵占据的内存单元相当多,这时,利用特殊矩阵数据元素的分布规律压缩矩阵的存储空间,对许多应用问题来说有重要的意义。

特殊矩阵压缩存储的方法是,只存储特殊矩阵中数值不相同的数据元素。读取被压缩掉矩阵元素的方法是，利用特殊矩阵压缩存储的数学映射公式找到相应的矩阵元素。

若一个对称矩阵的行数和列数相等且等于n，则称该矩阵为n阶对称矩阵，即n阶对称矩阵$\boldsymbol{A}$中的数据元素满足：

$$a_{ij} = a_{ji}(1 \leqslant i,j \leqslant n) \tag{5-3}$$

由于n阶对称矩阵中的数据元素以主对角线为中线对称，因此在存储时，可以把对称的两个相同数值的数据元素存储在一个存储单元中。这样就可将n^2个数据元素压缩存储在$\frac{n(n+1)}{2}$个存储单元中。假设以一维数组va作为n阶对称矩阵$\boldsymbol{A}$的压缩存储单元，则一维数组va要求的元素个数为$\frac{n(n+1)}{2}$。设a_{ij}为n阶对称矩阵$\boldsymbol{A}$中i行j列的数据元素，k为一维数组va的下标序号，则其数学映射关系为：

$$k = \begin{cases} \dfrac{i(i-1)}{2} + j - 1 & i \geqslant j \\ \dfrac{j(j-1)}{2} + i - 1 & i < j \end{cases} \tag{5-4}$$

n阶对称矩阵中的数据元素在一维数组va中的对应位置关系见表5-1。

表 5-1　n阶对称矩阵的压缩存储对应关系

k	0	1	2	3	…	$\frac{n(n-1)}{2}$	…	$\frac{n(n-1)}{2}-1$
va 中元素	a_{11}	a_{21}	a_{22}	a_{31}	…	a_{n1}	…	a_{nn}
隐含元素		a_{12}		a_{13}		a_{1n}		

例如，对一个3阶对称矩阵$a_{ij}(1 \leqslant i,j \leqslant 3)$，压缩存储的一维数组$va$中存储的数据元素依次为：$a_{11}$，$a_{21}$（隐含$a_{12}$），$a_{22}$，$a_{31}$（隐含$a_{13}$），$a_{32}$（隐含$a_{23}$），$a_{33}$，…。

完成上述压缩映射后，n阶对称矩阵$\boldsymbol{A}$中的数据元素a_{ij}压缩存储到了一维数组va中，因此，一维数组va实现了对n阶对称矩阵$\boldsymbol{A}$的压缩存储，此方法压缩掉了几乎一半的存储空间。

有些非对称的矩阵也可借用此方法实现压缩存储，如n阶下三角矩阵就可用此方法实现压缩存储。所谓n阶下三角矩阵，就是行、列数均为n的矩阵的上三角（不包括对角线）中的数据元素均为0，此时，可以只存储以阶下三角矩阵的下三角（包括对角线）中的数据元素。设a_{ij}为n阶下三角矩阵中i行j列的数据元素，k为一维数组va的下标序号，其数学映射关系为：

$$k = \begin{cases} \dfrac{i(i-1)}{2} + j - 1 & i \geqslant j \\ \text{空} & i < j \end{cases} \tag{5-5}$$

当n阶下三角矩阵的上三角（不包括对角线）中的数据元素为不为0的常数时，式(5-5)也可更改为式(5-6)：

$$k=\begin{cases}\dfrac{i(i-1)}{2}+j-1 & i\geqslant j\\ \dfrac{n(n+1)}{2} & i<j\end{cases}\tag{5-6}$$

此时，一维数组 va 的数据元素个数为$\dfrac{n(n+1)}{2}+1$个，其中，数组 va 中的最后一个存储位置 $va\left[\dfrac{n(n+1)}{2}\right]$中存储了上三角矩阵中数值不为 0 的数据元素。

若矩阵中数据元素的数值以主对角线为中线对称，则称该矩阵为对称矩阵，即对称矩阵 $\boldsymbol{A}$ 中的数据元素满足：

$$a_{ij}=a_{ji}\quad(1\leqslant i\leqslant n,1\leqslant j\leqslant m)\tag{5-7}$$

对称矩阵的压缩存储映射公式和 n 阶对称矩阵的压缩存储映射公式类同。其他特殊矩阵的压缩存储方法和 n 阶对称矩阵的压缩存储方法类同。

例 5.1　编写实现 $C=A+B$ 操作的函数。其中，矩阵 $\boldsymbol{A}$、矩阵 $\boldsymbol{B}$ 和矩阵 $\boldsymbol{C}$ 均采用压。缩存储方式存储，矩阵元素均为 int 类型。并设计一个测试主函数，要求按矩阵方式输出矩阵 $\boldsymbol{C}$ 的数值。设矩阵 $\boldsymbol{A}$ 和矩阵 $\boldsymbol{B}$ 为如下所示的矩阵：

根据题目要求，应该设计一个完成矩阵加操作的函数和一个完成按矩阵方式输出矩阵元素函数。矩阵加函数设计较为简单，因为对于两个采用压缩存储的 n 阶对称矩阵 $\boldsymbol{A}+\boldsymbol{B}$ 来说，只要逐位相加即可得到仍然采用压缩存储的 n 阶对称矩阵 $\boldsymbol{C}$。

对于按矩阵方式输出矩阵元素函数，设计时，要考虑把压缩存储的隐含元素展现出来，这实际上是式(5-4) 的反向使用。

程序设计如下：

```
#include < stdio.h >
void Add(int a[],int b[],int c[],int n)
/* n 阶对称矩阵 C = A + B,其中矩阵采用压缩存储 */
{
    int = 1;
    for(i = 0;i <= n * (n + 1)/2 - 1;i ++)
        c[i] = a[i] + b[i];     /* 逐位相加 */
}
void Print(int a[],int n)
/* n 阶对称矩阵按矩阵方式输出,其中矩阵采用压缩存储 */
{
    int i,j,k;
    for(i = 1;i <= n;i ++)
    {
        for(j = 1;j <= n;j ++)
        {
          if(i >= j)
           k = i * (i - 1)/2 + j - 1;/* 计算元素下标 */
```

```
            else
                k = j * (j - 1)/2 + i - 1;      /* 计算隐含元素下标 */
            printf("%d",a[k]);
        }
        printf("\n");
    }
}
void main(void),
{
    int a[] = {1,2,4,3,5,6},b[] = {10,20,40,30,50,60},c[6];
    int n = 3;
    Add(a,b,c,n);
    print(c,n);
}
程序运行结果
11    22    33
22    44    55
33    55    66
```

5.3.2 稀疏矩阵的压缩存储

对一个 $m \times n$ 的矩阵,设 s 为矩阵元素的总和,有 $s = m \times n$,设 t 为矩阵中非零元素的总和,满足 $t \ll s$ 的矩阵称作稀疏矩阵。符号"≪"读作"小于小于"6,数学上,$t \ll s$ 表示 t 的数值至少小于 s 的数值两个数量级,即 $t \times 10^2$ 小于等于 s。相对于稀疏矩阵来说,一个不稀疏的矩阵也称作稠密矩阵。通常,编写求解矩阵问题的应用程序都用二维数组来存储矩阵数据元素。但是,当稀疏矩阵的 $m \times n$ 值非常大时,由于 $t \ll s$,所以,存储矩阵元素的数组中有非常多的零元素。去掉零元素占用的内存空间是稀疏矩阵的压缩存储期望解决的问题。

由于稀疏矩阵的零元素非常多,且分布无规律,所以稀疏矩阵的压缩存储方法是只存储矩阵中的非零元素。稀疏矩阵中每个非零元素及其对应的行下标和列下标构成一个三元组,稀疏矩阵中所有这样的三元组构成一个三元组线性表。稀疏矩阵压缩存储的方法是只存储稀疏矩阵的三元组线性表。

图 5-3(a) 是一个稀疏矩阵,图 5-3(b) 是其对应的三元组线性表。

稀疏矩阵的压缩存储结构主要有三元组顺序表和三元组链表两大类型,其中,三元组链表中又有一般链表、行指针数组的链表和行列指针的十字链表存储结构等。稀疏矩阵的压缩存储结构可看作是顺序表和链表的直接应用或组合应用。

行号 \ 列号	1	2	3	4	5	6	7
1	0	0	11	0	17	0	0
2	0	25	0	0	0	0	0
3	0	0	0	0	0	0	0
4	19	0	0	0	0	0	0
5	0	0	0	37	0	0	0
6	0	0	0	0	0	0	50

(a) 稀疏矩阵

{{1,3,11},{1,5,17},{2,2,25},
{4,1,19} {5,4,37},{6,7,50}}

(b) 三元组线性表

图 5-3　稀疏矩阵及其对应的三元组线性表

1. 稀疏矩阵的三元组顺序表

用顺序表存储的三元组线性表称作三元组顺序表。三元组顺序表就是把三元组定义成顺序表的数据元素。因此，可把三元组定义成顺序表的数据元素如下：

```
typedef struct
{
    int i;     /* 行号 */
    int j;     /* 列号 */
    elemtype d;     /* 元素值 */
}DataType;
```

另外，把稀疏矩阵的行数、列数和非零元个数定义成三元组顺序表的控制数据结构体：

```
typedef struct
{
    int md;     /* 行数 */
    int nd;     /* 列数 */
    int td;     /* 非零元个数 */
}TriType;
```

这样，图 5-3(b) 所示的稀疏矩阵的三元组线性表的存储结构就对应为图 5-4 所示的稀疏矩阵的三元组顺序表。

矩阵的转置运算就是把矩阵中每个元素的行值转为列值，把列值转为行值。因此，一个稀疏矩阵的转置矩阵仍是稀疏矩阵。图 5-5(a) 是图 5-4 所示的稀疏矩阵三元组顺序表的转置。

存储一个矩阵时，通常按先行下标再列下标的顺序存储，图 5-4 所示的稀疏矩阵三元组顺序表就是按这样的顺序存储的，这样的存储方法有利于稀疏矩阵运算的操作实现。图 5-5(a) 所示的稀疏矩阵三元组顺序表的转置矩阵，是按原稀疏矩阵三元组顺序表的顺序转置后存储的，转置后的存储结构对矩阵运算的操作实现是不方便的。图 5-5(b) 所示的图 5-4 稀疏矩阵三元组顺序表的转置矩阵，是按转置后的稀疏矩阵三元组顺序表的顺序存储的，这样的存储结构对矩阵运算的操作实现是方便的。

	i	j	d
0	1	3	11
1	1	5	17
2	2	2	25
3	4	1	19
4	5	4	37
5	6	7	50
6			
⋮	⋮	⋮	⋮
MaxSize-1			

Size=6

md	6
nd	7
td	8

图 5-4 稀疏矩阵的三元组顺序表

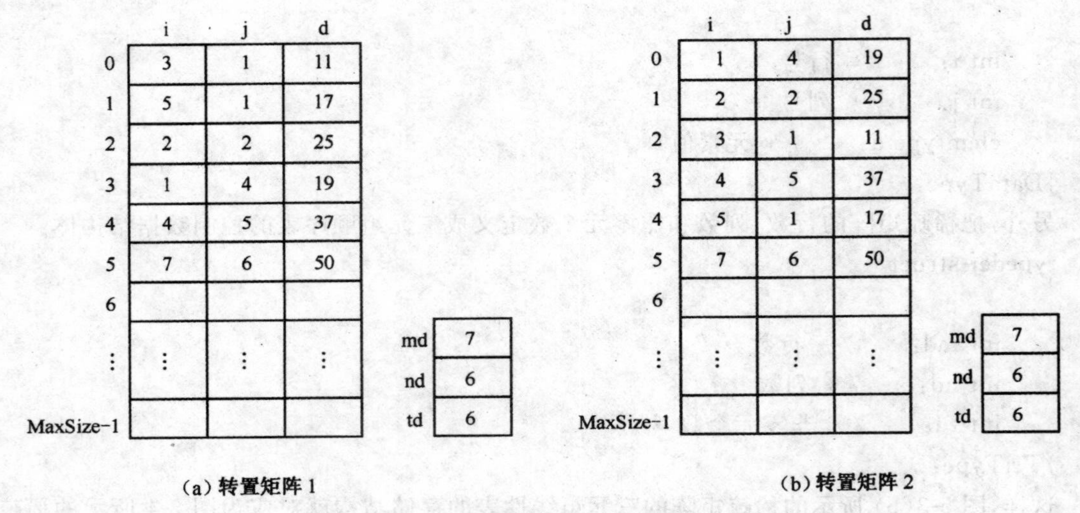

	i	j	d
0	3	1	11
1	5	1	17
2	2	2	25
3	1	4	19
4	4	5	37
5	7	6	50
6			
⋮	⋮	⋮	⋮
MaxSize-1			

md	7
nd	6
td	6

(a) 转置矩阵 1

	i	j	d
0	1	4	19
1	2	2	25
2	3	1	11
3	4	5	37
4	5	1	17
5	7	6	50
6			
⋮	⋮	⋮	⋮
MaxSize-1			

md	7
nd	6
td	6

(b) 转置矩阵 2

图 5-5 转置后的三元组顺序表

对于图 5-5(a) 所示的稀疏矩阵三元组顺序表的转置操作，实现算法如下：

```
void Transitionl(SeqList a,TriType da,SeqList * b,TriType * db)
/ * a 为转置前的三元组顺序表,da 是 a 的控制数据 * /
/ * 三元组顺序表 a 按先行下标后列下标的顺序存放 * /
/ * b 为转置后的三元组顺序表,db 是 b 的控制数据 * /
{
    int p;
    db -> md = da. nd;
    db -> n d = da. md;
    db -> td = da. td;
```

```
    if(da.td! = 0)
    for(p = 0;p < da.td;p ++)            /* 依次转置 */
    {
        b -> list[p].i = a.list[p].j;
        b -> list[p].j = a.list[p].i;
        b -> list[p].d = a.list[p].d;
    }
}
```

显然，这种转置算法只需依次把原矩阵的行下标换为列下标，把原矩阵的列下标换为行下标即可。此转置算法的时间复杂度为 $O(t)$，其中 t 为稀疏矩阵的非零元个数。

还可以实现图 5-5(b) 所示的稀疏矩阵三元组顺序表的转置操作。这样的转置操作算法的时间复杂度至少为 $O(nt)$，其中 n 为稀疏矩阵的列数，t 为稀疏矩阵的非零元个数。

2. 稀疏矩阵的三元组链表

稀疏矩阵的三元组线性表也可采用链表结构存储。用链表存储的三元组线性表称作三元组链表。在三元组链表中，每个结点的数据域由稀疏矩阵非零元的行号、列号和元素值组成。图 5-3(b) 所示的稀疏矩阵三元组线性表的带头结点的三元组链表结构如图 5-6 所示，其中，头结点的行号域存储了稀疏矩阵的行数，列号域存储了稀疏矩阵的列数。

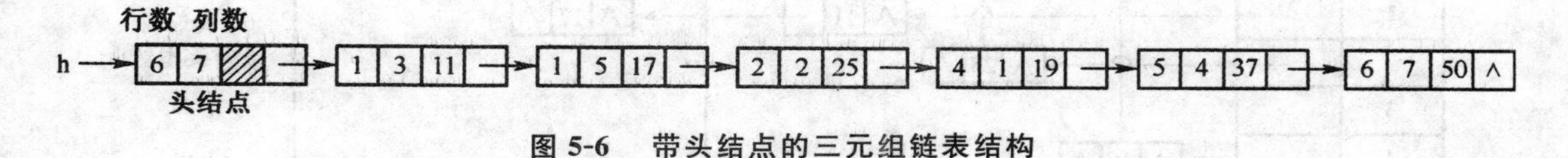

图 5-6　带头结点的三元组链表结构

这种三元组链表的缺点是，实现矩阵运算操作算法的时间复杂度高，因为算法中要访问某行某列中的一个元素时，必须从头指针进入后逐个结点查找。为降低矩阵运算操作算法的时间复杂度，可以给三元组链表的每一行设计一个头指针，这些头指针构成一个指针数组，指针数组中的每一行的头指针指向该行三元组链表的第一个数据元素结点。换句话说，每一行的单链表是仅由该行三元组元素结点构成的单链表，该单链表由指针数组中对应该行的头指针域指示。我们称这种结构的三元组链表为行指针数组结构的三元组链表。图 5-3(b) 所示的稀疏矩阵三元组线性表的行指针数组结构的三元组链表如图 5-7 所示，其中，各单链表均不带头结点。由于每个单链表中的行号域数值均相同，所以单链表中省略了三元组的行号域，而把行号统一放在指针数组的行号域中。

行指针数组结构的三元组链表对于从某行进入后找某列元素的操作比较容易实现，但对于从某列进入后找某行元素的操作就不容易实现，为此可再仿造行指针数组构造相同结构的列指针数组，因为此时每个结点不仅有横向勾链（表示各行），而且还有纵向勾链（表示各列），所以这样的链表称作三元组十字链表结构。图 5-3(b) 所示的稀疏矩阵三元组线性表的三元组十字链表如图 5-8 所示。其中，各单链表均不带头结点。此时每个结点中要增加一个纵向勾链的指针域。另外，由于对纵向勾链的单链表来说，每个单链表中的列号域数值均相同，所以单链表中省略了三元组的列号域，而把列号统一放在了列指针数组的列号域中。

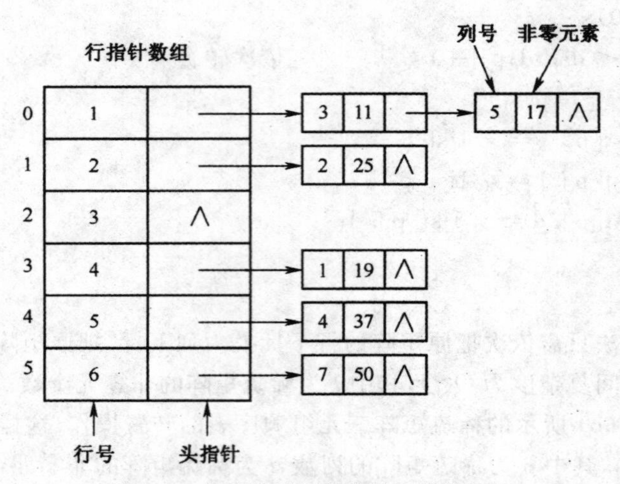

图 5-7　行指针数组结构的三元组链表

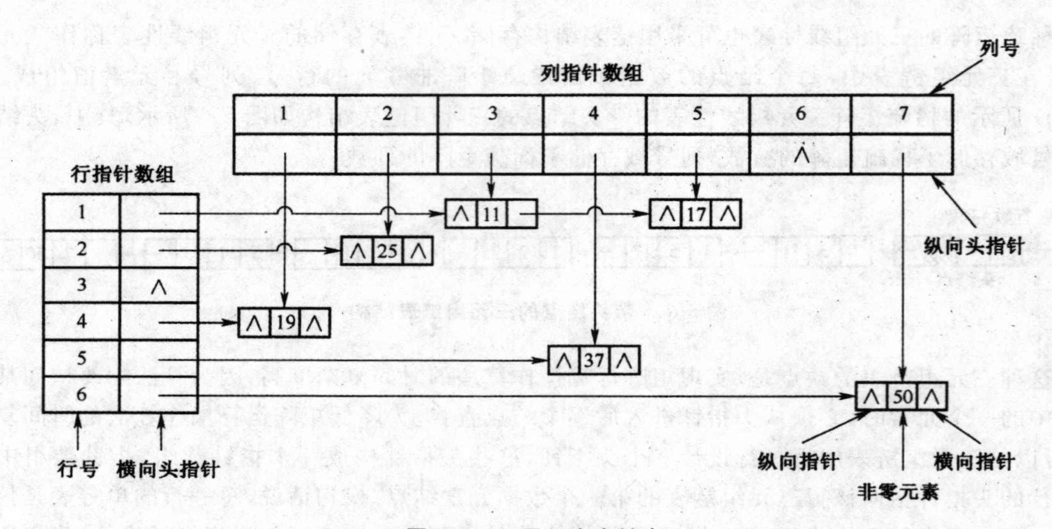

图 5-8　三元组十字链表

5.4　广义表

5.4.1　广义表的概念

广义表是 $n(n \geqslant 0)$ 个数据元素组成的序列，其中每个数据元素或者是单个数据元素（简称原子），或者仍然是一个广义表。

对比广义表和线性表的定义可以发现，广义表的定义扩充了，每个数据元素既可以是通常的数据元素，又可以是一个广义表。显然，这是一个递归定义。

广义表可以看作是线性表的推广，但如果从原子数据元素的角度看，一个数据元素有多个后继原子数据元素，就属于下一章要讨论的树型结构。所以，广义表本质上是非线性结构。

一个广义表通常用一对圆括号括起来，这样，当这个广义表中的某个数据元素又是一个广义表时，就可以再用一对括号括起来。广义表中的原子数据元素通常用小写字母表示，而广义表通常用大写字母表示。从结构上看，一个广义表对应一棵树。例如，设有如下广义表：

$A=()$

$B=(a,b,c)$

$C=(d)$

$D=(B,C)=((a,b,c),(d))$

$E=(D,e)=(((a,b,c),(d)),e)$

则广义表 E 对应了图 5-9 所示的一棵树。其中，圆形结点表示广义表，矩形结点表示原子。

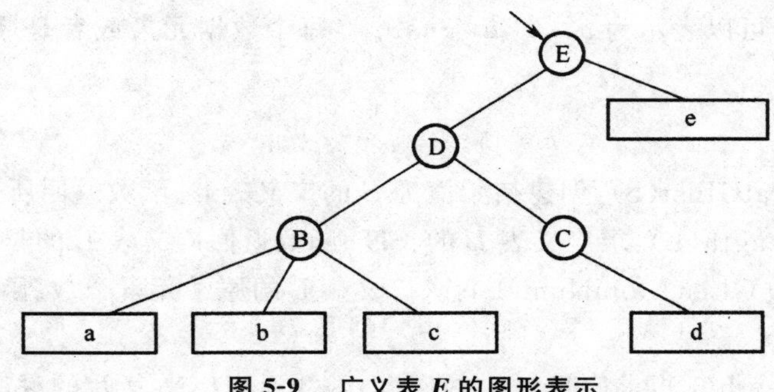

图 5-9　广义表 *E* 的图形表示

广义表的长度是指广义表中数据元素（原子元素或广义表）的个数。例如，上述广义表 A 的长度为 0，广义表 B 的长度为 3，广义表 C 的长度为 1，广义表 D 的长度为 2（注意，D 中只有两个数据元素 B 和 C），广义表 E 的长度为 2。

广义表的原子元素个数是指广义表中原子数据元素的个数。例如，上述广义表 A 的原子元素个数为 0，广义表 B 的原子元素个数为 3，广义表 C 的原子元素个数为 1，广义表 D 的原子元素个数为 4，广义表 E 的原子元素个数为 5。

广义表的深度是指广义表中所有原子数据元素到达根结点的最大值。从图 5-9 可以看出，一个广义表对应了一棵树，广义表的深度即是指广义表所对应的树的深度。或者说，广义表的深度即是指广义表中所包含括号的重数。例如，广义表 A，B 和 C 的深度均为 1（注意，空表 A 和广义表 B 及广义表 C 的深度相同，因它们均只有一重括号），广义表 D 的深度为 2，广义表 E 的深度为 3。

广义表深度的递归定义是：

$$\text{广义表的深度}=\begin{cases}0 & \text{当广义表为原子元素时}\\ 1 & \text{当广义表为空表时}\\ \text{子表的最大深度}+1 & \text{其他情况时}\end{cases}$$

一个广义表无论简单或复杂，都可以分成表头和表尾两部分。任何一个非空广义表的表头，既可能是原子也可能是广义表，但非空广义表的表尾一定是一个广义表。例如，广义表 (a,b)，其表头为原子 a，其表尾为广义表 (b)；又如，广义表 (b)，其表头为原子 b，其表尾为空广义表 $()$；又如，广义表 $((((a,b,c),(d))e)$，其表头为广义表 $((a,b,c),(d))$，其表尾为广义表 (e)。

对任何一个广义表的处理都可以由对表头的处理部分和对表尾的处理部分两部分组成。

在软件设计中，广义表有许多应用，其中最典型的是，在表处理语言 LISP 中，把广义表作为基本的数据结构，就连程序也一起表示为一系列的广义表。另外，广义表还可以用来表示 m 元多项式。所谓 m 元多项式，就是其每一项最多允许有 m 个变元。一个三元多项式 $P(x,y,z)$ 的例子如下：

$$P(x,y,z)=x^{11}y^4z^2+3x^8y^5z^2+8x^7z^4+6y^9z^2+7xyz$$

5.4.2 广义表的抽象数据类型

广义表的操作主要有创建、求长度、求深度、判非空否、取表头、取表尾、查找、删除、撤销等。由于广义表具有递归定义的特点，所以广义表操作的算法实现特征是递归。

1. 数据集合

广义表的数据集合可以表示为 $a_0,a_1,a_2,\cdots,a_{n-1}$，每个数据元素或者是原子元素，或者是一个广义表。

2. 操作集合

1) 创建广义表 CreatGList(S)：创建初始值为 S 的广义表 L。函数返回所创建的广义表。

2) 求长度 GListLength(L)：求广义表 L 的长度。函数返回广义表 L 的长度。

3) 求原子元素个数 GListAtomNum(L)：求广义表 L 的原子元素个数。函数返回广义表 L 的原子元素个数。

4) 求深度 GListDepth(L)：求广义表 L 的深度。函数返回广义表 L 的深度。

5) 判断非空否 GListNotEmpty(L)：判断广义表 L 是否非空。若广义表 L 非空则，返回 1；否则返回 0。

6) 取表头 GetHead(L)：取广义表 L 的表头。函数返回广义表 L 的表头。

7) 取表尾 GetTail(L)：取广义表 L 的表尾。函数返回广义表 L 的表尾。

8) 插入 GListlnsert(L,e)：把原子元素 e 插入广义表 L 成为第一个数据元素。

9) 删除 GListDelete(L,e)：删除广义表 L 的第一个数据元素，并由参数 e 带回。

10) 查找原子元素 GListSearch(L,e)：在广义表 L 中查找原子元素 e。若查找到则，返回指向原子元素的结点指针；否则返回空指针。

11) 撤销 DestroyGList(L)：撤销广义表 L 占用的所有动态内存空间。

5.4.3 广义表的存储结构

广义表通常采用链式存储结构。像单链表一样，链式存储结构的广义表也有带头结点和不带头结点两种。本章讨论的链式存储结构的广义表都不带头结点。

在广义表中，由于每个结点可以是原子元素或者是子表，所以需要一个标志位来区别数据元素的类型。常用的广义表的链式存储结构有头链和尾链存储结构以及原子和子表存储结构两种。

1. 头链和尾链存储结构

当广义表包含子表时，由于一个广义表可以由表头和表尾两部分组成，所以可以用一个头指针和一个尾指针表示一个广义表。这样，头链和尾链结构中一个结点的结构由一个标志域 tag 决定：当 tag 值为 1 时，该结点除标志域外还有一个头指针域和一个尾指针域；当 tag 值为 0 时，该结点除标志域外还有一个原子元素域。这样，一个结点结构体可定义如下：

```
typedef struct GListNode
{
    int tag;
    union
    {
        DataType atom:        /* 原子元素域 */
        struct
        {
            struct GlistNode * head;      /* 头指针 */
            struct GlistNode * tail;      /* 尾指针 */
        }subList:     /* 子表域 */
    }val;
}GLNode;
```

图 5-9 中广义表 E 对应的头链和尾链存储结构如图 5-10 所示。

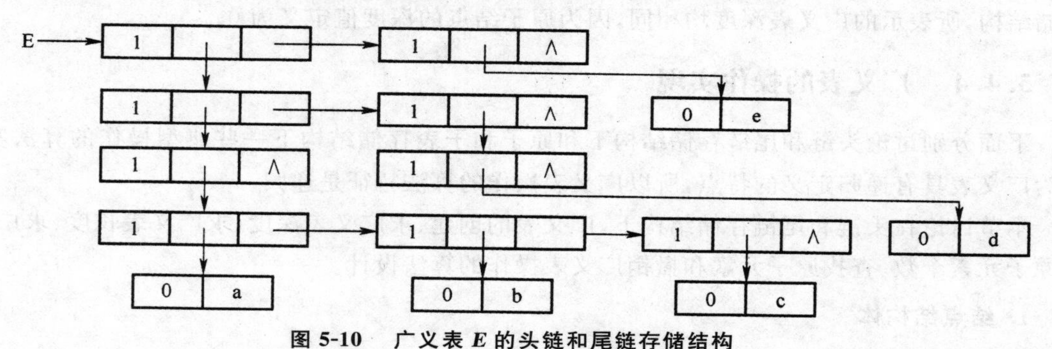

图 5-10　广义表 E 的头链和尾链存储结构

2. 原子和子表存储结构

观察图 5-10 中的结点可以发现，在头链和尾链存储结构中，当结点为原子元素时，需要由头指针所指的结点存储该原子元素。若此时在该结点中直接存储该原子元素，则构成了原子和子表结构。其中，标志 tag 含义同上，即 tag 值为 1 时，该结点除标志域外还有一个头指针域和一个尾指针域；当 tag 值为 0 时，该结点除标志域外还有一个原子元素域。这样，一个结点结构体可定义如下：

```
typedef struct GListNode
{
    int tag;
    struct GlistNode * tail;
    union
    {
        DataType atom;       /* 原子元素域 */
        struct GlistNode * head;      /* 头指针域 */
    }val;
```

```
}GLNode2;
```

图 5-10 中广义表 E 对应的原子和子表存储结构如图 5-11 所示。

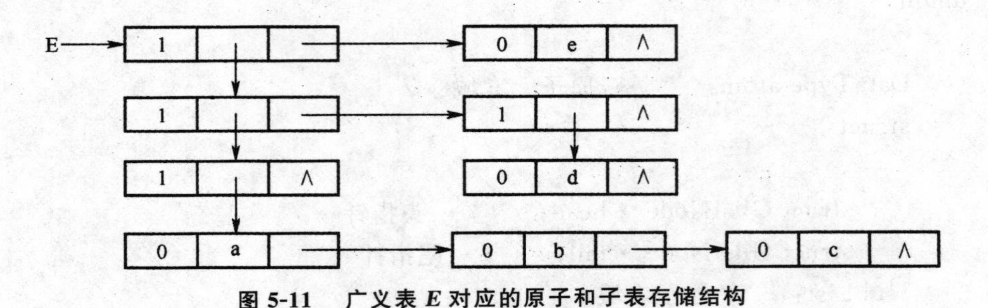

图 5-11　广义表 E 对应的原子和子表存储结构

注意：一个用图 5-10 所示存储结构(头链和尾链存储结构)表示的广义表比用图 5-11 所示存储结构(原子和子表存储结构)表示的广义表多一层用于表示原子元素的结点，但无论使用哪种存储结构，所表示的广义表深度均相同，因为原子结点的深度值定义为 0。

5.4.4　广义表的操作实现

下面分别讨论头链和尾链存储结构下和原子和子表存储结构下一些典型操作的算法实现。因为广义表具有递归定义的特点，所以广义表操作的算法特征是递归。

本节讨论在头链和尾链存储结构下，广义表的创建、求广义表深度、求广义表长度、求广义表中原子元素个数、查找原子元素和撤销广义表操作的算法设计。

1. 结点结构体

头链和尾链存储结构下，结点的结构体定义如下：

```
typedef struct GListNode
{
    int tag;
    union
    {
        DataType atom;        /* 原子元素域 */
            struct
            {
                struct GlistNode *head;      /* 头链 */
                struct GlistNode *tal;      /* 尾链 */
            }subList;      /* 子表域
    }val;
}GLNode;
```

2. 创建广义表

创建广义表算法按照所给的表示具体广义表的字符串 str 创建一个广义表 h。图 5-9 所示的

广义表 E 的字符串表示形式为"$(((a,b,c),(d)),e)$"。前面说过，对一个广义表的任何操作都可以分解为对表头的操作和对表尾的操作。同样，创建广义表操作也可以分解为创建表头广义表和创建表尾广义表。

因此，创建广义表函数 CreatGList(str) 只要递归完成对表头广义表的创建和对表尾广义表的创建即可。这样，还需要设计一个把表示广义表的字符串 str 分解成表头字符串 hstr 和表尾字符串 str 的函数 DecomposeStr(str,hstr)。

```
void DecomposeStr(char str[],char hstr[])
/* 把表示广义表的字符串 str 分解成表头字符串 hstr 和表尾字符串 str */
{
    int i,j,tag,n = strlen(str);
    char ch;
    ch = str[0];
    tag = 0;
    for(i = 0;i <= n-1;i++)
    {
        if(str[i] == ','&&tag == 1)    /* 搜索最外层的第一个逗号 */
          break;
        ch = str[i];
        if(ch == '(')
           tag++;
        if(ch == ')')
           tag--;
    }
    if(i <= n-1&&str[i] == ',')    /* 广义表表尾部分非空时 */
    {
        for(j = 0;j < i-1;j++)    /* 取表头字符串 */
             hstr[j] = str[j+1];
        hstr[j] = '\0';    /* 添结束符 */
        if(str[i] = ',')
            i++;
        str[0] = '(';    /* 添 '(' */
        for(j = 1;i <= n-2;i++,j++)    /* 取表尾字符串 */
            str[j] = str[i];
        str[j] = ')';    /* 添 ')' */
        str[++j] = '\0';    /* 添结束符 */
    }
    else    /* 广义表表尾部分空时 n */
    {
        str++;    /* 跳过最左边的 '(' */
```

```
        strcpy(hstr,str,n-2);  /* 不复制最右边的')' */
        hstr[n-2] = '\0';    /* 添结束符 */
        str--;      /* 恢复字符串指针位置 */
        strcpy(str,"()");   /* 表尾部分为空 */
    }
}
GLNode * CreatGLi st(char str[])
/* 按照广义表字符串 str 创建广义表,返回所创建广义表的头指针 */
/* str 为表示广义表的字符串 */
{
    GLNode * h;
    char hstr[200];
    int len = strl en(str);
    if(strcmp(str,"()") == 0)
      h = NULL;
    else if(len == 1)  /* 建立原子元素结点 */
    {
        h = (GLNode * )malloc(sizeof(GLNode));
        h -> tag = 0;
        h -> val. atom = str[0];
    }
    else     /* 建立子表 */
    {
        h = (GLNode * )malloc(sizeof(GLNode));
        h -> tag = 1;
      /* 把字符串 str 分解为表头 hstr 和表尾 str */
        DecomposeStr(str,hstr);
        h -> val. subList. head = CreatGList(hstr);     /* 创建表头的广义表 */
        if(strcmp(str,"()")! = 0)      /* 表尾非空时 */
            h -> val. subLi st. tail = CreatGList(str);      /* 创建表尾的广义表 */
        else      /* 表尾为空时 */
            h -> val. subList. tail = NULL;      /* 赋值空指针 */
    }
    return h;     /* 返回所创建广义表的头指针 */
}
```

3. 求广义表的深度

广义表的深度是指广义表中所有原子数据元素到达根结点的最大值。

```
int GListDepth(GLNode * h)
/* 返回所求广义表 h 的深度,h 为广义表的头指针 */
```

```
{
    int max,dep;
    GLNode *pre;
    if(h == NULL)return 1;       /* 递归出口,空表深度为1 */
    if(h -> tag == 0)return 0;      /* 递归出口,原子元素深度为0 */
  /* 递归求广义表的深度 */
    pre = h;
  /* 广义表可分成表头和表尾,对表尾链循环
    for(max = 0;pre! = NULL;pre = pre -> val.subList.tail)
    {
        dep = GListDepth(pre -> val.subList.head);  /* 递归求表头的深度 */
        if(dep > max)max = dep;      /* 在广义表的一层中寻找深度最大值 */
    }
    return max + 1;       /* 当前层深度为上一层深度加1 */
}
```

4. 求广义表长度

在头链和尾链存储结构中,广义表的长度就是表尾指针构成的单链表的长度。

```
int GListLength(GLNode *h)
/* 返回所求广义表h的长度,h为广义表的头指针 */
{
    int number = 0;
    GLNode *p;
    for(p = h;p! = NULL;p = p -> val.subList.tail)
      number ++;
    return number;
}
```

5. 求广义表中原子元素个数

在头链和尾链存储结构中,广义表的原子元素个数 $f(h)$ 可递归定义如下:

$$f(h) = \begin{cases} 0 & h = NULL \\ 1 & h -> tag = 0 \\ f(h -> val.subListhead) + f(h -> val.subList.tail) & h -> tag = 1 \end{cases}$$

算法设计如下:

```
int GListAtomNum(GLNode *h)
/* 返回所求广义表h的原子元素个数,h为广义表的头指针 */
{
    if(h == NULL)return 0;
    else
    {
```

```
        if(h->tag==0)return l;      /* tag==0 时 */
        else    /* tag==1时 */
            return GListAtomNum(h->val.subList.head)+
                GListAtomNum(h->val.subList.tail);
    }
}
```

6. 查找原子元素

在广义表 h 中查找原子元素 x 是一个递归问题，可分成在头链中递归查找和在尾链中递归查找。当查找当前结点失败时，就回溯到上一层结点继续查找。若查找成功，则返回指向该原子元素的结点指针；否则返回空指针。

```
GLNode *GListSearch(GLNode *h,DataType x)
/* 在广义表 h 中查找原子数据元素 x */
    /* 找到时返回相应原子结点指针，找不到时返回空指针 */
{
    GLNode *p;
    if(h==NULL)return NULL;     /* 查找失败递归出口 */
    if(h->tag==0&&h->val.atom==x)return h;     /* 查找成功递归出口 */
    if(h->tag==1&&h->val.subList.head!=NULL)
    {
        p=GListSearch(h->val.subList.head,x);     /* 在头链中查找 */
        if(p!=NULL)return p;
    }
    if(h->tag==1&&h->val.subList.tail!=NULL)
    {
        p=GListSearch(h->val.subList.tail,x);     /* 在尾链中查找 */
        if(p!=NULL)return p;
    }
    return NULL;    /* 回溯至上一层 */
}
```

7. 撤销广义表

广义表中所有结点空间是动态申请的，在系统退出前，要释放动态申请的所有结点的内存空间。

撤销广义表算法是一个递归算法。要撤销广义表中的某一个结点，首先要撤销该结点能head 指针所指子表和 tail 指针所指子表，然后再删除该结点；要撤销广义表，就要先撤销广义表的所有结点。

```
void DestroyGLi st(GLNode *h)
/* 撤销广义表 h */
{
```

```
    if(h == NULL)return;
    if(h -> tag == 1&&h -> val.subList.head! = NULL)
    DestroyGList(h -> val.subList.head);    /* 撤销 head 指针所指子表 */
    if(h -> tag == 1&&h -> val.subList.tail! = NULL)
    DestroyGList(h -> val.subList.tail);    /* 撤销 tail 指针所指子表 */
    free(h);    /* 删除当前结点 */
}
```

设上述结点结构体定义和操作函数存放在头文件 Glist.h 中。

习题

1. 填空题。

(1) 假设有 6 行 8 列的二维数组 a，每个数组元素占用相邻的 6 个字节，存储器按字节编址。已知数组 a 的起始地址为 1000，则数组 a 占用的字节数为（　　）；若数组按行主序方法存储，则数组元素 $a14$ 的字节地址为（　　）。

说明：数组从 0 行 0 列开始。

(2) 非零元素三元表是表示（　　）的一种方法。三元表中的每个三元组项分别表示该非零元素的（　　）、（　　）和（　　）。

2. 什么叫二维数组的行序优先存储？什么叫二维数组的列序优先存储？C 语言采用的是行序优先存储还是列序优先存储？

3. 什么叫随机存储结构？为什么说数组是一种随机存储结构？

4. 什么样的矩阵叫特殊矩阵？特殊矩阵压缩存储的基本思想是什么？

5. 设广义表采用头链和尾链存储结构，编写把广义表 la 复制到另一个广义表中的函数。

6. 设广义表采用头链和尾链存储结构，编写把广义表 la 复制到广义表 lb 中的函数。

提示：本题与习题 5 的不同点是，要把复制建立的广义表 1b 作为函数中的参数，此时函数原型应为：

```
void GListCopy2(GLNode * la,GLNode ** lb)
```

7. 设广义表采用原子和子表存储结构，编写求广义表长度的函数 GListLength(L)。

8. 设广义表采用原子和子表存储结构，编写求广义表原子元素个数的函数 GListAtomNum(L)。

9. 设广义表采用原子和子表存储结构，编写求广义表深度的函数 GListDepth(L)。

第 6 章　树与二叉树

6.1　树的基本概念

6.1.1　树的定义和基本术语

(1) 树(tree)

是 $n(n \geqslant 0)$ 个结点的有限集。在任意一棵非空树中：

1) 有且只有一个称为根(root)的结点。

2) 其余的结点被分为 $m(m \geqslant 0)$ 个互不相交的有限集，其中每个集合本身又是一棵树，称为根结点的子树(suo_tree)。

树的定义本身是递归的。递归定义和递归操作在树和二叉树中应用比较广泛，应注意领会递归的实质。

(2) 树的表示法

有图示法、广义表表示法、集合表示法和缩进表示法，见图 6-1。

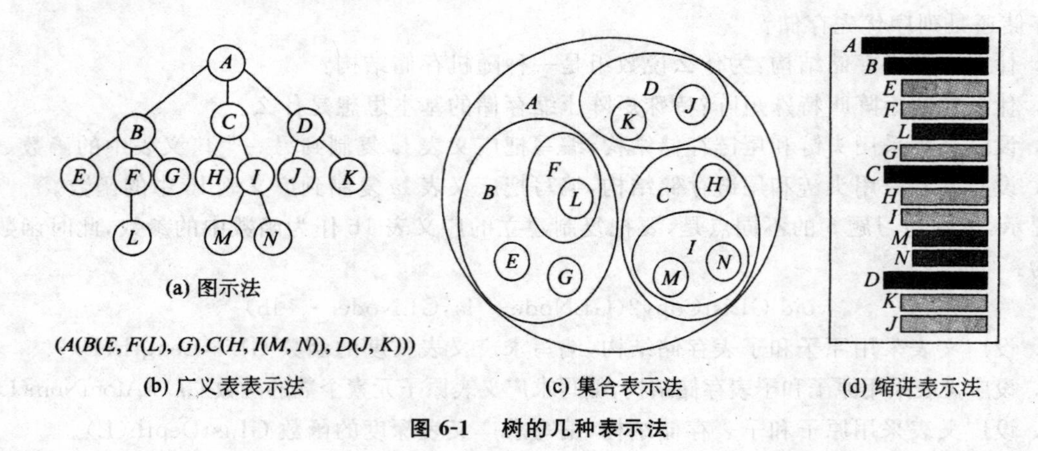

图 6-1　树的几种表示法

用图示法表示的二叉树中，边的数目(或称分支数，用 e 表示)恰好比结点数目(用 n 表示)少一个，即 $e = n - 1$。这是树状结构中最重要的一个结论。

(3) 结点的分类

从计算机的角度来分，可以分为终端结点和非终端结点；以树的特征来分，可以分根结点、分支结点和叶子结点；用族谱的关系来分，可以分为双亲结点和孩子结点、祖先结点和子孙结点、兄弟结点和堂兄弟结点。

(4) 度

度分为结点的度和树的度两种。结点的度是指与该结点祖连接的孩子结点的数目。树的度是指该棵树中所有结点的度中的最大值。

(5) 深度

树是一种分层结构，根结点作为第 1 层。结点的层次（或称深度）就是指从根结点开始的层次数。树的深度（或层数）是指该树中所有结点的层次中的最大值。

(6) 有序树与无序树

如果将树中结点的各棵子树看成是从左到右有次序的（即不能互换），则称该树为有序树，否则称为无序树。

(7) 有向树与无向树

如果树的每个分支从一个结点到另一个结点都是有方向的，则称该树为有向树，否则称为无向树。

(8) n 元树

树的度为 n 的有向树。

(9) 位置树

位置树是一棵有向树。如果树中结点的每个孩子结点的位置是不能被改变的（改变则不是原树），则称该树为位置树。比如，某结点可能没有第 1 个孩子结点，但却可能会有第 2 个、第 3 个孩子结点。

(10) m 叉树

m 叉树是树的度为 m 的有向位置树，即 m 元位置树。

(11) 森林

森林是 $m(m \geqslant 0)$ 棵互不相交的树的集合。对于树中的每个结点而言，其子树的集合就是森林。因此，森林和树是密切相关的。森林中的树也可以有顺序关系和位置关系。

6.1.2　树的基本操作

树状结构也是用于存储数据的，可以对其中的数据进行加工处理。总体上，树的基本操作有如下几种：

InitTree(T)—— 构造一棵空树 T。

ClearTree(T)—— 将已经存在的树 T 清空。

TreeEmpty(T)—— 判断树 T 是否为空树。

TreeDepth(T)—— 计算树 T 的深度。

InsertChild(T,p,i,c)—— 插入子树 c 为树 T 中 p 指向结点的第 i 棵子树。

DeleteChild(T,p,i)—— 删除树 T 中 p 所指结点的第 i 棵子树。

TraverseTree(T)—— 按某种次序对树 T 中的所有结点进行访问，每个结点仅访问一次。

在树状结构中，二叉树以其独特的性质和操作备受青睐。下面重点研究二叉树的性质及其应用。

6.2　二叉树

6.2.1　二叉树的定义

二叉树(binary tree)是一种特殊的有向树，也称二元位置树。它的特点是每个结点至多有两棵子树，即二叉树中的每个结点至多有两个孩子结点，且每个孩子结点都有各自的位置关系。或者说，二叉树的子树有左右之分，其次序不能任意颠倒。二叉树的更加确切的定义是：二叉树或者为空，或者是由一个根结点加上两棵分别称为左子树和右子树的、互不相交的二叉树组成。

可以看出，二叉树的定义是递归的，前面提到的树的定义也是递归的。这说明树形结构在处理数据时很多操作是可以通过递归来完成的。

根据二叉树的定义，可以总结出二叉树有如图 6-2 所示的 5 种形态。

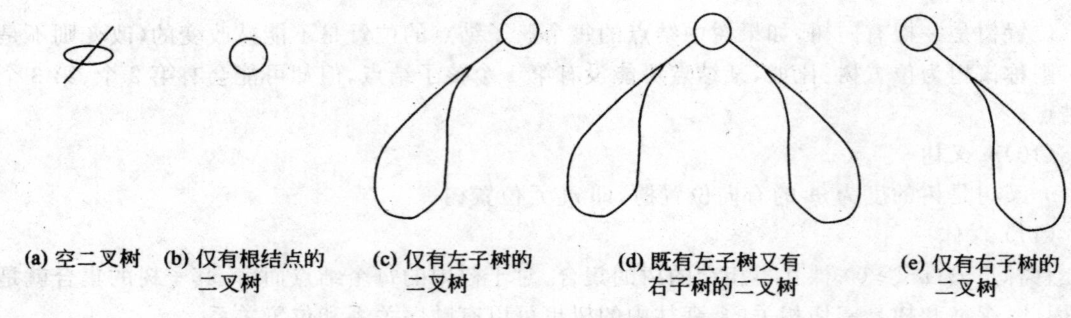

图 6-2　二叉树的 5 种基本形态

例 6.1　列举只有 2 个结点、3 个结点的二叉树的所有形态。

(1) 只有两个结点的二叉树的形态有两种，如图 6-3 所示。

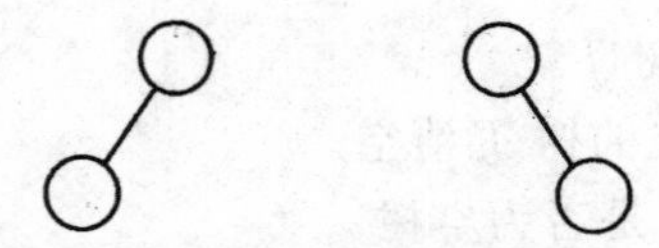

图 6-3　只有两个结点的二叉树的所有形态

(2) 只有 3 个结点的二叉树的形态有 5 种，如图 6-4 所示。

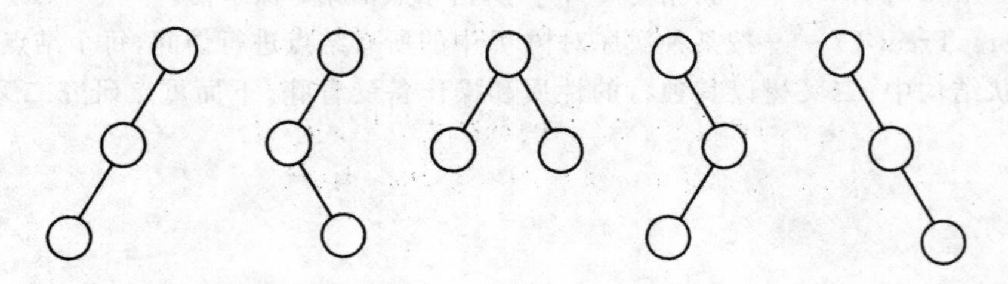

图 6-4　只有 3 个结点的二叉树的所有形态

6.2.2　二叉树的性质与结论

二叉树有许多好的性质和结论，也就是说，二叉树的理论基础较强，应用也较为广泛。下面依次进行讨论。

性质 6.1　在二叉树的第 $i(i \geqslant 1)$ 层上至多有 2^{i-1} 个结点。

该性质证明利用归纳法很容易实现，留给读者自己思考。

性质 6.2　深度为 $k(k \geqslant 1)$ 的二叉树上至多有 2^{k-1} 个结点。

该性质证明直接利用性质 6.1 即可，留给读者自己思考。

性质 6.3　任意一棵二叉树中，叶子结点的数目(用 n_0 表示)总比度为 2 的结点的数目(用 n_2 表示)多一个，即

$$n_0 = n_2 + 1$$

证明：设结点总数为 n，度为 1 的结点数目为 n_1，则有

$$n = n_0 + n_1 + n_2 \tag{6-1}$$

由于二叉树中除根之外的每个结点都带有一个向上的分支，设分支总数为 e，则

$$e = n - 1 \tag{6-2}$$

由于这些分支不是度为 1 的结点射出的分支，就是度为 2 的结点射出的分支，则

$$e = 1 \cdot n_1 + 2 \cdot n_2 \tag{6-3}$$

由式(6-2)和式(6-3)，得

$$n - 1 = n_1 + 2n_2 \tag{6-4}$$

由式(6-1)和式(6-4)，得

$$1 = n_0 - n_2$$

即

$$n_0 = n_2 + 1$$

证毕。

二叉树中有两种特殊形态的二叉树 —— 完全二叉树和满二叉树。所谓满二叉树，就是除叶子结点外的任何结点均有两个孩子结点，且所有的叶子结点都在同一层上的二叉树。这种二叉树的特点是每一层上的结点数都是最大的。所谓完全二叉树，就是除去最底层结点后的二叉树是一棵满二叉树，且最底层结点均靠左对齐的二叉树。这里，靠左对齐的含义是左边是满的，即没有空隙再放人任何一个结点。如图 6-5(a) 所示的是一棵深度为 4 的满二叉树，而图 6-5(b) 所示的是一棵深度为 4 的完全二叉树。实质上，满二叉树是完全二叉树的一个特例。

可以将完全二叉树按从上至下，从左至右的顺序编号(见图 6-5)，则对于完全二叉树来说，有如下重要的性质和结论：

性质 6.4　具有 n 个结点的完全二叉树的深度为 $\lfloor \log_2 n \rfloor + 1$。

证明：设具有 n 个结点的完全二叉树的深度为 k，则由性质 6.2 可知

$$2^{k-1} - 1 < n \leqslant 2^k - 1$$

则

$$2^{k-1} \leqslant n < 2^k$$

取以 2 为底的对数，得

$$k - 1 \leqslant \log_2 n < k$$

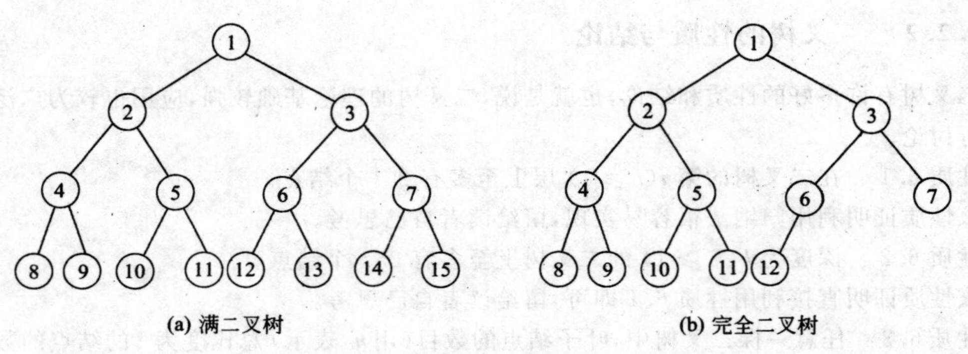

图 6-5　满二叉树与完全二叉树

因为 $\log_2 n$ 处于两个连续的整数 $k-1$ 和 k 之间

所以

$$k-1=\lfloor \log_2 n \rfloor$$

即

$$k=\lfloor \log_2 n \rfloor+k$$

证毕。

性质 6.5　对有 n 个结点的完全二叉树中的任一结点 $i(1 \leqslant i \leqslant n)$，有

1) 其双亲结点编号为 $\lfloor i/2 \rfloor(1<i \leqslant n)$。

2) 其左孩子结点的编号为 $2i(1 \leqslant i \leqslant n/2)$。

3) 其右孩子结点的编号为 $2i+1(1 \leqslant i \leqslant (n-1)/2)$。

因为该性质结论很容易看出，所以略去证明过程。

性质 6.6　当结点个数 n 为偶数时，完全二叉树中有且仅有一个度为 1 的结点；当结点数 n 为奇数时，完全二叉树中没有度为 1 的结点。

证明：设树中分支数为 e，则根据树的定义可知：

$$e=n-1$$

若 n 为偶数，则分支数 e 为奇数。

根据完全二叉树的定义可知，在完全二叉树中仅有一个度为 1 的结点。

同理，若 n 为奇数时，则分支数 e 为偶数，

所以在完全二叉树中没有度为 1 的结点。

证毕。

性质 6.7　在完全二叉树中编号大于 $\lfloor n/2 \rfloor$ 的结点均为叶子结点。

证明：(1) 当 n 为偶数时，由性质 6.6 可知，完全二叉树中有一个度为 1 的结点，即

$$n_1=1$$

由性质 6.3 可知，

$$n_0=n_2+1$$

即

$$n_0=n_2+n_1 \tag{6-5}$$

又结点总数为

$$n = n_0 + n_1 + n_2 \tag{6-6}$$

由式(6-5) 和式(6-6)，得

$$n_0 = n_1 + n_2 = n/2 = \lfloor n/2 \rfloor$$

即当 n 为偶数时，编号大于 $\lfloor n/2 \rfloor$ 的结点均为叶子结点。

2) 当 n 为奇数时，由性质 6.6 可知，完全二叉树中没有度为 1 的结点，即

$$n_1 = 0$$

由性质 6.3 可知

$$n_0 = n_2 + 1 \tag{6-7}$$

又结点总数为

$$n = n_0 + n_1 + n_2$$

即

$$n = n_0 + n_2 \tag{6-8}$$

由式(6-7) 和式(6-8)，得

$$n = 2n_2 + 1$$

即

$$n_1 + n_2 = (n - 1)/2 = \lfloor n/2 \rfloor$$

所以，当 n 为奇数时，编号大于 $n/2$ 的结点均为叶子结点。

证毕。

注意，一般二叉树的性质可用于完全二叉树；反之，完全二叉树的性质和结论不能用于一般二叉树。

例 6.2　已知一棵完全二叉树中有 234 个结点，问

(1) 树的高度是多少？

(2) 第 7 层和第 8 层上各有多少个结点？

(3) 树中有多少个叶子结点？有多少个度为 2 的结点？有多少个度为 1 的结点？

解：(1) 由性质 6.4 可知该完全二叉树的高度(是) 为

$$\begin{aligned} k &= \lfloor \log_2 234 \rfloor + 1 \\ &= \log_2 2^7 \\ &= 8 \end{aligned}$$

即该二叉树的高度为 8 层。

(2) 由性质 6.1 可知第 7 层上的结点数为 $2^{7-1} = 2^6 = 64$ (个)。

由性质 6.2 可知第 8 层上的结点数为 $234 - (2^7 - 1) = 107$ (个)。

(3) 由性质 6.7 可知树中叶子结点个数为 $234 - \lfloor 234/2 \rfloor = 117$ (个)。

由性质 6.2 可知度为 2 的结点个数为 117—1 = 116(个)。

由性质 6.6 可知度为 1 的结点个数为 1(个)。

6.3 二叉树的遍历及应用

6.3.1 二叉树的遍历

二叉树的遍历是二叉树中的最基本操作,通过遍历过程就可以完成二叉树的很多操作。所谓遍历就是依次访问二叉树中的各个结点,而且每个结点仅被访问一次。这里,访问的含义比较广泛。访问时不一定非得输出结点数据,还可能会查看结点属性值、更新结点数据值、增加或删除结点等,这些都可以看成是访问。在此,仅以输出结点值为例研究二叉树的遍历如何进行。

由于二叉树描述的数据元素之间的关系是一种一对多的关系,很难从头至尾一遍扫描完。从二叉树的结构和定义上不难看出二叉树大体上是由如下 3 部分组成:根结点、左子树和右子树。其中左右子树也是二叉树,也有根结点。因此,遍历的过程应该是递归的,若能遍历访问这 3 部分,也就完成了二叉树的遍历。假如以 *L*,*D*,*R* 分别表示遍历左子树、访问根结点和遍历右子树,则可有 *LDR*,*LRD*,*DLR*,*DRL*,*RLD* 和 *RDL* 种遍历形式。常常在遍历时规定先左子树(*L*)后右子树(*R*)的顺序,则遍历二叉树就有 *DLR*、*LDR* 和 *LRD* 这 3 种形式。根据根结点在遍历时的访问顺序,分别称为二叉树的先序(根)遍历、中序(根)遍历和后序(根)遍历,其递归的算法描述和定义如下。

1. 二叉树的遍历过程

(1) 先序遍历二叉树(*DLR*)。

若二叉树非空,则

1) 访问根结点;

2) 先序遍历根的左子树;

3) 先序遍历根的右子树。

(2) 中序遍历二叉树(*LDR*)。

若二叉树非空,则

1) 中序遍历根的左子树;

2) 访问根结点;

3) 中序遍历根的右子树。

(3) 后序遍历二叉树(*LRD*)。

若二叉树非空,则

1) 后序遍历根的左子树;

2) 后序遍历根的右子树;

3) 访问根结点。

实质上,在遍历二叉树时,每个结点均经过了 3 次,由于访问的时机不同,就得到了上述 3 种遍历算法,如图 6-6 所示,其中■表示空指针。

例 6.3 已知一棵二叉树如图 6-7,分别写出其 3 种遍历顺序。

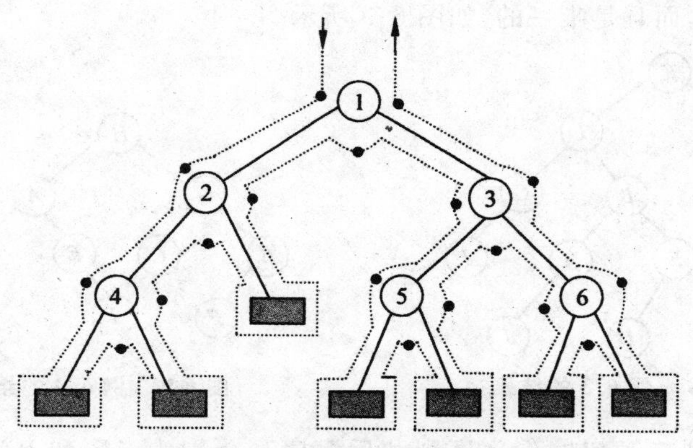

图 6-6　二叉树 3 种遍历算法访问结点的时机

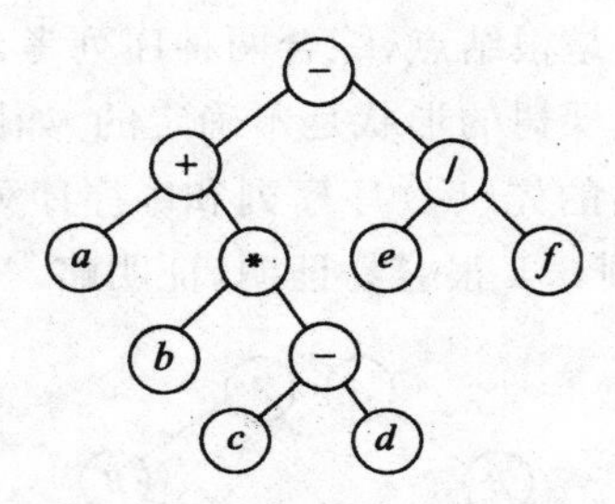

图 6-7　例 6.3 的二叉树

先序遍历序列为

$$-+a*b-cd/ef$$

中序遍历序列为

$$a+b*c-d-e/f$$

后育遍历序列为

$$abcd-*+ef/-$$

此 3 种序列恰为表达式 $a+b*c-d-e/f$ 的前缀表示(波兰式)、中缀表示和后缀表示(逆波兰式)。

例 6.4　已知一棵二叉树的先序序列和中序序列分别为 *KADFGIBEDHJC* 和 *AGFKDBHJIC*，画出这棵二叉树的形状。

分析：先序序列中的第 1 个一定是(子)树的根结点，而中序序列中左子树遍历完成才会访问这个根结点，所以在中序序列中，排在这个根结点前面的结点一定是其左子树上的结点，排在这个根结点后面的结点定是其右子树上的结点。如此依次作用于各个子树，就可以画出整个二叉树的树形，而且是唯一的，如图 6-8 所示。

例 6.5　已知一棵二叉树的后序序列和中序序列分别为 *FBCGIEJDAH* 和 *BFGCHIEADJ*，画出这棵二叉树。

分析：后序序列中的最后一个结点一定是(子)树的根结点，而中序序列中左子树遍历完成才会访问这个根结点，所以在中序序列中，排在这个根结点前面的结点一定是其左子树上的结点，排在这个根结点后面的结点一定是其右子树上的结点。如此依次作用于各个子树，就可以画出，整个二叉树的树形，而且是唯一的，如图 6-9 所示。

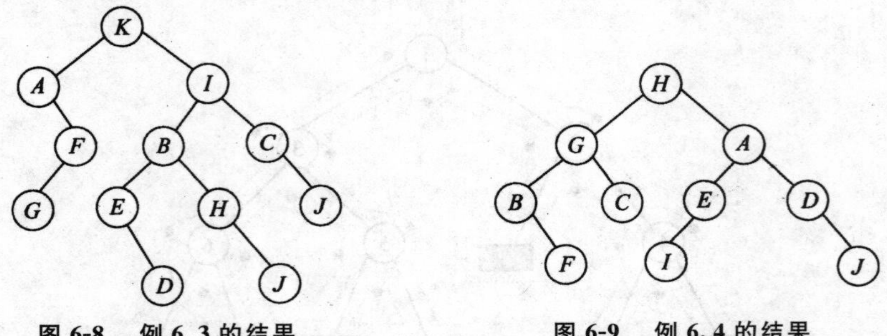

图 6-8　例 6.3 的结果　　　图 6-9　例 6.4 的结果

例 6.6　已知一棵二叉树的先序序列和后序序列分别为 AB 和 BA，画出这棵二叉树的形状。

分析：由先序序列可知 A 一定是根结点，综合两种序列考虑可知 B 可能是 A 的左孩子结点，也可能是 A 的右孩子结点，所以这棵树的形状是不确定的，如图 6-10 所示。

性质 6.8　若已知一棵二叉树的先(后)序序列和中序序列，则唯一确定这棵二叉树的形状。

该性质的结论根据例 6.4 和例 6.5 很容易证明，证明略。

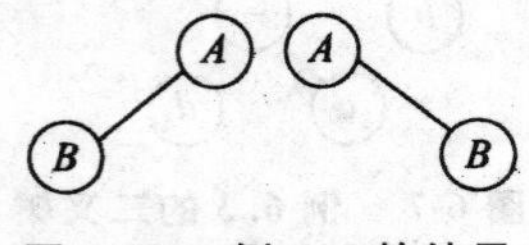

图 6-10　例 6.5 的结果

2. 遍历二叉树的递归算法

(1) 先序遍历二叉树的递归算法。

```
void PreOrderTraverse(BitTree bt)
{
    if(bt! = NULL)
    {
        printf("%d",bt -> data);    /* 访问根结点 */
        PreOrderTraverse(bt -> lchild);   /* 遍历左子树 */
        PreOrderTraverse(bt -> rehild);   /* 遍历右子槭 *7
    }
}
```

(2) 中序遍历二叉树的递归算法。

```
void InOrderTravgrse(BitTree bt)
{
    if(bt! = NULL)
    {
        InOrderTraverse(bt -> lchild);
        printf("%d",bt -> data);
        InOrderTraverse(bt -> rehild);
```

```
    }
}
```

(3) 后序遍历二叉树的递归算法。

```
void PostOrderTraverse(BitTree bt)
{
    if(bt! = NULL)
    {
        PostOrderTraverse(bt -> lchild);
        PostOrderTraverse(bt -> rchild);
        printf("%d",bt -> data);
    }
}
```

在此以输出代替了访问,从以上3种算法可以看出,遍历时只是结点的访问时机不同,就可以得到不同的输出结果。

除了以上的3种遍历方式之外,二叉树还可以进行层次遍历,所谓层次遍历,就是按从上至下,从左至右的顺序依次访问二叉树中的各个结点,而且每个结点仅被访问一次。二叉树的层次遍历比较适合于二叉树的顺序存储结构,读者可以自己完成,在此不详细叙述了。

3. 二叉树的建立算法

如果二叉树不存在,则谈不上遍历和应用,所以在对二叉树进行(上机)操作时要先建立一棵二叉树。因为二叉树的定义是递归的,所以在建立二叉树时要先得到根结点,然后建立其左子树,再建立其右子树。这恰好符合先序遍历的思想,只不过将访问换成生成结点即可。

因为在含有n个结点的二叉链表中一定有$n+1$个空指针域,所以在输出数据时一定要给出$n+1$个空指针值。对于数值型数据一般以"-1"代替空指针,对于字符型数据一般以空格""代替空指针。下面是建立一棵二叉树的递归算法。

```
BitTree CreateBiTree(void)
{
    BitTree bt;TelemType x;
    scanf("%d",&x);      /* 读入数据 */
    if(x ==-1)
      bt = NULL;      /* 安排空指针 */
    else
    {
        bt = (BitTree)malloc(sizeof(BitNode));
        bt -> data = x;      /* 生成新结点 */
        bt -> lchild = CreateBiTree();      /* 建立左子树 */
        bt -> rchild = CreateBiTree();/* 建立右子树 */
    }
    return bt;      /* 返回根结点的指针 */
}
```

若输入如下数据：1□2□4□－1□－1□－1□3□5□7□－1□－1□8□－1□－1□6□－1□－1，则建立的二叉树如图6-11所示，其中－1用来安排空指针。若data域为字符型，则输入如下数据：124□□□357□□8□□6□□，也可以建立如图6-11所示的二叉树，其中□表示空格符，用来安排空指针。需要注意的是n个结点的二叉树中一定有n＋1个空指针，所以要输入n＋1个“－1”或空格“□”。

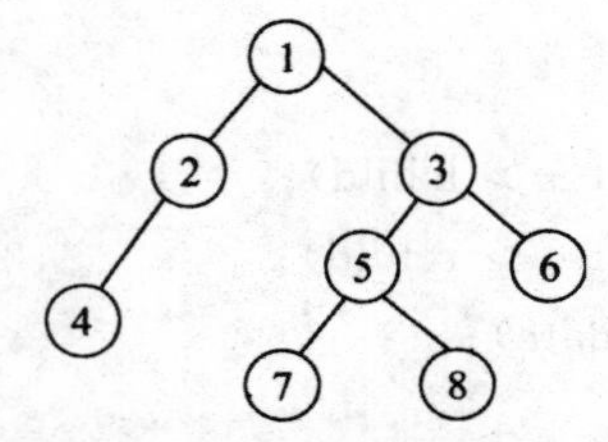

图6-11　给定数据建立的二叉树

6.3.2　二叉树递归遍历应用举例

例6.6　统计二叉树中叶子结点的个数。

```
int n = 0;      /* 定义一个全局变量用来存放叶子结点的个数 */
void leafcount(BitTree bt)
{
    if(bt! = NULL)
    {
        if(bt -> lchild = = NULL&&bt -> rchild = = NULL)
            n ++;    /* 将访问换成统计个数的语句 */
        leafcount(bt -> lchild);
        leafcount(bt -> rchild);
    }
}
```

例6.7　交换二叉树中所有结点的左右子树。

```
BitTree exchangetree(BitTree bt)
{
    BitTree t;
    if(bt! = NULL)
    {
        if(bt -> lchild! = NULL || bt -> rchild! = NULL)  /* 将访问换成交换指针的语句 */
        {
            t = bt -> 1child;
            bt -> lchild—bt -> rchild;
            bt -> rchild—t;
        }
    Bt -> lchild—exchangetree(bt -> lchild);
```

```
        Bt -> rchild—exchangetree(bt -> rchild);
    }
  }
```

例 6.8 求二叉树的高度。

```
int hightree(BitTree bt)
{
    int H,H1,H2;
    if(bt == NULL)
      H = 0;   /* 树空,则高度为 0 */
    else
    {
        H1 = hightree(bt -> lchild);   /* 否则,分别计算左右子树的高度 */
        H2 = hightree(bt -> rchild);
        H = (H1 > H2 ? H1:H2) +1;/* 取左右子树高度的最大值再加 1(根结点)作为树
的高
  度 */
    }
    return H;
}
```

例 6.9 查找值为 x 的结点。找到带回该结点的指针,否则带回空指针。

```
int find = 0;     /* 设置查找标记:0 表示未找到,1 表示找到 */
void searchtree(BitTree bt,TElemType x,BitTree 节 p)
{
    if(bt! = NULL&&!find)
    if(bt -> data == x)
    {
      Find = 1;
      *p == bt;
    }   /* 若找到,则通过 p 带回该结点的指针 */
    else
    {
      *p = NULL;     /* 未找到,通过 p 带回空指针 */
     scarehtree(bt -> lchild,x,p);
     searchtree(bt -> rchild,x,p);
    }
}
```

例 6.10 删除值为 x 的结点,使得其左右子树的安排仍然满足原来的中序遍历序列。

分析:为了保持中序遍历序列不变,对于找到的结点 p 可以分为 4 种情况考虑:

(1) 若结点 p 为叶子结点,则只需将该结点的双亲结点(f) 的左指针或看指针置为空即可,如图 6-12(a) 所示。

(2) 若结点 p 的左子树为空，则只需将该结点 p 的双亲结点 f 的左指针或右指针指向该结点 p 的右孩子结点即可，如图 6-12(b) 所示。

(3) 若结点 p 的左子树非空，则只需找到结点 p 的左子树中最右下的结点 s(s 的右指针必为空)，将该结点 s 的左子树接到该结点 s 的双亲结点 q 上，再用该结点 s 中的数据替换结点 p 中的数据即可，如图 6-12(c) 所示。

(4) 若结点 p 为根结点(bt)且该结点左子树为空，则只需将根结点的指针(bt)移到结点 p 的右子树上即可。为此需重新设计查找算法如下：

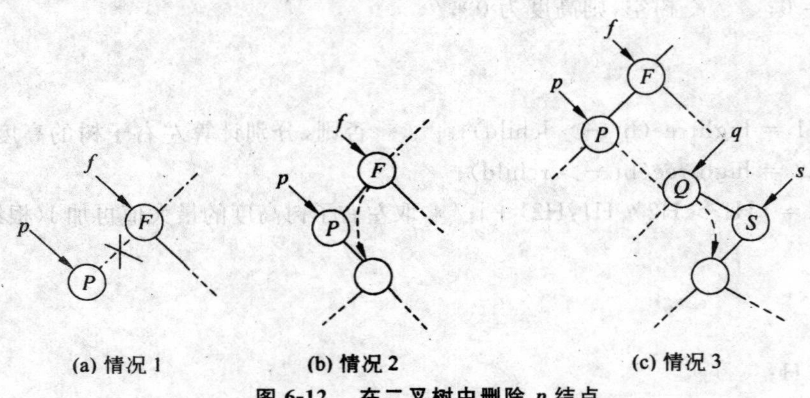

(a) 情况 1　　(b) 情况 2　　(c) 情况 3

图 6-12　在二叉树中删除 p 结点

```
int find = 0;
searchtree(BitTree bt,TElemType x,BitTree * p,BitTree * f)
{
    if(bt! = NULL&&!find)
    if(bt -> data == x)
    {
        find = 1;
        * p = bt;
    }
    else
    {
        * f = bt;
        searchtree(bt -> lchild,x,p,f);
        * f = bt;
        searchtree(bt -> rchild,x,p,f);
    }
}
```

删除值为 x 结点的算法如下：

```
void deltree(BitTree bt,TElemType x)
{
```

```
    BitTree p,f,q,s;
    p = f = NULL;
    searchtree(bt,x,&p,&f);
    if(p! = NULL)
    if(p --> lchild! = NULL)
    {
        q = p -> lchild;
        s = q;
        while(s -> rchild! = NULL)
        {
            q = s;
            s = s -> rchild;
        }
        if(s! = q)q -> rchild = s -> lchild;
        else p -> lchild = q -> lchild;
        p -> data = s -> data;
        free(s);
    }
    else
    {
        if(f! = NULL)
        if(p == f > lchild)f -> lchild = p -> rchild;
        else f -> rehild = p -> rchild;
        else bt = bt -> rchild;
        free(p);
    }
    else printf(" 结点 x 在二叉树中不存在");
}
```

6.3.3　二叉树的非递归遍历

1. 二叉树的先序非递归遍历算法

在理解了二叉树的递归遍历算法之后，可以编写其非递归遍历算法。

分析先序递归遍历的过程：访问根结点，遍历左子树，遍历右子树。在遍历完左子树后要跳到右子树上遍历，那么就一定要保存右子树的地址，这时就需要右子树根结点的地址进栈。实质上，就是沿着左指针访问沿途经过的（子树）根结点，同时将右指针进栈，以便在递归访问左子树完成后能得到右子树的根结点的地址，如此重复进行，直到栈为空。据此，可以给出先序非递归遍历的算法。为了便于处理，先将根结点的指针进栈，算法如下：

```
PreOrderBiTree(BitTree T)
{
```

```
    stack S;
    BitTree p;
    InitStack(S);       /* 初始化一个栈 */
    push(S,T);     /* 根结点指针进栈 */
    while(!EmptyStack(S))     /* 栈为空时算法结束 */
    {
        p = pop(S);     /* 弹栈,p 指向(子树) 根结点 */
        while(p)
        {
            printf("%d";p -> data);     /* 访问根结点 */
            if(p -> rchild)push(S,p -> rchild);     /* 非空的右指针进栈 */
            p = p -> lchild;     /* 沿着左指针访问,直到左指针为空 */
        }
    }
}
```

2. 二叉树的中序非递归遍历算法

分析中序递归遍历的过程:遍历左子树,访问根结点,遍历右子树。在遍历完左子后要访问根结点,访问完根结点后再跳到右子树上,那么就一定要保存根结点地址,这就需要(子树) 根结点指针进栈。实质上,先沿着左指针走到二叉树中最左下的结点,即指针为空的结点,将沿途经过的(子树) 根结点指针进找。当左指针为空时,从栈中取(子树) 根结点访问,然后再跳到右子树上。如此重复进行,直到指针为空并且栈也为空,据此可以给出中序非递归遍历的算法:

```
InOrderBitree(BitTree T)
{
    stack S;BitTree p;
    Initsta. ck(S);     /* 初始化一个栈 */
    p = T;     /* p 指向根结点 */
    while(p ||!EmptyStack(S))     /* 当 p 为空且栈为空时算法结束 */
    {
        while(p)
        {
            push(S,p);
            p = p-> lchild;   /* 沿左指针走,沿途经过的(子树) 根结点指针进栈 */
        }
        p = pop(S);
        printf("%d",p-> data);  /* 当左指针为空时弹栈并访问该结点(子树根结点) */
        p = p --> rchild;     /* 向右跳一步到右子树上继续进行遍历过程 */
    }
}
```

3. 二叉树的后序非递归遍历算法

分析后序递归遍历的过程：遍历左子树，遍历右子树，访问根结点。在遍历完左子树后要遍历右子树，那么就一定要保存右子树的地址或根结点地址，这时就需要右子树或结点指针进栈，当左右子树上的结点都访问完了才会访问根结点。实质上，先沿着左指走到二叉树中最左下的结点，将沿途经过的（子树）根结点指针进栈。若右子树为空，则栈并访问根结点，否则，跳到右子树上，如此重复进行，直到栈为空。据此，可以给出后非递归遍历的算法：

```
PostOrderBiTree(BitTree T)
{
    stack S;
    BitTree p,q;
    InitStack(S);
    p = T;q = NULL;
    while(p ||!EmptyStack(S))
    {
        if(p! = q)
        {
            while(p)
            {
                push(S,p);    /* p非空时,压栈 */
                if(p -> lchild)p = p -> lchild;/* 沿左指针下移,若左指针为空,*/
                else p = p -> rchild;    /* 则沿右指针下移 */
            }
        }
        if(EmptyStack(S))break;    /* 若栈空,则结束 */
        q = gettop(S);    /* 取栈顶指针送 q,*/
        if(q->rchild==p)    /* 若q的右指针为空(p为空时)或指向刚刚访问过的结点 */
        {
            p = pop(S);    /* 则弹栈并访问该结点 */
            printf("%d",p -> data);
        }
        else p = q -> rchild;    /* 否则,沿 q 的右指针继续遍历访问 */
    }
}
```

在此，安排了一个指针（q）指向栈顶元素，目的是观察其右子树是否已经访问过了。若确实已访问过了，则该指针一定是指向刚刚访问过的（子树）根结点（p 结点），即 $q == p$；否则，再对其右子树进行压栈处理，直到右指针为空。然后再取出新的栈顶元素送 q，观察其是否被访问过了。若未访问过（q -> rchild == p），则弹栈并访问之；否则，再沿其右指针下移，如此进行，直到所有结点均被访问过为止。

后序遍历的非递归算法也可以类似于先序遍历的非递归算法，只是从右子树到左子树再到根结点进行遍历搜索，将沿途经过的结点依次进栈，最后再统一出栈完成遍历的过程。这种方法需要栈的空间较大，不太适用，在此不做介绍，读者可以自己去实现。

将递归过程改造成非递归过程是培养程序设计能力的一个重要环节。通常，递归程序结构上非常简单明了，但不易于理解和掌握，而非递归程序很容易理解和掌握，但程序结构较为复杂。在实际应用中一定要注意领会递归的内部机制，这有助于非递归程序的设计。

6.4　线索二叉树

6.4.1　线索二叉树的定义

从前面的讨论可知：遍历二叉树就是以一定的规则将二叉树中的结点排列成一个线性的序列。这实质上是对一个非线性结构进行的线性化操作，使每个结点（除第1个结点和最后一个结点外）均有唯一的一个直接前驱和直接后继。但是，二叉树本身并不是线性关系的结构，如果进行线性化的处理，那么在动态的遍历过程中如何保存这种前驱和后继的关系就成为关键所在。为此，对二叉链表加以改进，增加两个标志域来记录这种线性化的信息。其类型定义如下：

```
typedef struct BiThrNode
{
    TElemType data;
    int ltag,rtag;        /* 增加左指针及右指针的信息标志 */
    struct BiThrNode * lchild, * rchild;
}BiThrNode, * BiThrTree;
```

这种结构中的结点构成如下：

lchild	ltag	data	rtag	rchild

其中，

$$ltag = \begin{cases} 0 & \text{lchild 指针指向该结点的左孩子结点} \\ 1 & \text{lchild 指针指向该结点的直接前驱结点} \end{cases}$$

$$rtag = \begin{cases} 0 & \text{rchild 指针指向该结点的右孩子结点} \\ 1 & \text{rchild 指针指向该结点的直接后继结点} \end{cases}$$

以这种结点结构构成的二叉链表作为二叉树的存储结构，就称为线索链表。指向前驱和后继的指针称为线索，加上线索的二叉树称为线索二叉树（threaded binary tree）。对二叉链表以某种次序遍历使之成为线索二叉树的过程称为线索化处理。按先序遍历得到的线索二叉树称为先序线索二叉树，按中序遍历得到的线索二叉树称为中序线索二叉树，按后序遍历得到的线索二叉树称为后序线索二叉树。其中，还可以分出先序（中序、后序）前驱线索二叉树和先序（中序、后序）后继线索二叉树等。

例6.11　已知一棵二叉树如图6-13(a)所示，画出其3种线索二叉树。

3种线索二叉树分别如图6-13(b)～图6-13(d)所示。

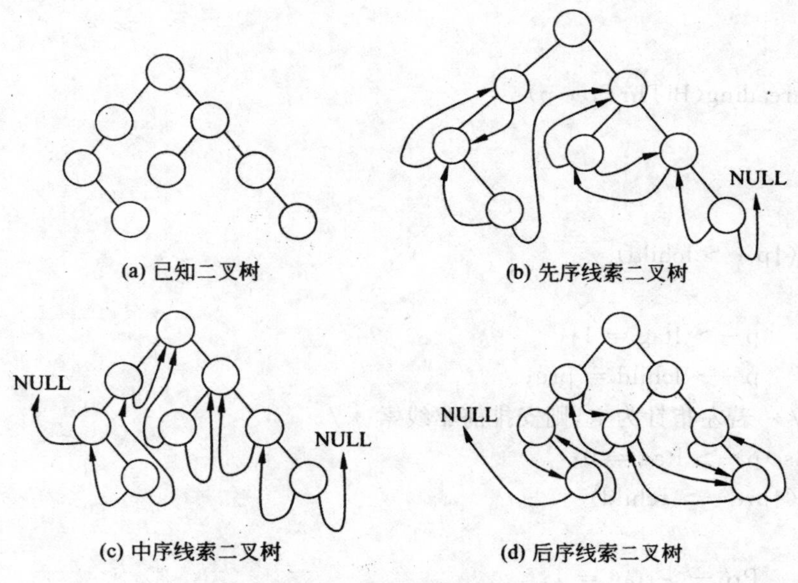

图 6-13　二叉树与 3 种线索二叉树

6.4.2　线索化处理算法

为便于处理，与线性链表类似，可以在线索二叉链表中增加一个头结点 Thrt，其左指针指向根结点，右指针可以指向序列中的最后一个结点。

1. 先序线索化处理算法

```
BiThrTree pre      /* 中序与后序也要定义该变量，用以记录遍历时的前驱结点 */
BiThrTree PreOrderThreading(BiThrTree T)
{
    BiThrTree Thrt;
    Thrt = (BiThrTree)malloc(sizeof(BiThrNode));
    Thrt -> ltag = 0;
    Thrt -> rtag = 1;
    Thrt -> rchild = Thrt;
    if(!T)Thrt -> lchild = Thrt;      /* 则头结点自身构成一个循环链表 */
    else     /* 头结点中的左指针指向根结点 */
    {
        Thrt -> lchild = T;
        Pre = Thrt;      /* 且记录根结点的前驱结点指针 pre */
        PreThreading(T);      /* 对二叉树进行线索化处理 */
        Pre -> rchild = Thrt;
        Pre -> rtag = 1;/* 序列中最后一个结点与头结点相互连接 */
        Thrt -> rchild = pre;
```

```
        }
    }
    void PreThreading(BiThrTree p)
    {
        if(p)
        {
            if(!p -> lchild)
            {
                p -> ltag = 1;
                p -> lchild = pre;
            }/* 若左指针为空,则安排前驱线索 */
            else p -> ltag = 0;
            if(!pre -> rchild)
            {
                Pre -> rtag = 1;
                Pre -> rchild = p;
            } /* 若右指针为空,则安排后继线索 */
          else p -> rtag = 0;
          pre = p;     /* 前驱结点指针下移 */
          if(p -> ltag == 0)
            PreThreading(p -> 1child);    /* 左子树线索化处理 */
          PreThreading(p -> rchild);    /* 右子树线索化处理 */
        }
    }
```

2. 中序线索化处理算法

```
BiThrTree InOrderThreading(BiThrTree T)
{
    BiThrTree Thrt;
    Thrt = (BiThrTree)malloc(sizeof(BiThrNode));
    Thrt -> ltag = 0;
    Thrt -> rtag = 1;
    Thrt -> rchild = Thrt;
    if(!T)Thrt -> 1child = Thrt;
    else
    {
        Thrt -> lchild = T;
        Pre = Thrt;
        InThreading(T);
        Pre -> rchild = Thrt;
```

```
        Pre -> rtag = 1;
        Thrt -> rchild = pre;
    }
}
void InThreading(BiThrTree p)
{
    if(p)
    {
        Pre = p;
        InThreading(p -> lchild);
        if(!p -> lchild)
        {
            p -> ltag = 1;
            p -> lchild = pre;
        }
        else p -> ltag = 0;
    }
    if(pre -> rchild)
    {
        Pre -> rtag = 1;
        Pre -> rchild = p;
    }
    else pre -> rtag = 0;
    InThreading(p -> rchild);
}
```

3. 后序线索化处理算法

```
BiThrTree PostOrderThreading(BiThrTree T)
{
    BiThrTree Thrt;
    Thrt = (BiThrTree)malloc(sizeof(BiThrNode));
    Thrt -> ltag = 0;
    Thrt -> rtag = 1;
    Thrt -> rchild = Thrt;
    if(!T)Thrt -> lchild = Thrt;
    else
    {
        Thrt -> lchild = T;
        Pre = Thrt;
        PostThreading(T);
```

```
            Pre -> rchild = Thrt;
            Pre -> rtag = 1;
            Thrt -> rchild = pre;
    }
}
void PostThreading(BiThrTree p)
{
    if(p)
    {
            PostThreading(p -> lchild);
            PostThreading(p -> rchild);
            if(!p -> lchild)
            {
                p -> ltag = 1;
                p -> lchild = pre;
            }
            else p -> ltag = 0;
            if(pre -> rchild)
            {
                Pre -> rtag = 1;
                Pre -> rchild = p;
            }
            else pre -> rtag = 0;
            pre = p;
    }
}
```

有了线索二叉链表，即可对其进行线索遍历。

例 6.12　编制算法，对中序线索二叉树进行中序后继线索遍历。

```
inorderthread 1(BiThrTree Thrt)
{
    BiThrTree p = Thrt -> lchild;
    while(p! = Thrt)
    {
        while(p -> ltag == 0)
        p = p -> lchild;
        printf("%d",p -> data);
        while(p -> rtag == 1&&p -> rchild! = Thrt)
        {
            p = p -> rchild;
```

```
            printf("%d",p->data);
        }
        p = p->rchild;
    }
}
```

例6.13 编制算法,对中序线索二叉树进行中序前驱线索遍历。

```
inorderthread2(BiThrTree Thrt)
{
    BiThrTree p = Thrt->rchild;
    while(p! = Thrt)
    {
        while(p->rtag == 0)
        p = p->rchild;
        printf("%d",p->data);
        while(p->ltag == 1&&p->lchild! = Thrt)
        {
            p = p->lchild;
            printf("%d",p->data);
        }
        p = p->lchild;
    }
}
```

读者可以参考此两例编制先序前驱线索遍历与先序后继线索遍历算法,及后序前驱线索遍历与后序后继线索遍历算法。

6.5 树与森林

前面主要介绍了二叉树的存储、遍历及应用。在实际应用中,很多事物是不能直接用二叉树来描述的,而只能用树和森林来表示。这一节将讨论树和森林的存储、遍历及其与二叉树之间的转换关系,从而利用二叉树的方式来处理及表示树和森林。

6.5.1 树的存储结构

1. 双亲表示法

双亲表示法是用一组连续的空间来存储树上的结点,同时在每个结点上附加一个指示器来指明其双亲结点所在的位置。图6-14展示了一棵树及其双亲表示法的存储结构。

其类型定义如下:

```
#define MAX_TREE_SIZE 100
typedef struct
{
```

```
        TElemType data;
        int parent;
    }PTNode;
    typedef struct
    {
        PTNode nodes[MAX_TREE_SIZE];
        int n;
    }PTree;
```

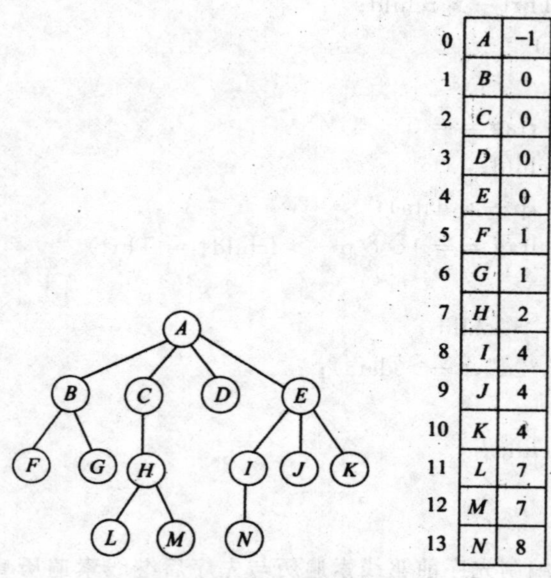

0	A	-1
1	B	0
2	C	0
3	D	0
4	E	0
5	F	1
6	G	1
7	H	2
8	I	4
9	J	4
10	K	4
11	L	7
12	M	7
13	N	8

图 6-14　树及其双亲表示法

在这种表中，每个结点(除根结点外)有且仅有一个双亲结点，通过 parent 域很容易查找任何结点的双亲。但是，在查找孩子结点时则需要遍历整个表。为了找孩子结点更方便些，可以采取下面的存储结构。

2. 孩子链表表示法

孩子链表表示法也是用一组连续的空间来存储树上的结点，同时在每个结点上附加一个指针指向由其孩子结点构成的单链表。如图 6-15 所示，其类型定义如下：

```
    typedef struct CTNode
    {
        int child;
        struct CTNode   * next;
    }CTNode, * ChildPtr;
    typedef struct
    {
        TelemType data;
```

```
    ChildPtr firstchild;
}CTBox;
typedef struct
{
    CTBox nodes[MAX_TREE_SIZE];
    int n;
}CTree;
```

在这种表示法中，找孩子结点比较容易，只要搜索 firstchild 指针指向的单链表即可。但找某一结点的双亲结点就比较困难了，需要搜索所有的单链表。

3. 孩子双亲表示法

孩子双亲表示法也是用一组连续的空间来存储树上的结点，同时在每个结点上附加一个提示器来指示其双亲结点的位置，再附加一个指针指向其孩子结点构成的单链表。如图 6-15，其类型定义如下：

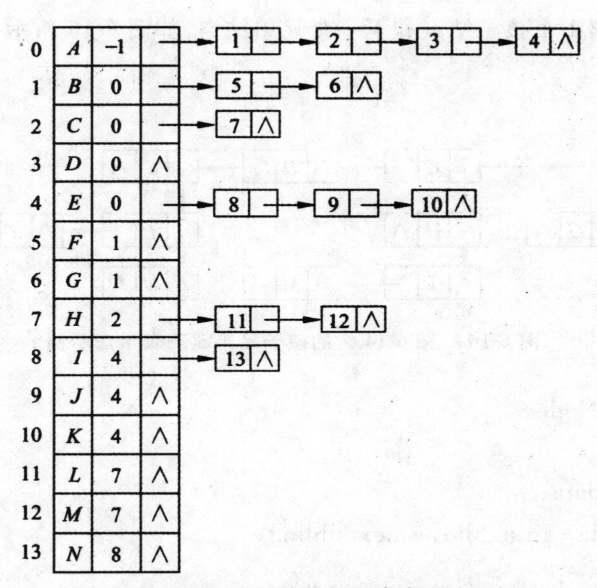

图 6-15　图 6-14 树的孩子双亲表示法示例

```
typedef struct CTNode
{
    int child;
    struct CTNode * next;
}CTNode, * ChildPtr;
typedef struct
{
    TelemType data;
    int parent;
    ChildPtr firstchild;
```

```
}PCNode;
typedef struct
{
    PCNode nodes[MAX_TREE_SIZE];
    int n;
}PCTree;
```

在这种表示法中,既能很快地找到每个结点的双亲结点,又能很快地找到每个结点的孩子结点。但这是用空间的代价换来的时间效率,在具体应用中一定要根据不同的情况去选择较为适合的存储结构。

以上 3 种结构都是用顺序表的形式表示的树和森林,这很难转换成二叉树的存储形式,也就不能用二叉树中理论和结构来描述树和森林了。

4. 孩子兄弟表示法

孩子兄弟表示法是以二叉链表作为存储结构来表示树和森林的一种结构,其中每个结点的两个指针分别指向其第 1 个孩子结点和下一个兄弟结点。如图 6-16 所示,其类型定义如下:

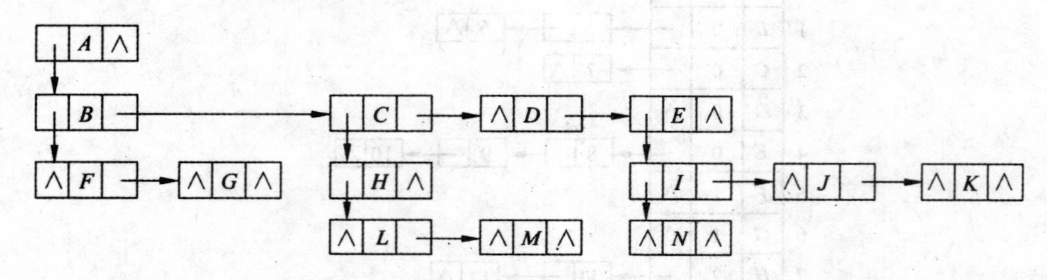

图 6-16　图 6-14 树的孩子兄弟链表表示法示例

```
typedef struct CSNode
{
    TElemType data;
    struct CSNode * firstchild, * nextsibling;
}CSNode, * CSTree;
```

这种结构有利于实现树和森林的各种操作。比如找某个结点的第 i 个孩子结点,只要先沿着 firstchild 指针找到第 1 个孩子结点,然后再沿着该孩子结点的 nextsibling 指针走 $i-1$ 步即可。若每个结点增加一个双亲指针域,则可很快找到其双亲结点。此外,孩子兄弟链表实质上就是前述的二叉链表,只是解释不同而已,有关二叉树的大部分操作均可在这种结构上实现。因此,孩子兄弟链表也成为树、森林与二叉树之间的桥梁和纽带。

6.5.2　树、森林与二叉树之间的转换

从结构上看,树和森林的孩子兄弟链表表示法与二叉链表表示的二叉树没有什么区别,只是在指针指向的结点含义上有所不同。二叉树中的二叉链表存储结构,其左右指针分别指向结点的左孩子结点和右孩子结点,而树和森林的孩子兄弟链表表示法中,其左右指针分别指向结点的第 1 个孩子结点和下一个兄弟结点。

通过孩子兄弟链表做媒介，就可以将一棵树或森林转换成对应的二叉树，反之，也可以将一棵二叉树转换成树或森林。

1. 树和森林转换成二叉树

将森林中的每一棵树的根结点看作同一层的有序排列的兄弟结点，则转换规则如下：

1）将树和森林中每个结点的第 1 个孩子结点转换成二叉树中该结点的左孩子结点；

2）将树和森林中每个结点的右邻兄弟结点转换成二叉树中该结点的右孩子结点。

例 6.14　将如图 6-17(a) 所示的森林转换成对应的二叉树。

根据上述的转换规则，可以得到如图 6-17(b) 所示的结果。

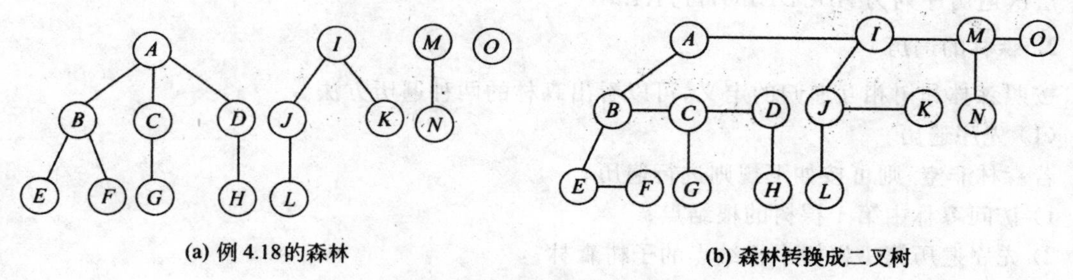

图 6-17　森林转换成二叉树

进而可以画成二叉树的形式如图 6-18 所示。

2. 二叉树转换成树和森林

与上述过程恰好相反，二叉树转换成树和森林的规则如下：

1）将二叉树中每个结点的左孩子结点转换成树和森林中该结点的第 1 个孩子结点；

2）将二叉树中每个结点的右孩子结点转换成树和森林中该结点的右邻兄弟结点。

读者可以自己完成将上述二叉树再转换成森林。

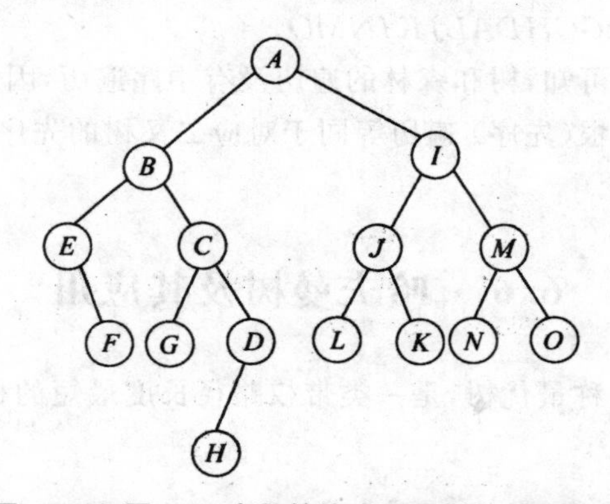

图 6-18　图 6-17 森林转换成二叉树的最终结果

6.5.3　树和森林的遍历

树和森林遍历的含义也是按某种规则访问树和森林中的第 1 个结点，而且每个结点仅被访问一次。

1. 树的遍历

由树定义可以看出树的遍历可有如下 3 种形式。

1) 先根遍历:若树非空,则先访问根结点,再依次先根遍历其每一棵子树。

2) 后根遍历:若树非空,则先依次后根遍历其每一棵子树,再访问根结点。

3) 层次遍历:若树非空,则按从上至下、从左至右的顺序依次访问树中的每一个结点。

例 6.15　给出图 6-14 的树的 3 种遍历序列。

先根遍历序列为 *ABFGCHLMDEINJK*;

后根遍历序列为 *FGBLMHCDNIJKEA*;

层次遍历序列为 *ABCDEFGHIJKLMN*。

2. 森林的遍历

按照森林和树相互递归的定义,可以看出森林的两种遍历方法。

(1) 先序遍历

若森林非空,则可按如下规则进行遍历。

1) 访问森林中第 1 棵树的根结点;

2) 先序遍历第 1 棵树中根结点的子树森林;

3) 先序遍历其余的树构成的森林。

(2) 后序遍历

若森林非空,则可按如下规则进行遍历。

1) 后序遍历第 1 棵树中根结点的子树森林;

2) 访问第 1 棵树的根结点;

3) 后序遍历其余的树构成的森林。

例 6.16　给出图 6-17(a) 的森林的两种遍历序列。

先序列遍历序列为 *ABEFCGDHIJLKMNO*;

后序列遍历序列为 *EFBGCHDALJKINMO*。

由上述树和森林的遍历可知,树和森林的遍历没有中序遍历,因为无法确定根在中序序列中的位置。另外,树和森林的先根(先序) 遍历等同于对应二叉树的先序遍历,其后根(后序) 遍历等同于对应二叉树的中序遍历。

6.6　哈夫曼树及其应用

哈夫曼(Huffman) 树又称最优树,是一类带权路径长度最短的树,有着广泛的应用。本节只讨论最优二叉树。

6.6.1　哈夫曼树

1. 基本概念

1) 结点之间的路径:从一个结点到另一个结点所经过的结点序列。

2) 结点之间的路径长度:结点之间的路径上的分支(边) 数。

3) 树的路径长度:从根结点到每个结点的路径长度之和。

4) 结点的带权路径长度：该结点的权值(ω) 乘以该结点到根结点的路径长度(l)。

5) 树的带权路径长度：树中所有叶子结点带权路径长度之和，记为 $WPL = \sum \omega_i \times l_i$。

6) 哈夫曼树：树的带权路径长度(WPL 值) 最小的二叉树。

哈夫曼树在优化查询和缩小编码中非常有用。

例 6.17　以 4,8,5 为叶子结点上的权值，画出具有这 3 个叶子结点且无度为 1 的结点的所有可能的二叉树，并分别计算每棵二叉树的 WPL 值。

因为二叉树中无度为 1 的结点，根据二叉树的性质 6.3 可知度为 2 的结点必有 2 个。一个为根结点，另一个即可以是根的左孩子，也可以是根的右孩子。在此，仅以另一个结点为根的左孩子结点为例，另一种情况与此结果类似。若不考虑同一层上结点权值的排列次序，则这棵二叉树可有如图 6-19 所示的 3 种情形，其 WPL 值分别计算如图。

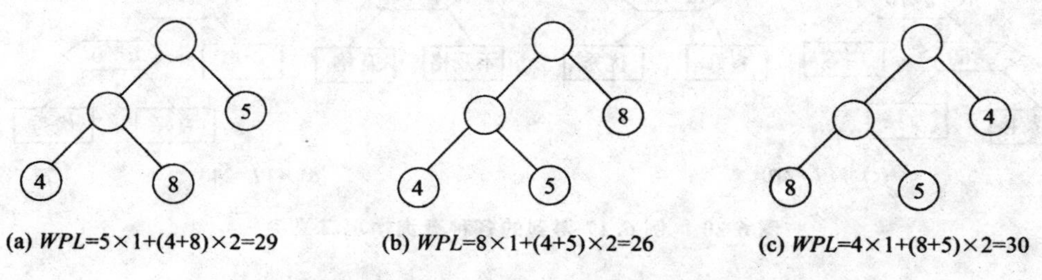

图 6-19　例 6.17 中的带权二叉树及各个的 WPL 值

其中二叉树(b) 的权值最小，由此可知将权值大的结点尽量向上靠，可使 WPL 值较小。

例 6.18　有 100 个学生要查询个人的成绩，假设其成绩段分布如表 6-1 所示。

表 6-1　成绩段分布

分　数	0 ～ 59	60 ～ 69	70 ～ 79	80 ～ 89	90 ～ 100
等　级	不及格	及格	中等	良好	优秀
比例数	5	15	40	30	1O

对如上给出的 4 种查询过程图(见图 6-20) 分别计算总的比较次数。

(a)$WPL = 5 \times 1 + 15 \times 2 + 40 \times 3 + (30 + 10) \times 4 = 315$；

(b)$WPL = 40 \times 1 + 30 \times 2 + 15 \times 3 + (5 + 10) \times 4 = 205$；

(c)$WPL = (40 + 30 + 10) \times 2 + (5 + 15) \times 3 = 220$。

从中可以看出，不同的查询方法比较的次数可能会有很大的不同，这直接影响算法的效率。

2. 构造哈夫曼树

二叉树的构造不同导致其 WPL 值不尽相同，那么如何构造一棵最优二叉树呢？哈夫曼最早给出了一个带有一般规律的算法，俗称哈夫曼算法，步骤如下：

1) 根据给定的 n 个权值 $\{\omega_1, \omega_2, \cdots, \omega_n\}$ 构成 n 棵二叉树的集合 $F = \{T_1, T_2, \cdots, T_n\}$，其中每棵二叉树 T_i 中只有一个权值为 ω_i 的根结点，其左右子树均为空；

2) 在 F 中选取两棵根结点的权值最小的二叉树作为左右子树构造一棵新的二叉树，且置新的二叉树的根结点权值为其左右孩子结点权值之和；

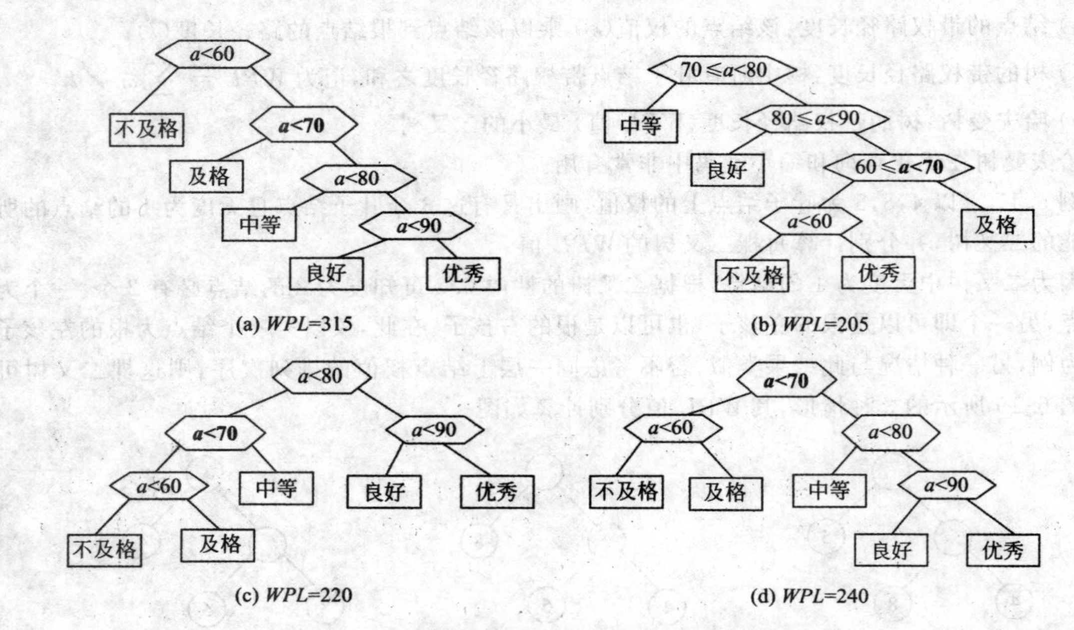

(a) WPL=315　　(b) WPL=205

(c) WPL=220　　(d) WPL=240

图 6-20　例 6.17 得到的各种查询情况二叉树

3）在 F 中删除这两棵子树，同时将新得到的二叉树加入到 F 中；

4）重复步骤 2）和 3)，直到 F 中仅剩一棵树为止，这棵二叉树即为所求。

通过哈夫曼树的构造过程可以看出，在哈夫曼树中没有度为 1 的结点。如果叶子结点个数为 n，则哈夫曼树中结点总数为 $2n-1$。

例 6.19　已知一个班级的学生每周科目及课时安排如表 6-2 所示，试构造一个哈夫曼树，并计算其 WPL 值。

表 6-2　科目及课时安排

科　目	数学	物理	化学	语文	外语	体育
周学时	20	10	8	16	12	4

解：构造的哈夫曼树如图 6-21 所示。

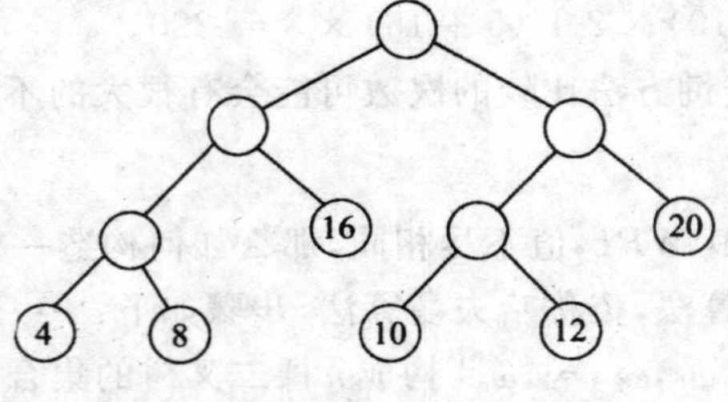

图 6-21　例 6.19 的生成树

$$WPL=(16+20)\times 2+(4+8+10+12)\times 3=166$$

6.6.2　哈夫曼编码

在收发电报业务中，电报员必须知道字符的编码才能发送电文和翻译电文。字符的编码可以用二进制数 0 和 1 构成的串来实现，电报员通过“嘀嘀嗒嗒”的长短音按键将 1 和 0 发送出去。在进行编码时，一定要注意区分每个字符，不能产生混淆。例如，若需传送的电文为“*ABADBBACAD*”，它只有 4 个字符，可用编码长度为 2 的 01 串来识别。假设 *A*、*B*、*C*、*D* 这 4 个字符的编码分别为 00、01、10 和 11，则上面的电文可翻译成“00010011010100100011”。接收方只要按两位一取进行译码即可准确接收电文信息。但是在进行编码设计时，往往希望码长越短越好。实际上，对上述 4 个字符进行编码时可做如下处理，即 *A*、*B*、*C*、*D* 的编码分别为 0、1、01 和 10。由于字符编码长度缩短，发送电文时的电报长度也相应缩短，从而可以节省时间。上面电文使用这种编码发送为“0101011001010”，可以看出拍发电文的时间是少了，但在对方进行译码时却无从下手了，因为他不知道该如何翻译。因此，在设计长短不等的编码时，必须要做到每个字符的编码都不可能成为另一个字符编码的前缀，这种编码称为字符的前缀编码。

可以利用二叉树来设计二进制形式的字符前缀编码。如果二叉树中叶子结点表示字符，结点上的权值表示该字符出现的频度，则可以先根据字符的频度构造一棵哈夫曼树，然后规定左分支为 0、右分支为 1，则每个字符的编码即为从根结点到该叶子结点所经过的分支构成的二进制序列。比如上面的电文“*ABADBBACAD*”中，*A*,*B*,*C*,*D* 的频度分别为 0.4、0.3、0.1 和 0.2，则对应的哈夫曼树可有多种形状，如图 6-22 所示。

其前缀编码用图 6-22(a) 表示为 0100111101001100111；用图 6-22(b) 表示为 1011000010110011000；用图 6-22(c) 表示为 10010110000101011；用图 6-22(d) 表示为 0110101111101001101。通过哈夫曼树得到的二进制前缀编码又称为哈夫曼编码。

下面给出建立哈夫曼树及求得哈夫曼编码的算法。由于在构成哈夫曼树之后，为求编码需从叶子结点出发走一条从叶子到根的路径；而为译码需从根出发走一条从根到叶子的路径，则对每个结点而言，既需知道其双亲的信息，又需知道其孩子结点的信息。

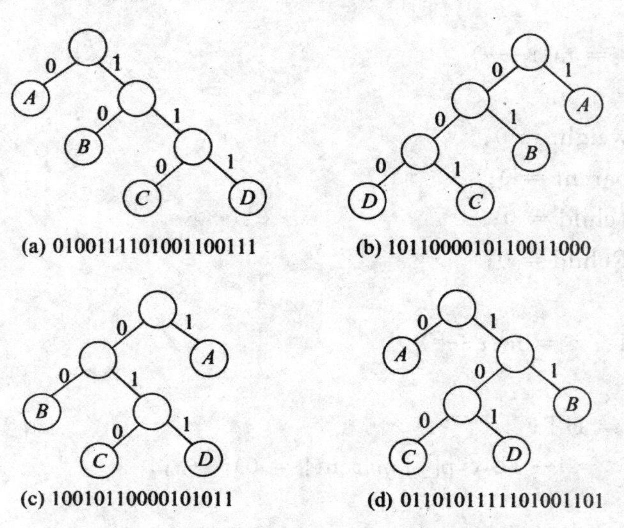

图 6-22　电文 *ABADBBACAD* 的哈夫曼树

1. 哈夫曼树类型定义

```
typedef struct
{
    unsigned int weight;
    unsigned int parent,lchild,rchild;
}HTNode, * HuffmanTree;        /* 哈夫曼树结点类型 */
typedef char * * HuffmanCode;      /* 哈夫曼编码类型. */
```

2. 建立哈夫曼树及求哈夫曼编码的算法

```
void HuffmanCoding(HuffmanTree HT,HuffmanCode HC,int * w,int n)
{
    /* w 存放 n 个字符的权值,构造哈夫曼树 HT,并求出 n 个字符的哈夫曼编码 HC */
    int i,j,m,c,start,s1,s2,f,cdlen;
    Huffmantree p;
    char * cd;
    if(n <= 1)return;
    m = 2 * n - 1;
    HT = (Huffmantree)malloc((m + 1) * sizeof(HTNode));
    for(p = HT,i = 1;i <= n;i ++)
    {
        p[i]. weight = w[i];
        p[i]. parent = 0;
        p[i]. 1child = 0;
        p[i]. rchild = 0;
    }
  for(i = 1;i <= m;i ++)
  {
        p[i]. weight = 0;
        p[i]. parent = 0;
        p[i]. 1child = 0;
        p[i]. Rchild = 0;
  }
  for(i = n + 1;i <= m;i ++)
  {
      j = 1;p = HT;
      while(j <= i - 1&&p[j]. parent! = 0)j ++;
      s1 = j;
      while(j <= i - 1)
      {
```

```
            if(p[j].parent == 0&&p[j].weight < p[s1].weight)
            s1 = j;
            j++;
        }
    p[s1].Parent = i;
    j = 1;p = HT;
    while(j <= i-1&&p[j].parent! = 0)j++;
    s2 = j;
    while(j <= i-1)
    {
        if(p[j].parent == 0&&p[j].weight < p[s2].weight)s2 = j;
        j++;
    }
    if(s1 > s2)
    {
        J = s1;
        s1 = s2;
        s2 = j;
    }
    HT[s1].Parent = i;
    HT[s2].Parent = i;
    HT[i].1child = s1;
    HT[i].Rchild = s2;
    HT[i].Weight = HT[s1].weight + HT[s2].weight;
}
/* 从叶子到根逆向求每个字符的哈夫曼编码 */
HC = (Huffmancode)malloc((n+1) * sizeof(char *));
cd = (char *)malloc(n * sizeof(char));
cd[n-1] = '\0';
for(i = 1;i <= n;i++)
{
    start = n-1;
    for(c = i,f = HT[i].parent;f! = 0;c = f,f = HT[f].parent)
    if(HT[f].1child == c)cd[--start] = '0';
    else cd[--start] = '1';
    HC[i] = (char *)malloc((n-start) * sizeof(char));
    strcpy(HC[i],cd + start);
}
free(cd);
```

```
}
```

HT的前n个分量表示叶子结点,最后一个分量表示根结点。由于各个字符的长度不等,所以按实际长度动态分配存储空间。上面算法在求每个字符的哈夫曼编码时是从叶子结点出发到根结点进行的逆向处理,也可以从根出发遍历整棵二叉树,求得每个叶子结点的哈夫曼编码,其算法如下:

```
/* 无栈非递归遍历哈夫曼树,求叶子结点的哈夫曼编码(替换上面算法的相应程序段) */
HC = (Huffmancode)malloc((n+1) * sizeof(char *));
j = m;cdlen = 0;
for(i = 1;i <= m;i++)
HT[i]. weight = 0;
while(j)
{
    if(HT[j]. weight == 0)
    {
        HT[j]. weight = 1;
        if(HT[j]. lchild! = 0)
        {
            j = HT[j]. 1child;
            cd[cdlen ++] = '0';
        }
        else if(HT[j]. rchild ==)
        {
            cd[cdlen] = '\';
            HC[j] = (char *)malloc((cdlen + 1) * sizeof(char));
            strcpy(Hc[j],cd);
        }
    }
    else if(HT[j]. weight == 1)
    {
        HT[j]. weight == 2;
        if(HT[j]. rchild! = 0)
        {
            j = HT[j]. rchild;
            cd[cdlen ++] = '1';
        }
    }
    else
    {
        HT[j]. weight = 0;
```

```
        j = HT[j].parent;
        cdlen --;
    }
}
```

例6.20 已知某系统在通信联络中只可能出现8种字符,其概率分别为0.05、0.29、0.07、0.08、0.14、0.23、0.03和0.11,试用上面算法设计哈夫曼编码。

假设上述概率分别对应的字符为 A、B、C、D、E、F、G 和 H。

则用上面算法构成的哈夫曼树如图6-23所示。

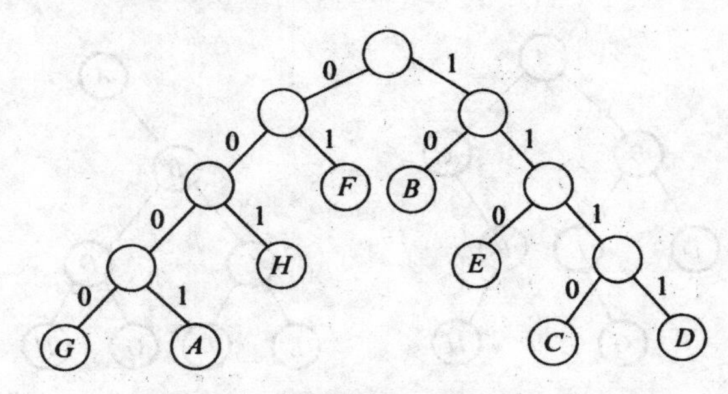

图6-23 例6.20的哈夫曼树及其生成过程

各个字符的哈夫曼编码如下。

A:0001 B:10 C:1110 D:1111

E:110 F:01 G:0000 H:001

习题

1. 填空题。

(1) 一棵深度为6的满二叉树有( )个分支结点和( )个叶子。

(2) 一棵具有257个结点的完全二叉树,它的深度为( )。

(3) 设一棵完全二叉树71个结点,则共有( )个叶子结点。

(4) 设一棵完全二叉树具有1000个结点,则此完全二叉树有( )个叶子结点,有( )个度为2的结点,有( )个结点只有非空左子树,有( )个结点只有非空右子树。

2. 单项选择题。

(1) 不含任何结点的空树( )。

A. 是一棵树 B. 是一棵二叉树

C. 是一棵树也是一棵二叉树 D. 既不是树也不是二叉树

(2) 二叉树是非线性数据结构,所以( )。

A. 它不能用顺序存储结构存储

B. 它不能用链式存储结构存储

C. 顺序存储结构和链式存储结构都能存储

D. 顺序存储结构和链式存储结构都不能使用

(3) 把一棵树转换为二叉树后,这棵二叉树的形态是(　　)。

A. 唯一的　　　　　　　　　　　　　B. 有多种

C. 有多种,但根结点都没有左孩子　　　D. 唯一的,且根结点没有右孩子

3. 什么叫有序树?什么叫无序树?一棵度为 2 的树和一棵二叉树的区别是什么?

4. 什么叫满二叉树?什么叫完全二叉树?分别列举一个满二叉树和一个完全二叉树的例子。

5. 说出具有 3 个结点的树和具有 3 个结点的二叉树的所有不同形态的个数,并分别画出它们的形态。

6. 给出图 6-24 所示二叉树的先序遍历、中序遍历、后序遍历和层序遍历得到的结点序列。

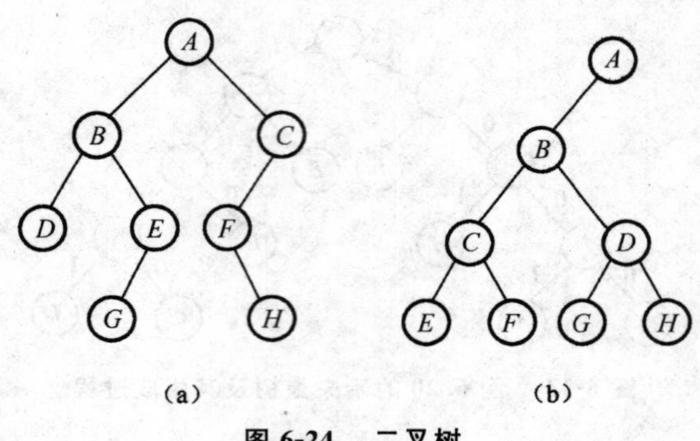

图 6-24　二叉树

7. 简述线索二叉树的用途和中序线索二叉树的构造方法。

8. 画出图 6-25 所示二叉树的前序线索二叉树、中序线索二叉树和后序线索二叉树。

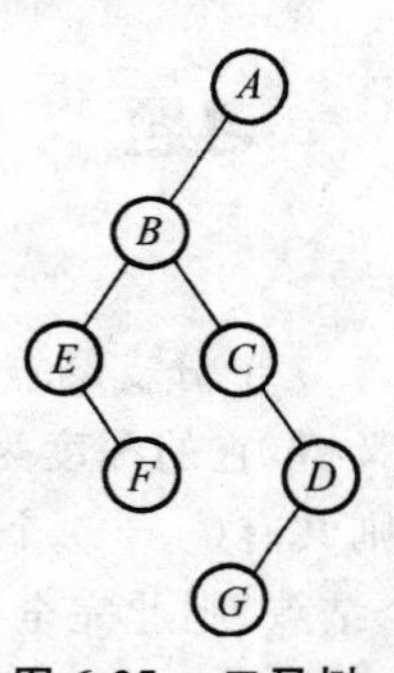

图 6-25　二叉树

9. 在一棵二叉树中,什么是从 A 结点到 B 结点的路径?什么是从 A 结点到 B 结点的路径长度?什么是二叉树的路径长度?

10. 在一棵叶结点带权的二叉树中,什么是二叉树的带权路径长度?什么是哈夫曼树?哈夫曼树有什么用途?

11. 研究树和二叉树相互之间转换方法的意义是什么?

12. 画出图 6-26 所示树的先根遍历和后根遍历序列。

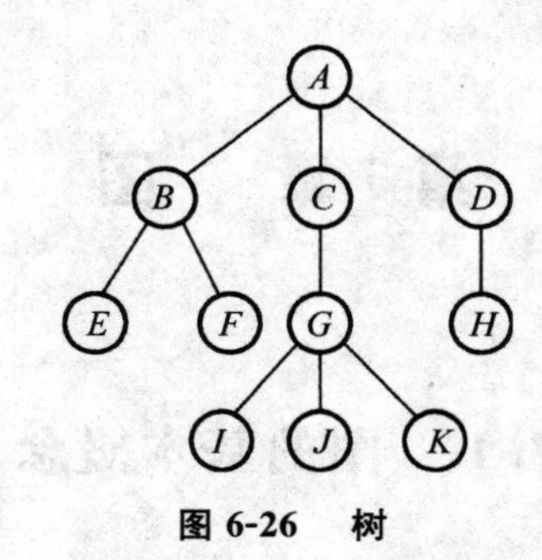

图 6-26　树

13. 把图 6-26 所示树转换为二叉树。给出该二叉树的先序遍历、中序遍历和后序遍历结果，并对比分析此遍历结果和习题 12 得出的树的先根遍历和后根遍历结果。

14. 把图 6-24 所示的二叉树转换为树。

第7章　图

7.1　图的基本概念

在图中，涉及许多基本概念和术语，为了便于后续章节的讨论，首先介绍如下的相关概念。

图G由两个集合$\boldsymbol{V}(G)$和$\boldsymbol{E}(G)$组成，记作$G(\boldsymbol{V},\boldsymbol{E})$。其中$\boldsymbol{V}(G)$是图中顶点的非空有限集合，$\boldsymbol{E}(G)$是图中边的有限集合。如果图中每条边都是有方向的，即每条边都是顶点的有序对，则称这样的图为有向图。在有向图中，有序对通常用尖括号表示。有向边也称为弧(*arc*)，边的起点称为弧尾(*tail*)，边的终点称为弧头(*head*)。例如，$< v_i, v_j >$表示一条有向边，v_i是弧的起点，v_j是弧的终点，因此，$< v_i, v_j >$和$< v_j, v_i >$是两条不同的有向边。若图G中每条边都是没有方向的，则称G为无向图，无向图中的边是顶点的无序对，无序对通常用圆括号表示，因此无序对(v_i, v_j)和(v_j, v_i)表示的是同一条边。如图7-1中，G_1是有向图，G_2和G_3是无向图，它们的顶点集合和边集合分别是：

$\boldsymbol{V}(G_1) = \{v_1, v_2, v_3\}$

$\boldsymbol{E}(G_1) = \{(0v_1, v_2 >, < v_1, v_3), (v_2, v_3), (v_3, v_2)\}$

$\boldsymbol{V}(G_2) = \{v_1, v_2, v_3, v_4\}$

$\boldsymbol{E}(G_2) = \{(v_1, v_2), (v_1, v_3), (v_1, v_4), (v_2, v_3), (v_2, v_4), (v_3, v_4)\}$

$\boldsymbol{V}(G_3) = \{v_1, v_2, v_3, v_4, v_5, v_6, v_7\}$

$\boldsymbol{E}(G_3) = \{(v_1, v_2), (v_1, v_3), (v_2, v_4), (v_2, v_5), (v_3, v_6), (v_3, v_7)\}$

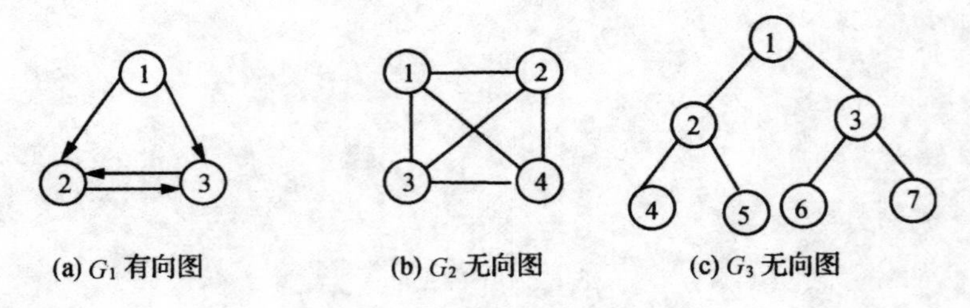

(a) G_1有向图　　(b) G_2无向图　　(c) G_3无向图

图7-1　图的例子

在以下的讨论中，不考虑顶点到其自身的边，即若$< v_1, v_2 >$或(v_1, v_2)是$\boldsymbol{E}(G)$中的一条边，则要求$v_1 \neq v_2$，此外不允许一条边在图中重复出现。也就是说，只讨论简单的图。

在一个具有n个顶点的无向图中，若每个顶点与其他$n-1$个顶点之间都有边，这样的图称为无向完全图。很显然，含有n个顶点的无向完全图具有$\frac{n(n-1)}{2}$条边。类似地，在有n个顶点的有向图中，若每个顶点与其他$n-1$个顶点之间都有弧存在，则称该图为有向完全图。有向完全图中弧的数目为$n(n-1)$条。

设有两个图A和B，且满足条件：

$\boldsymbol{V}(B) \subseteq \boldsymbol{V}(A)$

$\boldsymbol{E}(B) \subseteq \boldsymbol{E}(A)$

则称图 B 是图 A 的子图，如图 7-2 所示的图均为图 7-1 中图 G_2 的子图。

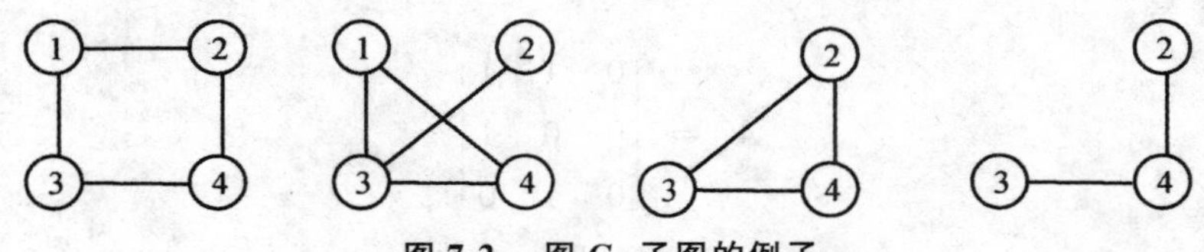

图 7-2　图 G_2 子图的例子

在无向图中，若 (v_i, v_j) 是 $\boldsymbol{E}(G)$ 中的一条边，则称顶点 v_i 和 v_j 是邻接的，并称边 (v_i, v_j) 依附于顶点 v_i，v_j。所谓顶点的度，就是指依附于该顶点的边数。例如图 7-1 中的图 G_2，顶点 1,2,3,4 的度均为 3；在有向图中以某顶点为头，即依附于某顶点的弧头的数目，称为该顶点的入度；以某顶点为尾，即依附于该顶点的弧尾的数目，称为该顶点的出度。某顶点的入度和出度之和称为该顶点的度。例如在图 7-1 的 G_1 中，顶点 G_2 的入度为 2，出度为 1，度为 3。

在图 G 中，从顶点 v_p 到 v_q 的一条路径是顶点的序列 $(v_p, v_{i1}, v_{i2}, \cdots, v_{in}, v_q)$，且 (v_p, v_{i1})，(v_{i1}, v_{i2})，$\cdots$，(v_{in}, v_q) 是 $\boldsymbol{E}(G)$ 中的边，路径上边的数目称为该路径的长度。对有向图，其路径也是有向的，路径由弧组成。

如果一条路径上所有顶点，除起始点和终点外彼此都是不同的，则称该路径是简单路径。在一条路径中，如果其起始点和终点是同一顶点，则称为回路，简单路径相应的回路称为简单回路。在无向图 G 中，若从 v_i 到 v_j 有路径，则称 v_i 和 v_j 是连通的，若图 G 中任意两个顶点都是连通的，则称图 G 是连通图；在有向图中，若图 G 中每一对不同的顶点 v_i 和 v_j 之间都有从 v_i 到 v_j 和从 v_j 到 v_i 的路径，则称 G 为强连通图。无向图 G 的极大连通子图称为图 G 的连通分量，有向图 G 的极大强连通子图称为图 G 的强连通分量。显然，任何连通图的连通分量和强连通图的强连通分量都只有一个，就是其自身，而非连通的无向图和非强连通的有向图的连通分量有多个。

若将图的每条边上都赋一个权值，则称这种带权图为网络。相应的，边上有权值的有向图称为有向网。边上有权值的无向图称为无向网，如图 7-3 所示。

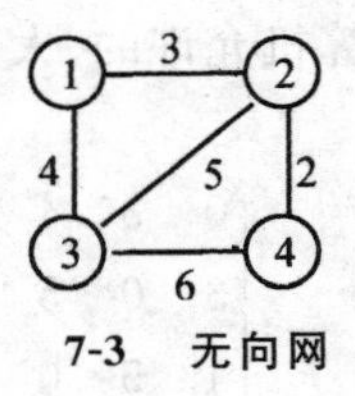

7-3　无向网

7.2　图的存储结构

7.2.1　邻接矩阵

图的邻接矩阵(adjacency matrix) 表示法是用一个矩阵来表示图中顶点间的相邻关系。设图 $G=(\boldsymbol{V},\boldsymbol{E})$ 有 $n \geqslant 1$ 个顶点，则图 G 的邻接矩阵是按如下形式定义的 n 阶方阵：

$$\boldsymbol{A}[i][j]=\begin{cases}0 & \text{若} < v_i, v_j > \text{或}(v_j, v_i)\text{不是}\boldsymbol{E}(G)\text{中的边} \\ 1 & \text{若} < v_i, v_j > \text{或}(v_j, v_i)\text{是}\boldsymbol{E}(G)\text{中的边}\end{cases}$$

例如，图 7-1 中的 G_1，G_2 和 G_3 的邻接矩阵可分别表示为 $\boldsymbol{A}_1$，$\boldsymbol{A}_2$ 和 $\boldsymbol{A}_3$，矩阵中的行、列号对应于图中结点的序号。

$$\boldsymbol{A}_1=\begin{bmatrix}0 & 1 & 1 \\ 0 & 0 & 1 \\ 0 & 1 & 0\end{bmatrix}$$

$$\boldsymbol{A}_2=\begin{bmatrix}0 & 1 & 1 & 1 \\ 1 & 0 & 1 & 1 \\ 1 & 1 & 0 & 1 \\ 1 & 1 & 1 & 0\end{bmatrix}$$

$$\boldsymbol{A}_3=\begin{bmatrix}0 & 1 & 1 & 0 & 0 & 0 & 0 \\ 1 & 0 & 0 & 1 & 1 & 0 & 0 \\ 1 & 0 & 0 & 0 & 0 & 1 & 1 \\ 0 & 1 & 0 & 0 & 0 & 0 & 0 \\ 0 & 1 & 0 & 0 & 0 & 0 & 0 \\ 0 & 0 & 1 & 0 & 0 & 0 & 0 \\ 0 & 0 & 1 & 0 & 0 & 0 & 0\end{bmatrix}$$

显然，无向图的邻接矩阵是对称的，而有向图的邻接矩阵却不一定对称。用邻接矩阵来表示一个具有 n 个顶点的有向图时需要 n^2 个存储单元，而表示一个具有 n 个顶点的无向图则只须存入下三角矩阵，故只须$\frac{n(n+1)}{2}$个存储单元。另外，对图中每个顶点除了用邻接矩阵表示其相邻关系外，有时还须存储各顶点的相关信息，这时须另外再用向量来存储这些信息。

若 G 是网络，则邻接矩阵可表示为

$$\boldsymbol{A}[i][j]=\begin{cases}0\text{ 或 }\infty & \text{若} < v_i, v_j > \text{或}(v_j, v_i)\text{不是}\boldsymbol{E}(G)\text{中的边} \\ 1 & \text{若} < v_i, v_j > \text{或}(v_j, v_i)\text{是}\boldsymbol{E}(G)\text{中的边}\end{cases}$$

其中，w_{ij} 为边上的权值，∞ 表示一个计算机允许的、大于所有边上权值的数。例如图 7-3 带权图的两种邻接矩阵表示分别是 $\boldsymbol{A}_4$ 和 $\boldsymbol{A}_5$。

$$\boldsymbol{A}_4=\begin{bmatrix}0 & 3 & 4 & 0 \\ 3 & 0 & 5 & 2 \\ 4 & 5 & 0 & 6 \\ 0 & 2 & 6 & 0\end{bmatrix}$$

$$\boldsymbol{A}_5=\begin{bmatrix}\infty & 3 & 4 & \infty \\ 3 & \infty & 5 & 2 \\ 4 & 5 & \infty & 6 \\ \infty & 2 & 6 & \infty\end{bmatrix}$$

图的邻接矩阵的类型说明如下：

```
#define n6      /* 图的顶点数 */
#define e8      /* 图的边(弧) 数 */
```

```
typedef char vextype;          /* 顶点的数据类型 */
typedef float adjtype;         /* 权值类型 */
typedef struct graph
{
    vextype vexs[n];
    adjtype arcs[n][n];
}
```

若图中顶点信息是 0 到 $n-1$ 的编号,则仅需令权值为1,仅用邻接矩阵就可以表示图。若是网络,则 adjtype 是权值类型。由于无向图或无向网的邻接矩阵是对称的,故可采用压缩存储的方法,仅存储下三角阵(不包括对角线上的元素)中的元素即可。下面给出建立无向网的算法。

算法 7.1

```
creategraph(graph * g)     /* 建立无向网 */
{
    int i,j,k;
    float w;
    for(i = 0;i < n;i <++)
      g -> vexs[i] = getchar();       /* 读入顶点信息,建立顶点表 */
    for(i = 0;i < n;i ++)
      for(j = 0;j < n;j ++)
        g -> arcs[i][j] = 0;      /* 邻接矩阵初始化 */
    for(k = 0;k < e;k ++)      /* 读入 e 条边 */
    {
        scanf("%d%d%f",&i,&j,&w);      /* 读入边(vi,vj)上的权 wij */
        g -> arcs[i][j] = w;
        g -> arcs[j][i] = w;
    }
}
```

该算法的时间复杂度为 $O(n^2)$。

7.2.2 邻接表

在图的邻接表表示方法中,对于图G中的每个顶点v_i连成一条链。这个单链表就称为顶点v_i的邻接表。邻接表中每个表结点均有两个域,一个是邻接点域 adjvex,用以存放与 v_i 相邻的顶点的序号;另一个是指针域 nextarc,用来将邻接表的所有表结点连在一起。同时还要为每个顶点 v_i 的邻接表设置一个具有两个域的表头结点:一个是顶点域 vertex,用来存放顶点 v_i 的信息;另一个是指针域 firstarc,用于存放指向 v_i 的邻接表中第一个结点的指针。为了方便访问邻接表中的每个顶点,将所有邻接表的表头结点顺序存储在一个向量中,因此图G就可由表头向量和每个头结点的邻接表构成。

显然,对于无向图而言,v_i 的邻接表中每个表结点都对应一条与 v_i 相关联的边;而对于有向图而言,v_i 的邻接表中每个表结点都对应于一条以 v_i 为起点的弧。例如,对于图 7-1 中的无向图

G_2，其邻接表表示如图 7-4 所示，其中顶点 v_1 的邻接表上三个表结点中的顶点序号分别是 1，2，3（由于数组下标从 0 开始，故顶点序号从 0 开始）。它们分别表示和 v_1 相关联的三条边 (v_1,v_2)、(v_1,v_3) 和 (v_1,v_4)。而有向图 G_1 的邻接表表示如图 7-5 所示，其中顶点 v_1 的邻接表上两个表结点中的顶点序号分别是 1 和 2。它们分别表示从 v_1 出发的两条弧 $<v_1,v_2>$ 和 $<v_1,v_3>$。根据以上讨论，给出邻接表的形式说明如下：

```
#define MAXVEXNUM   20                  /* 图中最大顶点数 */
typedef struct arcnode
{
    int adjvex;                    /* 该弧所指的顶点位置 */
    struct arcnode * nextarc;      /* 指向下一条弧的指针 */
};                                   /* 边表结点 */
typedef struct vexnode
{
    vextype vertex;                      /* 顶点信息 */
    struct arcnode * firstarc          /* 指向第一条依附于该顶点的弧 */
};      /* 表头结点 */
struct vexnode g[n];       /* 图的顶点表 */
```

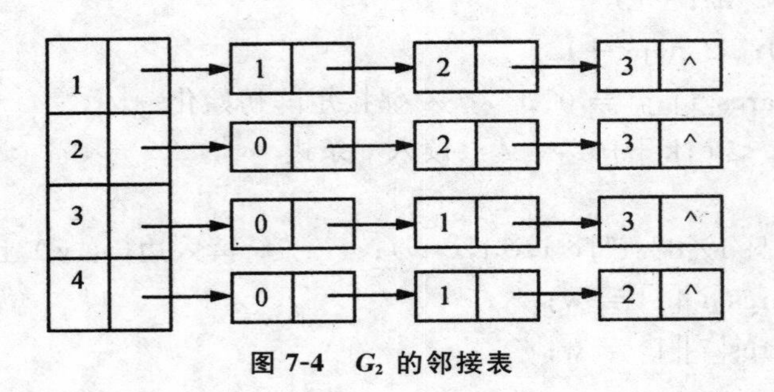

图 7-4　G_2 的邻接表

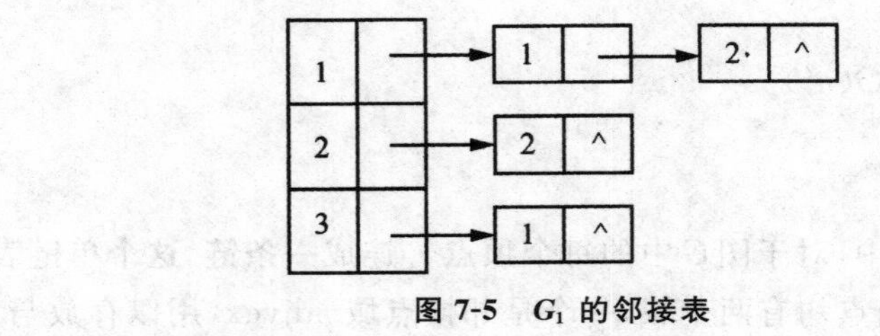

图 7-5　G_1 的邻接表

根据以上类型定义，图的邻接表的建立算法如下：

算法 7.2

```
creatadjlist(struct vexnode g[])       /* 建立无向图的邻接表 */
{
    int i,j,k;
    struct adjnode * s;
```

```
for(i = 0;i < n;i ++)      /* 读入顶点的信息 */
{
    g[i]. Vertex = getchar();
    g[i]. rstarc = NULL;
}
for(k = 0;k < e;k ++)      /* 建立边表 */
{
    scanf("%d%d",&i,&j);      /* 读入边所对应的两顶点序号 */
    s -> (struct arcnode * )malloc(sizeof(struct arcnode));
    s -> adjvex = j;
    s -> nextarc = g[i]. firstarc;
    g[i]. Firstarc = s;
    s = (struct arcnode * )malloc(sizeof(struct arcnode));
    s -> adlvex = i;
    s -> nextarc = g[j]. firstarc;
    g[j]. firstarc = s;
}
}
```

显然,该算法的时间复杂度为 $O(n+e)$。建立有向图的邻接表与此类似,而且要比上述算法更加简单,每读入一对顶点,只需插入一条边即可;而若要建立有(无)向网的邻接表,则只须在定义结点类型时加上一个表示权值信息的数据域,其建立算法与建立相应的图类似。在此不再一一赘述。

需要注意的是,图的邻接矩阵是唯一的,而图的邻接表却可能有多种,它取决于插入结点的顺序以及读入边的顺序。

邻接表和邻接矩阵是图的两种常用的存储结构。它们各有优点,下面从时间和空间两个方面来对这两种存储方式进行比较。

在邻接表中,每个边表对应于邻接矩阵的一行。边表中结点个数等于一行中的非零元素个数。对于一个具有 n 个顶点,e 条边的图,若用邻接表表示,当该图为无向图时,则有 n 个顶点表结点和 $2e$ 个边表结点;若为有向图,则有 n 个顶点表结点和 p 个边表结点。因此邻接表表示的空间复杂度为 $O(n+e)$;若用邻接矩阵表示,则无论是有向图,还是无向图都需要 n^2 个存储空间,因此邻接矩阵表示的空间复杂度为 $O(n^2)$。若图中边的数目 e 远远小于 n^2,则称此类图为稀疏图(sparse graph),此时用邻接表表示比用邻接矩阵表示要节省空间;若图中边的数目 e 接近于 n^2(确切地说,在有向图中边数 e 接近于有向完全图的边数 $n(n-1)$,在无向图中边数 e 接近于无向完全图的边数 $\frac{n(n-1)}{2}$),称此类图为稠密图(dense graph)。此时用邻接矩阵表示要节省空间,因为用邻接表表示需要存储指针,存储密度比较低。

在无向图中求顶点的度,邻接矩阵和邻接表两种存储结构都很简单,邻接矩阵第 i 行或第 i 列上非零元素个数即为顶点 i 的度;在邻接表中顶点 v_i 的度则是第 i 个边表中所含结点的个数。在有向图中求顶点的度,采用邻接矩阵表示比用邻接表表示要简单:在邻接矩阵中,第 i 行上非零元素的个数为顶点i的出度，第i列上的非零元素个数为顶点i的入度，两者之和即为该顶点的度；而在邻接表表示中，第i个边表结点的个数即为顶点i的出度，而顶点i的入度比较困难，需要对邻接表进行遍历才能得到，此时可以采用图的逆邻接表表示法，即在v_i的边表中每个边表结点均对应一个以v_i为终点的弧。图7-6即为图7-1中G_1的逆邻接表。但采用逆邻接表时求结点的出度同样也是很困难的。

在图的邻接矩阵表示中，很容易看出两个顶点v_i，v_j之间是否有边，只要看矩阵中相应位置的元素是否为0即可；但在邻接表表示中，则须扫描该顶点的边表，最坏情况下，时间复杂度为$O(n)$。

在邻接矩阵中求边数e，必须检测整个矩阵，所花费时间是$O(n^2)$，与e无关；而在邻接表中求边数e，只须对每个顶点所对应的边表结点计数即可，所用时间为$O(n+e)$，与e有关。因此，当$e \ll n^2$时，采用邻接表表示更节省时间。

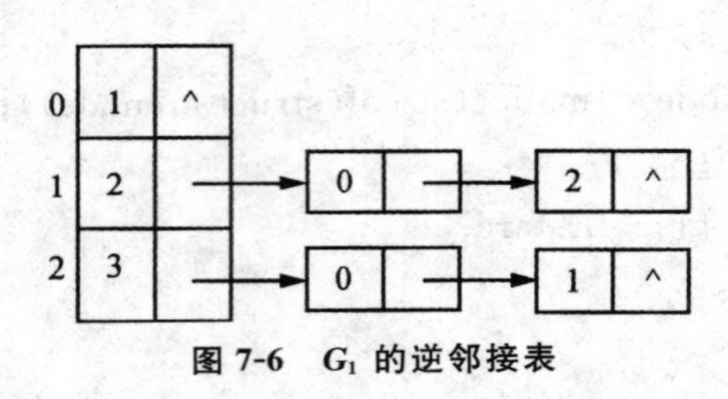

图 7-6　G_1 的逆邻接表

7.3　图的遍历

图的遍历和树的遍历一样，都是从某顶点出发，访问图G中所有顶点，且每个顶点仅访问一次。但图的遍历更复杂些。因为在图中每个顶点和其他顶点之间都可能有边或弧存在，从一顶点出发，经过其他顶点后很有可能又回到该顶点，因此为了标识图中某顶点是否被访问过，应为每个顶点设置标志变量，即设置一标志数组，初值为0，当某结点被访问后，便将其标识置为1。

对于连通图G，从图G中某顶点出发就可遍历全图。但若图G为非连通图，则从某顶点出发便不能遍历整个图，此时还须选择另外未被访问过的结点重新进行遍历，直到访问到所有结点为止。根据搜索路径的方向不同，图的遍历有两种常用的方法：深度优先搜索和广度优先搜索。

7.3.1　深度优先搜索遍历

深度优先搜索(depth-first-search)遍历类似于树的前序遍历。假设给定初态是图中所有顶点均未被访问过，从图中某一顶点v_i出发遍历图的定义如下：首先访问出发点v_i，并将其访问标志置为1，然后，从v_i出发依次搜索v_i的每个邻接点v_j。若v_j未被访问过，则以v_j为新的出发点继续进行深度优先搜索。

显然上述定义是一个递归定义，其特点是尽可能先从纵深方向对图进行搜索，所以称为深度优先搜索。例如，设p为刚访问过的顶点，按深度优先搜索要求，下一步将选择一条从p出发检测未被检测过的边(p,q)。若发现顶点q已被访问过，则重新选择一条从p出发的未被访问过的边；若q顶点未被访问过，则沿该条边从p到q，访问q并将其访问标识置为1。然后从q出发，直到搜索完从q出发的所有路径，才回溯到顶点p，再选择一条从p出发的未被检测过的边，直到从p出发的所有的边均被访问过为止。此时若 p 不是初始出发点，则回溯到在 p 之前被访问过的顶点；若 p 是初始出发点，则搜索过程结束。

显然，此时对图中所有和初始出发点有路径相通的结点都已经被访问过了，若是连通图，则从初始顶点出发对图的搜索过程的完成就意味着对图的深度优先遍历的结束。

因为对图的深度优先搜索的定义是递归的，所以很容易写出其递归算法。下面分别讨论用邻接表和邻接矩阵为存储结构时的递归算法。

算法 7.3

```
int visit[n];      /* 定义访问标识向量 visit,初值均为 0 */
DFS(graph g,int i)      /* 从 vi 出发深度优先搜索图 g,g 用邻接矩阵表示 */
{
    int j;
    print("node%c\n",g.vexs[i]);      /* 访问出发点 vi */
    visit[i] = 1;
    for(j = 0;j < n;j ++)      /* 依次搜索 vi 的邻接点 */
        if(g.arcs[i][j] == 1)&&(!visit[j])
            DFS(j);
}
```

算法 7.4

```
int visit[n];      /* 定义访问标识向量 visit,初值均为 0 */
DFSL(struct vexnode g1[n],int i) /* 从 vi 出发深度优先搜索图 g1,g1 用邻接表表示 */
{
    int j;
    struct arcnode *p;
    printf("node%c\n",g1[i].vertex);
    visit[i] = 1;
    p = gl[i].firstarc;      /* 取 vi 的边表头指针 */
    while(p! = NULL)
    {
        if(!visit[p-> adjvex])
            DFSL(p-> adjvex);
        p = p-> next;
    }
}
```

对图进行深度优先搜索遍历时，按顶点访问的顺序所输出的顶点序列称为图的深度优先搜索序列，简称 DFS 序列。一个图的 DFS 序列不一定唯一，它与图的存储结构、算法以及初始的出发顶点有关。在 DFS 算法中，当从 v_i 出发搜索时，是在邻接矩阵的第 i 行中从左到右选择下一个未被访问的邻接点作为下一个出发点。若这样的邻接点有多个，则选中的是序号较小的那一个。由于图的邻接矩阵是唯一的，所以从指定的顶点出发，由 DFS 算法所得到的深度优先搜索序列是唯一的。如图 7-7 所示的无向连通图的邻接矩阵为 $\boldsymbol{A}$，其深度优先搜索序列为 12485637。而图的邻接表，与同一顶点邻接的其他顶点不只一个，所构成的邻接表与邻接点的链接次序有关，所以对于同一个图，所得到的邻接表却不只一个，因此，由同一算法 DFSL 所得到的遍历序列也是不唯一的。

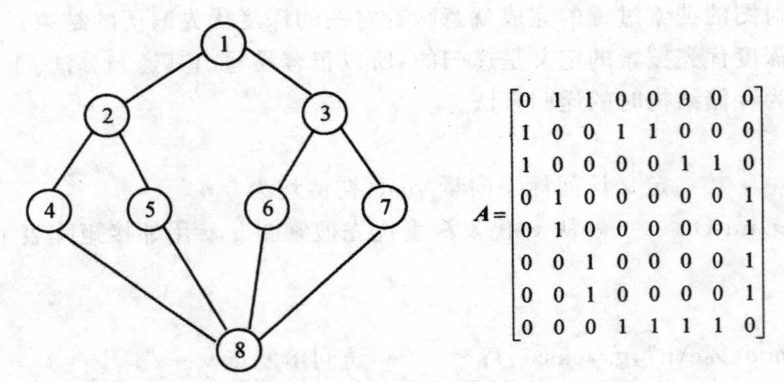

图 7-7　图 G 及邻接矩阵 A

对于具有 n 个顶点 e 条边的连通图，算法 DFS 和 DFSL 均递归调用 n 次。在每次递归调用时，除访问结点和作标记外，主要时间花费在从该结点出发搜索它的邻接点上。用邻接矩阵表示时，搜索一个顶点的所有邻接点需要花费 $O(n)$ 时间来检查矩阵相应行中的 n 个元素，故从 n 个顶点出发搜索所需的时间是 $O(n^2)$，即 DFS 的时间复杂度为 $O(n^2)$。用邻接表表示图时，搜索 n 个顶点的所有邻接点就是对各边表结点扫描一遍，故算法 DFSL 的时间复杂度为 $O(n+e)$。算法 DFS 和 DFSL 所用的辅助空间是标志数组和实现递归所用的栈，故它们的空间复杂度为 $O(n)$。

图 7-8 为图 7-7 的邻接表表示。在该邻接表中，从顶点 1 出发的深度优先搜索序列为 12485637。

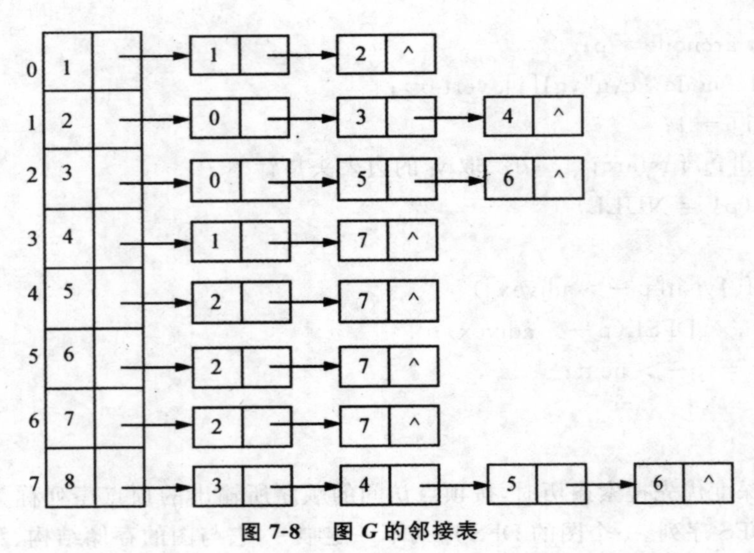

图 7-8　图 G 的邻接表

对于上述的递归算法，可以借助于栈来将它改成非递归算法。请读者自行写出深度优先搜索的非递归算法。

7.3.2　图的广度优先搜索遍历

广度优先搜索(breadth－first－search)遍历,类似于树的按层次遍历。设图 G 是连通的,且图 G 的初态是所有顶点均未被访问过。从图 G 的任一顶点 v_i 出发按广度优先搜索遍历图的步骤是:访问 v_i 后,依次访问与 v_i 邻接的所有顶点 $w_1,w_2,\cdots,w_t$,再按 $w_1,w_2,\cdots,w_t$ 的顺序访问其中每个顶点的所有未被访问的邻接点,再按此顺序,依次访问它们所有未被访问的邻接点,依此类推,直到图中所有顶点均被访问过为止。

显然,上述搜索法的特点是尽可能先对图进行横向搜索,故称为广度优先搜索。设 x 和 y 是两个先后被访问的顶点,若当前是以 x 为出发点进行搜索,则在访问 x 的所有未被访问的邻接点之后,紧接着是以 y 为出发点进行横向搜索,并对搜索到的未被访问的邻接点进行访问。也就是说,在广度优先搜索中,先访问的结点其邻接点也先被访问。因此,需要引入队列来存储已访问过的顶点。下面对图的邻接矩阵和邻接表两种存储结构分别讨论其广度优先搜索算法。

算法 7.5

```
int visit[n];      /* 定义访问标识向量 visit,初值均为 0 */
BFS(graph g,int k)    /* 从 vk 出发广度优先搜索图 g,g 用邻接矩阵 */
                        /* 表示,visited 为访问标志向量。*/
{
    int i,j;
    sequeue q;
    INITQUEUE(q);                         /* 置空队列 q */
    printf("%c\t",g.vexs[k]);    /* 访问出发点 vk */
    visit[k] = 1;
    ENQUEUE(q,k);    /* 已访问过的顶点序号入队列 */
    while(!EMPTYQUEUE(q))
    {
        i = DEQUEUE(q);    /* 队首元素序号出队列 */
        for(j = 0;j < n;j++)
        if((g.arcs[i][j] == 1)&&(!visit[j]))
        {
            printf("%c\t",g.vexs[j]);
            visit[j] = 1;
            ENQUEUE(q,j);
        }
    }
}
```

算法 7.6

```
int visit[n];      /* 定义访问标识向量 visit,初值均为 0 */
BFSL(struct arcnode gl[],int k)   /* 从 vk 出发广度优先搜索图 g1,gl 用邻接表表示 */
{
```

```
        int i;
        arcnode *p;
        sequeue q;
        INITQUEUE(q);
        printf("%c\t",gl[k].vertex);
        visit[k]=1;
        ENQUEUE(q,k);
        while(!EMPTYQUEUE(q))
        {
            i=DEQUEUE(q);
            p=gl[i].firstarc;         /* 取 vi 的边表头指针 */
            while(p!=NULL)
            {
                if(!visit[p->adjvex])
                {
                    printf("%c\t",gl[p->adjvex].vertex);
                    visit[p->adjvex]=1;
                    ENQUEUE(q.p->adivex);
                }
                p=p->next;
            }
        }
    }
```

同样，将广度优先搜索遍历图得到的顶点序列称为图的广度优先搜索序列，简称 BFS 序列。一个图的 BFS 序列也不是唯一的。它与图的存储结构、采用的算法及初始的出发点有关。当用图 7-8 所示的邻接表示时，其广度优先搜索序列为 12345678。

对于具有 n 个顶点 e 条边的连通图，由于每个顶点均入队一次，所以算法 BFS 的外层循环次数均为 n，算法 BFS 的内循环次数也为 n，故 BFS 算法的时间复杂度为 $O(n^2)$。BFSL 算法的内循环次数取决于各结点的边表结点个数，内循环执行的总次数是边表结点的总个数 $2e$，故算法 BFSL 的时间复杂度为 $O(n+e)$。两个算法所用的辅助存储空间是队列和标志数组，故它们的空间复杂度为 $O(n)$。

以上给出的深度优先搜索遍历和广度优先搜索遍历的算法均是从某顶点出发的遍历，这对连通图而言可以遍历全图。但若图是非连通图，则需在相应的算法外再加一层循环；再找出另一个未被访问的顶点，以它为出发点再进行同样的遍历，便可得到非连通图的遍历算法。

7.4　生成树

7.4.1　生成树

设图$G=(\boldsymbol{V},E)$是连通图，当从图中任一顶点出发遍历图G时，将边的集合$\boldsymbol{E}(G)$分成两个集合$\boldsymbol{A}(G)$和$\boldsymbol{B}(G)$。其中$\boldsymbol{A}(G)$是遍历图时所经过的边的集合，$\boldsymbol{B}(G)$是遍历图时未经过的边的集合。设图$G_1=(\boldsymbol{V},\boldsymbol{E})$是图$G$的子图，则称图$G_1$是连通图$G$的生成树。显然，由于在遍历中每个顶点仅访问一次，所以在图G_1中不会存在回路。在图论中，常常将树定义为一个无回路的图，因此也可以说，若图G的子图G_1是包含图G的所有顶点的树，则称该子图G_1是图G的生成树(spanning tree)。由于有n个顶点的连通图至少有$n-1$条边，而包含$n-1$条边和n个顶点的连通图就是无回路的树，所以生成树是连通图的极小连通子图。所谓极小连通子图是指边数最少的连通图。若在生成树中去掉任意一条边，就会使其变成一个非连通图；而在生成树上多添任意一条边，则必定会出现回路。通常情况下，把由深度优先搜索得到的树称为深度优先搜索生成树，简称为DFS生成树；把由广度优先搜索得到的树称为广度优先搜索生成树，简称为BFS生成树。

求解生成树在许多领域有实际应用意义。例如供电线路的敷设问题，如果要把n个城市连成一个供电网络，则至少需要$n-1$条线路，而各条线路的工程花费是不一样的。若任意两个城市之间都可敷设线路，则共有$\frac{n(n-1)}{2}$条线路，那么这个问题就可归结为怎样在这$\frac{n(n-1)}{2}$条线路中选择$n-1$条，使工程的整体花费最小，也就是可归结为求图的最小生成树问题。

7.4.2　最小生成树

前已提及，边上带有权值的图称为网或带权图，因此，网的最小生成树就是边上权值之和最小的生成树。不难想象，若要构造最小生成树，需要解决好以下两个问题：

1) 尽可能选取权值小的边，但不能构成回路。

2) 选取$n-1$条恰当的边把网的9个顶点连接起来。

下面介绍两种常用的算法。

1. 普里姆(prim)算法

设网$G=(\boldsymbol{V},\boldsymbol{E})$是连通的，从顶点$v_0$出发构造$G$的最小生成树$T$，记作$T=(U,A)$。普里姆算法的框图如图7-9所示。其基本思想是：首先从V中选取一个顶点v_0，将生成树T置为仅有一个结点v_0的树，即$\boldsymbol{U}=\{v_0\}$，然后只要$\boldsymbol{U}$是$\boldsymbol{V}$的真子集，就在那些一个端点u已在T中，而另一个端点v还未在T中的边中，找一条权值最小的边(u,v)，并把这条边(u,v)和其不在T中的顶点v分别并入T的边集$\boldsymbol{A}$和顶点集$\boldsymbol{U}$中。如此下去，每次往生成树中并入一个顶点和一条边，直到把所有顶点都包含进生成树T为止。此时，必有$\boldsymbol{U}=\boldsymbol{V}$，$\boldsymbol{A}$中有$n-1$条边，这棵生成树就是图$G$的最小生成树。

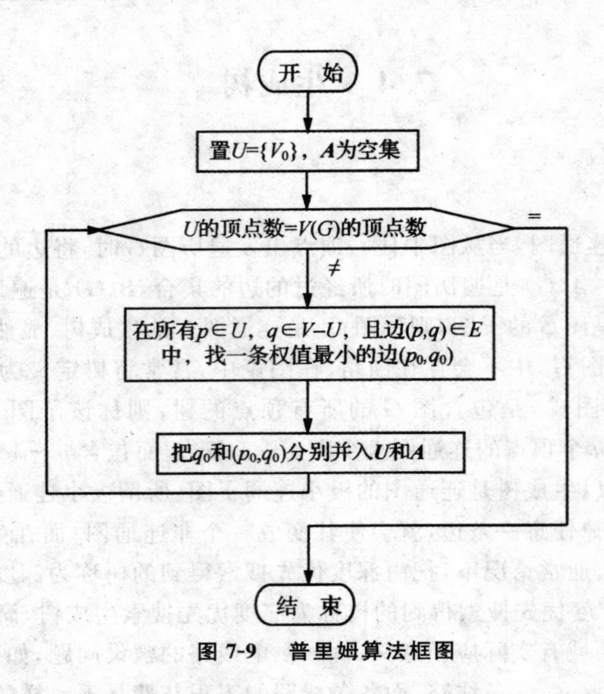

图 7-9　普里姆算法框图

以图 7-10 为例，按普里姆算法构造最小生成树的过程如图 7-11 所示。算法的具体实现要取决于网的存储结构，例如，可以用邻接矩阵来存储网，网的邻接矩阵通常称为代价矩阵，它的描述和前述不大一样，一个有 n 个顶点的网用一个 n 阶方阵 cost 表示：

$$\text{cost}[i][j]=\begin{cases}w_{ij} & \text{若}(i,j)\text{或}<i,j>\text{是}G\text{中的边，且}i\neq j\\ 0 & i=j\\ \infty & \text{若}(i,j)\text{或}<i,j>\text{不是}G\text{中的边}\end{cases}$$

其中，w_{ij} 是连接顶点 i，j 的边上的权值。

为了叙述的方便，引入一个概念：把顶点可和一个集合 $\boldsymbol{U}$ 中各顶点所组成的边的权值最小者称为顶点 v 到集合 $\boldsymbol{U}$ 的距离。在本程序中设立两个辅助数组 closest[n] 和 lowcost[n]。lowcost[i] 表示顶点。i 到集合 $\boldsymbol{U}$（当前最小生成树的顶点集合）的距离，而 closest[i] 表示集合 $\boldsymbol{U}$ 中的某个顶点。该顶点和顶点主所组成的边的权值即为 lowcost[i]，也就是说 closest[i] $\in \boldsymbol{U}$。i 不是 $\boldsymbol{U}$ 中的顶点，i 到集合 $\boldsymbol{U}$ 的距离由边（i，closest[i]）的权值定义。初始时，$\boldsymbol{U}=\{v_0\}$，所以，closest[i] $=v_0$（$i=0,1,\cdots,n-1,i\neq v_0$），而 lowcost[$i$] = cost[$v_0$][$i$]。然后组织循环，扫描数组 lowcost，寻找顶点 k，使之满足：

lowcost[k] = min{lowcost[i]$i\in \boldsymbol{V}-\boldsymbol{U}$，则（$k$，closest[$k$]）是本次找到的权值最小的边，输出，令 closest[k] = 0，表示顶点 k 并入集合 $\boldsymbol{U}$，在程序中并没有真正设立集合 $\boldsymbol{U}$，但集合 $\boldsymbol{U}$ 是存在的，当某顶点 i 满足 closest[i] = 0，即顶点 i 和 $\boldsymbol{U}$ 的距离为 0，则 i 已在集合里了。每当找到一个顶点 k 并入集合 $\boldsymbol{U}$ 后，则要判断集合 $\boldsymbol{V}-\boldsymbol{U}$ 内的顶点 j 到集合 $\boldsymbol{U}$ 的距离是否改变，如果

cost[k][j] < lowcost[j]　则令

lowcost[j] = cost[k][j];

closest[j] = k;

即顶点 j 到集合 $\boldsymbol{U}$ 的距离改变由边（k，j）的权值 cos[k][j] 定义。如此反复寻找顶点 k，直到

G 中所有顶点均并入集合 $\boldsymbol{U}$ 中为止。具体算法如下：

算法 7.7

```
#define nv 6      /* 定义顶点数 nv */
prim(int cost[n][n],int v0)     /* v0 为出发点,cost 为代价矩阵 */
{
    int lowcost[nv],closest[nv],i,j,k;
    for(i = 0;i <= nv - 1;i ++)
    {
     lowcost[i] = cost[v0][i];
     closest[i] = v0;
    }
    for(i = 0;i < nv - 1;i ++)      /* 寻找 n-1 条权值较小的边 */
    {
    min = 32767;
    for(j = 0;j <= nv - 1;j ++)
       if((lowcost[j] < min)&&(lowcostl[j] <> 0))
       {
          min = lowcost[j];
          k = j;
       }
    printf("%d → %d:%d\t",closest[k],k,cost[closest[k],k]);
    lowcost[k] = 0;      /* 顶点 k 并入集合 U */
    for(j = 0;j < nv - 1;j ++)
      if(cost[k][j] < lowcost[j])
       {
          lowcost[j] = cost[k][j];
          closest[j] = k;
       }
    }
}
```

在上述程序中，集合 $\boldsymbol{U}$ 是已在生成树中的顶点的集合。当选中某条边 (v_i,v_j)，若 v_i 和 v_j 都在集合 $\boldsymbol{U}$ 中，则加入此边必然会产生回路，程序中每次选中一条边(closest[k],k)，它的一个顶点 closest[k] 是 $\boldsymbol{U}$ 中的顶点，另一个顶点 k 则是 $\boldsymbol{V-U}$ 中的顶点，所以该边加入集合后不会产生回路。

程序的存储量除了开辟一个二维数组来存储代价矩阵外，还设立了两个辅助的一维数组，运算量主要是两个并列的二重循环，所以可记为 $O(nv^2)$，而且运算量与网的边数有关，因此，此算法对于求解边比较稠密的网的最小生成树尤为适宜。

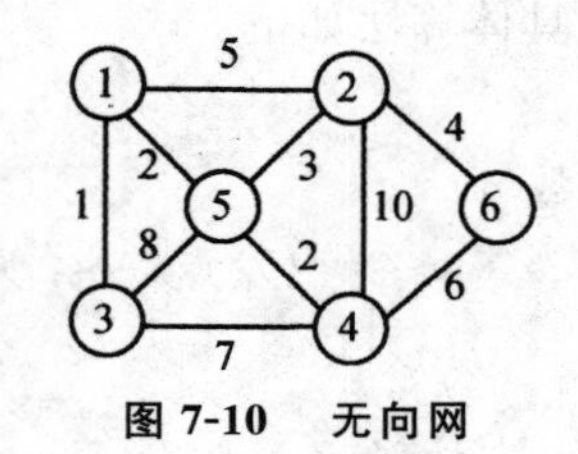

图 7-10　无向网

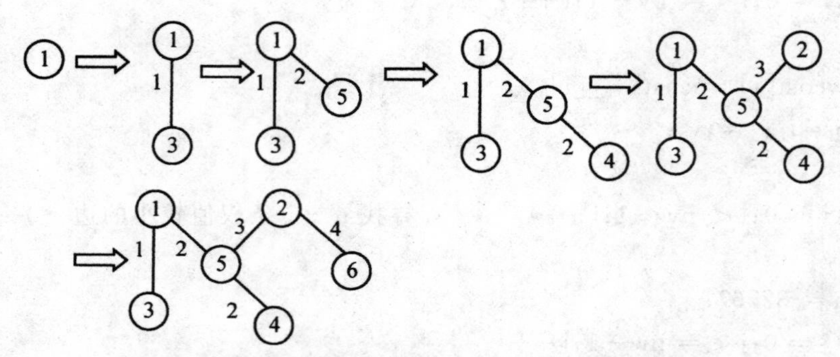

图 7-11　普里姆算法求由顶点 1 出发的最小生成树

2. 克鲁斯卡尔(kruskal) 算法

构造最小生成树的另一算法是由克鲁斯卡尔提出的。设 $G=(\boldsymbol{V},\boldsymbol{E})$ 是连通网，令最小生成树的初始状态为只有 n 个顶点而无边的非连通图 $T=(U,A)$，$U=V$，$A=\Phi$，T 中每个顶点自成一个连通分量。按照权值递增的次序依次选择 $\boldsymbol{E}$ 中的边 (u,v)，若该边端点 u,v 分别是当前 T 的两个连通分量 T_1,T_2 中的顶点，则将该边加入到 T 中，T_1,T_2 也由此边连接生成一个连通分量；若 u,v 是当前同一个连通分量中的顶点，则舍去此边(因为每个连通分量都是一棵树，此边添加到树中将形成回路)。依此类推，直到 T 中所有顶点都在一个连通分量上为止，此时 T 便是 G 的最小生成树。算法的框图，如图 7-12 所示，以图 7-10 的图 G 为例，按克鲁斯卡尔算法构造网的最小生成树的过程，如图 7-13 所示。

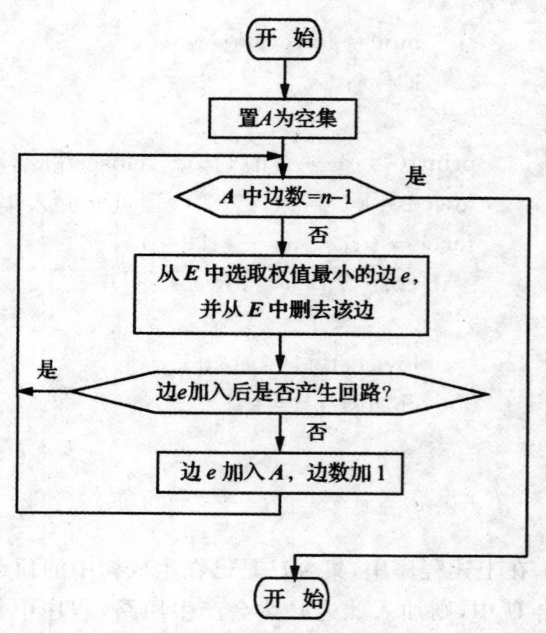

图 7-12　克鲁斯卡尔算法框图

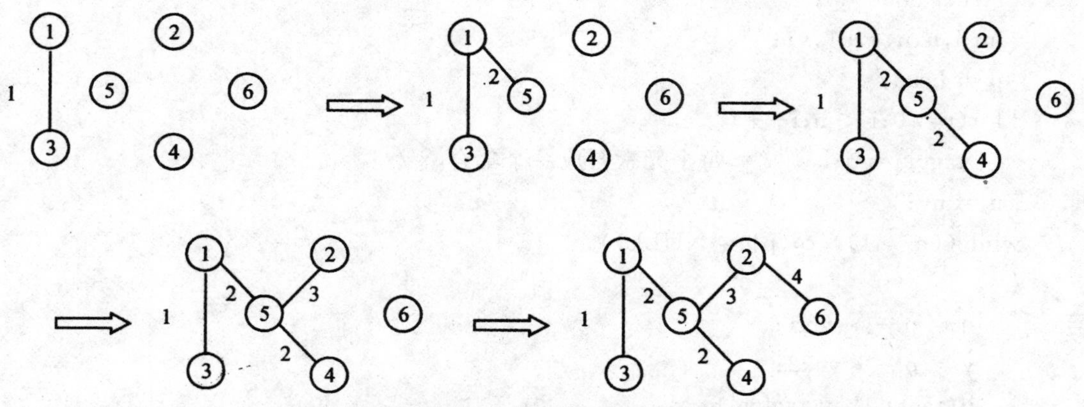

图 7-13　克鲁斯卡尔算法构造最小生成树的过程

克鲁斯卡尔算法的实现首先需要解决两个问题，一是采用什么样的存储结构，二是如何判断所选的边并入最小生成树后不会产生回路。对于前者，由于该算法是按权值递增的顺序来依次选边构造图的最小生成树，所以可以用线性链表来存储网 G 的所有边，一条边对应一个顶点，每个结点设 4 个域：

i	j	w	next

其中，i，j 为该边所依附的两个顶点，叫为边上的权值，next 为指针域，指向链表的下一个结点。为了便于按权值递增的次序选边，我们把线性链表的各结点按权值递增的顺序排序后，再构造权值从小到大排序的线性链表。

对于第二个问题，可以用集合的方法加以解决。设立 n 个集合，初始时 n 个顶点分属于 n 个集合，即每个集合包含一个顶点，选到某边时，当该边的两个顶点在同一集合内，则选择该边必会产生回路，因此应舍去，否则输出该边，并将该边所在的两个集合合并为一个集合，表示这两个集合中的所有顶点已连通。如此反复，直到 n 个集合合并为一个集合为止。由于在 C 语言中没有集合。可采用标志数组 tag[] 来表示元素所在的集合，若 tag[i] 和 tag[j] 的值相同，则表明两个元素在同一集合中。当新并入一个顶点时，则需要修改与此顶点的 tag 值相同的所有顶点的 tag 值，表明它们同在一个集合中。具体算法如下：

算法 7.8

```
#define nv 10
typedef struct node
{
    int vex1,vex2;
    int w;
    struct node * next;
};
kruskal(linklist head)
{
    int tag[nv];     /* 标志数组 tag */
```

```
    struct node * p;
    int i,n,u,v,u1,v1;
    p = head;
    for(i = 0;i < n;i ++)
        tag[i] = i;      /* 每个元素自成一个集合 */
    n = nv;
  while((n > 1)&&(p! = NULL))
  {
      u = p -> vex1;
      v = p -> vex2;
      if(tag[u]! = tag[v])
      {
          printf("%d → %d:%d",u,v,p -> w);
          for(i = 0;i < nv;i ++)    /* 将两个集合合并成一个集合 */
              if(tag[i] == tag[v])
                    tag[i] = tag[u];
          n --;
      }
      p = p -> next;
  }
  }
```

克鲁斯卡尔算法的主要运算量是对网中的 e 条边按权值递增的次序进行检测，以确定选择哪些边加入到生成树中，所以可记为 $O(e)$。因此，此算法适宜于求边比较稀疏的网的最小生成树。

7.5 最短路径

在日常生活中常会遇到这样的问题，从甲地到乙地是否有通路?在有通路的情况下，哪条路最短?交通网络可以用带权图即网表示，图中顶点表示城市，边表示两城市间的道路，边上的权值表示两城市间的距离、交通费用或所需时间等。上述提出的问题就是带权图中的最短路径问题，即求两个顶点之间长度最短的路径，即边上权值之和最小的路径。考虑到交通网络的有向性，在本节讨论的是有向网的最短路径问题。

7.5.1 单源最短路径

给定 $G=(\boldsymbol{V},\boldsymbol{E})$，$G$ 中的边上均带有权值，若要求 G 中从某个源点到其余各顶点的最短路径，可以采取比较直观的方法，罗列所有可能存在的路径进行比较。例如对于图 7-14 所示的网 G，如果要求从 0 到 1 的最短路径，从图中可以看出，0 到 1 共有两条路径，一条是(0,1)，路径长度为 50，另一条是(0,2,3,1)，路径长度为 45。比较后便可确定从 0 到 1 的最短路径是(0,2,3,1)，依此类推，就能求出顶点 0 到其余各顶点的最短路径。这种方法虽然简单，但效率低，且不容易在计算机上实现。为了能够在计算机上实现该算法，迪捷斯特拉(dijkstra)提出了按路径长度递增的次序产生最短路径的算法。此算法(设网中权值均非负)把网中所有顶点分成两个集合。凡以 v 为源点，已经确定了最短路的终点并入 $\boldsymbol{S}$ 集合，$\boldsymbol{S}$ 集合的初态应只包含源点 v；另一个集合 $\boldsymbol{T}$ 则是尚未确定最短路径的顶点的集合。$\boldsymbol{T}$ 集合的初态应包含网中除源点 v 以外的所有的顶点。按各顶点与源点可间的最短路径长度递增的次序，逐个把集合 $\boldsymbol{T}$ 中的顶点加入 $\boldsymbol{S}$ 集合中去，使得从源点 v 到 $\boldsymbol{S}$ 集合中顶点的路径长度始终不大于从源点 v 到 $\boldsymbol{T}$ 集合中各顶点的路径长度。为了能方便地求出从源点 v 到集合 $\boldsymbol{T}$ 中各顶点的最短路径的递增次序，算法中引进了一个辅助向量 dist。它的某个分量 dist[i]，表示当前求出的从源点 v 到顶点 i 的最短路径长度。这个路径长度不一定是真正的最短路径长度，它的初始状态是邻接矩阵中第 v 行的各列的值。显然从源点 v 到各顶点的最短路径长度中最短的一条应该是

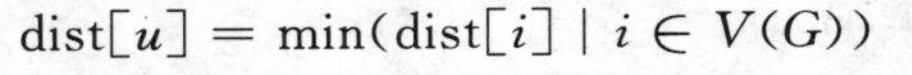

$$\text{dist}[u] = \min(\text{dist}[i] \mid i \in V(G))$$

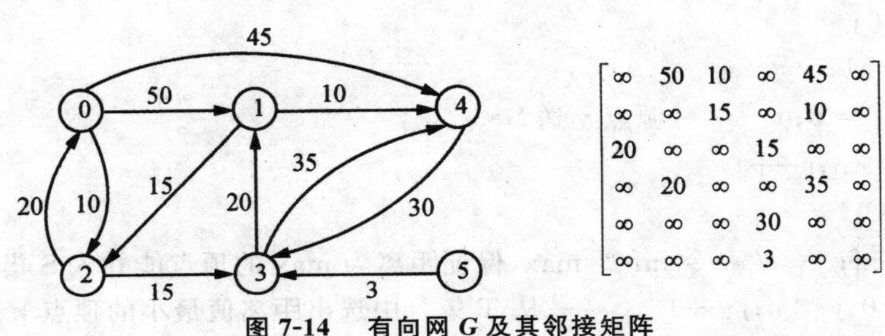

图 7-14　有向网 G 及其邻接矩阵

第一次求得的这条最短路径必然是(u,v)，这时顶点 u 应从 $\boldsymbol{T}$ 集合中删掉并并入 $\boldsymbol{S}$ 集合中。每当选出一个顶点并入 $\boldsymbol{S}$ 集合后，修改 $\boldsymbol{T}$ 中的最短路径长度 dist。对于 $\boldsymbol{T}$ 中的某个顶点 i 而言，它的最短路径只能是(v,i)或是(v,u,i)，而不可能是其他情况，即

若 $\text{dist}[u] + \text{cost}[u][i] < \text{dist}[i]$ 则

$$\text{dist}[i] = \text{dist}[u] + \text{cost}[u][i]$$

当 $\boldsymbol{T}$ 中各顶点的路径长度修改后再从中选出两个路径长度最短的顶点，从 $\boldsymbol{T}$ 集合中删除并并入 $\boldsymbol{S}$ 集合。依此类推，就能求出从源点 v 到所有顶点的最短路径长度。在求解算法的过程中，不仅需要知道最短路径长度，还需要记下该最短路径。为此，设置一个路径向量 Path[n]，其中 Path[i] 表示从源点到顶点 i 的最短路径上该点的前趋顶点，算法结束前，可根据找到源点到顶点主的最短路径上每个顶点的前趋顶点，从而得到从源点到 i 顶点的最短路径。

这样依次求出的最短路径所经过的顶点必定是在 $\boldsymbol{S}$ 集合中，或者从源点 v 直接到达，中间不经过任何顶点。

该算法的框图如图 7-15 所示，具体求解过程及变量说明如下：

算法 7.9

```
float dist[n];
int path[n],S[n];
DUKSTRA(int cost[][],int v)/* 求从源点 v 到其余各顶点的最短路径长度,cost 为有向
网络的带权矩阵 */
  {
      int i,j,k,vl,pre;
```

```
    int min max = 50,inf = 32767;
    v1 = v;
    for(i = 0;i < n;i ++)
    {
        dist[i] = cost[v1][i];
        if(dist[i]! = max)
            path[i] = v1;
        else
            path[i] == 1;
    }
    for(i = 0;i < n;i ++)
    S[i] = 0;
    S[v1] = 1;
    dist[v1] = 0;       /* 源点 v 送 S */
for(i = 0;i < n;i ++)
{
    min = inf;      /* 令 inf > max,保证距离为 max 的顶点能并入 S 集合中 */
    for(j = 0;j < n;j ++)      /* 从 T 集合中选出距离值最小的顶点 k */
      if((!S[j])&&(dist[j] < rain))
      {
          min = dist1[j];
          k = j;
      }
    S[k] = 1;      /* 将 k 顶点并入 S 集合中 */
    for(j = 0;j < n;j ++)
      if((!S[j])&&(dist][j] > dist[k] + cost[k][j]))
      {
          /* 调整顶点 v 到集合 T 中各顶点的距离 */
          dist[j] = dist[k] + cost[k][j];
          path[j] = k;
      }
}     /* 所有顶点均已并入 S 集合 */
for(i = 0;i < n;i ++)
{
    printf("%f\t%d",dist[i],i);
    pre = path[i];
    while(pre! = -1)
    {
        printf(" ← %d",pre);
```

```
            pre = path[pre];
        }
    }
}
```

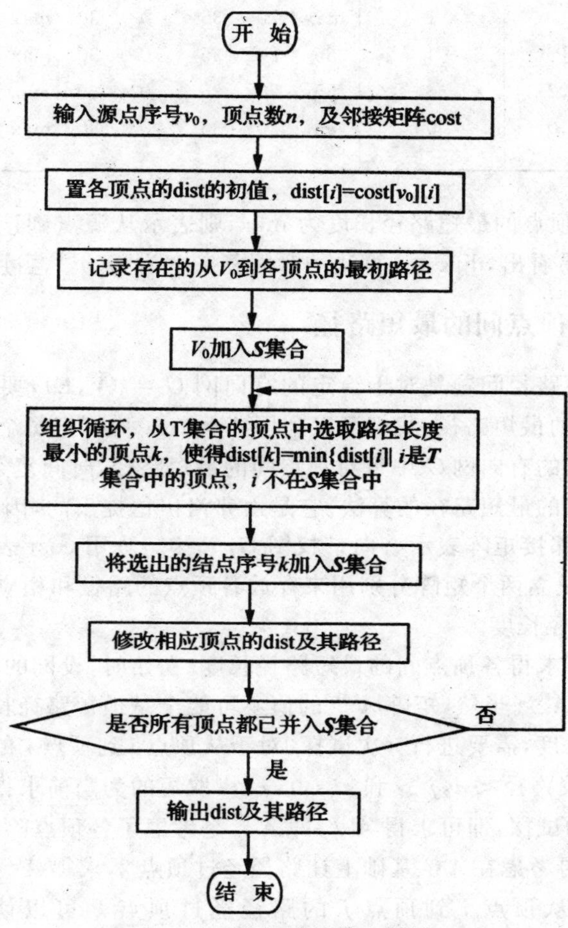

图 7-15　迪杰斯特拉算法框图

对图 7-14 所示的有向网 G，若源点为 3，则运算过程中每次循环所得到的 S，dist 和 path 的变化情况如表 7-1 所示。

其中，最后一行为求出的结果：

```
55      0 ← 2 ← 1 ← 3
20      1 ← 3
35      2 ← 1 ← 3
0       3
30      4 ← 1 ← 3
max 5
```

表 7-1　dijkstra 算法中数组变化表

循　环	集合 S	k	dist[0]... dist[5]						path[0]... path[5]					
初始化	{3}		max	20	max	max	35	max	−1	3	−1	−1	3	−1
1	{3,1}	1	max	20	35	0	30	max	−1	3	1	−1	1	−1
2	{3,1,4}	4	55	20	35	0	30	max	−1	3	1	−1	1	−1
3	{3,1,4,2}	2	55	20	35	0	30	max	2	3	1	−1	1	−1
4	{3,1,4,2,0}	0	55	20	35	0	30	max	2	3	1	−1	1	−1

显然，如果输出某顶点的最短路径长度为 max，则表示从源点到该顶点无路径；而源点到自身的路径长度为 0。容易看出，dijkstra 算法的时间复杂度为 $O(n^2)$，占用的辅助空间为 $O(n)$。

7.5.2　每一对顶点间的最短路径

所有顶点间的最短路径问题是对于给定的有向网 $G=(\boldsymbol{V},\boldsymbol{E})$，要对 G 中任意两个顶点 u，$v(u\neq v)$，找出 u 到 v 的最短路径。我们可以利用 dijkstra 算法，把每个顶点作为源点重复执行 n 次即可求出有 n 个顶点的有向网 G 中每对顶点间的最短路径，时间复杂度为 $O(n^3)$。下面介绍另一种求每一对顶点之间的最短路径的算法。它是由弗洛伊德提出的，因此称为弗洛伊德(Floyed)算法。在此算法中仍以邻接矩阵表示有向带权图 G，邻接矩阵用 cost 表示。有向图中的 n 个顶点从 1 开始编号，算法中设立两个矩阵分别用来存放各顶点的路径和相应的路径长度。矩阵 path 表示路径，矩阵 $\boldsymbol{A}$ 表示路径长度。

我们先来讨论如何求得各顶点间的最短路径长度。初始时，设网的代价矩阵 cost 为 $\boldsymbol{A}$ 矩阵的初始值，我们可暂定为 $\boldsymbol{A}^{(0)}$。当然，矩阵 $\boldsymbol{A}^{(0)}$ 的值不可能全是最短路径长度。

若要求最短路径长度，需要进行 n 次试探。对于从顶点 i 到顶点 j 的最短路径长度，首先考虑让路径经过顶点 1，比较路径 $<i,j>$ 和 $<i,1,j>$，取短的为当前求得的最短路径长度。对每一对最短路径都做这样的试探，即可求得 $\boldsymbol{A}^{(1)}$，即 $\boldsymbol{A}^{(1)}$ 是考虑了各顶点除了直接到达外还可经过顶点 1 再到达终点。然后再考虑在 $\boldsymbol{A}^{(1)}$ 基础上让路径经过顶点 2，求得 $A^{(2)}$，依此类推，直到求到 $\boldsymbol{A}^{(k)}$ 为止。一般情况下，若从顶点 i 到顶点 j 的路径经过顶点 k 可以使路径变短的话，则修改 $\boldsymbol{A}^{(k)}[i][j]=\boldsymbol{A}^{(k-1)}[i][k]+\boldsymbol{A}^{(k-1)}[k][j]$，因此，$\boldsymbol{A}^{(k)}[i][j]$ 就是当前求得的从顶点 i 到顶点 j 的最短路径长度。这样经过 n 次试探，就把 n 个顶点都考虑到相应的路径中去了。最后求得的 $\boldsymbol{A}^{(n)}$ 就是各顶点间的最短路径长度，相应的 $\boldsymbol{P}$ 矩阵即为每对顶点间的最短路径上的顶点。那么 $\boldsymbol{P}$ 路径怎样才能记录下最短路径呢？可以采用如下的方法：初始时，矩阵 $\boldsymbol{P}$ 的各元素均赋值为 0，表示每一对顶点之间都是直接到达的，中间不经过任何一个顶点。以后当考虑让路径经过某个顶点是时，如果使路径更短，则在修改 $\boldsymbol{A}^{(k)}[i][j]$ 的同时，令 $\boldsymbol{P}[i][j]=k$，即若 $\boldsymbol{P}[i][j]\neq 0$，则其中存放的是从顶点 i 到顶点 j 的路径上所经过的某个顶点。那么如何求出从顶点 i 到顶点 j 的路径上的全部顶点呢？则只需递归地去查 $\boldsymbol{P}[i][k]$ 和 $\boldsymbol{P}[k][j]$，直到其值为。为止。该递归过程算法可描述如下：

算法 7.10

```
path(int p[n][n],int i,int j)
{
    k = p[i－1][j－1];
```

```
    if(k! = 0)
    {
        path(p,i,k);
        printf("%d",k);
        path(p,k,j);
    }
}
```

描述 Floyed 算法的具体过程如下：

算法 7.11

```
FLOYED(float a[n][n],float cost[n][n],int p[n][n])
{
    int i,j,k;
    for(i = 0;i < n;i ++)
       for(j = 0;j < n;j ++)
       {
           a[i][j] = cost[i][j];
           p[i][j] = 0;
       }
    for(k = 1;k <= n;k ++)
       for(i = 0;i < n;i ++)
          for(j = 0;j < n;j ++)
            if(a[i][k-1] + a[k-1][j] < a[i][j])
            {
                a[i][j] = a[i][k-1] + a[k-1][j];
                p[i][j] = k;
            }
}
```

对于图 7-16 所示的有向带权图 G，由 Floyed 算法产生的两个矩阵序列如图 7-17 所示。

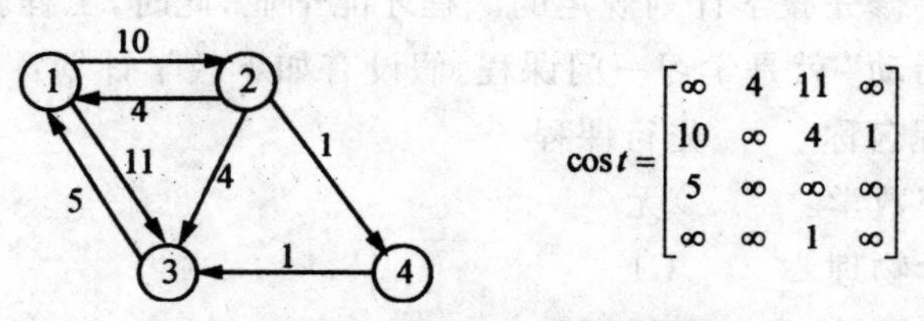

$$cost = \begin{bmatrix} \infty & 4 & 11 & \infty \\ 10 & \infty & 4 & 1 \\ 5 & \infty & \infty & \infty \\ \infty & \infty & 1 & \infty \end{bmatrix}$$

图 7-16　有向带权图 G 及其邻接矩阵

弗洛伊德算法的运算量主要是一个三重循环，故其时间复杂度为 $O(n^3)$，这与循环调用 Dijkstra 算法的时间复杂度是相同的。为了减少运算量，也可在三重循环体内加上条件，当 $k = i$ 或 $k = j$ 或 $a[k][j] == \infty$ 时不进入循环体内执行，以提高效率。

$$A^{(0)}=\begin{bmatrix}\infty & 4 & 11 & \infty\\ 10 & \infty & 4 & 1\\ 5 & \infty & \infty & \infty\\ \infty & \infty & 1 & \infty\end{bmatrix}\qquad p^{(0)}=\begin{bmatrix}0&0&0&0\\0&0&0&0\\0&0&0&0\\0&0&0&0\end{bmatrix}$$

$$A^{(1)}=\begin{bmatrix}\infty & 4 & 11 & \infty\\ 10 & \infty & 4 & 1\\ 5 & 9 & \infty & \infty\\ \infty & \infty & 1 & \infty\end{bmatrix}\qquad p^{(1)}=\begin{bmatrix}0&0&0&0\\0&0&0&0\\0&1&0&0\\0&0&0&0\end{bmatrix}$$

$$A^{(2)}=\begin{bmatrix}\infty & 4 & 8 & 5\\ 10 & \infty & 4 & 1\\ 5 & 9 & \infty & 10\\ \infty & \infty & 1 & \infty\end{bmatrix}\qquad p^{(2)}=\begin{bmatrix}0&0&2&2\\0&0&0&0\\0&1&0&2\\0&0&0&0\end{bmatrix}$$

$$A^{(3)}=\begin{bmatrix}\infty & 4 & 8 & 5\\ 9 & \infty & 4 & 1\\ 5 & 9 & \infty & 10\\ 6 & 10 & 1 & \infty\end{bmatrix}\qquad p^{(3)}=\begin{bmatrix}0&0&2&2\\3&0&0&0\\0&1&0&2\\3&3&0&0\end{bmatrix}$$

$$A^{(4)}=\begin{bmatrix}\infty & 4 & 6 & 5\\ 7 & \infty & 2 & 1\\ 5 & 9 & \infty & 10\\ 6 & 10 & 1 & \infty\end{bmatrix}\qquad p^{(4)}=\begin{bmatrix}0&0&4&2\\4&0&4&0\\0&1&0&2\\3&3&0&0\end{bmatrix}$$

图 7-17　网 G 的每对顶点间的最短路径及其长度

7.6　拓扑排序

7.6.1　AOV 网

在实际工作中，经常用有向图来表示一个产品的生产流程，一个工程的施工流程或是某项具体活动的流程图。一个大的工程往往被划分成若干个子工程。这些子工程称为“活动”。若这些子工程能顺利完成，那么整个工程也就完成了。一般情况下，在有向图中若我们用顶点来表示“活动”，边表示活动间的先后关系，这种顶点活动网（Activity Of Vertex network）简称为 AOV 网。

例如，每名学生均要修完教学计划规定的课程才能毕业，此时，工程就是学生毕业（修完教学计划规定的课程），而“活动”就是学习一门课程。假设有如下教学计划：

课程代号	课程名称	先行课程
C1	高等数学	无
C2	大学物理	C1
C3	程序设计	C1，C2
C4	离散数学	C1
C5	数据结构	C3，C4
C6	计算机原理	C2
C7	编译原理	C3，C5
C8	操作系统	C5，C6

上述课程中，有些课程是基础课，不需要先学习其他课程，如“高等数学”；而有些课程则是在先学习了先修课之后才能学习，例如“数据结构”课必须在学习了“程序设计”和“离散数学”之后才能学习，即某课程的先修课程是学习该课程的先决条件。这种先决条件就定义了课程之间的先后关系。这种关系可用图7-18的有向图来表示。图中顶点表示课程，有向边表示先决条件，当某两门课程间存在先后关系的时候才有弧相连。该图就是上述课程的AOV网。

在AOV网中，若在顶点i和顶点j之间存在一条有向路径，则称顶点i是顶点j的前趋，或称顶点j是顶点i的后继。若$<i,j>$是AOV网中的一条弧，则称i是j的直接前趋，或称j是i的直接后继。例如，在图7-18中，C1，C2是C3的直接前趋，C7是C3的直接后继，C1，C2也是C7的前趋，但不是直接前趋。可见，在AOV网中，弧所表示的优先关系具有传递性。

在AOV网中不应出现有向回路，若存在回路，则说明某项“活动”的完成是以自身任务的完成为先决条件的。显然，这样的活动是不可能完成的。若要检查一个工程是否可行，首先就要看它对应的AOV网是否存在回路，检查AOV网中是否存在回路的方法就是拓扑排序。

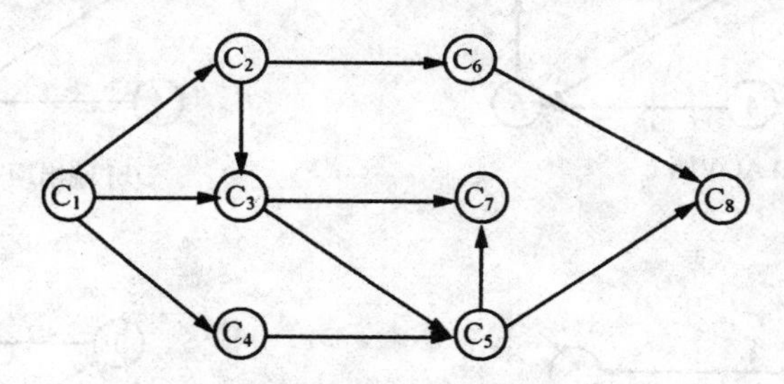

图7-18 表示课程间优先关系的AOV网

7.6.2 拓扑排序

对于一个AOV网，常常要将它的所有顶点排成一个满足下述关系的线性序列$v_{i1}, v_{i2}, \cdots, v_{in}$。在AOV网中，若从$v_i$到$v_j$有一条路径，则在该序列中$v_i$必在$v_j$的前面。也就是说，对于一个AOV网，构造其所有顶点的线性序列，使此序列不仅保持网中各顶点间原有的先后关系，而且使原来没有先后关系的顶点也人为地建立起先后关系，这样的线性序列即称为拓扑序列，构造AOV网的拓扑序列的操作称为拓扑排序。

一般情况下，假设AOV网代表一项工程计划，若条件限制只能串行工作，则AOV的一个拓扑序列就是这个工程得以完工的一个可行的方案，并非任何AOV网的顶点都可以排成拓扑序列。若网中存在回路就找不到该网的拓扑序列，因此若要知道某个AOV网中是否存在回路，只要看能否找到该网的拓扑序列，而任何一个无回路的AOV网都可以找到一个拓扑序列，并且其拓扑序列不一定是唯一的。因为在某顶点的若干前趋顶点中，对于那些前趋中无先后关系的顶点而言，它们的次序是人为构造出来的，可以是任意的，所以这种拓扑序列很可能不唯一。例如，下面的序列都是图7-19所示的AOV网的拓扑序列。

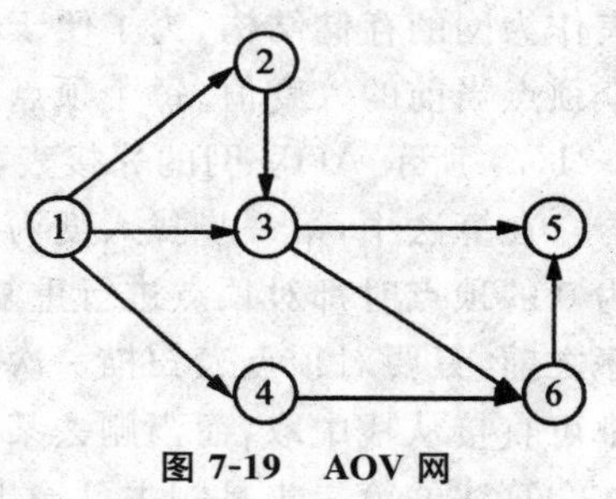

图7-19 AOV网

1→2→3→4→6→5

1→4→2→3→6→5

对AOV网进行拓扑排序的方法和步骤是：

1）在网中选择没有前趋（即入度为0）的顶点且输出。

2）从网中删去该顶点，并且删去从该顶点出发的所有弧（即该顶点的所有直接后继顶点的入度都减1）。

3）重复以上两步，直到网中不存在入度为0的顶点为止。

这种操作的结果有两种：

一种是网中全部顶点均被输出，说明网中不存在回路；

另一种是未输出网中所有顶点，网中剩余顶点均有前趋，这就说明网中存在有向回路。

图7-20给出了对有向网进行拓扑排序的执行过程。这种拓扑排序只是选择了一种拓扑序列输出的。

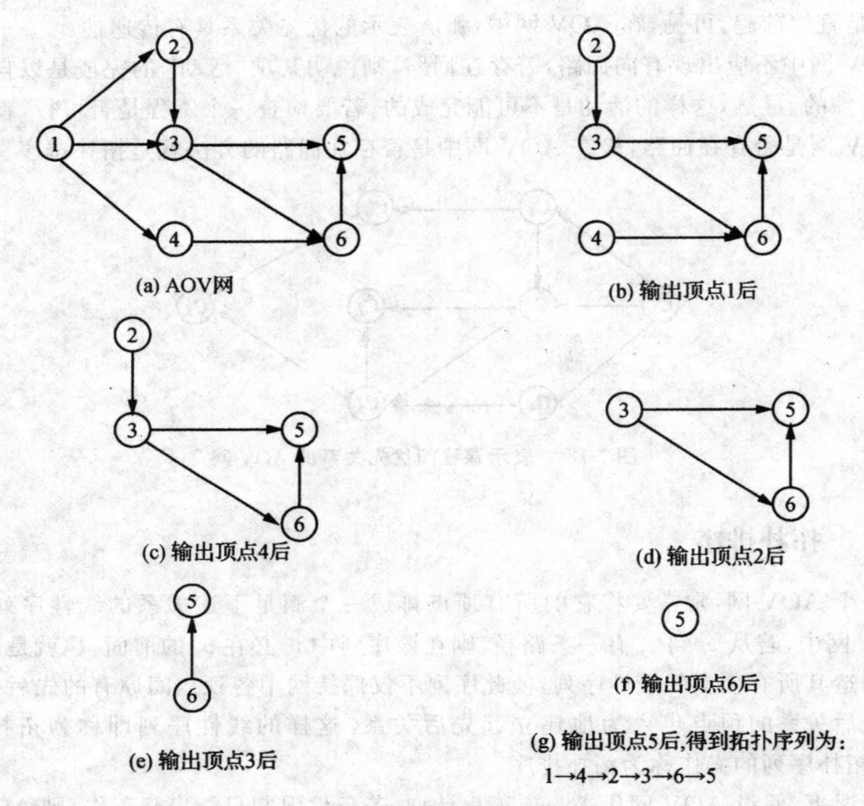

图 7-20　拓扑排序的执行过程

网中不存在回路，说明该网所表示的工程项目是可行的。

当用计算机进行拓扑排序时，首先需要解决AOV网的拓扑排序问题。我们可以选用邻－接表作为网的存储结构，为了便于查询每个顶点的入度，在顶点表中增加一个入度域id，以表示各个顶点当前的入度值。每个顶点入度域的值可以随邻接表动态生成的过程中累加得到。例如图7-21(a)所示AOV网的邻接表，如图7-21(b)所示。

在算法中，第一步找入度为0的顶点只须扫描顶点的入度域即可。但为了避免在每次找入度为0的顶点时都对顶点进行重复扫描，可以设一个栈来存储所有入度为0的顶点，在进行拓扑排序之前，只要对顶点表扫描一次，将所有入度为0的顶点压入栈中，以后每次选入度为0的顶点都可直接从栈中取，而当删去某些弧而产生了新的入度为0的顶点时也将其压入栈中。

算法的第二步是删去已输出的入度为0的顶点以及所有该顶点发出的弧，也就是使该顶点的所有直接后继结点的入度均减 1，在邻接表上就是把该顶点所连接的弧中的所有顶点的入度均减 1。此算法的框图如图 7-22 所示。

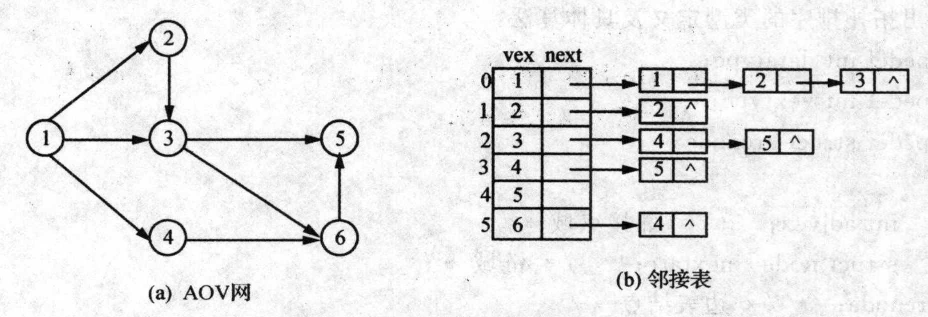

图 7-21　AOV 网的邻接链表

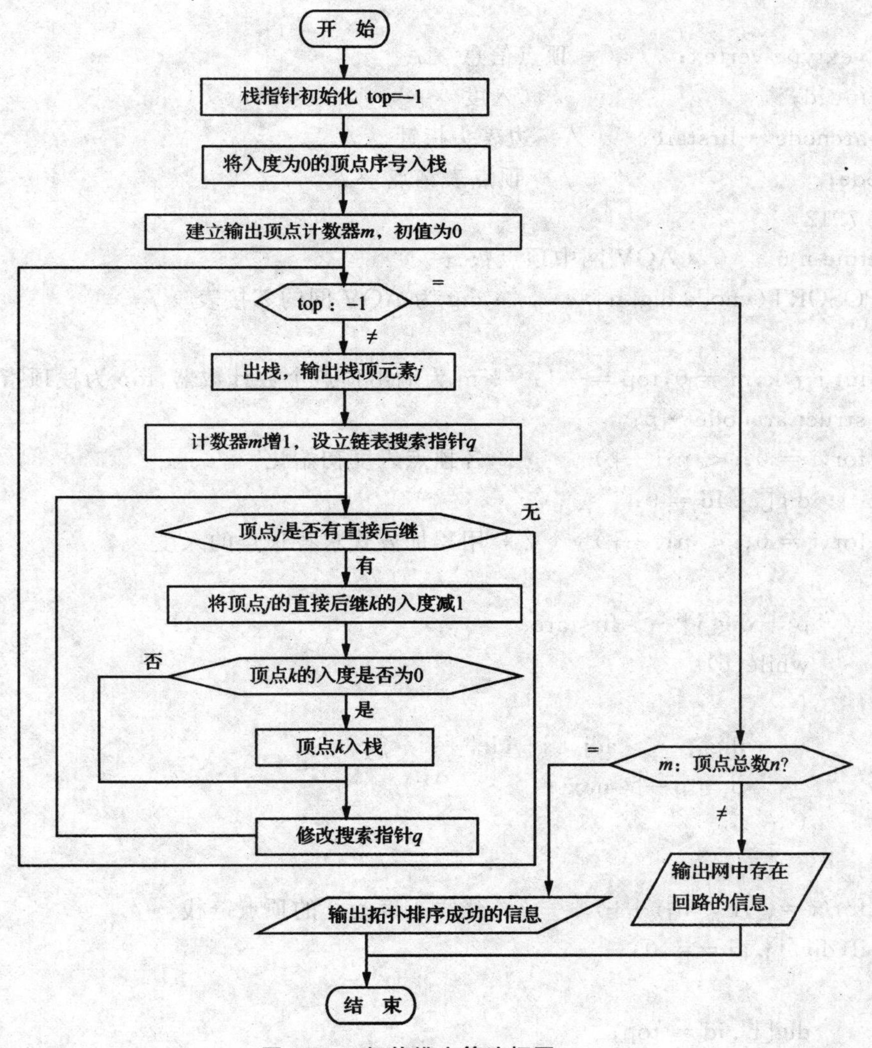

图 7-22　拓扑排序算法框图

值得注意的是，在算法具体实现时，链栈无需占用额外的存储空间，而是利用顶点表中值为0的id域来存放链栈的指针（用下标值模拟），利用顶点表中的顶点vertex来作为链栈的功点域。下面给出拓扑排序的类型定义及具体算法：

```
typedef int datatype;
typedef int vextype;
typedef struct arcnode
{
    int adjvex;        /* 邻接点域 */
    struct node * nextarc;      /* 链域 */
}arcnode;      /* 边表结点 */
typedef struct
{
    vextype vertex;       /* 顶点信息 */
    int id;                      /* 入度 */
    arcnode * firstarc;      /* 边表头指针 */
}vnode;                         /* 顶点表结点 */
```

算法 7.12

```
#define n 6      /* AOV 网中顶点数 */
TOPOSORT(vnode dig[n])      /* dig 为 AOV 网的邻接表 */
{
    int i,j,k,m = 0,top =-1; /* m 为输出顶点个数计数器,top 为栈顶指针 */
    struct arcnode * p;
    for(i = 0;i < n;i ++)       /* 各顶点入度初始化 */
        dig[i]. Id = 0;
    for(i = 0;i < n;i ++)       /* 用累加方式求各顶点的入度 */
    {
        p = dig[i] -> firstarc;
        while(p)
        {
            dig[p -> adjvex]. id ++;
            p = p -> next;
        }
    }
    for(i = 0;i < n;i ++)       /* 建立入度为 0 的顶点链栈 */
    if(dig[i]. id == 0)
    {
        dig[i]. id = top;
        top = i;
    }
```

```
    while(top! =-1)      /* 栈非空 */
    {
        j = top;
        top = dig[top]. id;      /* 栈顶元素退栈 */
        printf("%d\t",dig[j]. vertex);      /* 输出退栈顶点 */
        m ++;    /* 输出顶点计致 */
        p = dig[j]. firstarc      /* p 指向刚输出的顶点的边表结点 */
        while(p)     /* 删去所有该顶点发出的弧 */
        {
            k = p -> adjvex;
            dig[k]. id --;
            if(dig[k]. id == 0)      /* 将新产生的入度为 0 的顶点入栈 */
            {
                dig[k]. id = top;
                top = k;
            }
            p = p -> nextarc;      /* 找下一条邻接的边 */
        }
    }
    if(m < n)
        printf("\n the network has a cycle\n");
}
```

分析上述算法，设 AOV 网有 n 个顶点和 e 条边，初始建立入度为 0 的顶点栈，检查所有顶点一次，执行时间为 $O(n)$；排序中，若 AOV 网无回路，则每个顶点入、出栈各一次，每个边表结点被检查一次，执行时间是 $O(n+e)$。所以总的时间复杂度为 $O(n+e)$。如果采用其他的存储结构来表示网，则算法要做相应的变化。

如果在 AOV 网中，建立该网的逆邻接表，从而查询各顶点的出度，可以按下述的方法和步骤进行拓扑排序：

1）在 AOV 网中，选一个没有后继的结点（出度为 0 的顶点）并输出。

2）在网中删去该顶点，并删去所有指向该顶点的弧（即该顶点的直接前趋顶点的出度减 1）。

3）重复上述两步，直到网中不再有出度为 0 的顶点为止。若此时全部顶点均已输出，则拓扑排序成功；若不能输出网中所有顶点，则说明网中存在回路。这种排序称为逆拓扑排序。

7.7　图的应用

7.7.1　图的建立及遍历实用程序

```
#include < stdio. h >
#define MaxSize 30
```

```
typedef int VextexType;
typedef int ArcType;
typedef struct
{
    VextexType vex s[MaxSize];      /* 一维数组存放图的各顶点的值 */
    ArcType arcs[MaxSize][MaxSize];     /* 二维数组用于表示无向图的各边 */
    int vexnum;
    int arcnum;      /* 表示图的顶点数和边的数目 */
}AdjMatrix;
int visited[MaxSize];
void CreateGraph(AdjMatrix *G)
{
    int n,e,i,j,k;
    print f("\n 请输入顶点数:");
    scanf("%d",&G->vexnum);      /* 输入顶点个数 */
    n = G->vexnum;
    printf(" 请输入边数:");
    scanf("%d ",&G->arcnum);      /* 输入边数 */
    e = G->arcnum;
    print f(" 请输入顶点的值 \n");
    for(i = 1;i <= n;i ++)      /* 输入各顶点的值 */
       scanf("%d",&G->vexs[i-1]);
    for(i = 1;i <= n;i ++)    /* 初始化邻接矩阵中的每个元素为 0 */
       for(j = 1;j <= n;j ++)
          G->arcs[i-1][j-1] = 0;
    for (k = 1;k <= e;k ++)   /* 输入各边所依附的顶点并修改邻接矩阵 */
    {
          printf(" 请输入第 %d 条边所依附的两个顶点 \n ",k);
          scanf("%d%d ",&i,&j);
          G->arcs[i-1][j-1];
          G->arcs[j-][i-1] = 1;
    }
}
void visit(int v)
{
    print f("%d ",v);
}
void dfs(AdjMatrix G,int v)
  /* 假设图 G 为不带权的图,以 v 号结点为出发点进行遍历 */
```

```
{
    int w;
    visit(G.vexs[v]);        /* 访问出发点,访问函数根据实际需要进行编写 */
    visited[v] = 1;          /* 访问标志置为"真" */
    for(w = 0;w < G.vexnum;w ++)
    if(!visited[w]&& G.arcs[v][w] == 1)  /* 未被访问过的邻接点 */
        dfs(G,w);
}   /* 深度遍历连通子图 */
void Traverse_dfs(AdjMatrix G)
{
    int v;
    for(v = 0;v < G.vexnum;v ++)
    visited[v] = 0;      /* 访问标志数组初始化 */
    for(v = 0;v < G.vexnm;v ++)
        if(!visited[v])dfs(G,v);
}   /* 以未被访问过的点为出发点遍历一个连通子图 */
void bfs(AdjMatrix ga,int k)     /* k 为出发点的序号 */
{
    void visit(int);
    int r,f,i,j;
    VextexType qu[MaxSize];
    r = 0;f = 0;          /* 置队空 */
    visit(ga.vexs[k]);      /* 访问出发点并入队 */
    visited(k] = i;
    r ++;
    qu[r] = k;
    while(r! = f)
    {
        f ++;
        i = qu[f];       /* 出队 */
        for(j = 0;j < ga.vexnum;j ++)      /* 访问所有未被访问过的邻接点并将其
入队 */
        if.(ga.arcs[i][j] == 1 && !(visited[j]))
        {
            visit(ga.vexs[j]);
            visited[j] = 1;
            r ++;
            qu[r] = j;
        }
```

```
    }
}
void Traverse_bfs(AdjMatrix G)
{
    int v;
    for(v = 0;v < G. Vexnum;v ++)
    visited[v] = 0;    /* 访问标志数组初始化 */
    for(v = 0;v < G. vexnum;v ++)
      if(!visited[v])
          bfs(G,v);   /* 以未被访问过的点为出发点遍历一个连通子图 */
}
main( )
{
    void CreateGraph(AdjMatrix * G);
    void dfs(AdjMatrix G,int v);
    void Traverse—dfs(AdjMatrix G);
    void bfs(AdjMatrix ga,int. k);
    void Traverse_bfs(Adj Matrix G);
    int sel , s;
    AdjMatrix G;
    AdjMatrix * G1;
    G1 = &G;
  do
  {
      system("cl s");
      printf("\n       主菜单");
      printf("\n    1:创建以邻接矩阵为存储结构的无向图");
      printf("\n    2:深度优先搜索遍历图");
      printf("\n    3:广度优先搜索遍历图");
      printf("\n    4:结束程序的运行");
      printf("\n———————————————————————");
  do
  {
       printf("\n 请选择:");
       scanf("%d",&sel);
  }while(sel < 0 || sel > 4);
  switch(sel)
  {
      case 1:CreateGraph(G1);break;
```

```
        case 2. Traverse_dfs(G);
        do
        {
             printf("\n 继续吗?1 - 继续,其他数字 - 暂停 \n");
             scanf("%d",&s);
        }while(s! = 1);
        break;
        case 3:Traverse_bfs(G )
        do
        {
             printf("\n 继续吗?1 - 继续,其他数字 - 暂停 \n");
             scanf("%d",&s);
         }while(s! = 1);
         break;
         case 4:exit(0);
         }
    }while(sel >= 1&&sel <= 4);
}
```

运行过程(以图 7-23 为例):

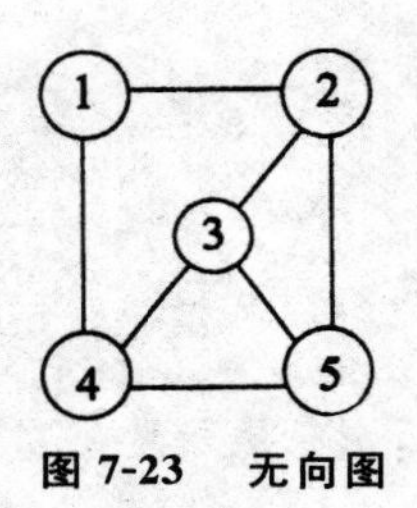

图 7-23　无向图

输入:

```
1      /* 选择 1,建立图 */
5      /* 顶点数 */
7      /* 边数 */
1 2 3 4 5   /*5 个顶点的值 */
1 2         /*7 条边所依附的顶点 */
1 4
2 3
2 5
3 4
3 5
4 5
2      /* 选择 2,深度优先搜索遍历图 */
```

输出结果为:1 2 3 4 5

输入:3　　/* 选择3,广度优先搜索遍历图 */

输出结果为:1 2 4 3 5

输入:4　　/* 选择4,结束程序运行 */

程序终止

7.7.2 图的拓扑排序实用程序

```
#include < stdio.h >
#include < alloc.h >
#define MaxSize 30
#define VertexTYPe int
typedef struct ArcNode
{
    int adjvex;
    struct ArcNode *nextarc;
}ArcNode;
typedef struct VertexNode
{
    int id;         /* 入度域 */
    VertexTYPe      data;
    ArcNode        *firstarc;
}VertexNode;
typedef struct
{
    VertexNode vertex[MaxSize];
    int vexnum,arcnum;
    int kind;
}AdjList;
AdjList creat_graph()  /* 创建以邻接表为存储结构的有向图 */
{
    ArcNode *p;
    int i,n,e,begin,end;
    AdjList g;
    g.kind = 0;   /* 表示有向图 */
    printf(" 请输入图的顶点数和边数:");
    scanf("%d%d",&n,&e);
    g.vexnum = n;
    g.arcnum = e;
    for(i = 0;i < g.vexnum;i ++)
```

```
    {
        printf(" 请输入第 %d 个顶点的值域:",i+1);
        scanf("%d",&g.vertex[i].data);
        g.vertex[i].firstarc = NULL;
        g.vertex[i].id = 0;
    }
    for(i = 0;i < g.arcnum;i ++)
    {
        do
        {
            printf(" 请输入第 %d 条弧的起点和终点的序号,范围为[1,vexnum]:",i+1);
            scanf("%d%d",&begin,&end);
        }while(begin < 1 || begin > g.vexnum || end < 1 || enjd > g.vexnum);
        begin --;
        end --;
        /* 在第 begin 个链表中用头插法插入弧结点 */
        p = malloc(sizeof(ArcNode));
        p -> adjvex = end;
        p -> nextarc = g.vertex[begin].firstarc;
        g.vertex[begin].firstarc = p;
        g.vertex[end].id ++;
   }
    return g;
}
void topsort(AdjList g)
{
    int i,j,k,n,m,top;
    ArcNode * p;
    n = g.vexnum;
    top =-1;
    for(i = 0;i < n;i ++)
      if(g.vertex[i].id == 0)   /* 入度为 0 的顶点入栈 */
      {
          g.vertex[i].id = top;
          top = i;
      }
    m = 0;
    while(top! =-1)
    {
```

```
        j = top;
        top = g.vertex[top].id;/* 出栈 */
        printf("%4d",g.vertex[j].data);
        m++;
        p = g.vertex[j].firstarc;
        while(p! = NULL)/* 把所有以第 j 个结点为弧尾的弧的弧头结点的入度减 1 */
        {
            k = p -> a.djvex;
            g.vertex[k].id --;
            if(g.vertex[k].id == 0)
            {
                g.vertex[k].id = top;
                top = k;
            }
            p = p -> nextarc;
        }
    }
    if(m < n)
        Printf("有向图中有环\n");
}
main()
{
        AdjList g;
        system("cls");
        g = creat_graph();
        topsort(g);
}
```

运行过程(以图 7-24 为例):

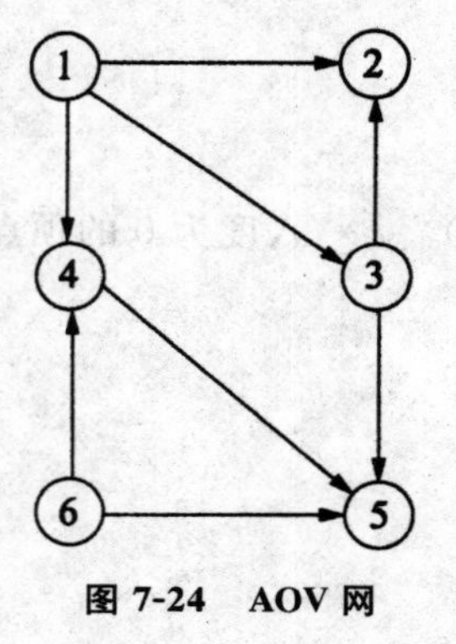

图 7-24 AOV 网

输入：

```
6 8    /* 顶点数和弧的数目 */
1      /* 第1个顶点的值域 */
2      /* 第2个顶点的值域 */
3      /* 第3个顶点的值域 */
4      /* 第4个顶点的值域 */
5      /* 第5个顶点的值域 */
6      /* 第6个顶点的值域 */
1 2    /* 第1条弧的起点和终点序号 */
1 4    /* 第2条弧的起点和终点序号 */
1 3    /* 第3条弧的起点和终点序号 */
3 2    /* 第4条弧的起点和终点序号 *,
6 4    /* 第5条弧的起点和终点序号 */
3 5    /* 第6条弧的起点和终点序号 */
4 5    /* 第7条弧的起点和终点序号 */
6 5    /* 第8条弧的起点和终点序号 */
```

输出结果为:6 1 4 3 2 5

本程序中,在邻接表的表头结点中加入了存放顶点入度的域 id,每个顶点的入度域初始值均为0,随着弧的输入动态地累计得到各顶点的入度。

在拓扑排序的过程中,没有为堆栈专门开辟空间,而是利用表头结点数组中入度为0的顶点的 id 域链接形成链栈。

习题

1. 填空题。

(1) 有 n 个顶点的强连通有向图 G 至少有(　　)边。

(2) 求最短路径的迪杰斯特拉算法的时间复杂性为(　　)。

(3) 已知一个图的邻接矩阵表示,删除所有从第 i 个结点出发的边的方法是(　　)。

(4) 求最小生成树的克鲁斯卡尔算法的时间复杂性为(　　),它对(　　)图较为合适。

(5) 如果含 n 个顶点的图形成一个环,则它有(　　)生成树。

2. 对于图 7-25 所示的有向图,试求出:

(1) 每个定点的入度和出度;

(2) 它的邻接矩阵;

(3) 它的邻接表;

(4) 它的邻接多重表;

(5) 它的强连通分量。

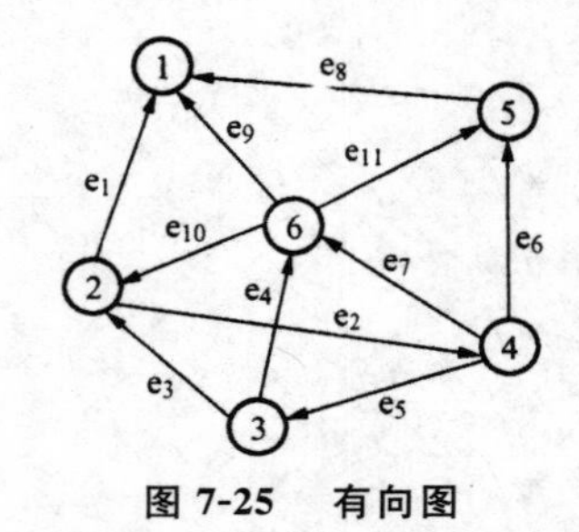

图 7-25　有向图

3. 写出将一个无向图的邻接矩阵转换成邻接表的算法。

4. 试以邻接矩阵为存储结构，分别写出连通图的深度优先和广度优先搜索算法。

5. 已知带权连通图 $G=(\boldsymbol{V},\boldsymbol{E})$ 的邻接表如下，试画出 G 的一棵最小生成树。

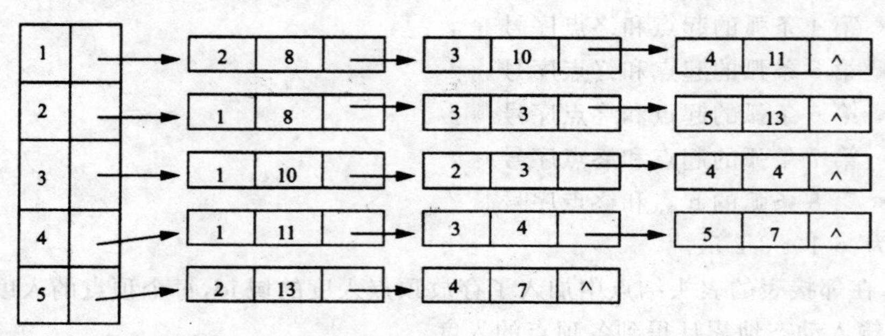

其中，顶点的三个域含义如下：（∧ 表示指针值为空）

顶点号	发出顶点至本顶点边上的权	指针

6. 试利用 Dijkstra 算法求下图中从定点 1 到其他各顶点间的最短路经，写出执行算法过程中各步的状态。

7. 写出如下的有向图的拓扑序列。

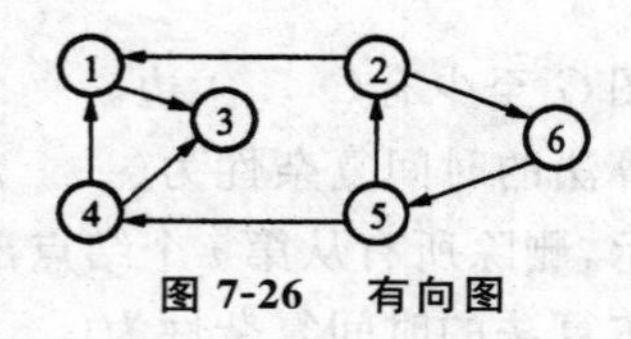

图 7-26　有向图

第8章　查找

8.1　查找表的基本概念

查找表(search table)指由同一类型的数据元素(或记录)构成的集合。由于"集合"中的数据元素之间存在着完全松散的关系,因此,查找表是一种非常灵活的数据结构。根据对查找表的操作,可将查找表分为静态查找表和动态查找表。

对查找表经常进行的两种操作是查询某个"特定"的数据元素是否在表中,以及检索某个"特定"的数据元素的各种属性。通常将只进行这两种操作的查找表称为静态查找表。

除了以上操作外,对查找表经常要进行的另外两种操作是在查找表中插入一个数据元素,以及从查找表中删除一个数据元素。若在查找过程中同时插入查找表中不存在的数据元素,或者从查找表中删除已存在的某个数据元素,则称此类查找表为动态查找表。

关键字(key):是数据元素(或记录)的某个数据项的值,用它来识别(标识)这个数据元素。

主关键字(primary key):指能唯一标识一个数据元素的关键字。

次关键字(secondary key):指能标识多个数据元素的关键字。

查找(searching):根据给定的某个值,在查找表中确定是否存在一个其关键字等于给定值的记录或数据元素。若表中存在这样的一个记录,则称查找成功,此时或者给出整个记录的信息,或者指出记录在查找表中的位置;若表中不存在关键字等于给定值的记录,则称查找不成功,此时的查找结果用一个"空"记录或"空"指针表示。

对于查找算法来说,其基本操作是"将记录的关键字与给定值进行比较"。因此,通常以"其关键字与给定值进行过比较的记录个数的平均值"作为衡量查找算法好坏的依据。

平均查找长度(average search length):为确定记录在查找表中的位置,需与给定关键字值进行比较的次数的期望值称为查找算法在查找成功时的平均查找长度。

对于含有 n 个记录的表,查找成功时的平均查找长度定义为

$$ASL = \sum_{i=1}^{n} P_i C_i$$

其中,P_i 为查找表中第 i 个记录的查找概率,且 $\sum_{i=1}^{n} P_i = 1$,一般情况下,均认为查找每个记录的概率是相等的,即 $P_i = \frac{1}{n}$;C_i 为找到表中其关键字与给定值相等的记录时(为第 i 个记录),与给定值已进行过比较的关键字个数。显然,C_i 随查找方法的不同而不同。

本章算法中用到的数据元素(或记录)的类型可定义如下:

```
Typedef struct
{
    KeyType key;/ * 关键字域 * /
```

```
    InfoType other_info;      /* 其他域 */
}ElemType;
```

8.2 静态查找表

静态查找常采用顺序查找、二分查找、分块查找等方法实现。

8.2.1 顺序查找

顺序查找(sequential search)的基本思想是:从查找表的一端开始,将给定值与表中记录的关键字逐个地进行比较,若找到一个记录的关键字与给定值相等,则查找成功;若与表中所有记录均比较过,仍未找到关键字等于给定值的记录,则查找不成功。

顺序查找方法对于采用顺序存储方式和链式存储方式的查找表都适用。设查找表采用顺序存储结构,则其类型定义如下:

```
Typedef struct
{
    ElemType * elem;      /* 数据元素(记录)的存储空间,从下标 1 开始 */
    int length;     /* 表长 */
}StaticTable;
```

顺序查找算法由算法 8.1 描述。

算法 8.1

```
int SearchSeql(StaticTable ST,KeyType key)
{/* 在顺序表 ST 中查找关键字等 key 的数据元素 */
/* 若找到,则返回元素在表中的位置,否则返回 0 */
    for(i = ST. 1ength;i > 0 && ST. elem[i]. key! = key;i --);/* 从后往前找 */
    return i. ;
}
```

在顺序查找算法中,常将待查找的给定值存储在下标为 0 的数组元素中,称之为“监视哨”,然后从表尾开始进行顺序查找。

使用“监视哨”的顺序查找算法由算法 8.2 描述。

算法 8.2

```
int SearchSeq2(StaticTable ST,KeyType key)
{/* 在顺序表 ST 中查找关键字等于 key 的数据元素 */
/* 若找到,则返回元素在表中的位置,否则返回 0 */
    ST. elem[0]. key = key;
    for(i = ST. length;ST. elem[i]. key! = key;i --)   /* 从后往前找 */
    return i;
}
```

比较算法 SearchSeql 与 SearchSeq2 可知,查找条件从“i>0&&ST. elem[i]. key! = key”简化为“ST. elem[i]. key! = key”,算法效率得以提高。

从上述的顺序查找过程可知，找到与给定值相等的元素时，与表中关键字的比较个数 C_i 取决于所查数据元素在表中的位置。若需查找的数据元素正好是表中的最后一个记录，则仅需比较 1 次；若查找成功时找到的是表中的第一个记录，则需比较 n 次。一般情况下，$C_i = n - i + 1$，因此在等概率情况下，顺序查找成功的平均查找长度为

$$ASL_{ss} = \sum_{i=1}^{n} P_i C_i = \frac{1}{n} \sum_{i=1}^{n} (n - i + 1) = \frac{n+1}{2}$$

也就是说，成功查找的平均比较次数约为表长的一半。若所查记录不在表中，则必须进行 $n+1$ 次比较才能确定查找不成功（包括与监视哨的一次比较）。

假设在查找表中成功找到数据元素的概率为 p，则该元素不在查找表中的概率为 $1-p$，那么把成功和失败的查找都考虑在内之后，顺序查找的平均查找长度为

$$ASL = p \times \frac{n+1}{2} + (1-p) \times (n+1) = (n+1)\left(1 - \frac{p}{2}\right)$$

当查找表的规模很大时，顺序查找方法的平均查找长度较大，即查找效率较低。但是该方法简单且适用面广，对查找表的结构也没有要求。

8.2.2　二分查找

当查找表是有序表且采用顺序存储结构时，可采用二分查找方法来查找元素。

二分查找（binary search）也称为折半查找，其思想是：首先将给定值与表中间位置上元素的关键字进行比较，若相等，则查找成功；若给定值大于表中间位置上元素的关键字，则下一次到查找表的后半子表进行二分查找；否则下一步到表的前半子表进行二分查找。这样就可逐步缩小范围，直到查找成功或失败（子表为空）时为止。

现以有序表（1 2，1 7，2 0，2 8，3 2，40，5 1，6 9，90）为例说明二分查找方法。若待查找的关键字为 40，其查找过程如图 8-1 所示。若待查找的关键字为 15，其查找过程如图 8-2 所示。

二分查找算法由算法 8.3 描述。

算法 8.3

```
int BiSearch(StaticTable ST,KeyType key)
{/* 用二分查找法在查找表 ST 中查找关键字为 key 的元素 */
/* 若找到，则返回该元素在查找表中的位置，否则返回 0 */
    int low = 1,high = ST.1ength,mid;
    while(low <= high)]
    {
        mid = (low + high)/2;
        if(key == ST.elem[mid].key)      /* 查找成功 */
          return mid
        else
          if(key < ST.elem[mid].key)
                    high = mid - 1;     /* 下一步到前半子表进行查找 */
          else
                    low = mid + 1;      /* 下一步到后半子表进行查找 */
```

```
    }
    return 0;        /* 查找不成功 */
}/* BiSearch */
```

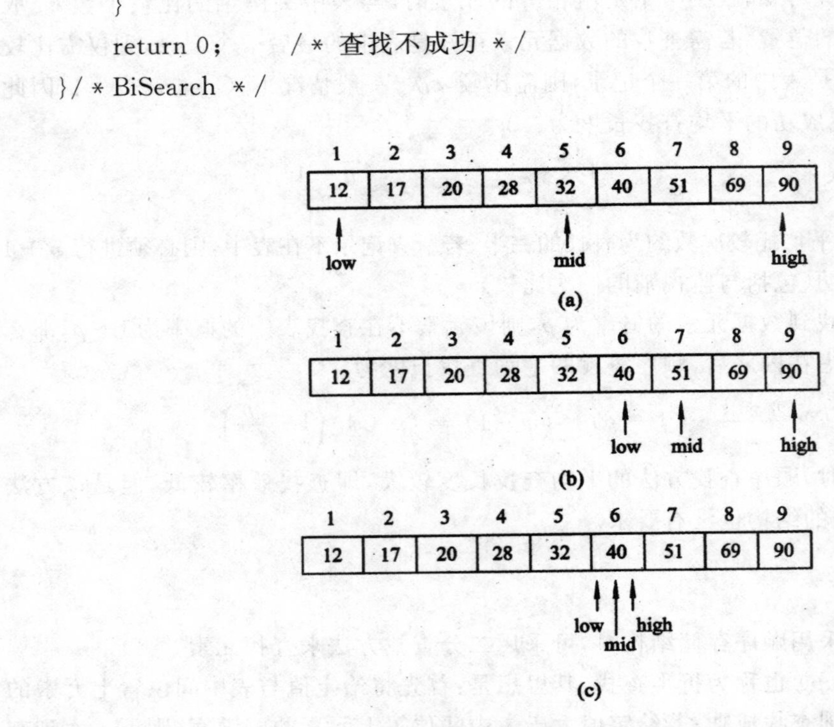

图 8-1　用二分查找法查找关键字 40 示意图

(a) 40>32；(b) 40<51；(c) 40=40

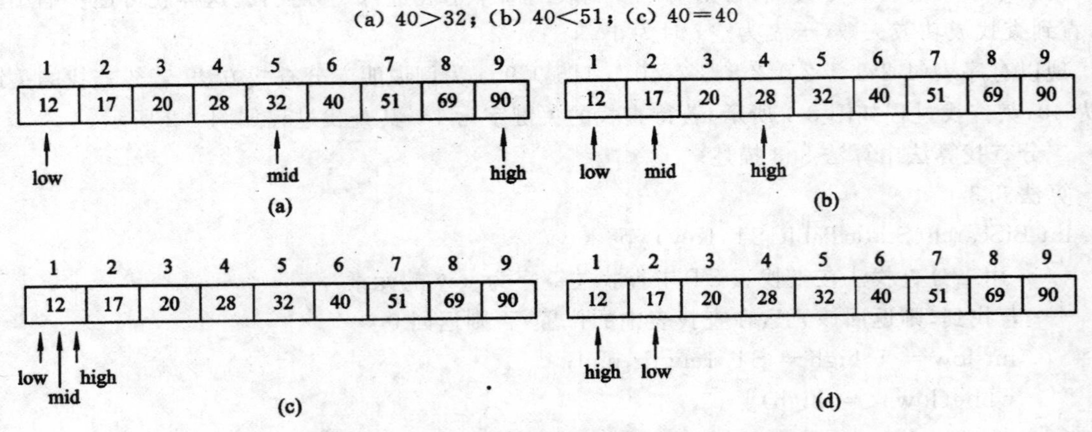

图 8-2　用二分查找法查找关键字 15 示意图

(a) 15 < 32;(b)15 < 17; (c)15 > 12;(d)low > high

二分查找的过程可以用一棵二叉树描述，称为二分查找判定树。构造二分查找判定树的方法是：以当前查找区间的中间位置序号作为根，以前半子表和后半子表中数据元素的序号分别作为根的左子树和右子树上的结点值。例如具有 11 个结点的二分查找判定树如图 8-3 所示。

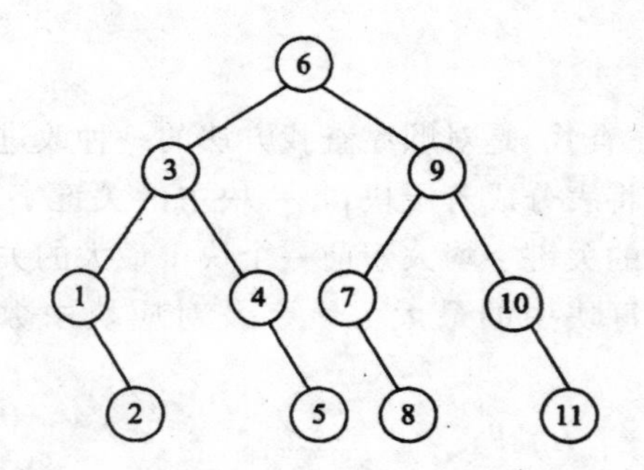

图 8-3 具有 11 个结点的二分查找判定树

从二分查找判定树可知，在查找成功时，恰好走了一条从根结点到所找元素对应结点的路径，与表中关键字进行比较的次数即为该结点在树中的层数。具有 n 个结点的判定树的高度为 $\lfloor \log_2 n \rfloor + 1$，因此，二分查找在查找成功时与给定值进行比较的关键字个数至多为 $\lfloor \log_2 n \rfloor + 1$。

给判定树中所有结点的空指针域加上指向一个方形结点的指针，称这些方形结点为判定树的外部结点（与之相对，称那些圆形结点为内部结点），如图 8-4 所示，可表示出查找不成功时的情况。

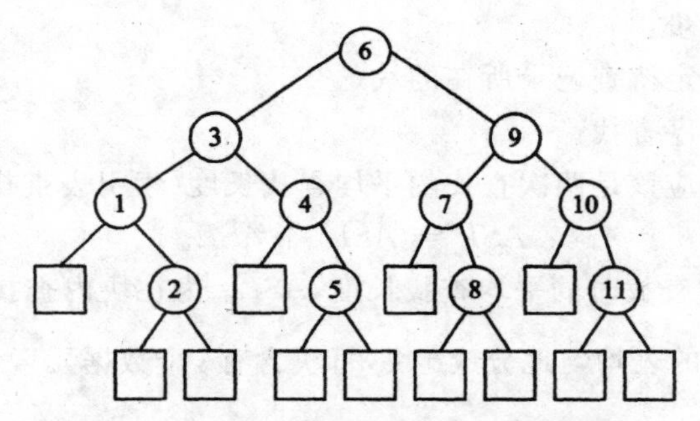

图 8-4 加上外部结点的二分查找判定树

在查找不成功时，二分查找的过程就是走了一条从根结点到外部结点的路径。与给定值进行比较的关键字个数等于该路径上的内部结点个数。因此二分查找在查找不成功时与给定值进行比较的关键字个数最多也不会超过 $\lfloor \log_2 n \rfloor + 1$。

那么二分查找的平均查找长度是多少呢？为了方便起见，不妨设二分查找判定树中的结点总数为 $n = 2^h - 1$，则判定树是高度 $h = \log_2(n+1)$ 的满二叉树。在等概率情况下，二分查找的平均查找长度为

$$ASL = \sum_{i=1}^{n} P_i C_i = \frac{1}{n}\sum_{i=1}^{n} C_i = \frac{1}{n}\sum_{j=1}^{k} j \times 2^{j-1} = \frac{n+1}{n}\log_2(n+1) - 1$$

当 n 值较大时，二分查找的平均查找长度

$$ASL \approx \log_2(n+1) - 1$$

二分查找比顺序查找的效率要高，但它要求查找表进行顺序存储并且按关键字有序排列。因此，当在查找表中进行插入或删除操作时，需要移动大量的元素。所以，二分查找适用于表不易变动，且又经常进行查找的情况。

8.2.3 分块查找

分块查找又称为索引顺序查找，是对顺序查找方法的一种改进。

在分块查找过程中，首先将表分成若干块，每一块中的关键字不一定有序，但块之间是有序的，即后一块中所有数据元素的关键字均大于前一个块中最大的关键字；此外，还需建立一个“索引表”，索引表中按顺序存储每块中的最大关键字及对应块中数据元素的起始地址如图 8-5 所示。

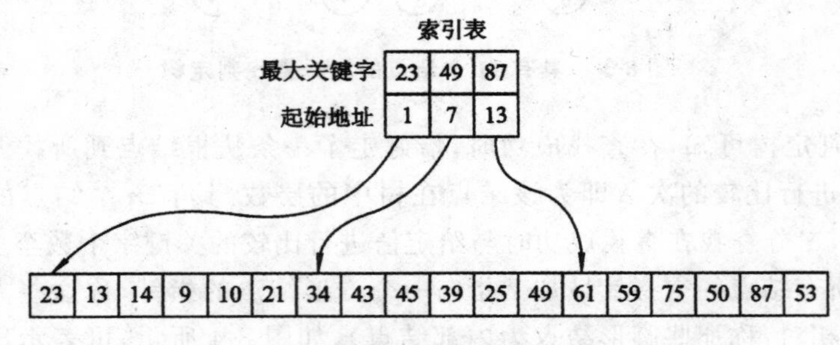

图 8-5 查找表及其索引表

分块查找过程分为两步：

第一步在索引表中确定待查记录所在的块；

第二步在块内进行顺序查找。

因此其平均查找长度应该是两次查找的平均查找长度（索引表查找与块内查找）之和，即

$$ASL = ASL_b + ASL_w$$

其中，ASL_b 为在索引表内查找时的平均查找长度，ASL_w 为在块内查找时的平均查找长度。

分块时可将长度为 n 的表均匀地分成 b 块，每块含有 s 个数据元素，即 $b = \left\lceil \frac{n}{s} \right\rceil$。在等概率的情况下，块内查找的概率为 $\frac{1}{s}$，每块的查找概率为 $\frac{1}{b}$，若用顺序查找确定元素所在的块，则分块查找的平均查找长度为

$$ASL = ASL_b + ASL_w = \frac{1}{b}\sum_{j=1}^{b} j + \frac{1}{s}\sum_{i=1}^{s} i = \frac{b+1}{2} + \frac{s+1}{2} = \frac{1}{2}\left(\frac{n}{s} + s\right) + 1$$

可见其平均查找长度在这种条件下不仅与表长 n 有关，而且与每一块中的记录数 s 有关。

可以证明，当 s 取$\sqrt{n}$ 时，分块查找的平均查找长度取最小值$\sqrt{n}+1$，这时的查找性能较顺序查找要好得多，但远不及二分查找。

考虑到索引表是一个有序表，可以用二分查找法确定元素所在的块，则分块查找的平均查找长度为

$$ASL \approx \log_2\left(\frac{n}{s} + 1\right) + \frac{s}{2}$$

8.3 动态查找表

动态查找的特点是其查找表的结构在查找过程中动态生成，即对于给定的关键字值 key，若

表中存在其关键字等于 key 的数据元素，则查找成功；否则插入关键字等于 key 的数据元素。二叉排序树、平衡二叉树、B 树等是常见的动态查找表。

8.3.1　二叉排序树

二叉排序树又称二叉查找树（binary search tree），它或者是一棵空树，或者是具有如下性质的二叉树：

1）若它的左子树非空，则其左子树上所有结点的关键字均小于根结点的关键字。

2）若它的右子树非空，则其右子树上所有结点的关键字均大于根结点的关键字。

3）左、右子树本身就是两棵二叉排序树。

由上述定义可知，二叉排序树是一个有序表。对二叉排序树进行中序遍历，可得到一个关键字递增排序的序列。图 8-6 所示为一棵二叉排序树。

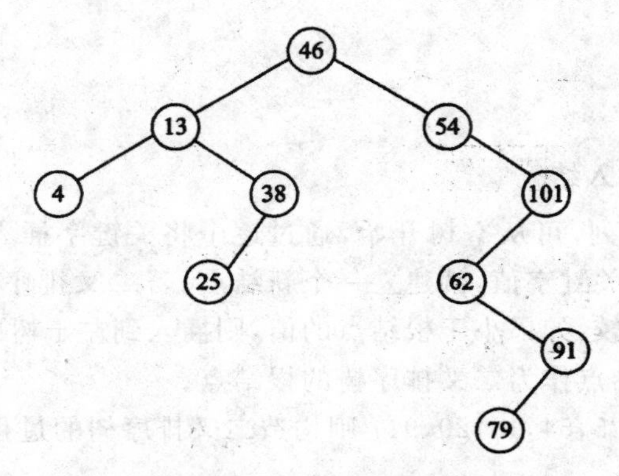

图 8-6　二叉排序树示意图

二叉排序树上的基本操作有查找、插入和删除等。

1. 在二叉排序树中查找结点

在二叉排序树上进行查找，与二分查找过程类似，其过程为：若二叉排序树非空，则将给定值与根结点的关键字相比较，若相等，则查找成功；若不等，又分为两种情况。当树结点的关键字值大于给定值时，下一步在根的左子树中进行查找；否则到根的右子树中进行查找。若查找成功，则走了一条从树根结点到所找到结点的路径；否则，查找过程终止于一棵空树。

由于二叉排序树是动态查找表，需要在表中插入结点，因此适合采用链表存储结构，其结点的类型定义如下：

```
typedef struct BSTNode
{
    KeyType key      /* 结点的键值 */
    struct BSTNode *lchild, *rchild;    /* 指向左、右子树的指针 */
}STNode,  BSTtree;
```

二叉排序树的查找算法由算法 8.4 描述。

算法 8.4

```
BSTNode * BSTSearch(BSTtree root,KeyType key)
```

```
{/* 在由 root 指向其根的二叉排序树中查找关键字值为 key 的结点 */
/* 若找到,则返回指向该结点的指针,否则返回空指针 NULL */
  if(root)
  {
    if(root -> key == key)    /* 查找成功 */
          return root;
    else
        if(key < root -> key)
              return BSTSearch(root -> lchild,key);/* 到左子树上继续查找 */
        else
              return BSTSearch(rootm > rchild,key); /* 到右子树上继续查找 */
  }
  return NULL;
}/* BSTSearch */
```

2. 在二叉排序树中插入结

对于给定的关键字序列,可从空树开始,通过逐个将关键字插入树中来构造一棵二叉排序树。其过程为:每读入一个关键字值,就建立一个新结点。若二叉排序树非空,则将新结点的关键字与根结点的关键字相比较,如果小于根结点的值,则插入到左子树中,否则插入到右子树中;若二叉排序树为空树,则新结点作为二叉排序树的根结点。

设关键字序列为{46,25,54,13,29,91} 则构造二叉排序树的过程如图 8-7 所示。

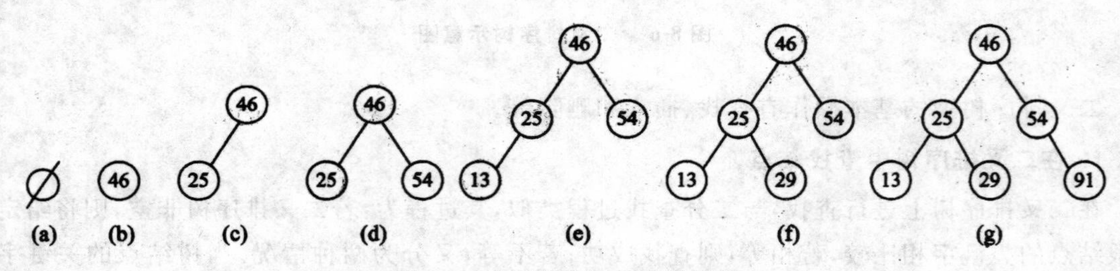

图 8-7　二叉排序树的构造过程

在二叉排序树中插入结点的算法由算法 8.5 描述。

算法 8.5

```
bool BSTInsert(BSTtree *root,KeyType key)
{/* 在由 *root 指向其根的二叉排序树中插入一个关键值为 key 的结点 */
/* 若插入成功则返回 true,否则返回 false */
    BSTNode *p, *s, *father;
    s = (BSTNode*)malloc(sizeof(BSTNode));
    if(!s)
        return false;
    s -> key = key;
    s -> lchild = NULL;
```

```
    s-> rchild = NULL;
    p = *root;      /*p指向树根结点 */
    father = NULL;
    while(p&&p-> key! = key)
    { /* 查找关键字值为 key 的结点 */
        father = p;
        if(key < p-> key)
            p = p-> lchild;     /* 到左子树上查找 */
        else
            p = p-> rchild;     /* 到右子树上查找 */
    }while
    if(p)     /* 查找成功 */
        return false;    /* 关键字为 key 的结点已在树中,不再插入 */
    if(father == NULL)      /* 查找不成功且二叉排序树为空树 */
        *root = s;    /* 关键字为.key 的结点作为树根 */
    else
        if(key < father-> key)
            father-> lchild = s;     /* 作为左子树结点插入 */
        else
            father-> rchild = s;     /* 作为右子树结点插入 */
    return true;
} /*BSTInsert*/
```

从上面的插入过程可知,新结点都是以叶子结点加入二叉排序树的。因此,插入新结点时,不必移动其他结点,仅需改动某个结点的孩子指针,使之由空变为非空即可。这就相当于在一个有序序列中插入一个记录而不需要移动其他元素。

另外,由于一棵二叉排序树的形态完全由输入序列决定,因此在输入序列已经有序的情况下,所构造的二叉排序树是一棵单枝树。例如,对于关键字序列(12,18,23,45,60),建立的二叉排序树如图 8-8 所示,这种情况下的查找效率与顺序查找的效率相同。

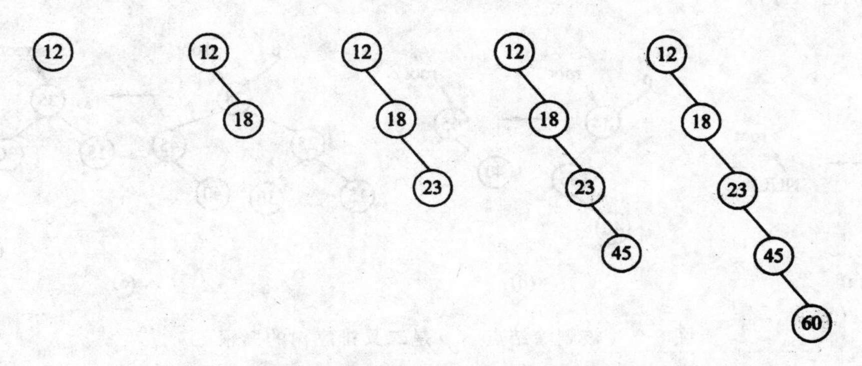

图 8-8　由关键字序列(12,18,23,45,60)创建的二叉排序树

从二叉排序树的定义可知，中序遍历二叉排序树可得到一个关键字有序的序列。这也说明，一个无序序列可以通过构造一棵二叉排序树而变成一个有序序列，构造树的过程即为对无序序列进行排序的过程。

3. 在二叉排序树中删除结点

在二叉排序树中删除一个结点，不能把以该结点为根的子树全部删除掉，而只能删除这个结点并仍旧保持二叉排序树的特性，也就是说删除二叉排序树上的一个结点相当于删除有序序列中的一个元素。

假设二叉排序树上被删除结点为 $*p$（p 指向被删除结点），且 $*f$ 为其父结点，则删除结点 $*p$ 的过程可分为三种情况：

1）$*p$ 结点为叶子结点。

2）$*p$ 结点只有左子树或者只有右子树。

3）$*p$ 结点的左子树、右子树均存在。

由于在二叉排序树中删除一个结点相当于是在有序序列中删除一个元素，因此，在二叉排序树中删除结点 $*p$，可用两种思路处理：

1）删除结点 $*p$，重新建立 $*p$ 的子树与相关结点之间的连接关系。

2）先用 $*p$ 的中序直接前驱（或后继）结点 $*s$ 的信息覆盖 $*p$ 的信息，然后删除结点 $*s$。

下面讨论第一种思路，即删除结点 $*p$ 并重新建立 $*p$ 的子树与相关结点之间的连接关系。此时需要考虑被删除结点 $*p$ 是否是整个二叉排序树的树根（其父结点的指针 f 为空），若是，则：

1）$*p$ 结点为叶子结点时，删除 $*p$ 后需要将指向根结点的指针置为空指针，如图 8-9(a) 所示。

2）$*p$ 结点只有左子树或者只有右子树时，删除 $*p$ 后需要将指向根结点的指针置为指向 $*p$ 的子树，如图 8-9(b) 所示。

3）$*p$ 结点的左子树、右子树均存在时，删除 $*p$ 后将指向根结点的指针置为指向 $*p$ 的左子树，然后将 $*p$ 的右子树连接为对 $*p$ 的左子树进行中序遍历后的最后一个结点（左子树的最右下方结点）的右子树，如图 8-9(c) 所示；或者删除 $*p$ 后将指向根结点的指针置为指向 $*p$ 的右子树，然后将 $*p$ 的左子树连接为对 $*p$ 的右子树进行中序遍历后的第一个结点（右子树的最左下方结点）的左子树。

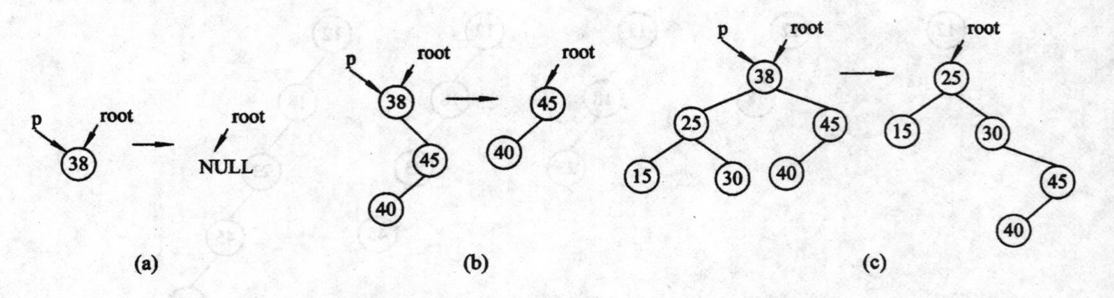

图 8-9　被删除结点 $*p$ 是二叉排序树的树根

若被删除结点 $*p$ 不是整个二叉排序树的树根（其父结点的指针 f 不是空指针），则：

1）* p 结点为叶子结点时，根据 * p 与其父结点 * f 之间的关系，删除 * p 后将其父结点 * f 的左孩子（或右孩子）指针置为空，如图 8-10(a) 所示。

2）* p 结点只有左子树或者只有右子树时，根据 * p 与其父结点 * f 之间的关系，删除 * p 后将其父结点 * f 的左孩子（或右孩子）指针置为指向 * p 的子树，如图 8-10(b) 所示。

3）* p 结点的左子树、右子树均存在时，根据 * p 与其父结点 * f 之间的关系，删除 * p 后将其父结点 * f 的左孩子（或右孩子）指针置为指向 * p 的左子树，然后将 * p 的右子树连接为对 * p 的左子树进行中序遍历后的最后一个结点（左子树的最右下方结点）的右子树；或者删除 * p 后将其父结点 * f 的左孩子（或右孩子）指针置为指向 * p 的右子树，然后将 * p 的左子树链接为对 * p 的右子树进行中序遍历后的第一个结点（右子树的最左下方结点）的左子树如图 8-10(c) 所示。

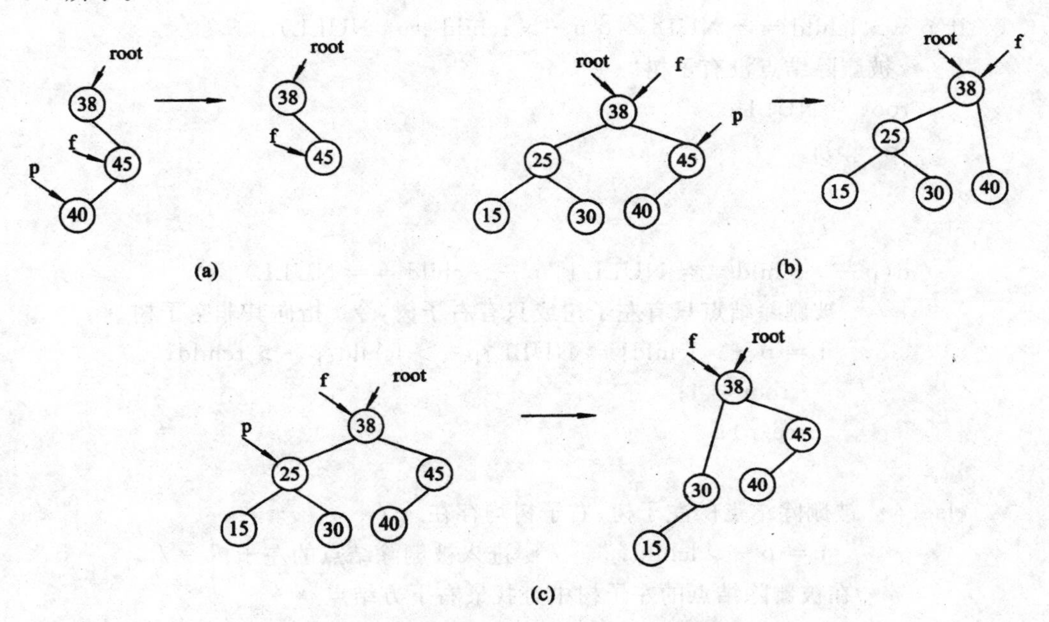

图 8-10　被删除结点 * p 不是二叉排序树的树根

请读者考虑第二种处理思路，即先用 * p 的中序直接前驱（或后继）结点 * s 的信息覆盖 * p 的信息，然后删除结点 * s 的处理过程。

在二叉排序树中删除结点的算法由算法 8.6 描述。

算法 8.6

```
bool BSTDelete(BSTtree *root,KeyType key)
{  /* 在由 *root 指向其根的二叉排序树中删除关键字为 key 的结点 */
/* 若删除成功则返回 true，否则返回 false */
    BSTNode  *p = *root, *t, *father;
    P = *root;      /* p 指向树根结点 */
    father = NULL;
    while(p&&p->key! = key)      /* 查找关键字值为 key 的结点 */
    {
```

```
        father = p;
    if(key < p -> key)
        p = p -> lchild.      /* 到左子树上查找 */
    else
        p = p -> rchild;     /* 到右子树上查找 */
}/* while*/
if(!p)      /* 查找不成功,即关键字值为 key 的结点不在树中 */
    return false;
if(fathe == NULL)
{   /* 被删除结点 *p 是树根结点 */
    if(p -> lchild == NULL&&p -> rchild == NULL)
    { /* 被删除结点没有子树 */
        root = NULL;
        free(p);
    }
    else
        if(p -> lchild == NULL || p -> child == NULL)
        { /* 被删除结点只有左子树或只有右子树,令 t 指向其非空子树 */
            t = p -> lchild! = NULL?p -> lchild:p -> rchild;
            * root = t;
            free(p);
        }
    else{/* 被删除结点的左子树、右子树均存在 */
            t = p -> lchild;      /* 进入被删除结点的左子树 */
        /* 在被删除结点的左子树中查找最右下方结点 */
            while(t -> rchild! = NULL)
                t = t -> rchild;
        /* 将被删除结点 *p 的右子树接到其左子树中最右下方结点上 */
            t -> rchild = p -> rchild;
            * root = p -> lchild;;    /* 更新树根结点的指针 */
            free(p);
        }
}
else
{/* 被删除结点 *p 不是树根结点 */
    if(p -> lchild == NULL&&p -> child == NULL)
    { /* 被删除结点是叶子结点 */
        if(father -> lchild == p)
            father -> lchild = NULL;
```

```
            else
                father -> rchild == NULL;
        free(p);
    }
    else
      if(p -> lchild == NULL || p -> child == NULL)
      {/* 被删除结点只有左子树或只有右子树,令 t 指向其非空子树 */
          t = p -> lchild! = NULL?p -> lchild:p -> rchild;
          if(father -> lchild == p)
                father -> lchild == t;
          else
                father -> rchild == t;
          free(p);
      }
      else
     {/* 被删除结点的左子树、右子树均存在 */
         t = p -> lchild;      /* 进入被删除结点的左子树 */
    /* 在被删除结点的左子树中查找最右下方结点 */
        while(t -> rchild! = NULL)
          t = t -> rchild;
  /* 将被删除结点 *p 的右子树接到其左子树最右下方结点上 */
          t -> rchild = p -> rchild;
        if(father -> lchild == p)
              father -> 1child == p -> lchild;
        else
              father -> rchild == p -> lchild
          free(p);
    }
    return true;
}/*BSTDelete8/
```

4. 二叉排序树的查找效率

在二叉排序树中查找其关键字等于给定值的过程,就是走了一条从根结点到所找结点的路径过程,与给定值比较的关键字个数等于路径长度 1(或等于结点所在的层数)。因此,与二分查找类似,在二叉排序树中查找时,无论查找成功与否,与给定值比较的关键字个数都不会超过树的高度。然而,二分查找判定树中左、右子树的结点数目是均匀的,因此具有 n 个结点的二分查找判定树的高度为$\lfloor \log_2 n \rfloor$。而二叉排序树则不同,其最小高度为$\lfloor \log_2 n+1 \rfloor$,最大高度为 n。例如,对于相同的关键字集合(39,12,18,45,60,2 3),若根据序列(39,18,23,12,60,45) 构造二叉排序树,则其形态如图 8-11(a) 所示;若根据序列(12,18,23,39,45,60) 构造二叉排序树,则其形态如图 8-11(b) 所示。

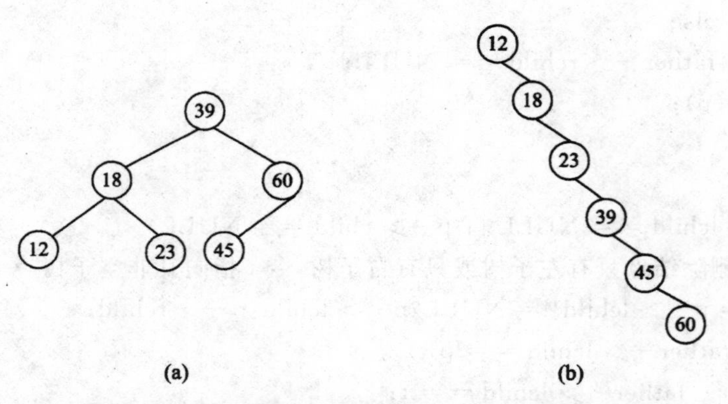

图 8-11　关键字集合相同、形态不同的二叉排序树

(a) 根据(39,18,23,12,60,45)构造的二叉排序树；
(b) 根据(12,18,23,39,45,60)构造的二叉排序树

图 8-11(a)所示的二叉排序树高度为 3，而图 8-11(b)所示的二叉排序树高度为 6，在这两棵树上查找成功的平均查找长度分别为

$$ASL_{(a)} = \frac{1}{6}(1 + 2 \times 2 + 3 \times 3) = \frac{14}{6}$$

$$ASL_{(b)} = \frac{1}{6}(1 + 2 + 3 + 4 + 5 + 6) = \frac{21}{6}$$

因此，在具有 n 个结点的二叉排序树上查找元素时，其时间复杂度介于 $O(n)$ 和 $O(\log_2 n)$ 之间。

8.3.2　平衡二叉树

平衡二叉树(balanced binary tree)又称为 AVL(Adelson-Velskii and Landis)树，是带有平衡条件的二叉排序树。平衡二叉树或者是一棵空树，或者是具有下列性质的二叉排序树：它的左子树和右子树都是平衡二叉树，且左子树和右子树的高度之差的绝对值不超过 1。

若将二叉树中结点的平衡因子(balance factor)定义为该结点的左子树的高度减去其右子树的高度，则平衡二叉树中所有结点的平衡，因子只可能是 －1、0 和 1。也就是说，只要树上有一个结点的平衡因子的绝对值大于 1，则该二叉树就是不平衡的。

分析二叉排序树的查找过程可知，只有在树的形态比较均匀的情况下，查找效率才能达到最佳。因此，希望在构造二叉排序树的过程中，保持其为一棵平衡二叉树。

使二叉排序树保持平衡的基本思想是：每当在二叉排序树中插入一个结点时，首先检查是否因插入而破坏了平衡；若是，则找出其中的最小不平衡子树，在保持二叉排序树特性的情况下，调整最小不平衡子树中结点之间的关系，以达到新的平衡。

所谓最小不平衡子树，是指离插入结点最近且以平衡因子的绝对值大于 1 的结点作为根的子树。

1. 平衡二叉树上的插入操作

一般情况下，假设由于在二叉排序树上插入结点而失去平衡的最小子树根结点的指针为 a，也就是说，a 所指结点是离插入结点最近且平衡因子的绝对值超过 1 的结点，那么，失去平衡后进

行调整的规律可归纳为 LL 型、RR 型、LR 型和 RL 型四种平衡处理情况。以下分情况进行分析，假设将新结点插入最小不平衡子树之前，该子树的高度为 $h+1$。

1)LL 型平衡处理，也称为单向右旋平衡处理。由于在 $*a$ 的左子树的左子树上插入了新结点，而使得 $*a$ 的平衡因子由 1 增至 2，导致以 $*a$ 为根的子树失去了平衡。此时需进行一次向右的顺时针旋转操作，使之达到平衡如图 8-12 所示。

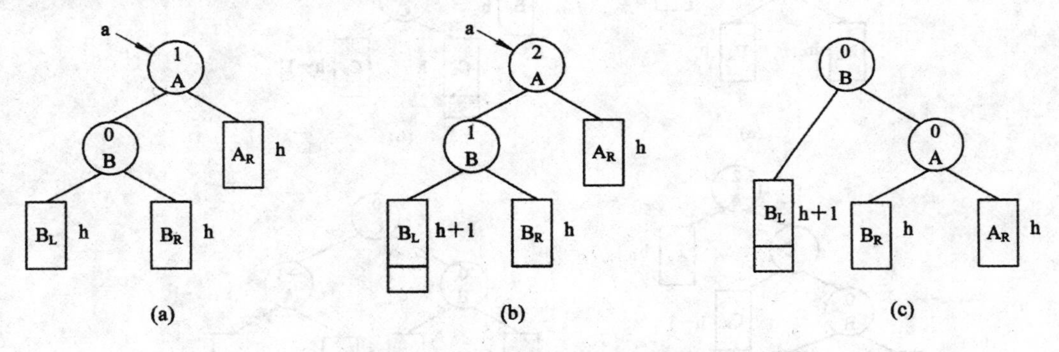

图 8-12 单向右旋平衡处理示意图

(a) 插入结点前；(b) 在 A 的左子树 | 的左子树上插入结点后；(c) 单向右旋处理后

2)RR 型平衡处理，也称为单向左旋平衡处理。它是指由于在 $*a$ 的右子树的右子树上插入了新结点，使得 $*a$ 的平衡因子由 -1 变为 -2，导致以 $*a$ 为根的子树失了平衡。此时需进行一次向左的逆时针旋转操作，使之达到平衡如图 8-13 所示。

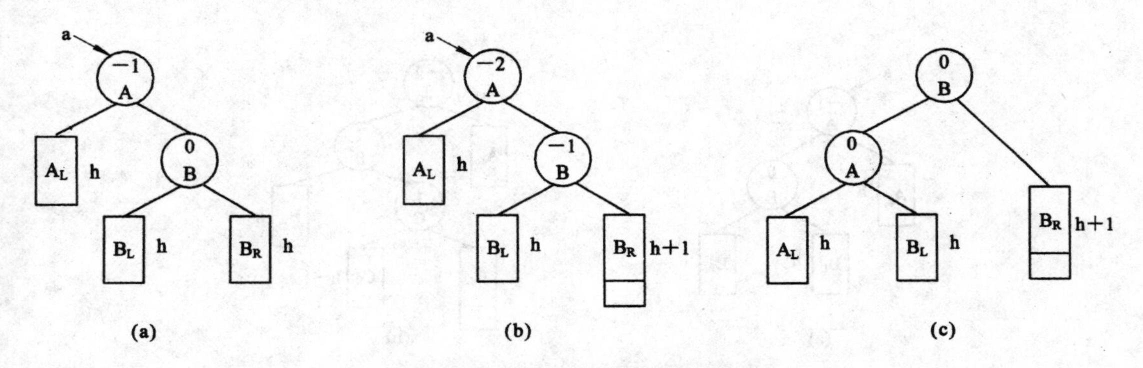

图 8-13 单向左旋平衡处理示意图

(a) 插入结点前；(b) 在 A 的右子树的右子树上插入结点后；(c) 单向左旋处理后

3)LR 型平衡处理，也称为先左后右双向旋转平衡处理。由于在 $*a$ 的左子树的右子树上插入了新结点，使得 $*a$ 的平衡因子由 1 增至 2，致使以 $*a$ 为根结点的子树失了平衡。此时需进行两次旋转(先左旋后右旋) 操作，使之达到平衡如图 8-14 所示。

4)RL 型平衡处理，也称为先右后左双向旋转平衡处理。由于在 $*a$ 的右子树的左子树上插入了新结点，使得 $*a$ 的平衡因子由 -1 变为 -2，致使以 $*a$ 为根结点的子树失去了平衡。此时需进行两次旋转(先右旋后左旋) 操作，使之达到平衡如图 8-15 所示。

下面以关键字序列(25，18，12，，35，45，30，15) 为例说明建立平衡二叉树的过程如图 8-16 所示。

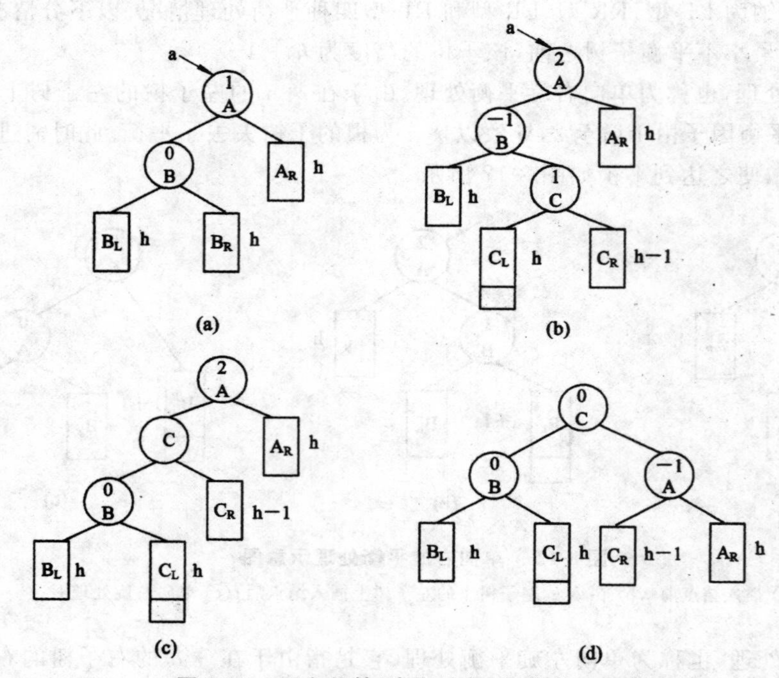

图 8-14　双向旋转(先左后右)平衡处理示意图

(a)插入结点前;(b)在 A 的左子树的右子树上插入结点后;

(c)单向左旋处理后;(d)单向右旋处理后

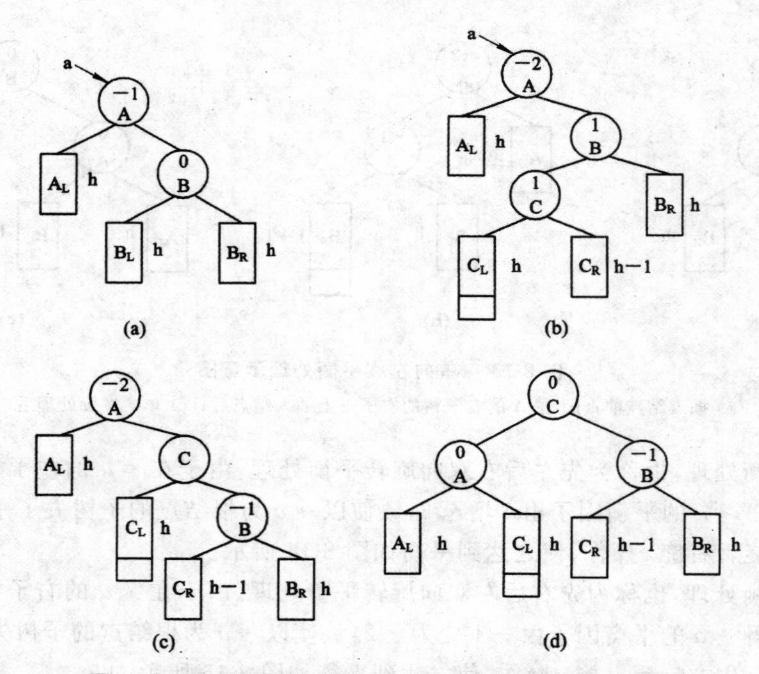

图 8-15　图 8-15 双向旋转(先右后左)平衡处理示意图

(a)插入结点前;(b)在 A 的右子树的左子树上插入结点后;

(c)单向右旋处理后;(d)单向左旋处理后

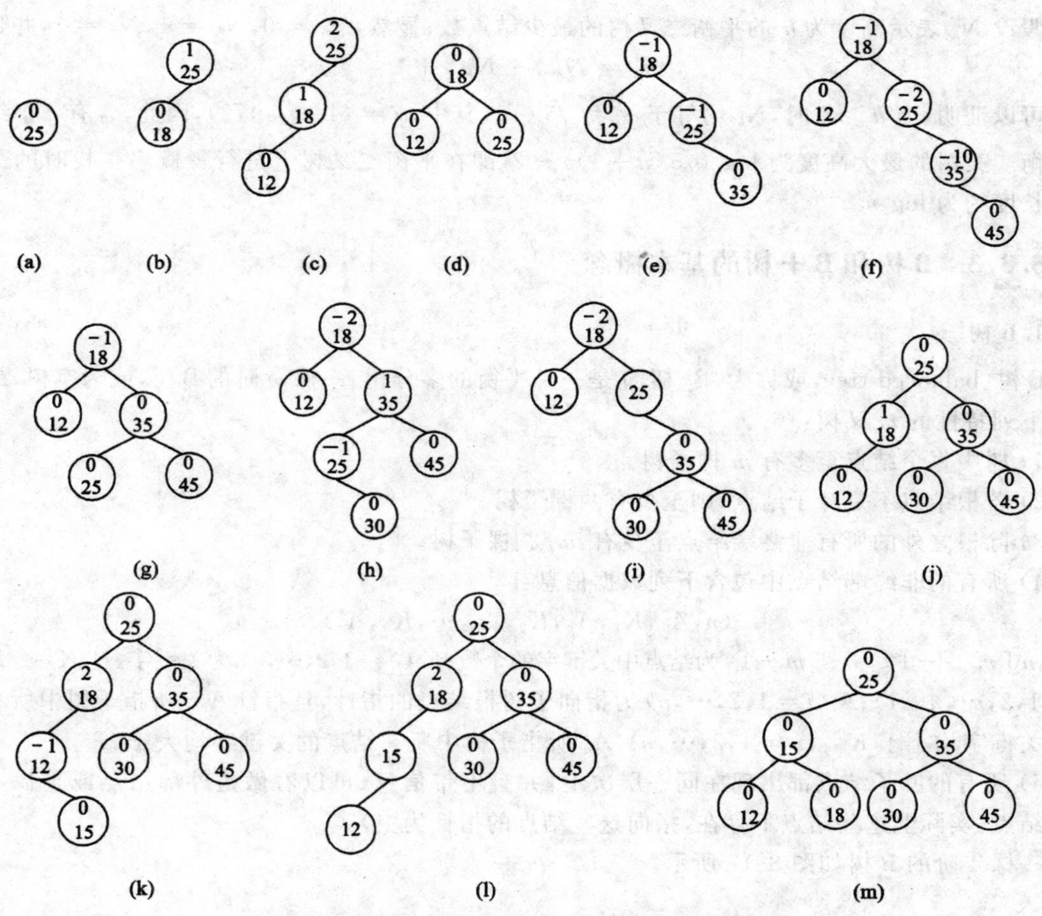

图 8-16　双向旋转(先左后右)平衡处理示意图

(a) 在空树中插入 25;(b) 在 25 的左子树上插入 18;(c) 在 25 的左子树的左子树上插入 12,LL 型不平衡;(d) 进行 LL(单向右旋) 平衡处理后;(e) 插入 35;(f) 在 25 的右子树的右子树上插入 45,RR 型不平衡;(g) 进行 RR(单向左旋) 平衡处理后;(h) 在 18 的右子树的左子树上插入 30,RL 型不平衡;(i)、(j) 先右旋、后左旋平衡处理后;(k) 在 18 的左子树的右子树上插入 15,LR 型不平衡;(l)、(m) 先左旋、后右旋平衡处理后

2. 平衡二叉树上的删除操作

在平衡二叉树上进行删除操作比插入操作更复杂。若待删结点的两个子树都不为空,则用该结点左子树上中序遍历的最后一个结点(或其右子树上中序遍历的第一个结点) 替换该结点,将情况转化为待删除的结点只有一个子树后再进行处理。当一个结点被删除后,从被删结点到树根的路径上所有结点的平衡因子都需要更新。对于每一个位于该路径上的平衡因子为 ±2 的结点来说,都要进行平衡处理。

3. 平衡二叉树上的查找

在平衡二叉树上进行查找的过程与二叉排序树相同,因此,查找过程中与给定值比较的关键字个数不超过树的高度。那么,含有 n 个关键字的平衡二叉树的高度是多少呢?这可从深度为 h

的平衡二叉树的最小结点数目方面考查。

假设 N_h 表示高度为 h 的平衡二叉树的最少结点数；显然，$N_0 = 0, N_1 = 1, N_2 = 2$，并且

$$N_h = N_{h-1} + N_{h-2} + 1$$

可以证明，当 $h \geqslant 0$ 时，N_h 约等于 $\varphi^{h+2}/\sqrt{5} - 1$（其中，$\varphi = (1+\sqrt{5})/2$），因此，含有 n 个结点的平衡二叉树的最大高度为 $\log_{\varphi}(\sqrt{5}(n+1)) - 2$，即在平衡二叉树上进行等概率查找时的平均查找长度约为 $\log_2 n$。

8.3.3 B 树和 B+ 树的基本概念

1. B 树

B 树(balanced tree，或称为"B_ 树")是一种平衡的多分树。一棵 m 阶的 B 树，或为空树，或为满足下列特性的 m 叉树：

1) 树中每个结点至多有 m 棵子树。

2) 若根结点不是叶子结点，则至少有两棵子树。

3) 除根之外的所有非终端结点至少有 $\lceil m/2 \rceil$ 棵子树。

4) 所有的非终端结点中包含下列数据信息：

$$(n, A_0, K_1, A_1, K_2, A_2, \cdots, K_n, A_n)$$

其中，$n(\lceil m/2 \rceil - 1 \leqslant n \leqslant m-1)$ 为结点中关键字的个数；$K_i(i=1,2,\cdots,n)$ 为关键字，且 $K_i < K_{i+1}$ $(i=1,2,\cdots,n-1)$；$A_i(i=1,2,\cdots,n)$ 为指向子树根结点的指针，且指针 A_{i-1} 所指子树中所有结点的关键字均小于 $K_{i+1}(i=1,2,\cdots,n)$，A_n 所指子树中所有结点的关键字均大于 K_n。

5) 所有的叶子结点都出现在同一层次上，并且不带信息(可以看做是外部结点或查找不成功的结点，实际上这些结点不存在，指向这些结点的指针为空)。

一棵 4 阶的 B 树如图 8-17 所示。

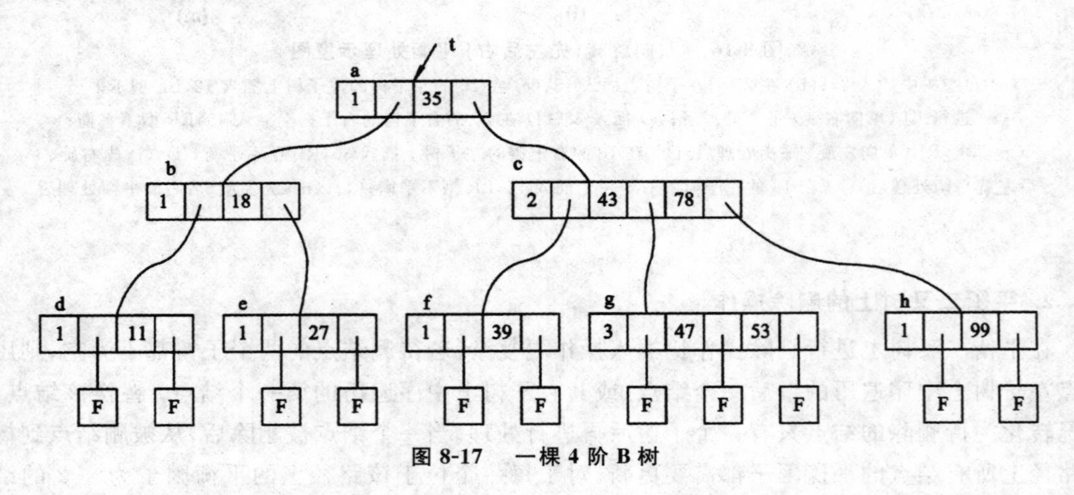

图 8-17　一棵 4 阶 B 树

由 B 树的定义可知，在 B 树上进行查找的过程是：首先在根结点所包含的关键字中查找给定的关键字，若找到则成功返回；否则确定待查找的关键字所在的子树并继续进行查找，直到查找成功或查找不成功(指针为空)时为止。

B 树上的插入和删除运算较为复杂，因为要保证运算后结点中关键字的个数大于等于

$\lceil m/2 \rceil - 1$，因此涉及到结点的"分裂"及"合并"问题。

在 B 树中插入一个关键字时，不是在树中增加一个叶子结点，而是首先在低层的某个非终端结点中添加一个关键字，若该结点中关键字的个数不超过 $m-1$，则完成插入；否则，要进行结点的"分裂"处理。所谓"分裂"，就是把结点中处于中间位置上的关键字取出来插入到其父结点中，并以该关键字为分界线，把原结点分成两个结点。"分裂"过程可能会一直持续到树根。

同样，在 B 树中删除一个结点时，首先找到关键字所在的结点，若该结点在含有信息的最后一层，且其中关键字的数目不少于 $\lceil m/2 \rceil - 1$，则完成删除；否则需进行相邻结点间的"合并"。若待删除的关键字所在结点不在含有信息的最后一层上，则将该关键字用其在树中的后继替代，然后再删除其后继元素，即将这种情况的处理统一转化为对最后一层结点的删除运算。

2. B＋树

B＋树是应文件系统需要而设计的一种 B 树的变形结构。一棵 m 阶的 B＋树定义如下：

1）树中每个结点至多有 m 棵子树。

2）若根结点不是叶子结点，则至少有两棵子树。

3）除根之外的所有非终端结点至少有 $\lceil m/2 \rceil$ 棵子树。

4）有 n 个子树的结点含有 n 个关键字。

5）所有的叶子结点都出现在同一层次上，且包含全部的关键字信息，叶子结点按照关键字自小至大顺序链接。

6）B＋树中的非终端结点可看做是索引结点，其中的关键字是其每个子结点中的最大关键字。

一棵 3 阶的 B＋树如图 8-18 所示。

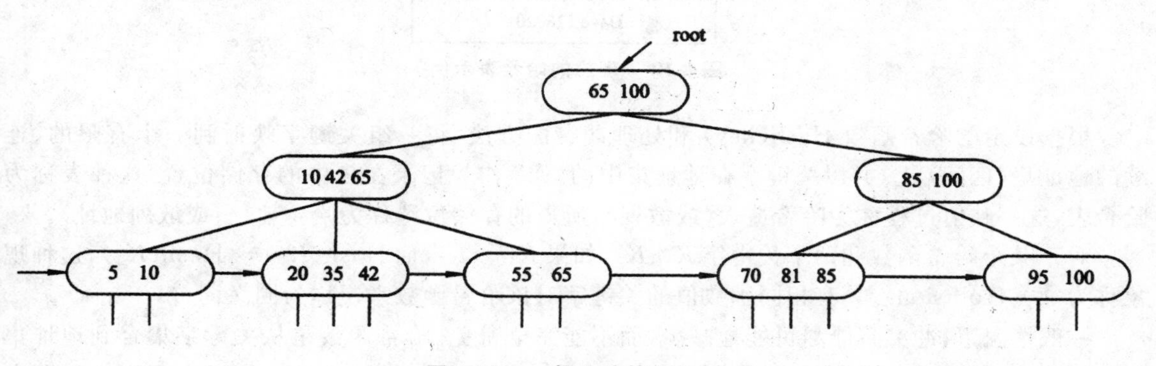

图 8-18　一棵 3 阶的 B＋树

在 B＋树上进行随机查找、插入和删除的操作与 B 树类似。只是在 B＋树中查找时，若非终端结点中的关键字等于给定值，则并不终止，而是沿着指针向下一直查到叶子结点所在层次。对于叶子结点中的每个关键字，还需要一个指针指向该记录在主文件中的位置。

B 树只适用于随机查找，不适用于顺序查找；而 B＋树把所有的关键字都存储在叶子结点中，并且用指针将叶子结点链接起来，因此为顺序查找提供了方便。实际应用中常使用 B＋树。

8.4 哈希表

对于前面讨论的顺序查找、二分查找、二叉排序树查找等方法，由于记录的存储位置与其关键字之间不存在确定的关系，因此查找时都要通过一系列与关键字的比较，才能确定被查记录在表中的位置，即这类查找方法都建立在比较的基础之上。理想的情况是：依据记录的关键字直接得到对应的存储位置，即要求记录的关键字与其存储位置之间存在一一对应关系，通过这个关系，能很快地由关键字找到记录，这就是哈希查找的思想。

8.4.1 哈希表的定义

散列(hashing) 是一种以常数平均时间执行插入、删除和查找的技术。理想的哈希表(hash table) 是通过一个以记录的关键字为自变量的函数(称为哈希函数) 得到该记录的存储地址而构造的查找表，可看做是一个存储了关键字的、具有固定大小的数组如图 8-19 所示。

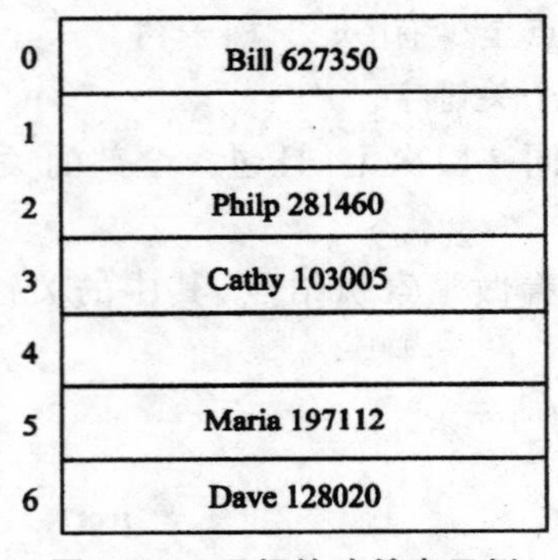

图 8-19　理想的哈希表示例

根据设定的哈希函数 Hash(key) 和处理冲突的方法，将一组关键字映射到一个有限的、连续的地址集(区间) 上，并以关键字在地址集中的“像” 作为记录在表中的存储位置，这种表称为哈希表，这一映射过程称为哈希造表(或散列)，所得的存储位置称为哈希地址(或散列地址)。

对于某个哈希函数和两个关键字 K_1、K_2，如果 $K_1 \neq K_2$，而 $\mathrm{Hash}(K_1) = \mathrm{Hash}(K_2)$，这种现象称为冲突(collision)。具有相同函数值的关键字对该哈希函数来说称为同义词。

一般情况下，冲突只能尽可能地减少，而不能完全避免。哈希函数是从关键字集合到地址集合的映像，地址集合的元素仅为哈希表中的地址值。例如，关键字为某种高级语言程序中的所有标识符，如果一个标识符对应一个存储地址，就不会发生冲突，但这既不可能也没有必要，因为存储空间难以满足，而且任何一个源程序都不会包含所有的标识符。因此在一般情况下，哈希函数是一个压缩映像，冲突不可避免。所以在构造哈希表时不仅要设定一个“好” 的哈希函数，而且要设定一种处理冲突的方法。

使用哈希法时主要考虑两个问题：其一是如何构造哈希函数，其二是如何解决冲突。

8.4.2 哈希函数的构造

构造哈希表时要减少冲突，就要设法使哈希函数尽可能均匀地把关键字映射到符号表存储区的各个存储地址上，这样就可以提高查找效率。为了尽量避免产生相同的哈希函数值，应使关键字的所有组成部分都能起作用。

设计哈希函数时需要考虑以下因素：关键字的长度、哈希表的大小、关键字的分布情况以及记录的查找频率等。下面介绍一些常用的哈希函数构造方法。

1. 除留余数法

除留余数法就是取关键字除以 p 的余数作为哈希地址，即

$$\text{Hash(key)} = \text{key mod } p \ (p \text{ 是一个整数})$$

使用除留余数法时，p 值的选取很重要。若哈希表的表长为 n，则要求 $p \leqslant n$，且接近 n 或等于 n。p 一般取质数，也可以是不包含小于 20 的质因子的合数。

2. 直接定址法

直接定址法取关键字的某个线性函数值作为哈希地址，即

$$\text{Hash(key)} = a \times \text{key} + b (a、b \text{ 为常数})$$

这类函数是一一对应函数，不会产生冲突，但要求地址集合与关键字集合的大小相同，因此，当关键字集合较大时不适用。

3. 乘余取整法

乘余取整法是指先让关键字 key 乘以一个常数 $A(0 < A < 1)$，然后将乘积的小数部分乘以整数 K，最后将结果向下取整后作为哈希地址，即

$$\text{Hash(key)} = \lfloor K \times (A \times \text{keymod}) \rfloor (A、K \text{ 均为常数，且 } 0 < A < 1, K \text{ 为整数})$$

其中，“$A \times \text{key mod } 1$” 表示取乘积的小数部分。

该方法的优点是 K 的取值无关紧要。若地址空间为 p 位，则取 $K = 2^p$。但 A 值的选取很重要，其最佳选择依赖于关键字集合的特征，一般情况下取 $A = \frac{(\sqrt{5} - 1)}{2}$ 较为理想。

4. 数字分析法

设关键字集合中的每个关键字均由 m 位组成，每位上可能有 r 种不同的符号。例如，关键字是 4 位十进制整数，则每位上可能有 10 个不同的数符 0～9，所以 $r = 10$。若关键字是仅由英文字母组成的字符串，不考虑大小写，则每位上可能有 26 种不同的字母，所以 $r = 26$。

数字分析法根据 r 种不同的符号在各位上的分布情况选取某几位，组合成哈希地址。此时，各种符号在该位上出现的频率大致相同。

例如，有一组关键字：9815024、9801489、9806696、9815270、9802305、9808058、9807671、9813917，从左至右分析其各位数字，可知其第 1、2 位均是“9 和 8”，第 3 位也只有“0、1”，余下四位分布较均匀，可作为哈希地址。

5. 平方取中法

平方取中法是指将关键字进行平方运算，从而扩大相近数的差别，然后根据表的长度取中间的几位数（通常取二进制的比特位）作为哈希函数值。因为一个乘积的中间几位数与乘数的每一数位都相关，所以，由此产生的散列地址较为均匀。

6. 基数转换法

基数转换法是将关键字值看成另一种进制的数再转换成原来进制的数，然后选其中几位作为哈希地址。一般情况下，要求两个基数互素，并且新基数大于原基数。

7. 折叠法

折叠法(folding)是指将关键字自右(左)到左(右)分成位数相等的若干部分,最后一部分位数可以短些,然后将这几部分叠加求和,再根据哈希表的大小取后几位作为哈希地址。

例如,图书的ISBN号(国际标准图书编号)是一个10位的十进制数字。若以ISBN作为关键字建立哈希表,当图书种类不到1000册时,可采用折叠法计算哈希地址。例如,关键字key为7－14－014616－9。

先将关键字以3位一组进行分割,得到“169、146、140、7”,然后进行移位叠加,169＋146＋140＋7＝462,最后以462作为关键字“7－14－014616－9”对应的哈希地址。也可以采用分界叠加法,961＋146＋41＋7＝1155,即以155作为关键字“7－14－014616－9”对应的哈希地址。

8. ELFhash字符串散列函数

ELFhash函数源于UNIX系统V版本4,在“可执行链接格式(Executable and Linking Format,ELF)”中使用。ELF文件格式用于存储可执行文件与目标文件。ELFhash函数是对字符串的散列,对于长字符串和短字符串都很有效。该方法巧妙地对字符的ASCII编码值进行计算,使字符串中每个字符都有同样的作用,ELFhash函数能够比较均匀地把字符串分布在哈希表中。

ELFhash字符串散列函数算法由算法8.7描述。

算法8.7

```
int ELFhash(char * key,int size)
{
    unsigned int h = 0;
    while( * key)
    {
        H = (h << 4) + * key ++;
          unsigned int g = h&0xF0000000;
        if(g)h ^= g >> 24;
        h& =~ g;
    }
    return h%size;
}/ * ELFhash * /
```

9. 随机数法

计算机中通常都有被称之为“随机数产生器”的函数(子程序),实际上这些函数产生的都是伪随机数(pseudo－random number),尽管它们表面上看起来可能是无序的。该方法把关键字key视为随机数列的种子,然后取数列中第一个数为母散列地址,如果发生冲突,则把后续的数作为后继哈希地址来使用。

8.4.3 解决冲突的方法

在哈希表中解决冲突就是为出现冲突的关键字找到另一个“空”的哈希地址。在处理冲突的过程中可能得到一个地址序列 $H_i(i=1,2,\cdots,k)$。常见的冲突处理方法有以下几种。

1. 开放地址法

$$H_i = (\text{Hash}(\text{key}) + d_i)\%m(i = 1,2,\cdots,k,k \leqslant m-1)$$

其中，Hash(key)为哈希函数；m为哈希表表长；d_i为增量序列。d_i可有三种取法：$d_i = 1,2,3,\cdots,m-1$，称为线性探测再散列；$d_i = 1^2,-1^2,2^2,-2^2,3^2,\cdots,\pm k^2(k \leqslant m/2)$，称为二次探测再散列；$d_i =$ 伪随机序列，称为随机探测再散列。

最简单的方法是线性探测再散列，即当发生冲突时，顺序地到存储区的下一个单元进行探测。例如，某记录的关键字为 key，哈希函数值 Hash(key) $-j$，若在 j 位置上发生冲突，则顺序地对 $j+1$ 位置进行探测，依此类推，最后将元素存入哈希表。

例如，设关键字序列为(47,34,1 3,12,52,38,33,27,3)，哈希表的表长为 11，哈希函数为 Hash(key) $-$ key mod 11，则有

Hash(47) = 47 mod 11 = 3，Hash(34) = 34 mod 11 = 1

Hash(13) = 13 mod 11 = 2，Hash(12) = 12 mod 11 = 1

Hash(52) = 52 mod 11 = 8，Hash(38) = 38 mod 11 = 5

Hash(33) = 33 mod 11 = 0，Hash(27) = 27 mod 11 = 5

Hash(3) = 3 mod 11 = 3

使用线性探测法解决冲突而构造的哈希表如表 8-1 所示。

表 8-1 哈希表

哈希地址	0	1	2	3	4	5	6	7	8	9	10
关键字	33	34	13	47	12	38	27	3	52		

由哈希函数计算关键字 47、34、1 3、52、38、33 的哈希地址时没有冲突，所以元素直接存入。

对于元素 12，其哈希地址为 1，但是该地址中已经存入元素 34，因此有 $H_1 =$ (Hash(12) $+$ 1)mod11 $=$ 2，再试探哈希地址 2，该地址已被元素 13 占用，发生冲突；再计算 $H_2 =$ (Hash(12) $+$ 2)mod 11 $-$ 3，发生冲突(地址 3 被元素 47 占用)；再计算 $H_3 =$ (Hash(12) $+$ 3)mod 11 $-$ 4，空闲，因此将元素 12 存入哈希地址为 4 的单元。元素 27 和 3 也是通过解决冲突后存入的。

在线性探测法解决冲突的方式下，进行哈希查找有两种可能：

第一种情况是在某一位置上查到了关键字等于 key 的记录，查找成功；

第二种情况是按探测序列查不到关键字为 key 的记录而又遇到了空单元，这时表明元素不在表中，表示查找不成功。

线性探测法可能使第 i 个哈希地址的同义词存入第 $i+1$ 个哈希地址，这样本应存入第 $i+1$ 个哈希地址的元素变成了第 $i+2$ 个哈希地址的同义词…… 因此，可能出现很多元素在相邻的哈希地址上“聚集”起来的现象，大大降低了查找效率。为此，可采用二次探测法或随机探测再散列法，来减少“聚集”情况的发生。

2. 链地址法

链地址法是一种经常使用且很有效的冲突解决方法，这种方法是将所有关键字为同义词的记录存储在同一个线性链表中，因此，发生冲突时的查找和插入操作与线性表上的操作相同。

例如，设关键字序列为(47,34,13,12,52,38,33,27,3)，哈希表的表长为 11，哈希函数为

Hash(key) = key mod 11,则使用链地址法构造的哈希表如图 8-20 所示。

3. 再哈希法

$$H_i = RH_i(\text{key})(i = 1,2,\cdots,k)$$

其中,$RH_1,RH_2,\cdots,RH_k$ 均是不同的哈希函数。该方法在同义词发生地址冲突时计算另一个哈希函数地址,直到冲突不再发生。这种方法不易产生“聚集”现象,但增加了计算时间。

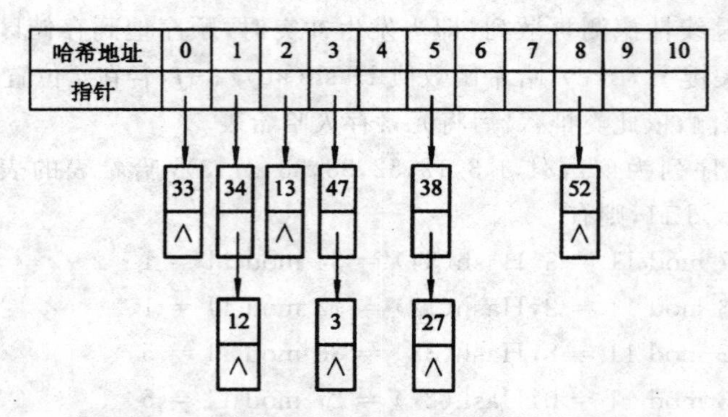

图 8-20　用链地址法解决冲突而构造的哈希表

4. 建立一个公共溢出区

该方法不管由哈希函数得到的哈希地址是什么,一旦发生冲突,都填入到公共溢出区中。

8.4.4　哈希表的查找及性能分析

在哈希表上进行查找的过程与哈希造表的过程基本一致。给定关键 key,根据造表时设定的哈希函数求得哈希地址。若表中此位置上没有记录,则查找不成功;否则将给定值与表中的关键字进行比较。若相等,则查找成功;否则根据造表时设定的处理冲突的方法找“下一地址”,直到找到一个空的位置或者表中所填记录的关键字等于给定值时为止。

在哈希表中,插入和删除操作都建立在查找的基础上。插入元素时,首先根据其关键字计算出哈希地址,若该地址已被其他元素占用,则根据设定的冲突处理方法找“下一地址”,直到找到一个空的位置将元素存入。在哈希表中删除元素时,也必须查找到该记录。

从哈希表的查找过程可知:

1) 虽然哈希表在关键字与记录的存储位置之间建立了直接映像,但由于“冲突”的产生,使得哈希表的查找过程仍然是一个给定值与关键字进行比较的过程。因此,仍需以平均查找长度衡量哈希表的查找效率。

2) 查找过程中需和给定值进行比较的关键字的个数取决于下列三个因素:哈希函数、处理冲突的方法和哈希表的装填因子。

哈希函数的好坏首先影响出现冲突的频繁程度。对于“均匀的”哈希函数,可以假定:对同一组随机的关键字,用不同的哈希函数产生冲突的可能性相同,因此可不考虑它对平均查找长度的影响。

对同一组关键字,使用相同的哈希函数和不同的冲突处理方法,可得到不同的哈希表,其平均查找长度不同。例如,关键字序列为(47,34,13,12,52,38,33,27,3),哈希函数为 Hash(key) = key mod 11,采用线性探测法和链地址法构造的哈希表分别如表 8-1、8-20 所示,它们的平均查找长度分别为

$$ASL_{线性探测法} = \frac{1}{9}(1 \times 6 + 2 + 4 + 5) = \frac{17}{9}$$

$$ASL_{链地址法} = \frac{1}{9}(1 \times 6 + 2 \times 3) = \frac{12}{9}$$

在一般情况下，冲突处理方法相同的哈希表，其平均查找长度依赖于哈希表的装填因子。α标志哈希表的装满程度。直观地看，α越小，发生冲突的可能性就越小；反之，α越大，表中已填入的记录越多，再填入记录时，发生冲突的可能性就越大，则查找时与给定值进行比较的关键字的个数也就越多。

当$\alpha < 0.5$，即哈希表将近半满时，大部分情况下平均查找长度小于2。实践经验也表明0.5是一个阈值，装填因子超过0.5后，哈希表的操作性能会急剧下降。因此，需要知道在最大负载情况下表中可能有多少条记录，从而选择哈希表的长度。

总之，哈希表的重要特征是其平均查找长度不依赖于表中的记录个数，而是随着装填因子的增大而增加。如果安排合理，哈希表的平均查找长度可以小于1.5。因此，哈希法是应用较为广泛的高效查找方法。例如，互联网搜索引擎中的关键词字典、域名服务器DNS中域名与IP地址的对应、操作系统中的可执行文件名表、编译系统中的符号表等，都采用哈希技术来提高查找速度。

习题

1. 对大小均为n的有序顺序表和无序顺序表分别进行顺序查找，在下面三种情况下，分别讨论等概率查找时的平均查找长度是否相同：

(1) 查找不成功，即表中不存在关键字等于给定值key的记录。

(2) 查找成功，且表中仅有一个关键字等于给定值key的记录。

(3) 查找成功，且表中仅有m个关键字等于给定值key的记录($1 < m\%n$)。

2. 画出具有9个元素的顺序有序表中进行二分查找时的判定树，并计算查找成功和不成功时的平均查找长度。

3. 直接在二叉排序树中查找关键字K与在中序遍历输出的有序序列中查找关键字K，其效率是否相同？输入关键字有序序列来构造一棵二叉排序树，然后对此树进行查找，其效率如何？为什么？

4. 输入一个正整数序列(53,17,12,66,58,70,87,25,56,60)，试完成下列各题。

(1) 按次序构造一棵二叉排序树。

(2) 依此二叉排序树，如何得到一个从大到小的有序序列？

(3) 画出在此二叉排序树中删除66后的树结构。

5. 已知一个有序表的表长为$4N(N > 1)$，并且表中没有关键字相同的记录。按如下方法查找一个关键字等于给定值key的记录：先在编号为4,8,1 2,…,$4K$,…,$4N$的记录中进行顺序查找，或者查找成功，或者由此确定出一个继续进行折半查找的范围。画出描述上述查找过程的判定树，并求等概率查找时查找成功的平均查找长度。

6. 设关键字序列为(Jan,Feb,Mar,Apr,May,June,July,Aug,Sep,Oct,Nov,Dec)，完成下列各题：

(1) 按此序列构造二叉排序树(关键字按照字典序比较大小)，并计算查找成功和不成功的平均查找长度。

(2) 按此序列构造平衡二叉树,并计算查找成功时的平均查找长度。

7. 由一个给定的序列可构造唯一的一棵二叉排序树,但一棵给定的二叉排序树则可能对应多个关键字序列,试举例说明。

8. 推导含 12 个结点的平衡二叉树的最大高度,并画出一棵这样的树。

9. 设有一组关键字(19,01,23,14,55,20,84,27,68,11,10,77),采用哈希函数 H(key) = key mod 13,采用开放定址法的随机探测再散列方法解决冲突,取伪随机序列为 3,54,11,36,19,…。在 0 ~ 18 的散列地址空间中对该关键字序列构造哈希表,并求平均查找长度。

10. 设哈希函数 H(key) = key mod 11,哈希地址空间为 0 ~ 11,对关键字序列(31,12,48,54,21,33,22,68,20,84)完成下列各题:

(1) 用线性探测法解决冲突构造哈希表,并计算在等概率情况下查找成功和不成功的平均查找长度。

(2) 用链地址解决冲突构造哈希表,并计算在等概率情况下查找成功和不成功的平均查找长度。

11. 使用散列函数 Hashf(x) = x mod 11,把一个整数值转换成散列地址。现要把数据 1,13,12,34,38,33,27,22 插入到散列表中,分别使用线性探测再散列法和链地址法构造散列表。针对这两种情况,确定其装填因子、查找成功所需的平均探查次数以及查找不成功所需的平均探查次数。

12. 简要说明 B 树与 B+ 树的差别。

13. 已知一个含有 1000 个记录的表,其关键字为中国人姓氏的拼音,设计一个存储和查找这些记录的哈希表,要求在等概率情况下查找成功的平均查找长度不超过 3。

14. 编写二分查找的递归算法。

15. 编写算法判断给定的二叉树是否为二叉排序树。

16. 编写一个算法,将两棵二叉排序树合并成一个二叉排序树。

17. 编写一个算法,实现平衡二叉树的插入操作。

第9章　排序

9.1　排序的基本概念

排序(sorting)也叫分类,是指将一组记录的任意序列按规定顺序重新排列。排序的目的是便于查询和处理,提高解决问题的效率。它是计算机数据处理中的一种重要操作,如字典是典型的排序结构,将字或词按字母顺序排列,便于查询。

在计算机中,由于待排序的记录的形式、数量不同,使得排序过程中涉及的存储器不同,对记录进行分类所采用的方法也不同。根据排序时存放数据的存储器的不同,可将排序分为两类:一类是内部排序(internal sorting),是指排序的过程中,记录全部存放在计算机内存中,并在内存中调整记录的位置进行排序;另一类是外部排序(external sorting),指待排序的记录数量很大,以至于内存一次不能容纳全部记录时,将记录的主要部分存入外存储器中,借助计算机的内存储器,调整外存储器上的记录的位置进行排序。本章将集中讨论内部排序。

为了讨论方便,下面将待排序的一组记录存储在地址连续的一组存储单元上。其类型定义如下:

```
#define maxsize 20              /* 顺序表最大长度 */
typedef int Keytype;          /* 定义关键字类型为整型 */
typedef struct
{
    Keytype key;                /* 关键字 */
    Infotype other;             /* 其他数据项 */
}Rcdtype;                       /* 记录类型 */
typedef   struct
{
    Rcdtype r[maxsize+1];       /* r[0] 作哨兵单元 */
    int length;                 /* 顺序表长度 */
}Sqlist;                        /* 顺序表类型 */
```

排序过程就是按关键字非递减(或非递增)的顺序把一组记录重新排列,即对如上的记录数组 r 经排序处理后,满足如下关系:

$$r[1].\text{key} \leqslant r[2].\text{key} \leqslant \cdots\cdots \leqslant r[\text{maxsize}].\text{key}$$

上述定义记录中的关键字 key 可以是记录的主关键字,也可以是次关键字,甚至是若干数据项的组合。主关键字,是指记录序列中关键字值互不相等,该记录序列经排序后,得到的结果唯一。例如,在一个学生信息记录中,学号即为主关键字。次关键字,是指待排序的记录序列中可能存在两个或两个以上关键字相等,则排序结果不唯一。例如,学生记录中的姓名可看成次关键字。如果在排序之前关键字相等的两个记录 $r[i]$ 和 $r[j]$,即 $r[i].\text{key} == r[j].\text{key}(1 \leqslant i < j \leqslant n)$,

$r[i]$ 位置领先于 $r[j]$，若排序后的序列中 $r[i]$ 和 $r[j]$ 分别移至 $r[i_1]$ 和 $r[j_1]$，且 i_1，j_1 满足 $1 \leqslant i_1 < j_1 \leqslant n$，则称此排序方法是稳定的；反之，如 $1 \leqslant i_1 < j_1 \leqslant n$，则称排序方法是不稳定的。

例如，假定一组记录的关键字为(23,15,72,18,$\underline{23}$,40)，若一种排序方法使排序后的结果为(15,18,23,$\underline{23}$,40,72)，则此方法是稳定的，如果排序后的结果为(15,18,$\underline{23}$,23,40,72)，则此方法是不稳定的。

内部排序的方法很多，每一种方法都有各自的优缺点，很难说明哪一种方法是最好的。在某种条件下，还可通过几种方法相结合来提高算法的效率。为了比较各种算法的效率，要分析算法的时间复杂度，为此要考虑比较关键字的次数和移动记录的次数。根据排序的时间复杂度，可将排序分三类：简单的排序方法，其时间复杂度为 $O(n^2)$；先进的排序方法，其时间复杂度为 $O(n\log n)$；基数排序，其时间复杂度为 $O(d \times n)$。

9.2 插入排序

插入排序的基本思想是：每次将一个待排序的记录，按其关键字大小插入到它前面已经排好序的子表的适当位置，直到全部记录插入完成，整个表有序为止。

9.2.1 直接插入排序

直接插入排序是一种简单的插入排序方法，基本思想为：在 $R[1] \sim R[i-1]$ 长度为 $i-1$ 的子表已经有序的情况下，将 R_1 插入，得到 $R[1] \sim R[i]$ 长度为 i 的子表有序。这样，通过 $n-1$ 趟 $(i = 2 \cdots n)$ 之后，$R[1] \sim R[n]$ 有序。

例如，对于以下序列(为简便起见，每一个记录只列出其排序码，用排序码代表记录)：

[10 18 20 36 60] 25 30 $\underline{18}$ 12 56

其中，前 5 个记录组成的子序列是有序的，这时要将第 6 个记录插入到前 5 个记录组成的有序子序列中去，得到一个含有 6 个记录的新有序序列。完成这个插入首先需要找到插入位置：$20 < 25 < 36$，因此 25 应插入到记录 20 和记录 36 之间，从而得到以下新序列：

[10 18 20 25 36 60] 30 $\underline{18}$ 12 56

这就是一趟直接插入排序的过程。

可以看出，将 R1 插入到子序列 $R[1] \cdots R[i-1]$ 的过程，首先是进行顺序查找以便确定出插入位置，然后移动数据，可以将两者同时进行，自 $R[i-1]$ 开始向前进行搜索，搜索过程中同时后移记录。

初始状态下，认为长度为 1 的子表是有序的，因此对 n 个记录的表，可从第 2 个记录开始直到第 n 个记录，逐个向有序表中进行插入操作，从而得到 n 个记录按关键码有序。

例 9.1　有以下排序表：

36 20 1 8 10 60 25 30 $\underline{18}$ 12 56

按直接插入排序方法进行排序的过程如图 9-1 所示。

	R[0]	R[1]	R[2]	R[3]	R[4]	R[5]	R[6]	R[7]	R[8]	R[9]	R[10]
初始序列：		[36]	20	18	10	60	25	30	18	12	56
i=2 ：	(20)	[20	36]	18	10	60	25	30	18	12	56
i=3 ：	(18)	[18	20	36]	10	60	25	30	18	12	56
i=4 ：	(10)	[10	18	20	36]	60	25	30	18	12	56
i=5 ：	(10)	[10	18	20	36	60]	25	30	18	12	56
i=6 ：	(25)	[10	18	20	25	36	60]	30	18	12	56
i=7 ：	(30)	[10	18	20	25	30	36	60]	18	12	56
i=8 ：	(18)	[10	18	18	20	25	30	36	60]	12	56
i=9 ：	(12)	[10	12	18	18	20	25	30	36	60]	56
i=10 ：	(56)	[10	12	18	18	20	25	30	36	56	60]

图 9-1　直接插入排序示例

综上所述，直接插入排序的算法如下：

算法 9.1　直接插入排序

```
void D_InsertSort(datatype R[],int n)
{/* 对排序表 R[1]…R[n] 进行直接插入排序，n 是记录的个数 */
    for(i = 2;i <= n;i ++)
    if(R[i].key < R[i-1].key)
    {
        R[0] = R[i];              /* 将R[i]插入R[1]…R[i-1]中，R[0]为监测哨 */
        for(j = i-1;R[0].key < R[j].key;j --)
          R[j+1] = R[j];        /* 后移记录 */
          R[j+1] = R[0];            /* 插入到合适位置 */
    }
}
```

算法中 $R[0]$ 的作用一方面做插入记录 R_i 的缓存单元，更重要的作用是它的监视哨作用，监视哨作用在顺序查找中曾经遇到过，通过使用监视哨可以使比较次数约减少一半。

性能分析：

从空间性能看，仅用了一个辅助单元 $R[0]$ 作为监视哨，空间复杂度为 $O(1)$。

从时间性能看，向有序表中逐个插入记录的操作，进行了 $n-1$ 趟，每趟操作分为比较关键码和移动记录，而比较的次数和移动记录的次数取决于初始序列的排列情况。可以分三种情况讨论。

1）最好情况下，即待排序列已按关键码有序，每趟操作只需 1 次比较，0 次移动，即

$$\text{总比较次数} = n-1 \text{ 次}$$

$$\text{总移动次数} = 0 \text{ 次}$$

2）最坏情况下，即第 i 趟操作，插入记录要插入到最前面的位置，需要同前面的 i 个记录（包括监测哨）进行 i 次关键码比较，移动记录的次数为 $i+1$ 次。

$$\text{总比较次数} = \sum_{i=2}^{n} i = \frac{1}{2}(n+2)(n-1)$$

总移动次数 $= \sum_{i=2}^{n}(i+1) = \frac{1}{2}(n+4)(n-1)$

显然,直接插入排序是一个稳定的排序,其时间复杂度为 $O(n^2)$。

直接插入排序也可以在链式结构上实现,读者不难写出采用链式存储结构的算法。

9.2.2 折半插入排序

直接插入排序的基本操作是向有序表中插入一个记录。在直接插入排序中,插入位置的确定是通过对有序表中关键码的顺序比较得到的。既然是在有序表中确定插入位置,因此在寻找 R_i 的插入位置时,就可以采用折半查找的方法来确定,用折半查找方法查找 R_i 的插入位置,再将 R_i 插入进去,使得 $R[1] \sim R[i]$ 有序,这种方法就是折半插入排序。

算法如下:

算法 9.2　折半插入排序算法

```
void B_InsertSort(datatype R[],int n)
{/* 对排序表 R[1]…R[n] 做折半插入排序,n 是记录的个数 */
    for(i = 2;i <= n;i ++)
    {
        R[0] = R[i];                    /* 保存待插入元素 */
        low = 1;high = i-1;             /* 设置初始区间 */
        while(low <= high)              /* 该循环语句完成确定插入位置 */
        {
            mid = (low + high)/2;
            if(R[0].key > R[mid].key)
                    low = mid+1;        /* 插入位置在高半区中 */
            else high = mid-1;          /* 插入位置在低半区中 */
        }
        for(j = i-1;j >= high+l;j --)   /* high+1 为插入位置 */
            R[j+1] = R[j];              /* 后移元素,留出插入空位 */
            R[high+1] = R[0];           /* 将元素插入 */
    }
}
```

性能分析:

折半插入排序需要的辅助存储空间与直接插入排序相同,空间复杂度为 $O(1)$。

在确定插入位置所进行的折半查找中,定位一个关键码的位置需要比较次数至多为 $\lceil(\log2(n+1)\rceil$ 次,所以比较次数的时间复杂度为 $O(n\log2n)$。

相对直接插入排序,折半插入排序只能减少关键字间的比较次数,而移动记录的次数和直接插入排序相同,故时间复杂度仍为 $O(n^2)$。

折半插入排序也是一个稳定的排序方法。

折半插入排序只适合于顺序存储的排序表。

9.2.3 表插入排序及重排

直接插入排序、折半插入排序均要移动大量记录,时间开销大,若不移动记录完成排序,则需要将排序表改变存储结构为链式存储。这样,通过改变指针的链接,实现按关键码的有序。

设排序表用静态链表作为存储结构,定义如下:

```
#define MAXNUM…                /* 足够大的数 */
typedef struct
{
    datatype data;             /* 元素类型 */
    int next;                  /* 指针项 */
}SNodeType;                    /* 表结点类型 */
SNodeType R[MAXNUM];           /* R是静态链表存储的排序表 */
```

设数据元素已存储在静态链表中,且0号单元作为头结点,根据链表的特点可以通过不移动记录而只是改变链接指针,将记录按关键码组织成一个有序静态链表。

操作方法与直接插入排序类似,所不同的是直接插入排序要移动记录,而表插入排序是修改链接指针。排序的基本思想是:首先设置空的循环链表,即头结点指针域置0,并在头结点数据域中存放比所有记录关键码都大的整数,然后将每个记录逐个向链表中插入即可。

例9.2 设排序表为49,38,65,97,76,13,27,49。表插入排序过程如图9-2所示。

	0	1	2	3	4	5	6	7	8	
初始状态	MAXINT	49	38	65	97	76	13	27	<u>49</u>	key域
	0	—	—	—	—	—	—	—	—	next域
i=1	MAXINT	49	38	65	97	76	13	27	<u>49</u>	
	1	0	—	—	—	—	—	—	—	
i=2	MAXINT	49	38	65	97	76	13	27	<u>49</u>	
	2	0	1	—	—	—	—	—	—	
i=3	MAXINT	49	38	65	97	76	13	27	<u>49</u>	
	2	3	1	0	—	—	—	—	—	
i=4	MAXINT	49	38	65	97	76	13	27	<u>49</u>	
	2	3	1	4	0	—	—	—	—	
i=5	MAXINT	49	38	65	97	76	13	27	<u>49</u>	
	2	3	1	5	0	4	—	—	—	
i=6	MAXINT	49	38	65	97	76	13	27	<u>49</u>	
	6	3	1	5	0	4	2	—	—	
i=7	MAXINT	49	38	65	97	76	13	27	<u>49</u>	
	6	3	1	5	0	4	7	2	—	
i=8	MAXINT	49	38	65	97	76	13	27	<u>49</u>	
	6	8	1	5	0	4	7	2	3	

图9-2 表插入排序示例

表插入排序算法和单链表中的有关算法类似,这里不再赘述。

性能分析：

表插入排序的基本操作是将一个记录插入到已排好序的有序链表中，设有序表长度为 i，则需要比较至多 $i+1$ 次，修改指针两次。因此，总比较次数与直接插入排序相同，时间复杂度仍为 $O(n^2)$。该算法是稳定的。

表插入排序得到一个有序的链表，按物理存储无序，查找则只能按照链进行顺序查找。若我们采用的是静态链表，为了方便操作，有时需要再将排序表按物理存储有序，这时需要对记录进行重排的操作。下面介绍一种重排算法，读者可以学习其中的一些技巧。

重排记录方法：按链表顺序扫描各结点，将逻辑上的第 i 个记录调整到数组的第 i 个分量中。调整前的第 i 个记录可能在数组的第 j 个分量上，因此需要将两个分量进行交换；但交换后会破坏指向 i 分量的链，为了保持原有的链，需要将第 i 个结点的指针域改变为 j，起一个引导的作用。

例 9.3　对上例表插入排序结果进行重排，重排过程如图 9-3 所示。

	0	1	2	3	4	5	6	7	8	
初始状态	MAXINT	49	38	65	97	76	13	27	49	key 域
	6	8	1	5	0	4	7	2	3	next 域
i=1	MAXINT	**13**	38	65	97	76	**49**	27	49	
j=6	1	(6)	1	5	0	4	**8**	2	3	
i=2	MAXINT	13	**27**	65	97	76	49	**38**	49	
j=7	1	(6)	(7)	5	0	4	8	**1**	3	
i=3	MAXINT	13	27	**38**	97	76	49	**65**	49	
j=(2),7	1	(6)	(7)	(7)	0	4	8	**5**	3	
i=4	MAXINT	13	27	38	**49**	76	**97**	65	49	
j=(1),6	1	(6)	(7)	(7)	(6)	4	**0**	5	3	
i=5	MAXINT	13	27	38	49	**49**	97	65	**76**	
j=8	1	(6)	(7)	(7)	(6)	(8)	0	5	**4**	
i=6	MAXINT	13	27	38	49	49	**65**	**97**	76	
j=(3),7	1	(6)	(7)	(7)	(6)	(8)	(7)	**0**	4	
i=7	MAXINT	13	27	38	49	49	65	**76**	**97**	
j=(5),8	1	(6)	(7)	(7)	(6)	(8)	(7)	(8)	**0**	

图 9-3　重排数组中记录的过程

重排算法如下：

算法 9.3　表插入排序位置重排算法

```
void B_InsertSort(SNodeType R[],int n)
{/* 将按表插入排序方法已排好序的静态链表记录位置重排,n 为记录个数 */
        int i,j,p;        /*j 指当前重拍元素,i 为应该到的位置,p 指下一个待排元素的初始
位置 */
        datetype s;
        j = R[0].next;                    /* 第一个元素的位置 */
        R[0].next = 1;
        i = 1;
```

```
    while(i < n)                    /* 将 j 分量上元素调整到 i 分量上 */
    if(i == j)
    {
        j = R[j].next;              /* 恰好在 i 分量上 */
        i++;
    }
    else if(i < j)                  /* 将 j 分量向前调整到 i 分量 */
    {
        p = R[j].next;              /* 保存下一个待重排的元素的初始指针 */
        s = R[i];R[i] = R[j];R[j] = 8;  /*R[i] 和 R[j] 交换 */
        R[i].next = j;                  /* 保存引导指针 */
        j = p;
        i++;
    }
    else       /* 待排元素已移动,需要按照引导向后寻找待排元素 */
    while(j < i)j = R[j].next;      /*j < i,按引导指针找到待重排的元素 */
}
```

重排之后,关键码已按物理相邻有序,原指针域数据无效,若需要,可以依据现在的次序重新链接为一个静态链表(见图 9-4)。

0	1	2	3	4	5	6	7	8
MAXINT	13	27	38	49	<u>49</u>	65	76	97
1	2	3	4	5	6	7	8	0

图 9-4　重排后的静态链表

重排过程最多交换 n 对数据元素,故时间复杂度为 $O(n)$。

9.2.4　希尔排序

直接插入排序算法简单,但时间性能为 $O(n^2)$,对于此性能,显然当 n 较小时比 n 较大时效率要好,我们也看到对于直接插入排序方法,若排序表初始状态的关键码有序性较好,该算法的效率较高,其时间效率可提高到 $O(n)$。希尔排序(Shell′s Sort)是从这两点出发,给出插入排序的改进方法。希尔排序又称缩小增量排序,是 1959 年由 D. L Shell 提出的。

希尔排序的思想是:先选取一个小于 n 的整数 d_i(称之为步长),然后把排序表中的 n 个记录分为 d_i 个组,从第一个记录开始,间隔为 d_i 的记录为同一组,各组内进行直接插入排序,一趟之后,间隔 d_i 的记录有序,随着有序性的改善,减小步长 d_i,重复进行,直到 $d_i = 1$,使得间隔为 1 的记录有序,也就使整体达到了有序。

步长为 1 时就是前面讲的直接插入排序。

例 9.4　设排序表关键码序列为:39,80,76,41,13,29,50,78,30,11,100,7,<u>41</u>,86,步长因子依次取 5、3、1,其希尔排序过程如图 9-5 所示。

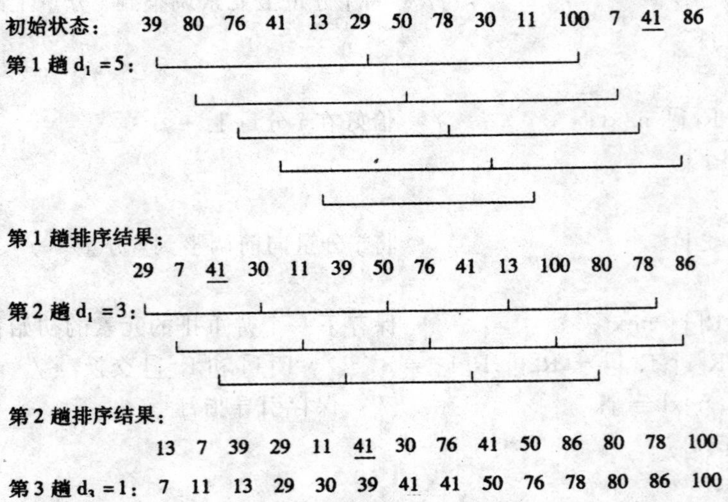

初始状态： 39 80 76 41 13 29 50 78 30 11 100 7 <u>41</u> 86

第 1 趟 $d_1=5$：

第 1 趟排序结果：

29 7 <u>41</u> 30 11 39 50 76 41 13 100 80 78 86

第 2 趟 $d_1=3$：

第 2 趟排序结果：

13 7 39 29 11 <u>41</u> 30 76 41 50 86 80 78 100

第 3 趟 $d_3=1$： 7 11 13 29 30 39 <u>41</u> 41 50 76 78 80 86 100

图 9-5 希尔排序过程示例

设有 t 个增量，且增量序列已存放在数组 d 的 $d[0] \sim d[t-1]$ 中，希尔排序的算法如下：

算法 9.4 希尔排序的算法

```
void ShellSort(datatype R[],int n,int d[],int t)
{/* 按增量序列 d[0],d[1]…d[t-1] 对排序表 R[1]…R[n] 进行希尔排序，n 是记录个数
*/
    int i,j,k,h;
    for(k = 0;k < t;k ++)
    {
        h = d[k];                              /* 本趟的增量 */
        for(i = h + 1;i <= n;i ++)
        if(R[i]. key < R[i - h]. key)          /* 小于时，需插入有序表 */
        {
            R[0] = R[i];                       /* 存放待插入的记录 */
            for(j = i - h;j > 0 && R[0]. key < R[j]. key;j = j - h)
            R[j + h] = R[j];                   /* 记录后移 */
            R[j + h] = R[0];                   /* 插入到正确位置 */
        }
    }
}
```

性能分析：

希尔排序时效分析很难，有人在大量的实验基础上推出，当 n 在某个特定范围内，希尔排序所需的比较次数和移动次数约 $n^{1.3}$。在希尔排序中关键码的比较次数与记录移动次数还依赖于步长因子序列的选取，特定情况下可以准确估算出关键码的比较次数和记录的移动次数。目前还没有人给出选取最好的步长因子序列的方法。步长因子序列可以有各种取法，有取奇数的，也有

取质数的，但需要注意：步长因子中除1外应没有公因子，且最后一个步长因子必须为1。

希尔排序方法是一个不稳定的排序方法。

9.3　交换排序

交换排序的基本思想是：通过排序表中两个记录关键码的比较，若与排序要求相逆，则将二者进行交换，直至没有反序的记录为止。交换排序的特点是：排序码值较小记录的向序列的一端移动，排序码值较大记录的向序列的另一端移动。

9.3.1　冒泡排序

设排序表为 $R[1]\cdots R[n]$，对 n 个记录的排序表进行冒泡排序(Bubble Sort)的过程是：第1趟，从第1个记录开始到第 n 个记录，对 $n-1$ 对相邻的两个记录关键字进行比较，若与排序要求相逆，则将二者交换。这样，一趟之后，具有最大关键字的记录交换到了 $R[n]$，第2趟，从第1个记录开始到第 $n-1$ 个记录继续进行第二趟冒泡，两趟之后，具有次最大关键字的记录交换到了 $R[n-1]$，…，如此重复，$n-1$ 趟后，在 $R[1]\cdots R[n]$ 中，n 个记录按关键码有序。

冒泡排序最多进行 $n-1$ 趟，在某趟的两两比较过程中，如果一次交换都未发生，表明已经有序，则排序提前结束。

冒泡排序算法如下：

算法9.5　冒泡排序算法

```
void Bubble_Sort(datetype R[],int n)
{/* 排序表R[1]…R[n]进行冒泡排序,n是记录个数 */
    int i,j;
    int swap;           /* 交换标志变量 */
    for(i = 1;i < n-1;i ++)
    {
      swap = 0;
      for(j = 1;j <= n-i;j ++)
      if(R[j].key > R[j+1].key)
      {
          R[0] = R[j+1];
          R[j] = R[j+1];
          R[j+1] = R[0];
          swap = 1;   /* 置交换标志 */
      }
      if(swap = 0)break;
    }
}
```

算法中的swap为交换标志，在某趟的排序中，如果一次交换都未发生，swap一直为0，这说明已经全部有序，即使没有进行完 $n-1$ 趟排序也结束。

性能分析：

从空间性能看，仅用了一个辅助单元 $R[0]$ 作为交换的中介。

从时间性能看，最好情况是排序表初始有序时，第 1 趟比较过程中，一次交换都未发生，所以一趟之后就结束，只需比较 $n-1$ 次，不需移动记录；最坏情况为初始逆序状态，总共要进行 $n-1$ 趟冒泡，每一趟对 i 个记录的表进行一趟冒泡需要 $i-1$ 次关键码比较和 $i-1$ 对数据交换，其

$$\text{总比较次数} = \sum_{i=n}^{2}(i-1) = \frac{1}{2}n(n-1)$$

故冒泡排序的时间复杂度为 $O(n^2)$。

冒泡排序是一个稳定的排序方法。

9.3.2 快速排序

快速排序的核心操作是划分。以某个记录为标准(也称为支点)，通过划分将待排序列分成两组，其中一组中的记录的关键码均大于或等于支点记录的关键码，另一组中的所有记录的关键码小于支点记录的关键码，则支点记录就放在两组之间，这也是该记录的最终位置。再对各部分继续划分，直到整个序列按关键码有序。

下面介绍的划分算法其时间性能可以达到 $O(n)$，它的划分思想如下：

设置两个搜索指针 low 和 high 是指示待划分的区域的两个端点，从 high 指针开始向前搜索比支点小的记录，并将其交换到 low 指针处，low 向后移动一个位置，然后从 low 指针开始向后搜索比支点大(等于) 的记录，并将其交换到 high 指针处，high 向前移动一个位置，如此继续，直到 low 和 high 相等，这表明 low 前面的都比支点小，high 后面的都比支点大，low 和 high 指的这个位置就是支点的最后位置。为了减少数据的移动，先把支点记录缓存起来，最后再置入最终的位置。

例 9.5　划分过程。对排序表 49,14,38,74,96,65,8,49,55,27 进行划分。

划分过程如图 9-6 所示。

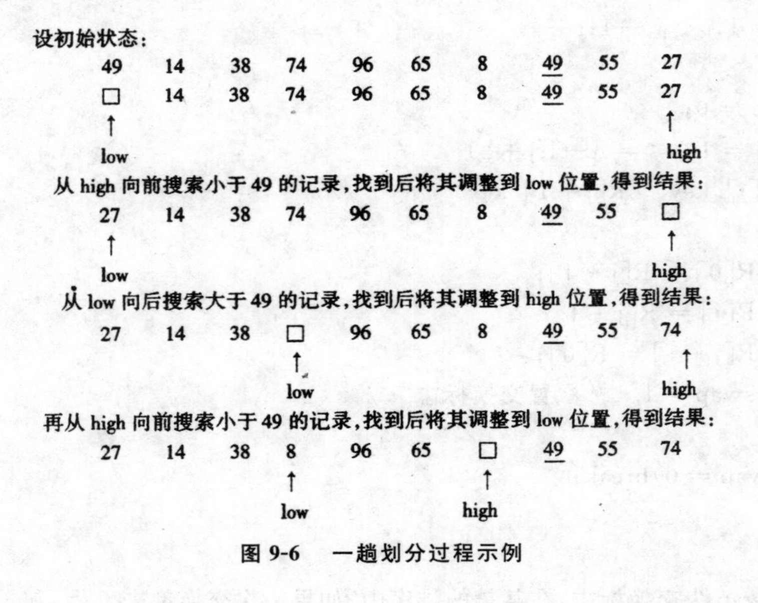

图 9-6　一趟划分过程示例

再从 low 向后搜索大于 49 的记录,找到后将其调整到 high 位置,得到结果:

```
27   14   38   8   □   65   96   49   55   74
                   ↑         ↑
                  low       high
```

再继续,得到结果:

```
27   14   38   8   □   65   96   49   55   74
                  ↑↑
               low = = high
```

当 low = high,划分结束,填入支点记录:

```
[27   14   38   8]   49  [65   96   49   55   74]
```

图 9-6　一趟划分过程示例(续)

综上所述,一趟划分算法如下:

算法 9.6　划分算法

```
int Partition(datatype R[],int low,int high)
{/* 对子区间 R[low]…R[high],以 R[low] 为支点进行划分,算法返回支点记录最终的位
置 */
    R[0] = R[low];      /* 暂存支点记录 */
    while(low < high);      /* 从表的两端交替地向中间扫描 */
    {
        while(low < high&&a[higll]. key >= R[0]. kry)
          High--;
        if(low < high)
        {
            R[low] = R[high];
            low++;
        }  /* 将比支点记录小的交换到前面 */
        while(low < high&&R[low]. key < R[0]. key)
          low++;
        if(low < high)
        {
            R[high] = R[low];
            high--;
        }  /* 将比支点记录大的交换到后面 */
    }
    R[low] = R[0];      /* 支点记录到位 */
    return low;      /* 返回支点记录所在位置 */
}
```

经过划分之后,支点则到了最终排好序的位置上,再分别对支点前后的两组继续划分下去,直到每一组只有一个记录为止,则是最后的有序序列,这就是快速排序。

快速排序过程就是反复划分的过程,算法如下:

算法 9.7　快速排序算法

```
void Quick_Sort(datatype R[],int s,int t)
{  /* 对 R[s]…R[t] 进行快速排序 */
   if(s < t)
   {
       i = Partition(R,s,t)      /* 将表一分为二 */
       Quick_Sort(R,s,i-1);/* 对支点前端子表递归排序 */
       Quick_Sort(R,i+1,t);/* 对支点后端子表递归排序 */
   }
}
```

快速排序的递归过程可用一棵二叉树示意给出。

图 9-7 为例 9.5 排序表在进行快速排序时对应的二叉树。

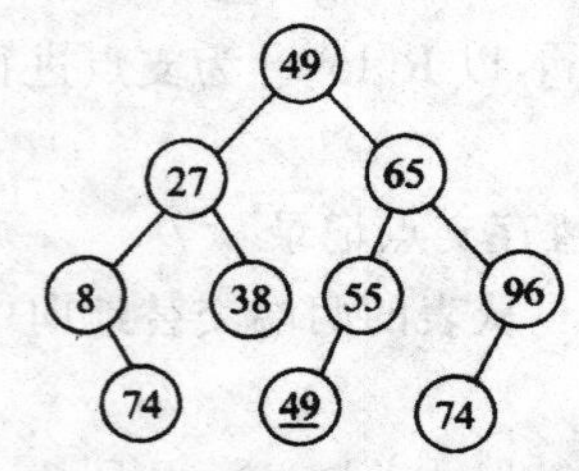

图 9-7　例 9.5 排序表快速排序对应的二叉树

性能分析：

从空间效率看，快速排序是递归的，每层递归调用时的指针和参数均要用栈来存放，递归调用层次数与上述二叉树的深度一致。因而，存储开销在理想情况下为 $O(\log_2 n)$，即树的高度；在最坏情况下，即二叉树是一个单链，为 $O(n)$。

从时间效率看，在 n 个记录的待排序列中，一次划分需要约 n 次关键码比较，时效为 $O(n)$，若设 $T(n)$ 为对 n 个记录的待排序列进行快速排序所需时间，则理想情况下，每次划分正好将其分成两个等长的子序列，则

$$
\begin{aligned}
T(n) &\leqslant cn + 2T(n/2) \qquad (c \text{ 是一个常数}) \\
&\leqslant cn + 2(cn/2 + 2T(n/4)) = 2cn + 4T(n/4) \\
&\leqslant cn + 4(cn/4 + T(n/8)) = 3cn + 8T(n/8) \\
&\cdots \\
&\leqslant cn\log_2 n + nT(1) = 0(n\log_2 n)
\end{aligned}
$$

在最坏情况下，即每次划分只得到一个子序列，时效为 $O(n^2)$

快速排序是通常被认为在同数量级 $O(n\log_2 n)$ 韵排序方法中平均性能最好的。但若初始序列按关键码有序或基本有序时，快速排序反而蜕化为冒泡排序。为改进之，通常以“三者取中法”来选取支点记录，即将排序区间的两个端点与中点 3 个记录关键码居中的调整为支点记录。

快速排序是一个不稳定的排序方法，如排序表$\underline{2}$,2,1

9.4　选择排序

选择排序主要是每一趟从待排序列中选取一个关键码最小的记录，也即第一趟从 n 个记录中选取关键码最小的记录，第 2 趟从剩下的 $n-1$ 个记录中选取关键码最小的记录，直到整个序列的记录选完。这样，由选取记录的顺序，便得到按关键码有序的序列。

9.4.1　简单选择排序

简单选择排序的过程为：第一趟，从 n 个记录中找出关键码最小的记录与第一个记录交换；第二趟，从第二个记录开始的 $n-1$ 个记录中再选出关键码最小的记录与第二个记录交换；如此，第 i 趟，则从第 i 个记录开始的 $n-i+1$ 个记录中选出关键码最小的记录与第 i 个记录交换，直到整个序列按关键码有序。

例 9.6　有排序表：25，36，30，36，10，56，12，简单选择排序过程如图 9-8 所示。

初始序列：	25	36	30	36	10	56	12
第 1 趟排序后：	[10]	36	30	36	25	56	12
第 2 趟排序后：	[10	12]	30	36	25	56	36
第 3 趟排序后：	[10	12	25]	36	30	56	36
第 4 趟排序后：	[10	12	25	30]	36	56	36
第 5 趟排序后：	[10	12	25	30	36]	56	36
第 6 趟排序后：	[10	12	25	30	36	36	56]

图 9-8　简单选择排序示例

简单选择排序算法如下：

算法 9.8　简单选择排序

```
void Select_Sort(datatype R[],int n)
{/* 对排序表 R[1]…R[n] 进行冒泡排序，n 是记录个数 */
    for(i = 1;i < n;i ++)           /* 做 n－1 趟选取 */
    {
        k = i;                      /* 在 i 开始的 n－i＋1 个记录中选关键码最小的记录 */
        for(j = i + 1;j <= n;j ++)
        if(R[j]. key < R[k]. key)
        k = j;                      /* k 中存放关键码最小记录的下标 */
        if(i! = k)                  /* 关键码最小的记录与第 i 个记录交换 */
        {
            R[0] = R[k];
            R[k] = R[i];
            R[i]:R[0];
        }
    }
```

}

性能分析：

简单选择排序是一种不稳定的排序方法，如例 9.6 中关键码同为 36 的两个记录，在排序前后的相对位置发生了变化。

从空间性能看，仅用了一个辅助单元 $R[0]$ 作为交换的中介。

从时间性能看，由算法中可看出，简单选择排序移动记录的次数较少，初始序列正序的情况下最好，移动记录 0 次，最坏情况下，每趟排序都需要交换，共需移动记录 $3(n-1)$ 次；但关键码的比较次数与初始序列情况无关，总是 $n(n-1)/2$。

所以算法的时间复杂度为

$$O(n^2)$$

9.4.2　树结构选择排序

按照锦标赛的思想进行，首先将 n 个参赛的选手通过 $n/2$ 次两两比较，再从 $n/2$ 个胜者中进行两两比较，如此重复，直到选择出胜者(如最大)。这个过程可用一个具有 n 个叶子结点的完全二叉树来表示，则该完全二叉树有 $2n-2$ 或 $2n-1$ 个结点。接下来，将第 1 名的结点看成成绩最差的(图中置为了 0)，并从该结点(叶子位置) 开始，沿该结点到根路径上，依次进行各分支结点子女间的比较，胜出的就是第 2 名(次最大)。因为和它比赛的均是刚刚输给第 1 名的选手。如此，继续进行下去，直到所有选手的名次排定。

例 9.7　16 个选手的比赛。

如图 9-9(a) 所示，由于含有 n 个叶子结点的完全二叉树的深度是 $|\log_2 n|+1$，则在树结构选择排序中，除了第一次选择第 1 名比较了 $n-1$ 次，选择一个第 2 名、第 3 名 … 比较的次数都是 $|\log_2 n|$ 次，故时间复杂度为 $O(\log_2 n)$。

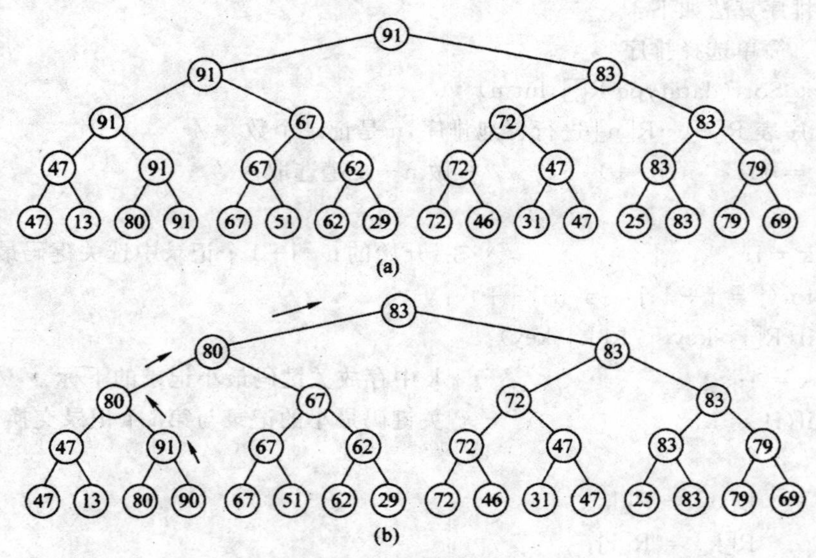

图 9-9　树结构选择排序过程示例

(a) 产生第一名的过程；(b) 产生第二名的过程

该方法占用辅助空间较多，除需输出排序结果的 n 个单元外，尚需 $n-1$ 个辅助单元。

9.4.3 堆排序

简单选择排序的思想简单，易于实现，但其时间性能没有优势，这是因为在每趟的选择中，没有把前面选择过程中的一些有用信息继承下来，因此每趟选择都是顺序的一一进行，如果某一趟的选择能够把前面有用的一些信息继承下来，则定会减少本趟的比较次数，提高排序效率，堆排序就做到了这一点。

1. 堆的定义

设有 n 个元素的序列 $k_1, k_2, \cdots, k_n$，当且仅当满足下述关系之一时，称之为堆。

$$k_1 \leqslant \begin{cases} k_{2i} \\ k_{2i+1} \end{cases} \quad \text{或} \quad k_1 \leqslant \begin{cases} k_{2i} \\ k_{2i+1} \end{cases} \quad (i = 1, 2, \cdots, n/2)$$

前者称为小顶堆，后者称为大顶堆。

例如，序列 12,36,24,85,47,30,53,91 是一个小顶堆；序列 91,47,85,24,36,53,30,16 是一个大顶堆。

一个有 n 个元素的序列是否是堆，可以和一棵完全二叉树对应起来，i 和 $2i$、$2i+1$ 的关系就是双亲与其左、右孩子之间的位置关系($i = 1, 2, \cdots, n/2$)。因此，通常用完全二叉树的形式来直观地描述一个堆。图 9-10 所示正是上述两个堆和与之对应的完全二叉树。

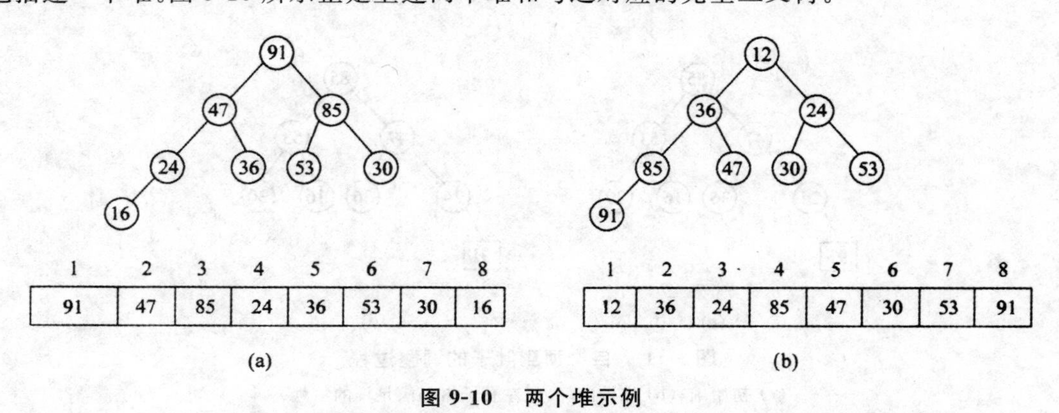

图 9-10 两个堆示例

(a) 一个大顶堆和对应的完全二叉树；(b) 一个小顶堆和对应的完全二叉树

2. 堆排序

以大顶堆为例。

由堆的特点可知，虽然序列中的记录无序，但在大顶堆中，堆顶记录的关键码是最大的，因此首先将这 n 个元素排序表按关键码建成堆(称为初始堆)，将堆顶记录 R_1 输出，再将剩下的 $n-1$ 个记录调整成堆。为了更多地继承原来堆的特性，不是对 $R_2 \cdots R_n$ 调整，而是将原堆底元素 R_n 移入堆顶位置，对 $R_1 \cdots R_{n-1}$ 调整。这样，调整背景是：只有 R_1 与其左右孩子之间可能不满足堆特性，而其他地方均满足堆特性。调整成堆之后，继续问题的重复。如此反复，便得到一个按关键码有序的序列。这个过程称之为堆排序。

为了简便，输出堆顶元素和将堆底元素移至堆顶位置的操作，可以合并为将堆顶元素与堆底元素做交换。

因此，实现堆排序需解决两个问题：

1）如何将序列 $R_1 \cdots R_n$ 按关键码建成堆（称为初始堆）。

2）若 $R_1 \cdots R_i$ 已经是一个堆、将堆顶元素 R_1．与．R_i 交换后，如何将序列 $R_1 \cdots R_{i-1}$ 按其关键码重新调整成一个新堆。这一过程称之为筛选。

首先讨论问题2)，即筛选。考虑筛选的背景：它是在只有 R_1 与其左右孩子之间可能不满足堆特性，而其他地方均在满足堆特性的前提下进行。

筛选方法如下：将根结点 R_1 与左、右孩子中较大的进行交换。若与左孩子交换，则根的左子树堆可能被破坏，此时也是仅左子树的根结点与其左右孩子之间不满足堆的性质；若与右孩子交换，则右子树堆可能被破坏，此时仅右子树的根结点与其左右孩子之间不满足堆的性质。继续对不满足堆性质的子树进行上述交换操作，直到叶子结点或者堆被建成。筛选过程如图 9-11 所示。

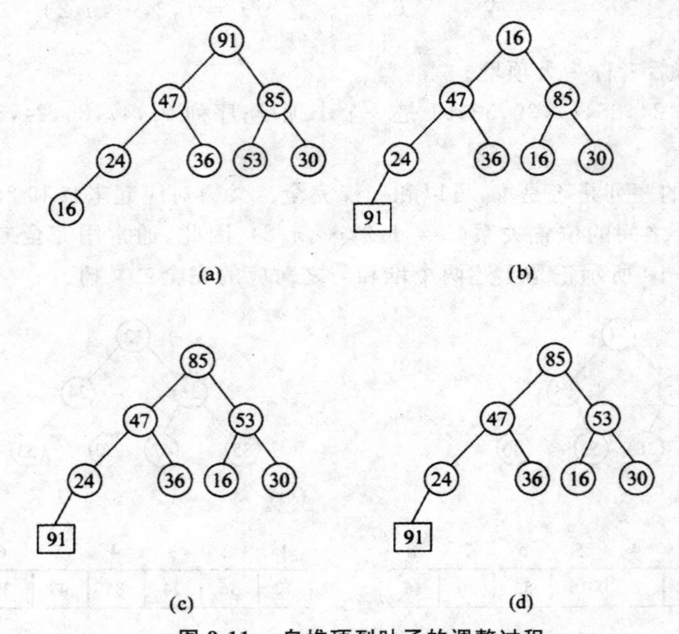

图 9-11　自堆顶到叶子的调整过程

(a) 初始堆；(b) 堆被破坏，但左右子树仍满足堆的特性；

(c) 根和其右孩子交换，使右子树的堆特性被破坏，继续调整；(d) 调整成堆

3. 堆排序实现

排序表的各元素 $R_1 \cdots R_n$ 依次存储在 $R[1] \cdots R[n-1]$。

筛选算法的实现如下：

算法 9.9　筛选算法

```
void HeapAdjust(datetype R[],int s,int t)
{/* 在R[s]…R[t]中,以R[s]为根的子树只有R[s]与其左右孩子之间可能不满足堆特性
*/
/* 进行调整使以 R[s] 为根的子树成为大顶堆 */
    datetype rc;                    /* 缓冲变量 */
    rc = R[s];
```

```
    i = s;
    for(j = 2 * i;j <= t;j = 2,Ic j)              /* 沿关键码较大的孩子结点向下筛选 */
    {
        if(j < t&&R[j]. key < R[j + 1]. key)
        j = j + 1;                                 /* j 指向 R[i] 的关键码较大的孩子 */
        if(rc. key > R[j]. key)break;        /* 不用调到叶子就到位了 */
        R[i] = R[j];i = j;                         /* 准备继续向下调整 */
    }
}
```

再来讨论问题 1)，即对 n 个记录的序列初始建堆的过程。

建堆方法：对初始序列建堆的过程，就是一个反复进行筛选的过程。将每个叶子为根的子树视为堆，然后对 $R[n/2]$ 为根的子树进行调整，对；$R[n/2-1]$ 为根的子树进行调整，…，直到对 $R[1]$ 为根的树进行调整，这就是最后的初始堆。

图 9-12 所示是序列 16，24，53，47，36，85，30，9l 初始建堆的过程。

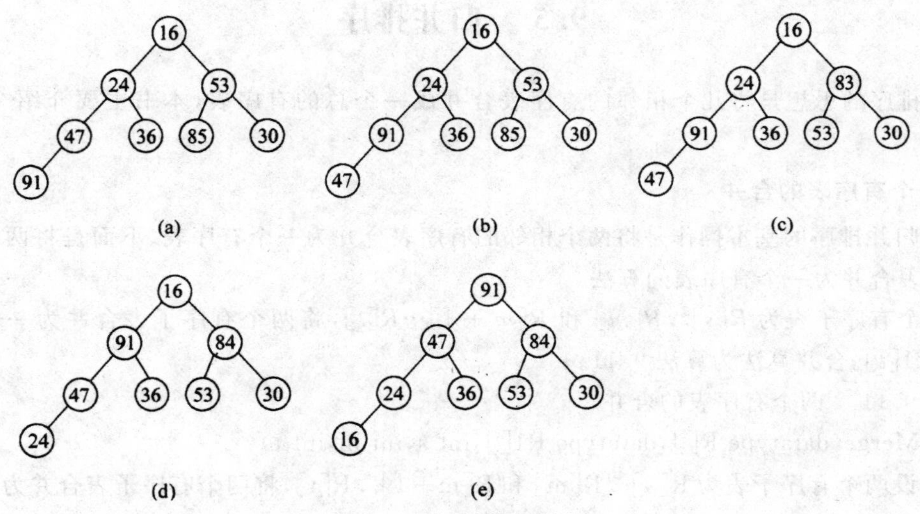

图 9-12　建堆示例

(a)8 个结点的序列视为一棵完全二叉树；(b) 从最后一个双亲接点开始调整；
(c) 对第 3 个结点开始筛选；(d) 第 2 个结点为根的子树已是堆；
(e) 最后的筛选，使整个序列成为堆

堆排序过程为：对 n 个元素的序列先将其建成堆，以根结点与第 n 个结点交换；调整前 $n-1$ 个结点成为堆，再以根结点与第 $n-1$ 个结点交换；重复上述操作，直到整个序列有序。

算法 9.10　堆排序算法

```
void HeapSort(datetype R[],int n)
{/* 将序列 R[1]..R[n] 按堆排序方法进行排序 */
    for(i = n/2;i > 0;i --)
      HeapAdjust(R,i,n);             /* 将序列 R[1]…[n] 建成初始堆 */
    for(i:n;i > l;i --)
```

```
    {
        R[0] = R[1];              /* 堆顶 R[1] 与堆底元素 R[i] 交换 */
        R[1] = R[i];
        R[i] = R[0];
        HeapAdjust(R,1,i-1);      /* 将 R[1]…R[i-1] 重新调整为堆 */
    }
}
```

性能分析：设树高为 k，由完全二叉树的性质知 $k = \lfloor \log_2 n \rfloor + 1$，从根到叶子的筛选，关键码比较次数至多为 $2(k-1)$ 次，交换记录至多 k 次。所以，在建好堆后，排序过程中的筛选次数不超过下式：

$$2(\lfloor \log_2(n-1) \rfloor + \lfloor \log_2(n-2) \rfloor + \cdots + \lfloor \log_2 2 \rfloor) < 2n\log_2 n$$

有资料表明，建堆时的比较次数不超过 $4n$ 次。因此堆排序最坏情况下，时间复杂度也为

$$O(n\log_2 n)$$

9.5 归并排序

归并排序的思想是将几个相邻的有序表合并成一个总的有序表，本书主要介绍 2- 路归并排序。

1. 两个有序表的合并

2- 路归并排序的基本操作是将两个相邻的有序表合并为一个有序表。下面是将两个顺序存储的有序表合并为一个有序表的算法。

设两个有序子表为 $R[s]..R[m]$ 和 $R[m+1]\cdots R[t]$，将两个有序子表合并为一个有序表 $R1[s]\cdots R1[t]$。合并算法为算法 9.11。

算法 9.11　两个有序表的合并

```
void Merge(datatype R[],datatype R1[],int s,int m,int t)
{/* 设两个有序子表为 R[s]..R[m] 和 R[m+1]..R[t]，将两个有序子表合并为一个有序表 R1[s]…R1[t] */
    i = s;
    j = m+1;
    k = s;
    while(i <= m&&j <= t)
    if(R[i].key < R[j].key)
    R1[k++] = R[i++];
    else R1[k++] = R[j++];
    while(i <= m)R1[k++] = R[i++];
    while(j <= t)R1[k++] = R[j++];
}
```

要注意：该合并算法的要求是两个有序子表是相邻的，即 $R[s]\cdots R[m]$ 和 $R[m+1]\cdots R[t]$。

2. 2-路归并排序的迭代算法

2-路归并的基本思想是：只有1个元素的表总是有序的，所以将排序表$R[1\cdots n]$，看做是n个长度为len＝1的有序子表，对相邻的两个有序子表两两合并到$R1[1\cdots n]$，使之生成表长len＝2的有序表；再进行两两合并到$R[1\cdots n]$中，…，直到最后生成表长len＝n的有序表。这个过程需要$\lceil \log_2 n \rceil$趟。

在每趟的排序中，首先要解决分组的问题。设本趟排序中从$R[1]$开始，长度为len的子表有序，因为表长n未必是2的整数幂。这样，最后一组就不能保证恰好是表长为len的有序表，也不能保证每趟归并时都有偶数个有序子表，这些都要在一趟排序中考虑到。

例9.8　有排序表36，20，18，10，60，25，30，18，12，56的归并排序过程如图9-13所示。

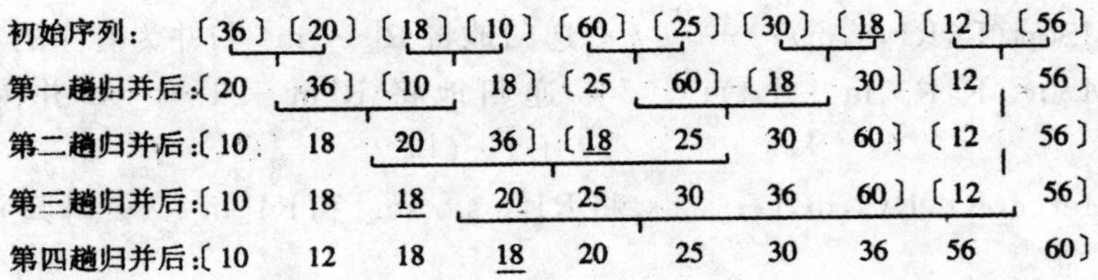

初始序列：[36] [20] [18] [10] [60] [25] [30] [18] [12] [56]

第一趟归并后：[20 36] [10 18] [25 60] [18 30] [12 56]

第二趟归并后：[10 18 20 36] [18 25 30 60] [12 56]

第三趟归并后：[10 18 18 20 25 30 36 60] [12 56]

第四趟归并后：[10 12 18 18 20 25 30 36 56 60]

图9-13　归并排序过程

综上所述，一趟归并算法及2-路归并排序算法如下：

算法9.12　一趟归并算法

```
void MergePass(datatype R[],datatype R1[],int len,int n)
{/* len是本趟归并中有序表的长度,从R[1]…R[n]归并到R1[1]…R1[n]中 */
   for(i = 1;i + 2 * len - 1 <= n;i = i + 2 * len)。
     Merge(R,R1,i,i + len - 1,i + 2 * len - 1); /* 对两个长度为len的有序表合并 */
   if(i + len - 1 < n)
     Merge(R,R1,i,i + len - 1,n);          /* 一组半的情况 */
   else if(i <= n)
     while(i <= n)                  /* 最后一组没有合并者 */
     Rl[i ++] = R[i ++];
}
```

算法9.13　2-路归并排序

```
void MergeSort(datatype R[],datatype R1[],int n)
{
   int len = 1;
   while(1en < n)
   {
      MergePass(R,R1,len,n);
      len = 2 * len;
      MergePass(R1,R,len,n);
   }
```

```
}
```

3. 2-路归并排序的递归算法

2-路归并也可采用递归方法。

算法 9.14 2-路归并递归算法

```
void MSort(datatype R[],datatype R1[],int s,int. t)
{/* 将 R[s]…R[t] 归并排序为 Rl[s]…R1[t] */
    if(s == t)Rl[s] = R[s];
    else
    {
        m = (s+t)/2;                 /* 平分,*p 表 */
        MSort(R,R1,s,m);             /* 递归地将 R[s…m] 归并为有序的 Rl[s…m] */
        MSort(R,R1,m+1,t);           /* 递归地将 R[m+1…t] 归并为有序的 R1[m
                                        +1…t] */
        Merge(R1,R,s,m,t);  /* 将 R1[s s o sm] 和 R1[m+1…t] 归并到 R[s…t] */
    }
}
void MergeSort(datatype R[],dataiype R1[],int n)
{/* 对排序表 R[1]…R[n] 做归并排序 */
    MSort(R,R1,1,n);
}
```

性能分析:

归并排序需要一个与表等长的辅助元素数组空间,所以其空间复杂度为 $O(n)$。对 n 个元素的表,将这 n 个元素看做叶结点,若将两两归并生成的子表看做它们的父结点,则归并过程对应由叶向根生成一棵二叉树的过程。所以归并趟数约等于二叉树的高度,即 $O(\log_2 n)$,每趟归并需移动记录 n 次,故时间复杂度为 $O(n\log_2 n)$。

归并排序是一种稳定的排序方法。

9.6 基数排序

基数排序是一种借助于多关键码排序的思想,是将单关键码按基数分成“多关键码”进行排序的方法。和前面的各种排序方法有所不同,它的排序思想不是通过关键码之间的比较,而是通过多次的“分配”和“收集”来完成的。

9.6.1 多关键码排序

先看一个例子:

扑克牌中的 52 张牌,可按花色和面值分成两个属性,设其大小关系为:

花色:梅花 < 方块 < 红心 < 黑心

面值:2 < 3 < 4 < 5 < 6 < 7 < 8 < 9 < lO < J < Q < K < A

若对扑克牌按花色、面值进行升序排序,得到如下序列:

梅花 2,3,…,A,方块 2,3,…,A,红心 2,3,…,A,黑心 2,3,…,A

即两张牌,若花色不同,不论面值怎样,花色低的那张牌小于花色高的,只有在同花色情况下,大小关系才由面值的大小确定。这就是多关键码排序。

为得到排序结果,我们讨论两种排序方法。

方法 1:先对花色排序,将其分为 4 个组,即梅花组、方块组、红心组、黑心组。再对每个组分别按面值进行排序,最后,将 4 个组连接起来即可。

方法 2:先按 13 个面值给出 13 个编号组(2 号,3 号,…,A 号),将牌按面值依次放入对应的编号组,分成 13 堆。再按花色给出 4 个编号组(梅花、方块、红心、黑心),将 2 号组中牌取出分别放入对应花色组,再将 3 号组中牌取出分别放人对应花色组,……,这样,4 个花色组中均按面值有序,然后,将 4 个花色组依次连接起来即可。

设排序表中有 n 个记录,每个元素的每个记录的关键码包含了 d 位$\{k^1,k^2,\cdots,k^d\}$,其中,k^1 称为最主位关键码;k^d 称为最次位关键码。

多关键码排序按照从最主位关键码到最次位关键码或从最次位关键码到最主位关键码的顺序逐次排序,分两种方法:

最主位优先(Most Significant Digit first)法,简称 MSD 法,即先按 k^1 排序分组,同一组中记录,关键码 k^1 相等,再对各组按 k^2 排序分成子组,之后,对后面的关键码继续这样的排序分组,直到按最次位关键码 k^d 对各子表排序后 6 再将各组连接起来,便得到一个有序序列。扑克牌按花色、面值排序中介绍的方法 1 即是 MSD 法。

最次位优先(Least Significant Digit first)法,简称 LSD 法:先从 k^d 开始排序,再对 k^{d-1} 进行排序,依次重复,直到对 k^1 排序后便得到一个有序序列。扑克牌按花色、面值排序中介绍的方法 2,即是 LSD 法。

9.6.2　链式基数排序

链式基数排序是用链表作为排序表的存储结构。

将关键码拆分为若干项,每项作为一个“关键码”,则对单关键码的排序可按多关键码排序方法进行。比如,关键码为 4 位的整数,可以每位对应一项。拆分成 4 项;又如,关键码由 5 个字符组成的字符串,可以每个字符作为一个关键码。由于这样拆分后,每个关键码都在相同的范围内(对数字是 0 ~ 9,字符是 'a' ~ 'z'),称这样的关键码可能出现的符号个数为“基”,记作 RADIX。上述取数字为关键码的“基”为 10;取字符为关键码的“基”为 26。基于这一特性,用 LSD 法排序较为方便。

基数排序思想是:从最低位关键码起,按关键码的不同值将序列中的记录“分配”到 RADIX 个队列(组)中,然后再“收集”,称之为一趟排序,第一趟之后,排序表中的记录已按最低位关键码有序,再对次最低位关键码进行一趟“分配”和“收集”,如此直到对最高位关键码进行一趟“分配”和“收集”,则排序表按关键字有序。

例 9.9　设排序表记录关键字为:278,109,063,930,589,184,505,269,008,083,以链式存储,其基数排序过程如图 9-14 所示。

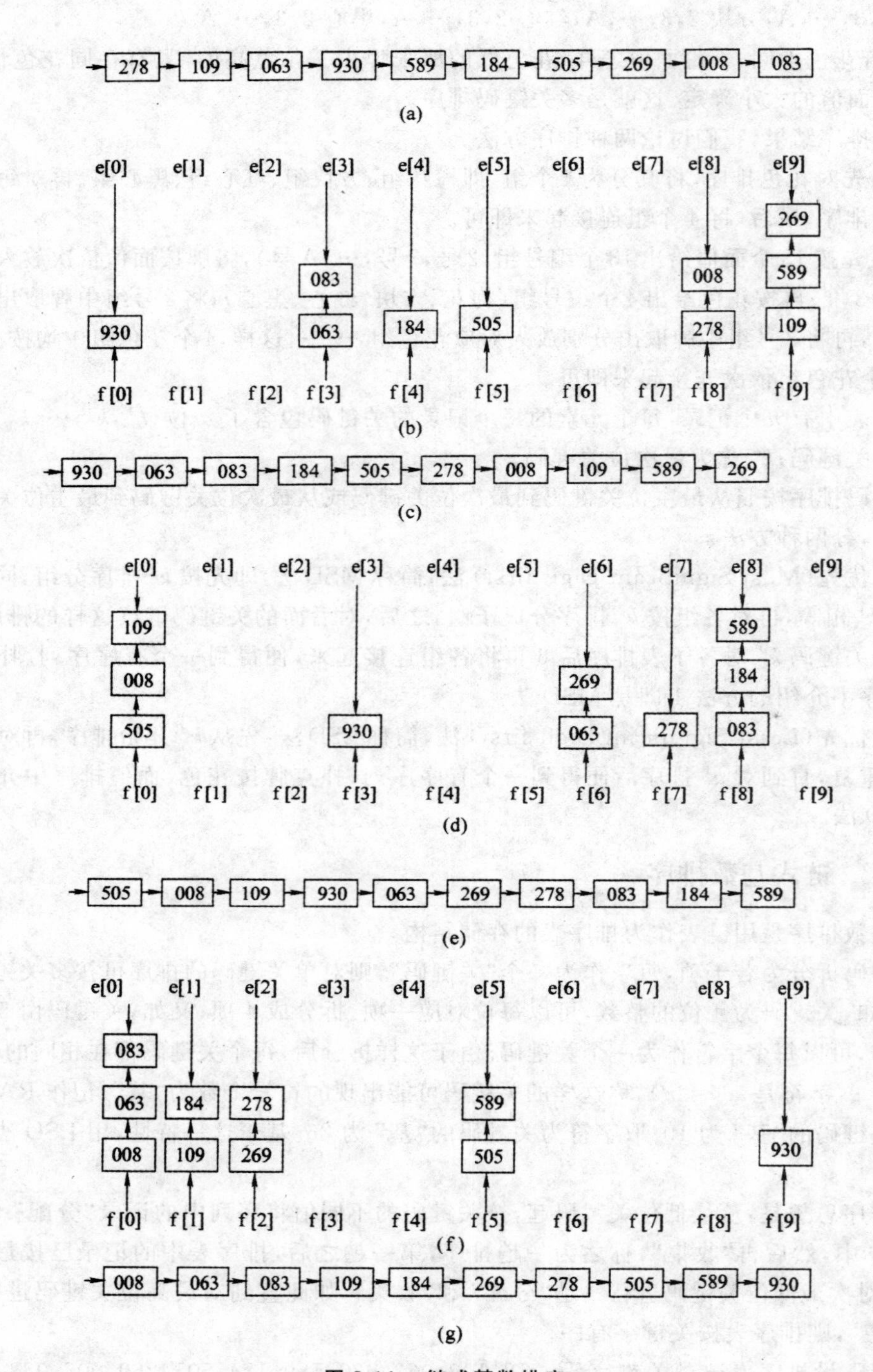

图 9-14 链式基数排序

(a) 初始记录的静态链表；(b) 第一趟按个位数分配；(c) 第一趟收集；

(d) 第二趟按十位数分配；(e) 第二趟收集；(f) 第 3 趟按百位数分配；(g) 第三趟收集

分配时，根据本趟关键码当前位的值分配到相应的组，在同一组内记录的顺序也是按分配顺序有序的，即后分配到同一组内的大于先分配到组内的，在这里用队列表示一个组，而组内记录的顺序则用每个记录的指针域连接起来，形成一个链队。共需要 RADIX 个队列。

设采用静态链表存储排序表，相关的数据类型定义如下：

```
#define MAXNUM…              /* MAXNUM 为足够大的数 */
#define KEY_NUM…             /* 关键码的最大位数 */
#define RADIX 10           /* 关键码基数，设关键码为十进制整数 */
typedef struct
{
    keytype keys[KEY_NUM];  /* 关键码字段 */
    …       /* 其他字段 */
    int next;         /* 指针字段 */
}SNodeType;           /* 静态链表结点类型 */
typedef struct
{
    int f;
    int e;
}Q_Node;          /* 队列类型，f 和 r 分别为头尾指针 */
SNodeType R[MAXNUM]       /* 静态链表的存储区，R[0] 作为头结点 */
Q_Node q[RADIX];      /* RADIX 个队列的头尾指针向量 */下面是分配的算法。
```

算法 9.15　分配算法

```
void Distribute(SNodeType R[],int i,Q_Node q[RADIX])
{/* 静态链表 R 中的记录已按关键码的低 i 位有序，现按 kyes[i-1] 分配到相应的队列中
*/
  /* R[0]. next 是静态链表 R 的头指针 */
  /* 分配结束后，q[j]. f 和 q[j]. e 分别是第 j 个队列的头尾指针 */
    for(j = 0;j < RADIX;j ++)  /* 各队列初始化为空 */
        {q[j]. f = 0;
         q[j]. e = 0;
        }
    p = R[0]. next;      /* 链表的头指针 */
    while(p)
    {
        j = R[p]. keys[i];     /* 取当前记录关键码的第 i 位，准备入队 */
        if(!q[j]. f)q[j]. f = p;/* 第 j 队为空时，则该结点是该队列的第 1 个记录入队需
改变头指针 */
        else R[q[j]. e]. next = p/* 非空时，将 p 所指的结点插入到第 j 个队列的队尾 */
           q[j]. e = p;      /* 队列的尾指针指向新记录 */
        p = R[p]. next;
    }
```

}收集则是将按关键码位的大小形成的各个队列依次链接起来。

算法 9.16 收集算法

```
void Collect(SNodeType + R[],Q Node q[])
{/* 将 q[0]..q[RADIX - 1] 各个队列收集在一起，链接成一个链表，头指针放在 R[0].next */
    int j;
    j = 0;       /* 从第 0 个队开始 */
    while(q[j].f == 0)j ++;    /* 找第 1 个非空队列 */
    R[0].next = q[j].f;
    /* 第一个非空队列的第一个记录将是收集后的第 1 个记录，由 R[0].next 指向 */
    t = q[j].e;     /* t 指向第一个非空队列的尾结点 */
    while(j < RADIX)      /* 当没有收集完 */
    {
        j ++;
        while(j < RADIX - 1)&&q[j].f == 0)
        j ++;      /* 找不是最后一个队列的下一个非空子表 */
        if(q[j].f! = 0)      /* 链接两个非空子表 */
        {
            R[t].next - q[j].f;
              t = q[j].e;      /* t 指向刚刚链接队列的尾结点 */
        }
    }
    R[t].next = 0;      /* 设置最后一个结点的空指针 */
}
```

算法 9.17 基数排序算法

```
void BadixSort(SNodeType R[],int n)
{/* 排序表中的各记录存储在静态链表 R[1]…R[n] 中 */
/* R[0] 为头结点，R[0].next. 指向第 1 个记录 */
/* 每个记录的关键码在 R[i].keys[RADIX - 1]…R[i].keys[0] 中 */
    Q_Node q[RADIX];      /* 定义 RADIX 个队列 */
    for(i = 0;i < n;i ++)
    R[i].next = i + 1;     /* 按照原存储顺序链接成静态链表 */
    R[n].next = 0;
    for(i = 0;i < KEY_NUM;i ++)     /* 按最低位优先依次对各关键码分配和收集 */
    {
        Distribute(R,i,q);      /* 第 i 趟分配 */
        CoUeet(R,q);        /* 第 i 趟收集 */
    }
```

}

性能分析：

从时间效率看，设待排序列为 n 个记录，每记录有 d 位关键码，每位关键码的取值范围为0...REDIX－1，一趟分配时间复杂度为 $O(n)$，一趟收集时间复杂度为 $O(\text{REDIX})$，共进行 d 趟分配和收集，则进行链式基数排序的时间复杂度为 $O(d(n+\text{REDIX}))$。

从空间效率看，需要 2 * REDIX 个队列头尾指针辅助空间，及用于静态链表的 n 个指针。

基数排序是一种稳定的排序方法。

9.7　外部排序

9.7.1　外部排序的方法

外部排序基本上由两个相互独立的阶段组成。首先，按可用内存大小，将外存上含 n 个记录的文件分成若干长度为 k 的子文件或段.（通常称这些有序子文件为归并段或顺串），依次读入内存并利用有效的内部排序方法对它们进行排序，并将排序后得到的有序手文件重新写入外存；然后，对这些归并段进行逐趟归并，使归并段（有序子文件）逐渐由小到大，直至得到整个有序文件为止。

显然，第一阶段的工作已经讨论过。以下主要讨论第二阶段（即归并）的过程。先从一个例子来看外排序中的归并是如何进行的？

假设有一个含10000个记录的文件，首先通过10次内部排序得到10个初始归并段 $R_1 \cdots R_{10}$，其中每一段都含1000个记录。然后对它们做如图8-15所示的两两归并，直至得到一个有序文件为止。

从图9-15可见，由10个初始归并到一个有序文件，共进行了四趟归并，每一趟从 m 个归并段到 $[m/2]$ 个归并段，这种方法称为2-路平衡归并。

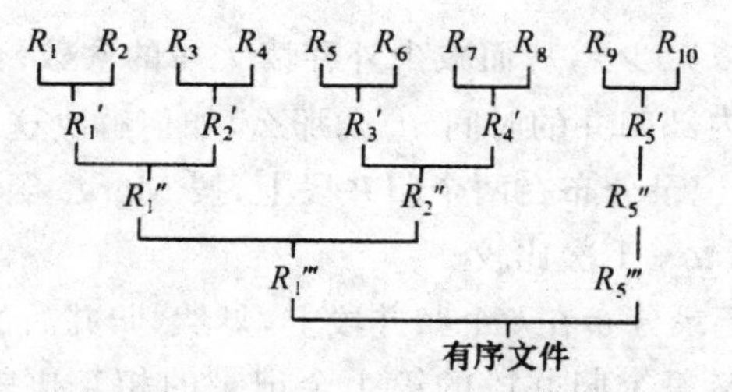

图9-15　外排序的2-路平衡归并示例

两个有序段归并成一个有序段的过程，若在内存中进行，则很简单，前面讨论的2-路归并排序中的Merge函数便可实现此归并。但是，在外部排序中实现两两归并时，不仅要调用Merge函数，而且要进行外存的读/写，这是由于我们不可能将两个有序段及归并结果同时放在内存中的缘故。对外存上信息的读/写是以“物理块”为单位。假设在上例中每个物理块可以容纳200个记录，则每一趟归并需进行50次“读”和50次“写”，四趟归并加上内部排序时所需进行的读/写，使得在外排序中总共需进行500次的读/写。

一般情况下：

外部排序所需总时间 = 内部排序(产生初始归并段)所需时间 mt_{is}

+ 外存信息读写的时间 dt_{io} + 内部归并排序所需时间 sut_{mg}

其中,t_{is} 是为得到一个初始归并段进行的内部排序所需时间的均值;t_{io} 是进行一次外存读/写时间的均值;sut_{mg} 是对 u 个记录进行内部归并所需时间;m 为经过内部排序之后得到的初始归并段的个数;s 为归并的趟数;d 为总的读/写次数。

由此,上例 10000 个记录利用 2-路归并进行排序所需总的时间为

$$10t_{is} + 500t_{io} + 4 \times 10000t_{mg}$$

其中,t_{is} 取决于所用的外存设备。

显然,t_{is} 较 t_{mg} 要大得多。因此,提高排序效率应主要着眼于减少外存信息读写的次数 d。

下面来分析 d 和"归并过程"的关系。若对上例中所得的 10 个初始归并段进行 5 路平衡归并(即每一趟将 5 个或 5 个以下的有序子文件归并成一个有序子文件),则由图 9-16 可知,仅需进行两趟归并,外部排序时总的读/写次数便减少至 $2 \times 100 + 100 = 300$,比 2-路归并减少了 200 次的读/写。

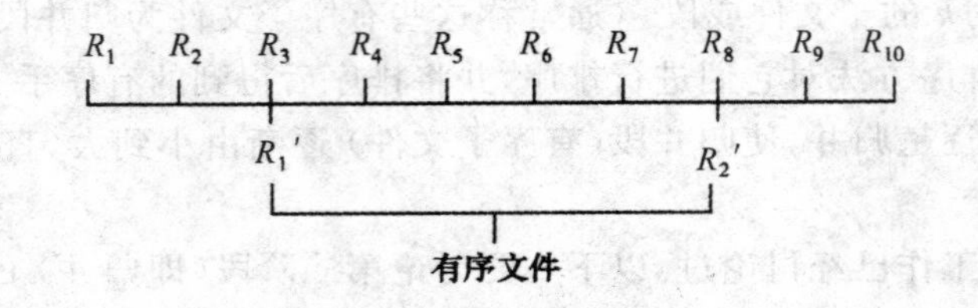

图 9-16 5 路平衡归并示例

可见,对同一文件而言,进行外部排序时所需读/写外存的次数和归并的趟数 s 成正比。。而在一般情况下,对 m 个初始归并段进行 k − 路平衡归并时,归并的趟数为 $s = \lfloor \log_k m \rfloor$。因此,若增加 k 或减少 m 便能减少 s。下面就这两个方面分别行讨论。

9.7.2 多路平衡归并的实现

从上式可见,增加 k 可以减少 s,从而减少外存读/写的次数。但是,从下面的讨论中又可发现,单纯增加 k 将导致增加内部归并的时间 ut_{mg}。那么,如何解决这个矛盾呢?

先看 2-路归并。令 u 个记录分布在两个归并段上,按 Merge 函数进行归并。每得到归并后的含 u 个记录的归并段需进行 $u-1$ 次比较。

再看 k 路归并。令 u 个记录分布在 k 个归并段上,显然,归并后的第一个记录应是 k 个归并段中关键码最小的记录,即应从每个归并段的第 1 个记录的相互比较中选出最小者,这需要进行 $k-1$ 次比较。同理,每得到归并后的有序段中的一个记录,都要进行 $k-1$ 次比较。显然,为得到含 u 个记录的归并段需进行 $(u-1)(k-1)$ 次比较。由此,对 n 个记录的文件进行外部排序时,在内部归并过程中进行的总的比较次数为 $s(k-1)(n-1)$。假设所得初始归并段为 m 个,则可得内部归并过程中进行比较的总的次数为:

$$\lfloor \log km \rfloor (k-1)(n-1)t_{mg} = \left\lfloor \frac{\log_2 m}{\log_2 k} \right\rfloor (k-1)(n-1)t_{mg}$$

由于 $(k-1)/\log_2 k$ 随 k 的增加而增长,则内部归并时间亦随 k 的增加而增长,这将抵消由于增大 k 而减少外存信息读写时间所得效益,这是我们所不希望的。然而,若在进行 k 路归并时利

用“败者树”(Tree of Loser)，则可使在 k 个记录中选出关键码最小的记录时仅需进行 $\lfloor \log_2 k \rfloor$ 次比较，从而使总的归并时间变为 $\lfloor \log_2 m \rfloor (n-1) t_{mg}$。显然，这个式子和 k 无关，它不再随 k 的增长而增长。

何谓“败者树”?它是树形选择排序的一种变型。相对地，我们可称图 9-9 中的二叉树为“胜者树”，因为每个非终端结点均表示其左、右子女结点中的“胜者”。反之，若在双亲结点中记下刚进行完的这场比赛中的败者，而让胜者去参加更高一层的比赛，便可得到一棵“败者树”。

例 9.10　图 9-17(a) 即为一棵实现 5－路归并的败者树 ls[0…4]，图中方形结点表示叶子结点(也可看成是外结点)，分别为 5 个归并段中当前参加归并的待选择记录的关键码；败者树中根结点 ls[1] 的双亲结点 ls[0] 为“冠军”，在此指示各归并段中的最小关键码记录为第 3 段中的记录；结点 ls[3] 指示 b_1 和 b_2 两个叶子结点中的败者即是 b_2，而胜者 b_1 和 b_3(b_3 是叶子结点 b_3、b_4 和 b_0 经过两场比赛后选出的获胜者)进行比较，结点 ls[1] 则指示它们中的败者为 b_1。在选得最小关键码的记录之后，只要修改叶子结点 b_3 中的值，使其为同一归并段中的下一个记录的关键码，然后从该结点向上和双亲结点所指的关键码进行比较，败者留在该双亲，胜者继续向上直至树根的双亲，如图 9-17(b) 所示。当第 3 个归并段中第 2 个记录参加归并时，选得最小关键码记录为第一个归并段中的记录。为了防止在归并过程中某个归并段变为空，可以在每个归并段中附加一个关键码为最大的记录。当选出的“冠军”记录的关键码为最大值时，表明此次归并已完成。

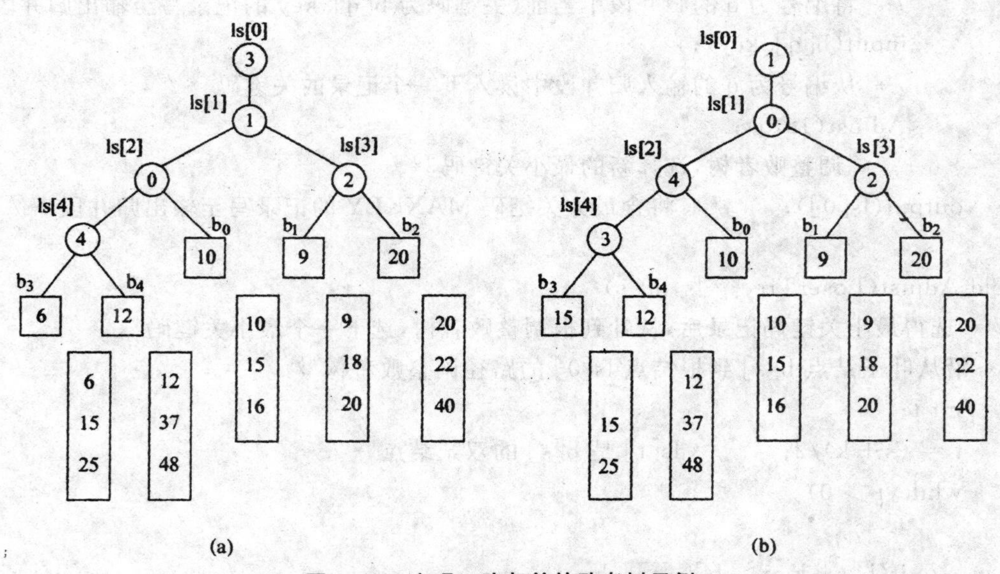

图 9-17　实现 5 路归并的败者树示例

由于实现 k－路归并的败者树的深度为 $\lfloor \log_2 k \rfloor + 1$，则在 k 个记录中选择最小关键码仅需进行 $\lfloor \log_2 k \rfloor$ 次比较。败者树的初始化也容易实现，只要先令所有的非终端结点指向一个含最小关键码的叶子结点，然后从各叶子结点出发调整非终端结点为新的败者即可。

下面的算法简单描述了利用败者树进行 k－路归并的过程，为了突出如何利用败者树进行归并，避开了外存信息存取的细节。

算法 9.18　k-路归并

typedef int LoserTree[k]; /* 败者树是完全二叉树且不含叶子，可采用顺序存储结构 */

```
typedef struct
{
    KeyType key;
    …
}ExNode,External[k];   /* 外结点,只存放待归并记录的关键码 */
void K_Merge(LoserTree *ls External *b)   /*k-路归并处理程序 */
{/* 利用败者树 ls 将编号从 0 到 k-1 的 k 个输入归并段中的记录归并到输出归并段 */
/*b[0] 到 b[k-1] 为败者的 k 个叶子,分别存放 k 个输入归并段中当前记录的关键码 */
    for(i = 0;i < k;i ++)
    input(b[i]. key);
    /* 分别从 k 个输入归并段读人该段当前第一个记录的关键码到外结点 */
    CreateLoserTree(ls);    /* 建败者树 ls i 选得最小关键码为 b[0]. key*/
    while(b[ls[0]]. key! = MAXKEY)
    {
        q = ls[0];    /*q 指示当前最小关键码所在归并段 */
        output(q);
        /* 将编号为 q 的归并段中当前(关键码为 b[q]. key 的记录写至输出归并段)*/
        input(b[q]. key);
        /* 从编号为 q 的输入归并段中读入下一个记录的关键码 */
        Adjust(1s,q);
    }   /* 调整败者树,选择新的最小关键码 */
    output(ls[0]);    /* 将含最大关键码 MAXKEY 的记录写至输出归并段 */
}
void Adjust(LoserTree *ls,int s)
{/* 选得最小关键码记录后,从叶到根调整败者树,选下一个最小关键码 */
/* 沿从叶子结点 b[s] 到根结点 ls[0] 的路径调整败者树 */
    int t;
    t = (s + k)/2;    /*ls[t] 是 b[s] 的双亲结点 */
    while(t > 0)
    {
        if(b[s]. key > b[ls[t]]. key)
          s = ls[t];    /*s 指示新的胜者 */
        t = t/2;
    }
    ls[0] = s;
}
void CreateLoserTree(LoserTree *ls)    /* 建立败者树 */
{/* 已知 b[0] 到 b[k-1] 为完全二叉树 ls 的叶子结点存有 k 个关键码 */
/* 沿从叶子到根的 k 条路径将 ls 调整为败者树 */
```

```
    b[k].key = MINKEY;                  /* 设 MINKEY 为关键码可能的最小值 */
    for(i = 0;i < k;i ++)ls[i] = k;     /* 设置 ls 中"赠"的初值 */
    for(i = k - 1;k > 0;i --)
      Adjust(1s,i);   /* 依次从 b[k - 1],b[k - 2],…,b[0] 出发调整败者 */
}
```

需要注意,k 值的选择并非越大越好,如何选择合适的 k 是一个需要综合考虑的问题。

习题

1. 选择题。

(1) 在待排序的元素序列基本有序的前提下,效率最高的排序方法是( )。

A. 插入排序　　B. 选择排序　　C. 快速排序　　D. 归并排序

(2) 设有 1000 个无序的元素,希望用最快的速度挑选出其中前 10 个最大的元素,最好选用( )排序法。

A. 冒泡排序　　B. 快速排序　　C. 堆排序　　D. 基数排序

(3) 具有 12 个记录的序列,采用冒泡排序最少的比较次数是( )。

A. 1　　B. 144　　C. 11　　D. 66

(4) 下列四种排序方法中,要求内存容量最大的是( )。

A. 插入排序　　B. 选择排序　　C. 快速排序　　D. 归并排序

(5) 初始序列已经按键值有序时,用直接插入算法进行排序,需要比较的次数为( )。

A. n^2　　B. $n\log_2 n$　　C. $\log_2 n$　　D. $n-1$

(6) 下列四种排序方法,在排序过程中,关键码比较的次数与记录的初始排列顺序无关的是( )。

A. 直接插入排序和快速排序　　B. 快速排序和归并排序

C. 直接选择排序和归并排序　　D. 直接插入排序和归并排序

(7) 一组记录的排序码为(46,79,56,38,40,84),则利用堆排序的方法建立的初始堆为( )。

A. 79,46,56,38,40,84　　B. 84,79,56,38,40,46

C. 84,79,56,46,40,38　　D. 84,56,79,40,46,38

(8) 一组记录的排序码为(46,79,56,38,40,84),则利用快速排序的方法,以第一个记录为基准得到的一次划分的结果为( )。

A. 38,40,46,56,79,84　　B. 40,38,46,79,56,84

C. 40,38,46,56,79,84　　D. 40,38,46,84,56,79

(9) 用某种排序方法对线性表(25,84,21,47,15,27,= 68,35,20)进行排序时,元素序列的变化情况如下:

25,84,21,47,15,27,68,35,20

20,15,21,25,47,27,68,35,84

15,20,21,25,35,27,47,68,84

15,20,21,25,27,35,47,68,84

则采用的排序方法是( )。

A. 选择排序　　B 希尔排序　　C. 归并排序　　D. 快速排序

(10) 快速排序方法在( )情况下最不利于发挥其长处。

A. 要排序的数据量太大　　B. 要排序的数据中含有多个相同值

C. 要排序的数据已基本有序　　D. 要排序的数据个数为奇数

2. 判断题。

(1) 插入排序是稳定的,选择排序是不稳定的。( )

(2) 不稳定的排序算法是没有实用价值的。( )

(3) 当待排序的元素很多时,为了交换元素的位置,移动元素要占较多的时间,这是影响时间复杂度的主要原因。( )

(4) 对有 n 个记录的集合进行归并排序,所需要的辅助空间数与初始记录的排列状况有关。

(5) 对 n 个记录的集合进行快速排序,所需要的附加空间数是 $O(n)$。( )

(6) 堆排序所需要附加空间数与待排序的记录个数无关。( )

(7) 对有 n 个记录的集合进行冒泡排序,所需时间决定于初始记录的排列情况,在初始记录无序的情况下最好。( )

(8) 对有 n 个记录的集合进行快速排序,所需时间决定于初始记录的排列情况,在初始记录无序的情况下最好。( )

(9) 对不稳定的排序算法,不论采用何种描述方式,总能举出一个说明它不稳定的实例来。( )

(10) 选择排序的比较次数不会随待排序记录的关键字分布情况而改变。( )

3. 简答题。

(1) 以关键字序列(tim,kay,eva,roy,dot,jon,kim,ann,tom,jim,guy,amy)为例,手工执行以下排序算法(按字典序比较关键字的大小),并写出每一趟排序结束时的关键字状态。

1) 直接插入排序。

2) 冒泡排序。

3) 直接选择排序。

4) 快速排序。

5) 归并排序。

6) 基数排序。

(2) 已知序列{50,18,12,61,8,17,87,25},请给出采用堆排序对该序列做升序排序时的每一趟结果。

(3) 有 n 个不同的英文单词,它们的长度相等,均为 m,若 $n>>50$,$m<5$,采用什么排序方法时间复杂度最小?为什么?

(4) 如果只想得到一个含有 n 个元素的序列中第 k($k<<n$)小元素前的部分排序序列,最好采用什么排序方法?为什么?如由序列{57,11,25,36,18,80,22}得到其第3个最小元素之前的部分序列为{11,18,22},使用所选择的算法实现时,要执行多少次比较?

(5) 阅读下列排序算法,并与已学的算法比较,讨论算法中基本操作的执行次数。

```
void sort(datatype R[],int n)
{
```

```
    i = 1;
    while(i < n - i + 1)
    {
        min = max = 1;
        for(j = i + 1;j <= n - i + 1; ++j)
        {
            if(R[j]. key < R[min]. key)min = j;
            else if(R[j]. key > R[max]. key)max = j;
        }
        if(min! = i)
        {
            w = R[min];
            R[min] = R[i];
            R[i] = w;
        }
        if(max! = n - i + 1)
            if(max = i)
            {
                w = R[min];
                R[min] = R[n - i + 1];
                R[n - i + 1]: w;
            }
        else
        {
            w = R[max];
            R[max] = R[n - i - 1];
            R[n - i - 1] = w;
        }
        i ++;
    }
}
```

(6) 请回答以下关于堆的问题：

1) 堆的存储结构是顺序的，还是链式的？

2) 设有一个堆，且堆中任意结点的关键码均大于它的左孩子和右孩子的关键码。那么最大值的元素可能在什么地方？

3) 在对 n 个元素进行初始建堆的过程中，最多做多少次数据比较？

4. 算法设计题

(1) 请以单链表为存储结构实现简单选择排序的算法。

(2) 请以单链表为存储结构实现直接插入排序的算法。

(3) 编写一个双向冒泡的算法，即相邻的两趟排序是向相反方向进行的。

(4) 已知记录序列 $a[1\cdots n]$ 中的关键字各不相同，可按如下所述实现计数排序：另设数组 $c[1\cdots n]$，对每个记录 $a[i]$，统计序列中关键字比它小的记录个数存于 $c[i]$，则 $c[i]=0$ 的记录必为关键字最小的记录，然后依 $c[i]$ 值的大小对 a 中记录进行重新排列。试编写实现上述排序的算法。

(5) 已知奇偶交换排序算法描述如下：第一趟对所有奇数的 i，将 $a[i]$ 和 $a[i+1]$ 进行比较，第二趟对所有偶数的 i，将 $a[i]$ 和 $a[i+1]$ 进行比较，每次比较时若 $a[i]>a[i+1]$，则将二者交换，以后重复上述两趟过程，直至整个数组有序。

1) 试问排序结束的条件是什么？

2) 编写一个实现上述排序过程的算法。

(6) 编写算法，对 n 个关键字取整数值的记录进行整理，以使得所有关键字为负值的记录排在关键字为非负值的记录之前，要求：

1) 采用顺序存储结构，至多使用一个记录的辅助存储空间；

2) 算法的时间复杂度为 $O(n)$。

(7) 序列的"中值记录"指的是：如果将此序列排序后，它是第 $n/2$ 个记录。试编写一个求中值记录的算法。

第 10 章　文件

10.1　文件的基本概念

文件(file)是若干性质相同的记录的集合。文件所包含的数据量一般都很大,它通常被放置在外部存储器上。数据结构中所讨论的文件主要是数据库意义上的文件,而不是操作系统意义上的文件。操作系统中研究的文件是一维的无结构连续序列,数据库所研究的文件是带有结构的记录集合。记录是文件存取的基本单位,每个记录可由若干个数据项构成,数据项是文件中可使用的最小单位。数据项有时也被称为字段(field),或者称为属性(attribute)。数据项中,其值能唯一标识一个记录的数据项或数据项的组合称为主关键字项(main key),其他不能唯一标识一个记录的关键字数据项则称为次关键字项。主(或次)关键字项的值称为主(或次)关键字。为讨论方便,在后面的各节中不严格区分关键字项和关键字,即在不易混淆时,将主(或次)关键字项简称为主(或次)关键字,并且假定主关键字项中只含一个数据项。

表 10-1 是一个简单的职工文件,每个职工的情况是一条记录,每条记录由 7 个数据项组成。其中,"职工号"可以作为主关键字项,它能唯一地标识一个记录,即它的值对任意两个记录都是不同的;而姓名、性别等数据项只能作为次关键字项,因为他们的值对不同的记录可以是相同的。

表 10-1　职工文件示例

职工号	姓名	性别	职务	婚否	工资/元	学历
101	张山	男	工程师	已婚	2500	本科
102	李保田	男	实验师	未婚	2500	本科
103	王维	男	讲师	已婚	2300	硕士
104	周庆	男	讲师	已婚	2300	硕士
105	王刚	男	教授	已婚	3200	硕士
106	刘流	男	教授	已婚	3200	博士

文件可以按照记录中关键字的多少,分成单关键字文件和多关键字文件两类。若文件中的记录只有一个唯一标识记录的主关键字,则称单关键字文件;若文件中的记录除了含有一个主关键字外,还含有若干个次关键字,则称为多关键字文件。

根据文件中记录的性质,文件又可分为定长文件和不定长文件。若文件中各个记录所含有的信息长度相同,则称这类记录为定长记录,由这种定长记录组成的文件称为定长文件;若文件中各个记录所含有的信息长度不等,则称这类记录为不定长记录或变长记录;由不定长记录组成的文件则称为不定长文件或变长文件。表 10-1 所示的职工文件是一个定长文件。

同其他数据结构一样,文件结构也包括逻辑结构、存储结构以及在文件上的各种操作(运算)

三个方面。文件的操作是定义在逻辑结构上的，但操作的具体实现要在存储结构上进行。

1. 文件的逻辑结构及操作

文件是具有相同数据结构的记录的汇集。文件中各记录之间存在着一定的逻辑关系。文件的各记录间存在的这种逻辑关系就称为文件的逻辑结构。当一个文件的各个记录按照某种次序排列起来时（这种排列的次序可以是记录中关键字的大小，也可以是各个记录存入该文件的时间先后等等），各记录之间就自然地形成了一种线性关系。在这种次序下，文件中每个记录最多只有一个后继记录和一个前趋记录，文件的第一个记录只有后继记录而没有前趋记录，而文件的最后一个记录只有前趋记录而没有后继记录。因此，文件可看成一种线性结构。

文件的操作主要有两类：文件的检索与维护。

检索就是在文件中查找满足给定条件的记录。它既可以按记录的逻辑号（即记录存入文件时的顺序编号）查找，也可以按关键字查找。根据检索条件的不同，可将检索分为 4 种询问，下面以表 10-1 的职工文件为例加以说明。

1）简单询问：只询问单个关键字等于给定值的记录。例如，查询职工号 = 101，或姓名 =“张山”的记录。

2）范围询问：只询问单个关键字属于某个范围内的所有记录。例如，查询工资高于 2500 元的所有职工的记录。

3）函数询问：规定单个关键字的某个函数，询问该函数的某个值。例如，查询全体职工的平均工资是多少。

4）布尔询问：以上 3 种询问用布尔运算（与、或、非）组合起来的询问。例如，若要找出所有工资低于 2500 元的讲师以及所有工资低于 3200 元的教授，则查询条件可以写为：（职务 =“讲师”）and（工资 < 2500 元）or（职务 =“教授”）and（工资 < 3200 元）。

维护操作主要是指对文件进行记录的插入、删除及修改等更新操作。此外，有的时候为提高文件操作的效率，还要对文件进行再组织操作；文件被破坏后的恢复操作；以及文件中数据的安全保护等。

无论是文件上的检索操作还是更新操作，都可以有实时和批量两种不同的处理方式。一般情况下，实时处理对应答时间要求比较严格，应当在接受询问后几秒种内完成检索和更新。而批量处理则对应答时间的要求宽松一些。不同的文件系统对此有不同的要求。例如，一个一民航自动服务系统，其检索和更新都应当实时处理；而银行的账户管理系统需要实时检索，但可以进行批量更新，即可以将一天的存款和提款情况记录在一个事务文件上，在一天的营业之后再进行批量处理。

2. 文件的存储结构(物理结构)

文件的存储结构是指文件在外存储器上的组织方式。采用不同的组织方式就得到不同的存储结构。文件的基本组织方式有 4 种：顺序组织方式、索引组织方式、散列组织方式和链接组织方式。文件组织的各种方式往往是这 4 种基本方式的结合。

由于文件组织方式（即存储结构）在文件处理方面的重要性，通常把不同方式组织的文件给予不同的名称，在文件处理时所采取的方法也就不同。目前文件的组织方式很多，人们对文件组织的分类也不尽相同。本章仅介绍几种常用的文件组织方式：顺序文件、索引文件、散列文件和多关键字文件。至于在实际应用中选择哪一种文件的组织方式，则取决于对文件中记录的使用方式、频繁程度、存取要求、外存的性质和容量等诸方面的因素。

评价一种文件组织方式的效率高低的方法，是看执行一个文件操作所花费的时间。采用某种文件组织方式的主要目的，是为了能高效、方便地对文件进行操作，而检索功能的多寡和速度的快慢，是衡量文件操作质量的重要标志。因此，如何提高检索的效率，是研究各种文件组织方式首先要关注的问题。

10.2 顺序文件

顺序文件是指按记录进入文件时间先后的自然顺序存放，其逻辑顺序和物理顺序一致的文件。若顺序文件中的记录按其主关键字有序，则称此顺序文件为顺序有序文件；否则称为顺序无序文件。为了提高检索效率，常常将顺序文件组织成有序文件。本节假定顺序文件是有序的。

一切存储在顺序存取介质(如磁带)上的文件，都只能是顺序文件。顺序文件只能按顺序查找法存取，即顺序扫描文件，按记录的主关键字逐个查找。如果要检索第 i 个记录，必须先检索前 $i-1$ 个记录。这种查找法对于少量的检索是不经济的，但适合于批量检索，即把用户的检索要求先进行积累，一旦待查记录聚集到一定数量之后，便把这批记录按主关键字排序，然后，通过一次顺序扫描文件来完成这一批检索要求。

存储在随机存取介质(如磁盘)上的顺序文件可以用顺序查找法存取，也可以用分块查找法或二分查找法进行存取。

分块查找法在查找时不必扫描整个文件中的记录。例如，按主关键字的递增序，每 100 个记录为一块，各块的最后一个记录的主关键字为 $K_{100}, K_{200}, \cdots, K_{100i}\cdots$。查找时，将所要查找的记录的主关键字 K_J，依次和各块的最后一个记录的主关键字比较，当 K_J 大于 $K_{100(i-1)}$ 且小于或等于 K_{100i} 时，则在第 i 块内进行扫描。

二分查找法只能对较小的文件或一个文件的索引进行查找。当文件很大，在磁盘上占有多个柱面时，二分查找将引起磁头来回移动，增加寻查时间。对磁盘这种随机存取设备，还可对顺序文件进行插值查找和跳步查找。

顺序文件不能使用按线性表那样的方法进行插入、删除和修改(若修改主关键字，则相当于先做删除后做插入)。因为文件中的记录不能像向量空间的数据那样“移动”，而只能通过复制整个文件的方法实现上述更新操作。为了减少更新操作的代价，通常也是采用批量处理的方式来实现对顺序文件的更新。其工作原理如图 10-1 所示。

采用这一方式必须引入一个附加文件(常称为事务文件)，把所有对顺序文件(以下称主文件)的更新请求，都放入这个较小的事务文件中。当事务文件变得足够大时，将事务文件按主关键字排序，再按事务文件对主文件进行一次全面的更新，产生一个新的主文件。然后，清空事务文件，以便用来积累此后的更新内容。

顺序文件的主要优点是连续存取的速度较快，即如果文件中第 i 个记录刚被存取过，而下一个要存取的是第 $i+1$ 个记录，则这次存取将会很快完成。若顺序文件存放在单一存储设备(如磁带)上时，这个优点总是可以保持的，但若它是存放在多路存储设备(如磁盘)上时，则在多道程序的情况下，由于别的用户可能使磁头移向其他柱面，就会降低这一优点。因此，顺序文件多用在以磁带为存储器的情形。

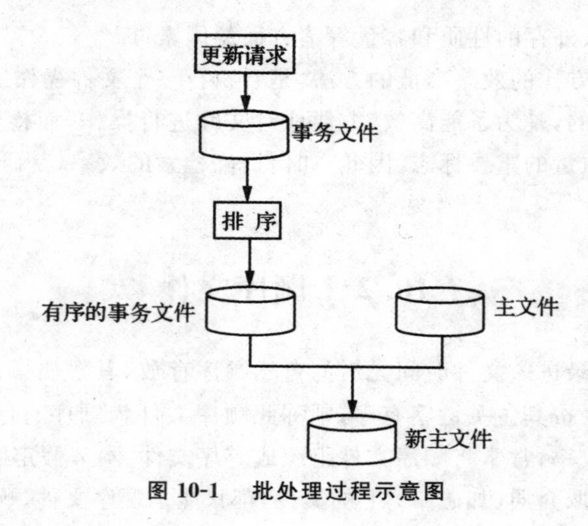

图 10-1　批处理过程示意图

10.3　索引文件

用索引的方法组织文件时，通常是在文件本身(称为主文件)之外，另外建立一张表，指明文件的逻辑记录和物理记录之间的对应关系。这张表叫做索引表。它和主文件一起构成的文件称作索引文件。

索引表中的每一项称为索引项。一般情况下，索引项都是由主关键字和该关键字所在记录的物理地址组成的。显然，索引表必须按主关键字有序，而主文件本身则可以按主关键字有序或无序。若主文件是按主关键字有序的，则称为索引顺序文件(indexed sequential file)；否则称为索引非顺序文件(indexed non－sequential file)。

对于索引非顺序文件，由于主文件中记录的存储是无序的，则必须为每个记录建立一个索引项，这样建立的索引表称为稠密索引。对于索引顺序文件，由于主文件中记录按关键字有序，则可对一组记录建立一个索引项。例如，让文件中每个页块对应一个索引项，这种索引表称为稀疏索引。通常可将索引非顺序文件简称为索引文件。本节只讨论这种文件。

索引文件组织方式在存储器上分为两个区：索引区和数据区，前者存放索引表，后者存放主文件。在建立文件过程中，按输入记录的先后次序建立主文件和索引表。这时的索引表的关键字是无序的，待全部记录输入完毕后再对索引表进行排序。排序后的索引表和主文件一起就形成了索引文件。例如，对于表 10-2 的数据文件，主关键字是职工号，排序前的索引表如表 10-3 所示，排序后的索引表如表 10-4 所示，表 10-2 和表 10-4 一起形成一个索引文件。

检索分两步进行：首先，将外存上含有索引区的页块送入内存，查找所需记录的物理地址，然后，再将含有该记录的页块送入内存。若索引表不大，则可将索引表一次读入内存。此时，在索引文件中进行检索只需两次访问外存：一次读索引，一次读记录。同时，由于索引表是有序的，所以，对索引表的查找可用顺序查找或二分查找等方法。

索引文件的更新操作也很简单。插入时，将插入记录置于数据区的末尾，并在索引表中插入索引项；删除时，删去相应索引项；若要修改主关键字，则必须修改索引表。

当记录数目很大时，索引表也很大，以至于一个页块容纳不下。在这种情况下查阅索引仍要多次访问外存。为此，可以对索引表建立一个索引，称为查找表。

例如，表10-4的索引表占用了三个页块的外存，每个页块能容纳三个索引项，则可为之建立一个查找表。查找表中，列出索引表的每一页块最后一个索引项中的关键字（该块中最大的关键字）及该块的地址，如表10-5所示。

表10-2　数据文件

物理地址	职工号	姓　名	性　别
101	03	米丽	女
102	10	孙岩	男
103	07	王丽	女
104	05	李丽	女
105	06	刘全	男
106	12	王刚	男
107	14	赵毅	男
108	09	钱伍	男

表10-3　排序前的索引表

物理地址	关键字	物理地址
201	03	101
201	10	102
201	07	103
202	05	104
202	06	105
202	12	106
203	14	107
203	09	108

表10-4　排序后的索引表

物理地址	关键字	物理地址
201	03	101
201	05	104
201	06	105
202	07	103
202	09	108
202	10	102
203	12	106
203	14	107

表 10-5　查找表示例

最大关键字	物理块号
06	201
10	202
14	203

在检索记录时，先查查找表，再查索引表，然后，读取记录，三次访问外存即可。若查找表中项目还很多；则可建立再高一级的索引。通常最高可达四级索引：

数据文件 → 索引表 → 查找表 → 第二查找表 → 第三查找表。而检索过程从最高一级索引(第三查找表) 开始，需要 5 次访问外存。

上述的多级索引是一种静态索引，各级索引均为顺序表，其结构简单，但修改很不方便，每次修改都要重组索引。因此，当数据文件在使用过程中记录变动较多时，应采用动态索引。例如二叉排序树(或 AVL 树)、B_ 树(或其变型)，这些都是树表结构；插入、删除都很方便。又由于它们本身是层次结构，因而无须建立多级索引，而且建立索引表的过程即是排序过程。通常，当数据文件的记录数不是很多，内存容量足以容纳整个索引表时，可采用二叉排序树(或 AVL 树) 作索引；当文件很大时，索引表(树表) 本身也在外存，则查找索引时尚需多次访问外存，并且访问外存的次数，恰好为查找路径上的结点数。显然，为减少访问外存的次数，就应尽量缩减索引表的深度。因此，此时宜采用 m 叉的 B_ 树(或其变型) 作索引表，m 的选择取决于索引项的多少和缓冲区的大小。总之，因为访问外存的时间比内存中查找的时间大得多，所以，评价外存中的索引表的查找性能，主要着眼于访问外存的次数，即索引表的深度。

10.4　索引顺序文件

上节介绍的索引非顺序文件适用于随机存取。这是由于主文件是无序的，顺序存取将会频繁地引起磁头移动，因此索引非顺序文件不适合于顺序存取。而索引顺序文件的主文件也是有序的，所以，它既适合于随机存取，也适合于顺序存取。另一方面，索引非顺序文件的索引是稠密索引，而索引顺序文件的索引是稀疏索引，后者的索引占用空间较少。因此，索引顺序文件是最常用的一种文件组织。本节将介绍两种最常用的索引顺序文件：ISAM 文件和 VSAM 文件。

10.4.1　ISAM 文件

ISAM 为 Indexed Sequential Access Method(索引顺序存取方法) 的缩写，是一种专为磁盘存取文件设计的文件组织方式，采用静态索引结构。由于磁盘是以盘组、柱面和磁道三级地址存取的设备，则可对磁盘上的数据文件建立盘组、柱面和磁道多级索引。下面只讨论在同一个盘组上建立的 ISAM 文件。

ISAM 文件由多级主索引、柱面索引、磁道索引和主文件组成。存放在同一个磁盘上的 ISAM 文件，如图 10-2 所示。其中：C 表示柱面；T 表示磁道；C_iT_i 表示 i 号柱面，j 号磁道；R_i 表示主关键字为主的记录。从图中可看出，主索引是柱面索引的索引，这里只有一级主索引。若文件占用的柱面索引很大，使得一级主索引也很大时，可采用多级主索引。当然，若柱面索引较小时，则主索引可省略。通常主索引和柱面索引放在同一个柱面上，图 10-2 中主索引和柱面索引是放在 0

号柱面上，主索引放在该柱面最前面的一个磁道上，其后的磁道中存放柱面索引。每个存放主文件的柱面都建立有一个磁道索引，放在该柱面的最前面的磁道 T_0 上，其后的若干个磁道是存放主文件记录的基本区。该柱面最后的若干个磁道是溢出区。基本区中记录是按主关键字大小顺序存储的，溢出区被整个柱面上的基本区中各磁道共享。当基本区中某磁道溢出时，就将该磁道的溢出记录，按主关键字大小链成一个链表（以下简称溢出链表），放入溢出区。各级索引中的索引项结构如图 10-3 所示。请注意磁道索引中的每一个索引项，都由两个子索引项组成：基本索引项和溢出索引项。

在 ISAM 文件上检索记录时，从主索引出发，找到相应的柱面索引表，从柱面索引表找到记录所在柱面的磁道索引表，再从磁道索引找到记录所在磁道的起始地址，由此出发，在该磁道上进行顺序查找，直到找到待查找的记录为止。若找遍该磁道也不存在此记录，则表明该文件中无此记录；若被查找的记录在溢出区，则可从磁道索引项的溢出索引项，得到溢出链表的头指针，然后，对该表进行顺序查找。例如，要在图 10-2 中查找记录 R_{78}，先查主索引，即读入 C_0T_0，因为，$78 < 300$，则查找柱面索引的 C_0T_1（不妨设每个磁道可存放 5 个索引项），即读入 C_0T_1，因为，$70 < 78 < 150$，所以，进一步把 C_2T_0 读入内存，查磁道索引，因为，$78 < 81$，所以，C_2T_1 即为 R_{78} 所存放的磁道，读入 C_2T_1 后即可查得 R_{78}。

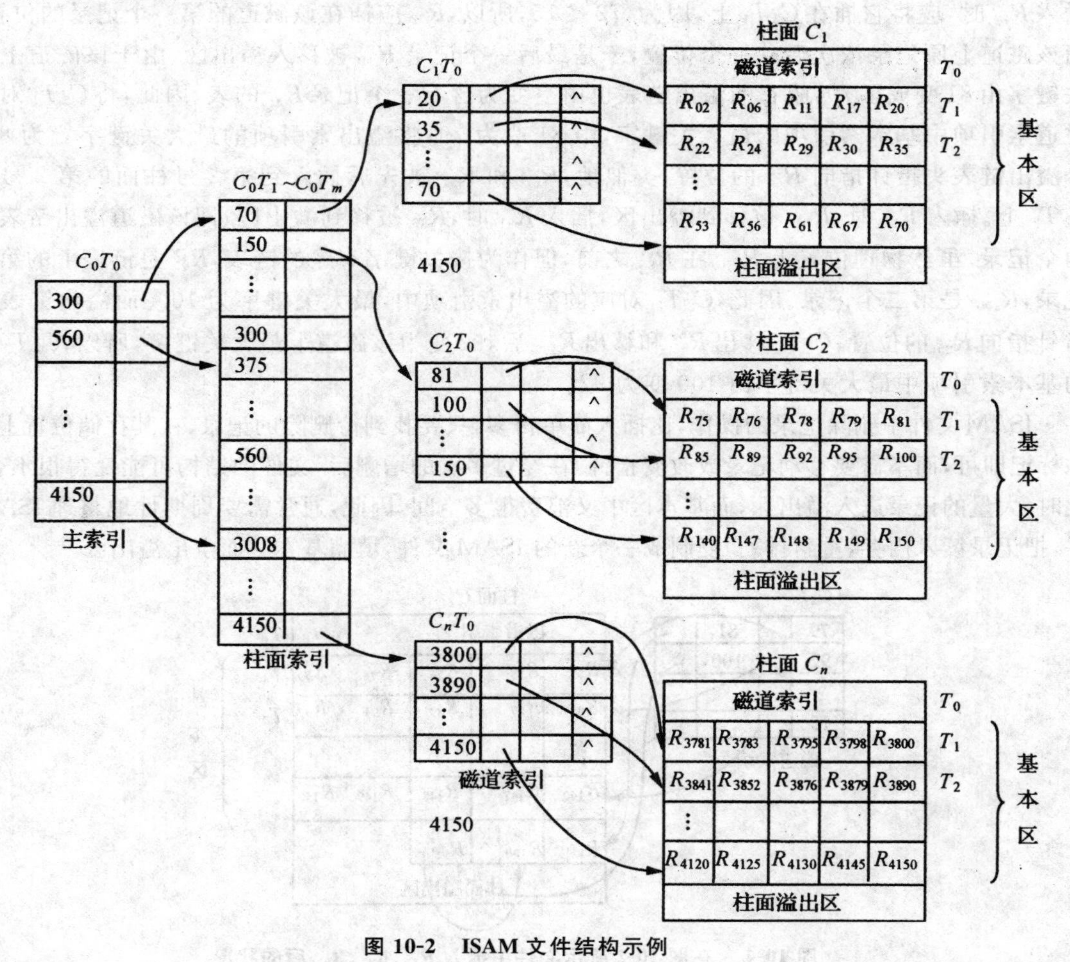

图 10-2 ISAM 文件结构示例

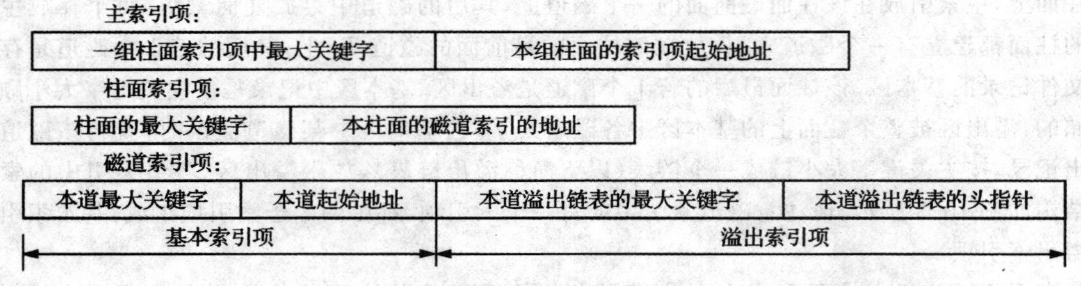

图 10-3　各种索引项格式

通常，为了提高检索效率，可让主索引常驻内存，并将柱面索引表，放在数据文件所占空间居中位置的柱面上。这样，从柱面索引表查找到磁道索引表时，磁头移动距离的平均值最小。

当插入新记录时，首先找到它应插入的磁道。若该磁道不满，则将新记录插入该磁道的适当位置上即可；若该磁道已满，则新记录或者插在该磁道上，或者直接插入到该磁道的溢出链表上。插入后，可能要修改磁道索引中的基本索引项和溢出索引项。例如，依次将记录 R_{72}，R_{87}，R_{91} 插入到图 10-2 的文件后，第二个柱面的磁道索引及该柱面中主文件的变化状况，如图 10-4 所示。当插入 R_{72} 时，应将它插在 C_2T_1 上，因为，$72<75$，所以，R_{72} 应插在该磁道的第一个记录的位置上，而该磁道上原记录依次后移一个位置，于是最后一个记录 R_{81} 被移入溢出区。由于该磁道上最大关键字由 81 变成了 79，故它的溢出链表也由空变为含有一个记录 R_{81} 的表。因此，将 C_2T_1 对应的磁道索引项中基本索引项的最大关键字，由 81 改为 79；将溢出索引项的最大关键字置为 81，且令溢出链表头指针指向 R_{81} 的位置，类似地，R_{87} 和 R_{91} 被先后插入到第 2 号柱面的第 2 号磁道 C_2T_2 上。插入 R_{87} 时，R_{100} 被移到溢出区，插入 R_{91} 时，R_{95} 被移到溢出区，即该磁道溢出链表上有两个记录。虽然物理位置上 R_{100} 在 R_{95} 之前，但作为按关键字有序的链表，R_{95} 是链表上的第一个记录，R_{100} 是第二个记录。因此，C_2T_2 对应的溢出索引项中，最大关键字为 100。而溢出链表的头指针指向 R_{95} 的位置；C_2T_2 移出 R_{95} 和移出 R_{100} 后，92 变为该磁道上最大关键字，所以，C_2T_2 对应的基本索引项中最大关键字由 100 变为 92。

ISAM 文件中删除记录的操作，比插入简单得多，只要找到待删除的记录，在其存储位置上作删除标记即可，而不需要移动记录或改变指针。在经过多次的增删后，文件的结构可能变得很不合理。此时，大量的记录进入溢出区，而基本区中又浪费很多空间。因此，通常需要周期性地整理 ISAM 文件，把记录读入内存，重新排列，复制成一个新的 ISAM 文件，填满基本区而空出溢出区。

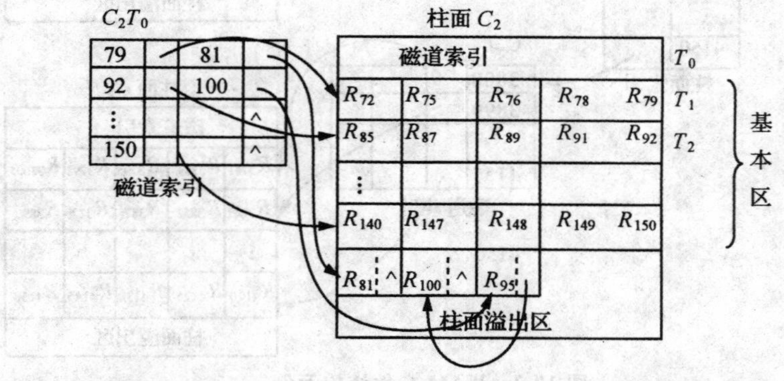

图 10-4　在图 10-2 所示文件中插入 R_{72}，R_{87}，R_{91} 后的状况

10.4.2　VSAM文件

VSAM是Virtual Storage Access Method(虚拟存储存取方法)的缩写,也是一种索引顺序文件的组织方式,采用B+树作为动态索引结构。在讨论VSAM文件之前,下面先介绍B+树。

B+树是一种常用于文件组织的B_树的变型树。一棵m阶的B+树和优阶的B_树的差异是:

1) 有K个孩子的结点必有K个关键字。

2) 所有的叶子结点,包含了全部关键字的信息及指向相应的记录指针,且叶子结点本身依照关键字的大小、从小到大顺序链接。

3) 上面各层结点中的关键字,均是下一层相应结点中最大关键字的复写(当然也可采用"最小关键字复写"原则)。

例如,图10-5是一棵3阶的B+树。通常在B+树上有两个头指针,一个指向根结点,另一个指向关键字最小的叶子结点。因此,可以对B+树进行两种查找运算,一种是从最小关键字起,顺序查找;另一种是从根结点开始,进行随机查找。

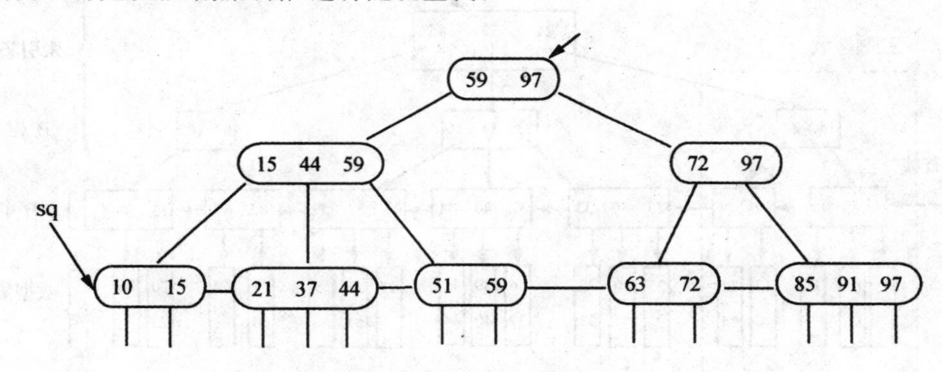

图10-5　一颗3阶的B+树

在B+树上进行随机查找、插入和删除的过程,基本上与B_树类似。只是在查找时,若非终端结点上的关键字等于给定值,则并不终止,而是继续向下查找直到到达叶子结点。因此,在B+树中,不管查找成功与否,每次查找都是走了一条从根到叶子结点的路径。B+树查找的分析类似于B_树。B+树的插入也仅在叶子结点上进行,当结点中的关键字个数大于m时要分裂成两个结点,并且它们的双亲结点中应同时包含这两个结点的最大关键字。B+树的删除仅在叶子结点进行。当叶子结点中的最大关键字被删除时,其在非终端结点中的值可以作为一个"分界关键字"存在。若因删除而使结点中关键字的个数少于$\lceil m/2 \rceil$时,则和该结点的兄弟结点合并,合并过程与B_树类似。

在上述的B+树中,每个叶结点中的关键字均对应一个记录,适宜于作为稠密索引。但若让叶子结点中的关键字对应一个页块,则B+树可用来作为稀疏索引。IBM公司的VSAM文件是用B+树作为文件的稀疏索引的一个典型例子。这种文件组织的实现,使用了IBM370系列的操作系统的分页功能。这种存取方法与存储设备无关,与柱面、磁道等物理存储单位没有必然的联系。例如,可以在一个磁道中放n个控制区间,也可以一个控制区间跨n个磁道。

VSAM文件的结构如图10-6所示。它由三部分组成:索引集,顺序集和数据集。文件的记录均存放在数据集中。数据集中的一个结点称为控制区间(control interval),是一个 I/O 操作的基本单位,每个控制区间含有一个或多个数据记录。顺序集和索引集一起构成一棵 B+ 树,作为文件的索引部分。顺序集中存放每个控制区间的索引项。由两部分信息组成,即该控制区间中的最大关键字和指向控制区间的指针。若干相邻的控制区间的索引项,形成顺序集中的一个结点。结点之间用指针相链接,而每个结点又在其上一层的结点中建有索引,且逐层向上建立索引。所有的索引项都由最大关键字和指针两部分信息组成,这些高层的索引项形成 B+ 树的非终端结点。因此,VSAM 文件既可在顺序集中进行顺序存取,又可以从最高层的索引(B+ 树的根结点)出发,进行按关键字存取。顺序集中一个结点连同其对应的所有控制区间形成一个整体,称为控制区域(control range)。它相当于 ISAM 文件中的一个柱面,而控制区间相当于一个磁道。

在 VSAM 文件中,记录既可以是定长的,也可以是不定长的,因而在控制区间中,除了存放记录本身之外,还有每个记录的控制信息和整个区间的控制信息(如区间中存放的记录数等),控制区间的结构如表 10-6 所列。

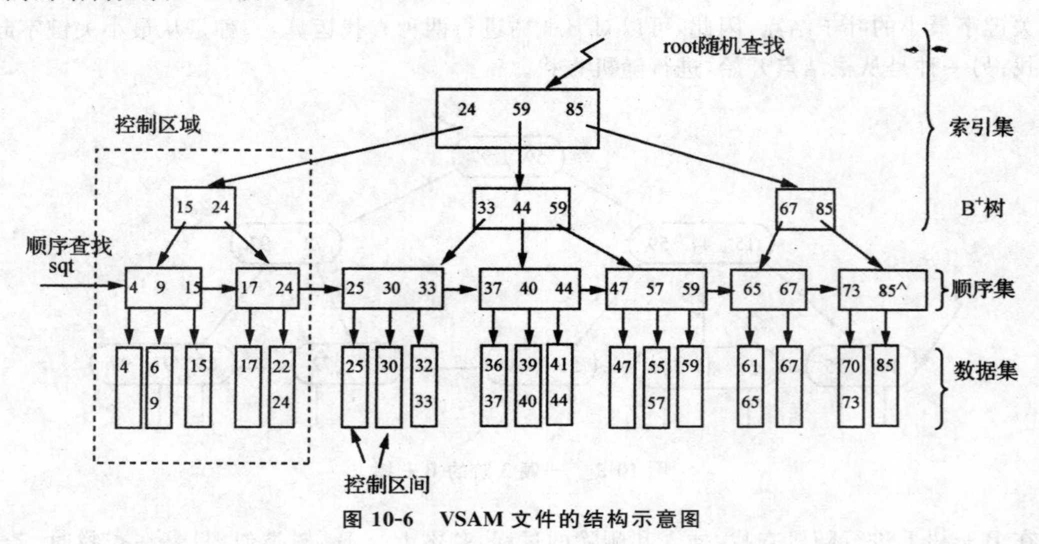

图 10-6 VSAM 文件的结构示意图

表 10-6 控制区间的结构示例

记录 1	记录 2	……	记录 n	记录的控制信息	控制区间的控制信息

VSAM 文件中没有溢出区,解决插入的方法是在最初建文件时留出空间:

1)每个控制区间内并未填满记录,而是在最末一个记录和控制信息之间留有空隙。

2)在每个控制区域中有一些完全空的控制区间,并在顺序集的索引中指明这些空区间。当插入新记录时,大多数的新记录能插入到相应的控制区间内。但要注意:为了保持区间内记录的关键字从小到大有序,则需将区间内关键字大于插入记录关键字的记录,向控制信息的方向移动。若在若干记录插入之后,控制区间已满,则在下一个记录插入时,要进行控制区间的分裂,即把近乎一半的记录移到同一控制区域内全空的控制区间中,并修改顺序集中相应索引。倘若控制区域中已经没有全空的控制区间,则要进行控制区域的分裂,此时顺序集中的结点亦要分开,由此尚需修改索引集中的结点信息。由于控制区域较大,通常很少发生分裂的情况。

在 VSAM 文件中删除记录时,需将同一控制区间中比删除记录关键字大的记录向前移动,把空间留给以后插入的新记录。若整个控制区间变空，则回收作空闲区间用，且需删除顺序集中相应的索引项。

和ISAM文件相比，基于B+树的VSAM文件有如下优点：能保持较高的查找效率，查找一个新插入记录和查找一个原有记录具有相同的速度；动态地分配和释放存储空间，可以保持平均75%的存储利用率；永远不必对文件进行再组织。因而基于B+树的VSAM文件，通常被作为大型索引顺序文件的标准组织。

10.5 散列文件

散列文件是利用散列法组织的文件，亦称直接存取文件。它类似于散列表，即根据文件中关键字的特点，设计一个散列函数和处理冲突的方法，将记录散列到存储设备上。

与散列表不同的是，对于文件来说，磁盘上的文件记录通常是成组存放的，若干个记录组成一个存储单位。在散列文件中，这个存储单位叫做桶(bucket)。假如一个桶能存放m个记录，这就是说，m个同义词的记录可以存放在同一地址的桶中，而当第$m+1$个同义词出现时才发生“溢出”，需要将第$m+1$个同义词存放到另一个桶中，通常称此桶为“溢出桶”。相对地，称为m个同义词存放的桶为“基桶”。溢出桶和基桶大小相同，相互之间用指针相链接。当在基桶中没有找到待查记录时，就沿着指针到所指溢出桶中进行查找。因此，希望同一散列地址的溢出桶和基桶，在磁盘上的物理位置不要相距太远，最好在同一柱面上，例如，某一文件有16个记录，其关键字分别为：23，05，26，01，18，02，27，12，07，09，04，19，06，16，33，24。桶的容量$m=3$，桶数$b=7$。用除留取余法作散列函数H(key%7)，由此得到的散列文件如图10-7所示。

在散列文件中进行查找时，首先根据给定值求出散列桶地址，将基桶的记录读入内存，进行顺序查找，若找到关键字等于给定值的记录，则检索成功；否则，读入溢出桶的记录继续进行查找。

在散列文件中删去一个记录，仅需对被删记录作删除标记即可。

散列文件的优点是：文件随机存放，记录不需进行排序；插入、删除方便；存取速度快；不需要索引区，节省存储空间。

散列文件的缺点是：不能进行顺序存取，只能按关键字随机存取，且询问方式限于简单询问，并且在经过多次插入、删除后，也可能造成文件结构不合理，需要重新组织文件。

10.6 多关键字文件

以上各节介绍的都是只含一个主关键字的文件。若需对主关键字以外的其他次关键字进行查询，则只能顺序存取主文件中的每一个记录进行比较，从而效率很低。为此，除了按以上各节讨论的方法组织文件之外，还需要对被查询的次关键字也建立相应的索引，这种包含有多个次关键字索引的文件称为多关键字文件。次关键字索引本身可以是顺序表，也可以是树表。下面讨论两种多关键字文件的组织方法。

10.6.1 多重表文件

多重表文件是将索引方法和链接方法相结合的一种组织方式。它对每个需要查询的次关键字建立一个索引,同时将具有相同次关键字的记录链接成一个链表,并将此链表的头指针、链表长度及次关键字,作为索引表的一个索引项。通常多重表文件的主文件是一个顺序文件,如表10-7所列。

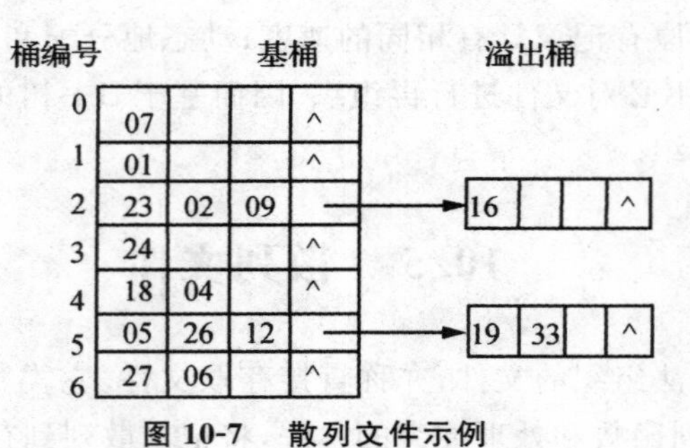

图 10-7 散列文件示例

表 10-7 多重表文件

物理地址	职工号	姓　名	职　务	工资级别	职务链	工资链
101	03	丁一	教授	12	110	
102	10	王二	教授	11	107	106
103	07	张三	讲师	13	108	107
104	05	李四	助教	14	105	110
105	06	王刚	助教	13		103
106	12	和森	讲师	11		
107	14	刘为	教授	13		
108	09	林林	讲师	10	106	
109	01	马莉	助教	14	104	104
11O	08	李伟	教授	14	102	

在本例中,主关键字是职工号,次关键字是职务和工资级别。它设有两个链接字段,分别将具有相同职务和相同工资级别的记录链在一起,由此形成的职务索引和工资级别索引见表10-8和10-9。有了这些索引,便易于处理各种有关次关键字的查询。例如,要查询所有讲师,则只需在职务索引中先找到次关健字"讲师"的索引项,然后从它的头指针出发,列出该链表上所有的记录即可。又如,若要查询工资级别为11的所有教授,则既可以从职务索引的"教授"的头指针出发,也可以从工资级别索引的"11"的头指针出发,读出链表上的每个记录,判定它是否满足查询条件。在这种情况下,可先比较两个链表的长度,然后在较短的链表上查找。

表 10-8 职务索引

次关键字	头指针	链长
教授	101	4
讲师	103	3
助教	109	3

表 10-9 工资级别索引

次关键字	头指针	链长
10	108	1
11	102	2
12	101	1
13	105	3
14	109	3

在上例中，各个有相同次关键字的链表，是按主关键字的大小链接的。如果不要求保持链表的某种次序，则插入一个新记录是容易的，此时可将记录插在链表的头指针之后。但是，要删去一个记录却很繁琐，需在每个次关键字的链表中删去该记录。

10.6.2 倒排文件

倒排文件和多重表文件的区别在于次关键字索引的结构不同。倒排文件中的次关键字索引称作倒排表。具有相同次关键字的记录之间不进行链接，而是在倒排表中列出具有该次关键字记录的物理地址。例如，对表 10-7 所示的多重表文件，去掉两个链接字段后，所建立的职务倒排表和工资级别倒排表如表 10-10 和 10-11 所示，倒排表和文件一起就构成了倒排文件。

表 10-10 职务倒排表

次关键字	物理地址
教授	101,102,107,110
讲师	103,106,108
助教	104,105,109

表 10-11 工资级别倒排表

次关键字	物理地址
10	108
11	102,106
12	101
13	102,105,107
14	104,109,110

在表 10-10 和 10-11 的倒排表中，各索引项的物理地址是有序的，也可以将这些物理地址按主关键字有序排列，例如“教授”对应的物理地址可排列为：101，110，102，107。

倒排表的主要优点是：在处理复杂得多关键字查询时，可在倒排表中先完成查询的交、并等逻辑运算，得到结果后再对记录进行存取。这样不必对每个记录随机存取，把对记录的查询转换为地址集合的运算，从而提高查找速度。例如，要找出所有工资级别小于 13 的教授，则只需将次关键字为 10,11 和 1 2 的物理地址集合先作“并”运算，然后，与教授的物理地址集合做“交”运算：

$$(\{108\} \cup \{102,106\} \cup \{101\}) \cap \{101,102,107,110\} = \{101,102\}$$

即符合条件的记录，其物理地址是 101 和 102。在插入和删除记录时，也要修改倒排表。

值得注意的是，在倒排表中，有时不是列出物理地址，而是列出主关键字。这样的倒排表存取速度较慢，但由于主关键字可看成是记录的符号地址，因此它的优点是存储具有相对独立性。例如，表 10-12 就是按上述方法对表 10-7 所组织的职务倒排表。

在一般的文件组织中，是先找记录，然后再找到该记录所含的各次关键字；而倒排文件中，是先给定次关键字，然后查找含有该次关键字的各个记录，这种文件的查找次序正好与一般文件的查找次序相反，因此称之为“倒排”。由此也可以看出，多重表文件实际上也是倒排文件，只不过索引的方法不同。

表 10-12　另一种倒排表

次关键字	记录主关键字
教授	03,18,10,14
讲师	07,09,14
助教	01,05,06

习题

1. 什么是文件的逻辑记录和物理记录?它们有什么区别和联系？
2. 简述文件的几种常用的组织方式，它们各有什么特点。
3. 简述磁带和磁盘的结构和存取信息的特点。
4. 简述散列文件的查找方法及优缺点。
5. 假设某个有 3000 张床位的旅店需为投宿的旅客建立一个便于管理的文件，每个记录是一名旅客的身份和投宿情况，其中旅客身份证号码(15 位十进制数）可作为主关键字。为了来访客人查询方便，还需建立姓名、投宿日期、从哪儿来等次关键字项索引。请为此文件确定一种组织方式(如：主文件如何组织，各次关键字项索引如何建立等等)。

第 11 章　分治法

11.1　分治法的基本思想

分治法的基本思想是将一个规模为 n 的问题分解为 k 个规模较小的子问题，这些子问题互相独立且与原问题相同。递归地解这些子问题，然后将各子问题的解合并得到原问题的解。它的一般的算法设计模式如下：

算法 11.1　分治法的一般框架

```
Divide and Conquer(P)
{
    if(| P | = n0)   Adboc(P);
    divide P into smaller subinstances
    P1,P2,…,Pk;
    for(i = 1;i <= k;i ++)
    yi = Divide_and_Conquer(Pi);
    return Merge(yl,…,yk);
}
```

其中，$|P|$表示问题P 的规模，$n0$ 为一阈值，表示当问题P 的规模不超过$n0$时，问题已容易解出，不必再继续分解。Adhoc(P) 是该分治法中的基本子算法，用于直接解小规模的问题 P。因此，当 P 的规模不超过$n0$ 时，直接用算法 Adhoe(P) 求解。算法 Merge($y1$,$y2$,…,yk) 是该分治法中的合并子算法，用于将 P 的子问题 $P1$,…,Pk 的解 $y1$,…,yk 合并为 P 的解。

根据分治法的分割原则，应把原问题分为多少个子问题才较适宜?每个子问题是否规模相同或怎样才为适当?这些问题很难予以肯定的回答。但人们从大量实践中发现，在用分治法设计算法时，最好使子问题的规模大致相同。即将一个问题分成大小相等的 k 个子问题的处理方法是行之有效的。许多问题可以取 $k = 2$。这种使子问题规模大致相等的做法是出自一种平衡子问题的思想，它几乎总是比子问题规模不等的做法要好。

从分治法的一般设计模式可以看出，用它设计出的程序一般是一个递归算法。因此，分治法的计算效率通常可以用递归方程来进行分析。若一个分治法将规模为 n 的问题分成k 个规模为 n/m 的子问题。为方便起见，设分解阈值 $n0 = 1$，且 Adhoc 解规模为 1 的问题耗费 1 个单位时间，再设将原问题分解为k个子问题以及用Merge将k个子问题的解合并为原问题的解需用$f(n)$个单位时间。用 $T(n)$表示该分治法 Divid-and-Conquer(P) 解规模为$|P| = n$的问题所需的计算时间，则有：

$$T(n)=\begin{cases}O(1) & n=1 \\ kT(n/m)+f(n) & n>1\end{cases} \tag{11-1}$$

根据第 2 章介绍的递归方程的求解方法，解这个与分治法有密切关系的递归方程。反复代入

求解得

$$T(n)=n^{\log_m k}+\sum_{j=0}^{\log_m n-1}k^j f(n/m^j) \tag{11-2}$$

注意,递归方程及其解只给出 n 等于 m 的方幂时 $T(n)$ 的值,但是如果认为 $T(n)$ 足够平滑,那么由 n 等于 m 的方幂时 $T(n)$ 的值可以估计 $T(m)$ 的增长速度。通常,我们可以假定 $T(n)$ 是单调上升的。

另一个需要注意的问题是,在分析分治法的计算效率时,通常得到的是递归不等式:

$$T(n)=\begin{cases}O(1) & n=n_0\\ kT(n/m)+f(n) & n>n_0\end{cases} \tag{11-3}$$

而我们关心的一般是最坏情况下的计算时间复杂度的上界,所以用等号(=)还是用小于等于号(≤)是没有本质区别的。

虽然以分治法为基础,将要求解的问题分成与原问题类型相同的子问题来求解的算法用递归过程描述是很自然的,但为了提高效率,则往往需要将这一递归形式转换成迭代形式。

算法 11.2　分治法抽象化控制的迭代形式

```
void DANDC(Type p,Type q)
{
    /* DANDC 的迭代模型。说明一个适当大小的栈 */
      int s,t;
      top = 0;      /* 置栈为空 */
          L1:
      while(!SMALL(p,q))
      {
          m = DIVIDE(p,q);      /* 确定如何分割这些输入 */
          p,q,m,0,2  进 STACK 栈;      /* 处理第一次递归调用 */
          q = m;
      }
      t = G(p,q);
      while(top! = 0)
      {
          p,q,m,s,ret 从 STACK 栈退出
          if(ret = 2)
          {
              p,q,m,t,3 进 STACK 栈      /* 处理第二次递归调用 */
                p = m+1;
              goto L1;
          }
          else
          t = COMBINE(s,t);      /* 将两个子解合并成一个解 */
      }
```

```
    return t;
}
```

以上讨论的是分治法的基本思想和一般原则。下面我们用一些具体例子来说明如何针对具体问题用分治思想来设计有效算法。

11.2 二分搜索技术

二分搜索算法是运用分治策略的典型例子。

给定已排好序的n个元素$a[0:n-1]$，现要在这n个元素中找出一特定元素key。首先较易想到的是用顺序搜索方法，逐个比较$a[0:n-1]$中元素，直至找出元素key或搜索遍整个数组后确定key不在其中。这个方法没有很好地利用n个元素已排好序这个条件，因此在最坏情况下，顺序搜索方法需要$O(n)$次比较。

二分搜索方法充分利用了元素间的次序关系，采用分治策略，可在最坏情况下用$O(\log n)$时间完成搜索任务。

二分搜索算法的基本思想是设置三个变量left，right，middle，它们分别指向表的当前待查范围的下界、上界和中间位置。首先将待查的key值与有序表$a[0]$到$a(n-1)$的中间位置middle上的元素的关键字进行比较。若相等，即a[middle]key = key，则查找完成。否则，若a[middle]key > key，则说明待查找的元素可能在左子表$a[0]$到a[middle − 1]中，我们只要在左子表中继续进行二分搜索，若a[middle]key < key，则说明待查找的元素可能在右子表a[middle + 1]到$a[n-1]$中，我们只要在右子表中继续进行二分搜索。这样，经过一次关键字比较就缩小一半的查找区间。如此下去，直到找到关键字为key的元素，或者查找失败。

算法11.3 二分搜索递归算法

```
Template < class Type >
int BinarySearch(Type a[],const Type& x,int n)
{/* 在a[0] <= a[1] <= … <= a[n-1]中搜索x */
/* 找到x时返回其在数组中的位置,否则返回-1 */
    int left = 0;int right = n-1;
    while(left <= right){
        int middle = (left + right)/2;
        if(x == a[middle])return middle;
        if(x > a[middle])left = middle + 1;
        else right = middle-1;
    }
    return -1;/* 未找到x */
}
```

容易看出，每执行一次算法的while循环，待搜索数组的大小减少一半。因此，在最坏情况下，while循环被执行了$O(\log n)$次。循环体内运算需要$O(1)$时间，因此整个算法在最坏情况下的计算时间复杂性为$O(\log n)$。

二分搜索算法的思想易于理解，但是要写一个正确的二分搜索算法也不是一件简单的事。

Knuth 在他的著作中提到，第一个二分搜索算法早在 1946 年就出现了，但是第一个完全正确的二分搜索算法却直到 1962 年才出现。Bentley 也在他的著作中写道，90％的计算机专家不能在 2h 内写出完全正确的二分搜索算法。

11.3　大整数的乘法

通常，在分析一个算法的计算复杂性时，都将加法和乘法运算当作是基本运算来处理，即将执行一次加法或乘法运算所需的计算时间当做一个仅取决于计算机硬件处理速度的常数。这个假定仅在参加运算的整数能在计算机硬件对整数的表示范围内直接处理时才是合理的。然而，在某些情况下，我们要处理很大的整数，它无法在计算机硬件能直接表示的整数范围内进行处理。若用浮点数来表示它，则只能近似地表示它的大小，计算结果中的有效数字也受到限制。若要精确地表示大整数并在计算结果中要求精确地得到所有位数上的数字，就必须用软件的方法来实现大整数的算术运算。

设 X 和 Y 都是 n 位的二进制整数，现在要计算它们的乘积 XY。我们可以用小学所学的方法来设计一个计算乘积 XY 的算法，但是这样做计算步骤太多，显得效率较低。如果将每两个一位数的乘法或加法看作一步运算，那么这种方法要作 $O(n^2)$ 步运算才能求出乘积 XY。下面我们用分治法来设计一个更有效的大整数乘积算法。

我们将 n 位的二进制整数 X 和 Y 都分为 2 段，每段的长为 $n/2$ 位（为简单起见，假设 n 是 2 的幂），如图 11-1 所示。

	$n/2$ 位	$n/2$ 位			$n/2$ 位	$n/2$ 位
$X=$	A	B		$Y=$	C	D

图 11-1　大整数 X 和 Y 的分段

由此，$X = A2^{n/2} + B, Y = C2^{n/2} + D$。这样，$X$ 和 Y 的乘积为

$$XY = (A2^{n/2} + B)(C2^{n/2} + D) = AC2^{n/2} + (AD + BC)2^{n/2} + BD \qquad (11\text{-}4)$$

如果按此式计算 XY，则我们必须进行 4 次 $n/2$ 位整数的乘法（AC, AD, BC 和 BD），以及 3 次不超过 $2n$ 位的整数加法（分别对应手式中的加号），此外还要做 2 次移位（分别对应于式中乘 2^n 和乘 $2^{n/2}$）。所有这些加法和移位共用 $O(n)$ 步运算。设 $T(n)$，是 2 个 n 位整数相乘所需的运算总数，则我们有：

$$T(n)=\begin{cases}O(1) & n=1\\ 4T(n/2)+O(n) & n>1\end{cases} \qquad (11\text{-}5)$$

由此可得 $T(n) = 0(n^2)$。因此，直接用此式来计算 X 和 Y 的乘积并不比小学生的方法更有效。要想改进算法的计算复杂性，必须减少乘法次数。下面我们把 XY 写成另一种形式：

$$XY = AC2^n + ((A-B)(D-C) + AC + BD)2^{n/2} + BD \qquad (11\text{-}6)$$

此式看起来似乎更复杂些，但它仅需做 3 次 $n/2$ 位整数的乘法（AC, BD 和 $(A-B)(D-C)$），6 次加、减法和 2 次移位。由此可得：

$$T(n)=\begin{cases}O(1) & n=1\\ 3T(n/2)+O(n) & n>1\end{cases} \qquad (11\text{-}7)$$

容易求得其解为 $T(n) = 0(n^{\log 3}) = 0(n^{1.59})$。这是一个较大的改进。

上述二进制大整数乘法同样可应用于十进制大整数的乘法以减少乘法次数，提高算法效率。如果将一个大整数分成 3 段或 4 段做乘法，计算复杂性会发生什么变化呢？是否优于分成 2 段来做乘法？读者可以通过有关练习得到明确的结论。

11.4　Strassen 矩阵乘法

矩阵乘法是线性代数中最常见的问题之一，它在数值计算中有广泛的应用。设 $\boldsymbol{A}$ 和 $\boldsymbol{B}$ 是两个 $n \times n$ 矩阵，它们的乘积 $\boldsymbol{AB}$ 同样是一个 $n \times n$ 矩阵。$\boldsymbol{A}$ 和 $\boldsymbol{B}$ 的乘积矩阵 $\boldsymbol{C}$ 中元素 c_{ij} 定义为

$$c_{ij} = \sum_{k=1}^{n} a_{ki} b_{kj}$$

若依此定义来计算 $\boldsymbol{A}$ 和 $\boldsymbol{B}$ 的乘积矩阵 $\boldsymbol{C}$，则每计算 $\boldsymbol{C}$ 的一个元素 c_{ij}，需要做 n 次乘法和 $n-1$ 次加法。因此，求出矩阵 $\boldsymbol{C}$ 的 n^2 个元素所需的计算时间为 $O(n^3)$。

Strassen 采用了类似于我们在大整数乘法中用过的分治技术，将计算 2 个 n 阶矩阵乘积所需的计算时间改进到 $O=(n^{\log 7})=(n^{2.81})$。其基本思想还是使用分治法。

首先，我们仍假设 n 是 2 的幂。将矩阵 $\boldsymbol{A}$，$\boldsymbol{B}$ 和 $\boldsymbol{C}$ 中每一矩阵都分块成为 4 个大小相等的子矩阵，每个子矩阵都是 $n/2 \times n/2$ 的方阵。由此可将方程 $\boldsymbol{C}=\boldsymbol{AB}$ 重写为

$$\begin{bmatrix} \boldsymbol{C}_{11} & \boldsymbol{C}_{12} \\ \boldsymbol{C}_{21} & \boldsymbol{C}_{22} \end{bmatrix} = \begin{bmatrix} \boldsymbol{A}_{11} & \boldsymbol{A}_{12} \\ \boldsymbol{A}_{21} & \boldsymbol{A}_{22} \end{bmatrix} \begin{bmatrix} \boldsymbol{B}_{11} & \boldsymbol{B}_{12} \\ \boldsymbol{B}_{21} & \boldsymbol{B}_{22} \end{bmatrix}$$

由此可得：

$$\begin{aligned} \boldsymbol{C}_{11} &= \boldsymbol{A}_{11}\boldsymbol{B}_{11} + \boldsymbol{A}_{12}\boldsymbol{B}_{21} \\ \boldsymbol{C}_{12} &= \boldsymbol{A}_{11}\boldsymbol{B}_{12} + \boldsymbol{A}_{12}\boldsymbol{B}_{22} \\ \boldsymbol{C}_{21} &= \boldsymbol{A}_{21}\boldsymbol{B}_{11} + \boldsymbol{A}_{22}\boldsymbol{B}_{21} \\ \boldsymbol{C}_{22} &= \boldsymbol{A}_{21}\boldsymbol{B}_{12} + \boldsymbol{A}_{22}\boldsymbol{B}_{22} \end{aligned}$$

如果 $n=2$，则 2 个 2 阶方阵的乘积可以直接计算出来，共需 8 次乘法和 4 次加法。当子矩阵的阶大于 2 时，为求 2 个子矩阵的积，可以继续将子矩阵分块，直到子矩阵的阶降为 2。这样，就产生了一个分治降阶的递归算法。依此算法，计算 2 个 n 阶方阵的乘积转化为计算 8 个 $n/2$ 阶方阵的乘积和 4 个 $n/2$ 阶方阵的加法。2 个 $n/2 \times n/2$ 矩阵的加法显然可以在 $O(n^2)$ 时间内完成。因此，上述分治法的计算时间耗费 $T(n)$ 应满足：

$$T(n)=\begin{cases} O(1) & n=2 \\ 8T(n/2)+O(n) & n>2 \end{cases} \tag{11-8}$$

这个递归方程的解仍然是 $T(n)=0(n^3)$。因此，该方法并不比用原始定义直接计算更有效。究其原因，是由于该方法并没有减少矩阵的乘法次数。而矩阵乘法耗费的时间要比矩阵加（减）法耗费的时间多得多。要想改进矩阵乘法的计算时间复杂性，必须减少乘法运算。

按照上述分治法的思想可以看出，要想减少乘法运算次数，关键在于计算 2 个 2 阶方阵的乘积时，所用乘法次数能否少于 8 次。Strassen 提出了一种新的算法来计算 2 个 2 阶方阵的乘积。他的算法只用了 7 次乘法运算，但增加了加、减法的运算次数。这 7 次乘法是：

$$M_1 = A_{11}(B_{12} - B_{22})$$
$$M_2 = (A_{11} + A_{12})B_{22}$$
$$M_3 = (A_{21} + A_{22})B_{11}$$
$$M_4 = A_{22}(B_{21} - B_{11})$$
$$M_5 = (A_{11} + A_{22})(B_{11} + B_{22})$$
$$M_6 = (A_{12} - A_{22})(B_{21} + B_{22})$$
$$M_7 = (A_{11} - A_{21})(B_{11} + B_{12})$$

做了这 7 次乘法后，再做若干次加、减法就可以得到：

$$C_{11} = M_5 + M_4 - M_2 + M_6$$
$$C_{12} = M_1 + M_2$$
$$C_{21} = M_3 + M_4$$
$$C_{22} = M_5 + M_1 - M_3 - M_7$$

以上计算的正确性很容易验证。

Strassen 矩阵乘积分治算法中，用了 7 次对于 $n/2$ 阶矩阵乘积的递归调用和 18 次 $n/2$ 阶矩阵的加减运算。由此可知，该算法的所需的计算时间 $T(n)$ 满足如下的递归方程：

$$T(n)=\begin{cases}O(1) & n=1\\ 7T(n/2)+O(n^2) & n>1\end{cases} \tag{11-9}$$

解此递归方程得 $T(n)=0(n^{\log 7})\approx O(n^{2.81})$。由此可见，Strassen 矩阵乘法的计算．时间复杂性比普递矩阵乘法有较大改进。

有人曾列举了计算 2 个 2×2 阶矩阵乘法的 36。种不同方法。但所有的方法都至少做 7 次乘法。除非能找到一种计算 2 阶方阵乘积的算法，使乘法的计算次数少于 7 次，计算矩阵乘积的计算时间下界才有可能低于 $O(n^{2.81})$。但是 Hoperoft 和 Kerr 已经证明，计算 2 个 2×2 矩阵的乘积，7 次乘法是必要的。因此，要想进一步改进矩阵乘法的时间复杂性，就不能再基于计算 2×2 矩阵的 7 次乘法这样的方法了。或许应当研究 3×3 或 5×5 矩阵的更好算法。在 Strassen 之后又有许多算法改进了矩阵乘法的计算时间复杂性。目前最好的计算时间上界是 $O(n^{2.376})$。而目前所知道的矩阵乘法的最好下界仍是它的平凡下界 $\Omega(n^2)$。因此到目前为止还无法确切知道矩阵乘法的时间复杂性。关于这一研究课题还有许多工作可做。

11.5　棋盘覆盖

在一个 $2^k\times 2^k$ 个方格组成的棋盘中，若恰有一个方格与其他方格不同，则称该方格为一特殊方格，且称该棋盘为一特殊的棋盘。显然特殊方格在棋盘上出现的位置有 4^k 种情形。因而对任何 $k\geqslant 0$，有 4 量种不同的特殊棋盘。图 11-2 中的特殊棋盘是当 $k=2$ 时 16 个特殊棋盘中的一个。

在棋盘覆盖问题中，我们要用图 11-3 所示的 4 种不同形态的 L 形骨牌覆盖一个给定的特殊棋盘上除特殊方格以外的所有方格，且任何 2 个 L 形骨牌不得重叠覆盖。易知，在任何一个 $2^k\times 2^k$ 的棋盘覆盖中，用到的 L 形骨牌个数恰为 $(4^k-1)/3$。

用分治策略，我们可以设计出解棋盘覆盖问题的一个简洁的算法。

当 $k>0$ 时，我们将 $2^k\times 2^k$ 棋盘分割为 4 个 $2^{k-1}\times 2^{k-1}$ 子棋盘，如图 11-4(a) 所示。

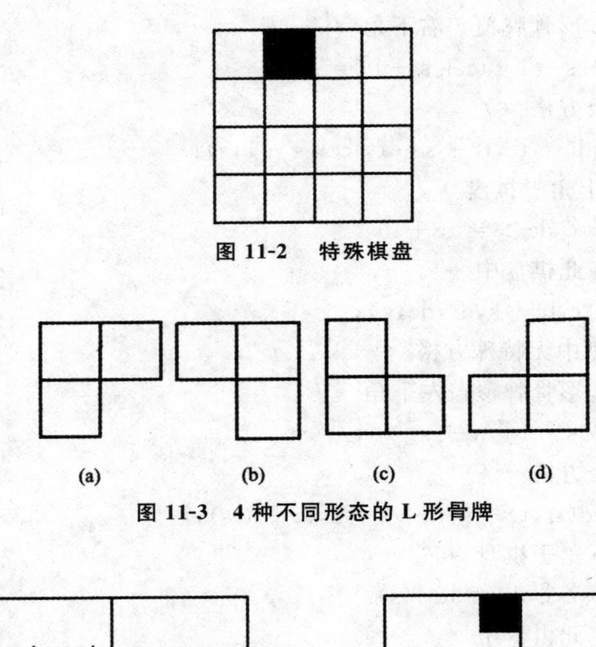

图 11-2　特殊棋盘

(a)　(b)　(c)　(d)

图 11-3　4 种不同形态的 L 形骨牌

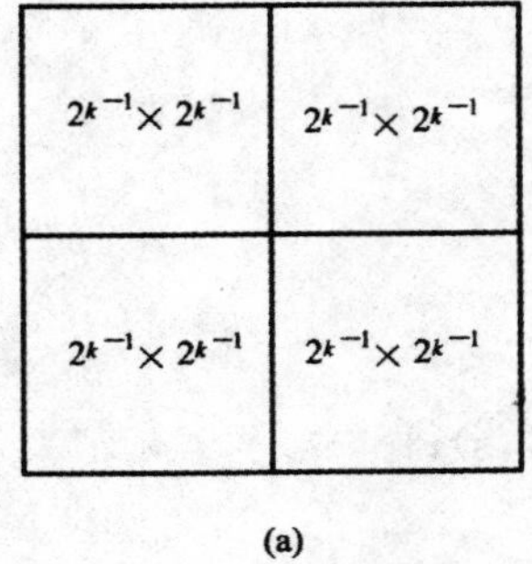

(a)

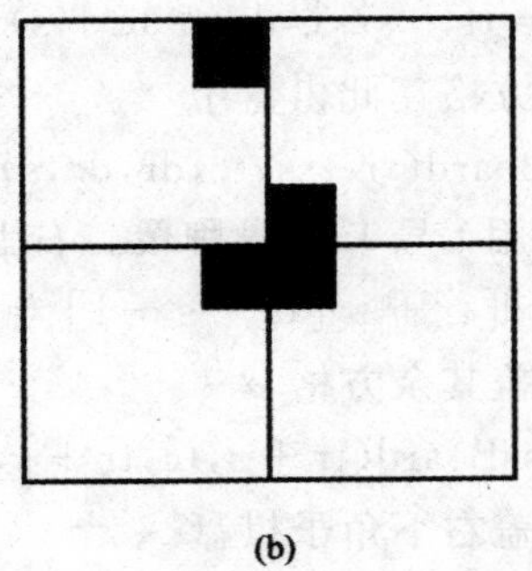

(b)

图 11-4　棋盘分割

特殊方格必位于 4 个较小子棋盘之一中，其余 3 个子棋盘中无特殊方格。为了将这 3 个无特殊方格的子棋盘转化为特殊棋盘，我们可以用一个 L 形骨牌覆盖这 3 个较小棋盘的会合处，如图 11-4(b) 所示，这 3 个子棋盘上被 L 形骨牌覆盖的方格就成为该棋盘上的特殊方格，从而将原问题转化为 4 个较小规模的棋盘覆盖问题。递归地使用这种分割，直至棋盘简化为 $1\times l$ 棋盘。

算法 11.4　实现棋盘覆盖分治策略的算法

```
void ChessBoard(int tr,int tc,int dr,int dc int size)
{
    if(size == 1)return;
    int t = tile++;   /* L形骨牌号 */
    s = size/2;   /* 分割棋盘 */
    /* 覆盖左上角子棋盘 */
    if(dr < tr + s&&dc < tc + s)
    /* 特殊方格在此棋盘中 */
      Chessnoard(tr,tc,dr,dc,s);
    else{/* 此棋盘中无特殊方格 */
```

```
    /* 用 t 号 L 形骨牌覆盖右下角 */
      Board[tr + s - 1][tc + s - 1] = t;
    /* 覆盖其余方格 */
      ChessBoard(tr,tc,tr + s - 1,tc + s - 1,s);}
     /* 覆盖右上角子棋盘 */
  if(dr < tr + s&&dc >= tc + s)
  /* 特殊方格在此棋盘中 */
    ChessBoard(tr,tc + s,dr,dc,g);
  else{/* 此棋盘中无特殊方格 */
    /* 用 t 号 L 形骨牌覆盖左下角 */
      Board[tr + s - 1][tc + s] = t;
    /* 覆盖其余方格 */
      ChessBoard(tr,tc + s,tr + s - 1,tc + s,s);}
    /* 覆盖左下角子棋盘 */
  if(dr >= tr + s&&dc < tc + s)
  /* 特殊方格在此棋盘中 */
    ChessBoard(tr + s,tc,dr,dc,s);
  else{/* 用 t 号 L 形骨牌覆盖右上角 */
      Board[tr + s][tc + s - 1] = t;
    /* 覆盖其余方格 */
      ChessBoard(tr + s,tc,tr + s,tc + s - 1,s);}
    /* 覆盖右下角子棋盘 */
  if(dr >= tr + s&&dc >= tc + s)
  /* 特殊方格在此棋盘中 */
    ChessBoard(tr + s,tc + s,dr,dc,s);
  else{/* 用 t 号 L 形骨牌覆盖左上角 */
      Board[tr + s][tc + s] = t;
    /* 覆盖其余方格 */
      ChessBoard(tr + s,tc + s,tr + s,tc + s,s);}
}
```

上述算法中，用一个二维整型数组 Board 表示棋盘。Board[0][0] 是棋盘的左上角方格。tile 是算法中的一个全局整型变量，用来表示 L 形骨牌的编号，其初始值为 0。算法的输入参数为

tr：棋盘左上角方格的行号；

tc：棋盘左上角方格的列号；

dr：特殊方格所在的行号；

dc：特殊方格所在的列号；

size：size $= 2^k$，棋盘规格为 $2^k \times 2^k$。

设 $T(k)$是算法 ChessBoard 覆盖一个 $2^k \times 2^k$ 棋盘所需的时间，则从算法的分治策略可知，$T(k)$满足如下递归方程

$$T(k)=\begin{cases}O(1) & k=0 \\ 4T(k-1)+O(1) & k>0\end{cases} \tag{11-10}$$

解此递归方程可得 $T(k)=0(4^k)$。由于覆盖一个 $2^k \times 2^k$ 棋盘所需的 L 形骨牌个数为$(4^k-1)/3$，故算法 ChessBoard 是一个在渐近意义下最优的算法。

11.6　合并排序

合并排序算法是用分治策略实现对 n 个元素进行排序的算法。其基本思想是：当 $n=1$ 时终止排序，否则将待排序元素分成大小大致相同的两个子集合，分别对两个子集合进行排序，最终将排好序的子集合合并成为所要求的排好序的集合。

算法 11.5　递归描述合并排序算法

```
void MergeSort(Type a[],int left,int right)
{
    if(1eft. right){   /* 至少有 2 个元素 */
        int i = (1eft + right)/2;   /* 取中点 */
        MergeSort(a,left,i);
        MergeSort(a,i + l,right);
        Merge(a,b,left,i,right);   /* 合并到数组 b*/
        Copy(a,b,left,right);   /* 复制回数组 a*/
    }
}
```

其中，算法 Merge 合并两个排好序的数组段到一个新的数组 b 中，然后由 Copy 将合并后的数组段再复制回数组 a 中。Merge 和 Copy 显然可在 $O(n)$时间内完成，因此合并排序算法对 n 个元素进行排序，在最坏情况下所需的计算时间 $T(n)$满足

$$T(n)=\begin{cases}O(1) & n\leqslant 1 \\ 4T(n/2)+O(n) & n>1\end{cases} \tag{11-11}$$

解此递归方程可知 $T(n)=0(n\log n)$。由于排序问题的计算时间下界为 $\Omega(n\log n)$，故合并排序算法是一个渐近最优算法。

对于算法 MergeSort，还可以从多方面对它进行改进。例如，从分治策略的机制入手，容易消除算法中的递归。事实上，算法 MergeSort 的递归过程只是将待排序集合一分为二，直至待排序集合只剩下一个元素为止，然后不断合并两个排好序的数组段。按此机制，我们可以首先将数组 a 中相邻元素两两配对。用合并算法将它们排序，构成 $n/2$ 组长度为 2 的排好序的子数组段，然后再将它们排序成长度为 4 的排好序的子数组段，如此继续下去，直至整个数组排好序。

按此思想，消去递归后的合并排序算法可描述如下：

算法 11.6　消去递归后的合并排序算法

```
void MergeSort(Type a[],int n)
{
    Type * b = new Type[n];
    int s = 1;
```

```
        while(s < n){
        MergePass(a,b,s,n);/* 合并到数组 b */
        s += s;
        MergePass(b,a,s,n);/* 合并到数组 a */
        s += s;
    }
}
```

其中,函数 MergePass 用于合并排好序的相邻数组段。具体的合并算法由 Merge 来实现。

算法 11.7　MergePass 函数实现

```
void MergePass(Type x[],Type y[],int s,int n)
{/* 合并大小为 s 的相邻子数组 */
    int i = 0;
    while(i <= n - 2 * s){
    /* 合并大小为 s 的相邻 2 段子数组 */
        Merge(x,y,i,i + s - 1,i + 2 * s - 1);
        i = i + 2 * s;
    }
  /* 剩下的元素个数少于 2s */
    if(i + s < n)Merge(x,y,i,i + s - 1,n - 1);
    else for(int j = i;j <= n - 1;j ++)
        y[j] = x[j];
}
```

算法 11.8　Merge 函数实现

```
void Merge(Type c[],Type d[],int l,int m,int r)
{/* 合并 c[l:m] 和 c[m + 1:r] 到 d[l:r] */
    int i = l;
    int j = m + 1;
    int k = l;
    while((i <= m)&&(j <= r))
    if(c[i] <= c[j]) d[k ++] = c[i ++];
    else d[k ++] = c[j ++];
    if(i > m)for(int q = j;q <= r;q ++)
        d[k ++] = c[q];
    else for(int q = i;q <= m;q ++)
        d[k ++] = c[q];
}
```

自然合并排序是上述合并排序算法 MergeSort 的一个变形。在上述合并排序算法中,我们在第一步合并相邻长度为 1 的子数组段,这是因为长度为 1 的子数组段是已排好序的。事实上,对于初始给定的数组 a,通常存在多个长度大于 1 的已自然排好序的子数组段。例如,若数组口中元素为{4,8,3,7,1,5,6,2},则自然排好序的子数组段有{4,8},{3,7},{1,5,6}和{2}。用 1 次对数组 a 的线性扫描就足以找出所有这些排好序的子数组段。然后将相邻的排好序的子数组段两两合并,构成更大的排好序的子数组段。对上面的例子,经一次合并后我们得到 2 个合并后的子数组段{3,4,7,8}和{1,2,5,6}。继续合并相邻排好序的子数组段,直至整个数组已排好序。上面这 2 个数组段再合并后就得到{1,2,3,4,5,6,7,8}。

上述思想就是自然合并排序算法的基本思想。在通常情况下,按此方式进行合并排序所需的合并次数较少。例如,对于所给的 n 元素数组已排好序的极端情况,自然合并排序算法不需要执行合并步,而算法 MergeSort 需要执行$\lceil \log n \rceil$次合并。因此,在这种情况下,自然合并排序算法需要 $O(n)$ 时间,而算法 MergeSort 需要 $O(n\log n)$ 时间。

11.7　快速排序

快速排序算法是基于分治策略的另一个排序算法。其基本思想是,对于输入的子数组 $a[p:r]$,按以下三个步骤进行排序:

(1) 分解(Divide)

以 $a[p]$ 为基准元素将 $a[p:r]$ 划分成 3 段 $a[p:q-1]$,$a[q]$ 和 $a[q+1:r]$,使得 $a[p:q-1]$ 中任何一个元素小于等于 $a[q]$,$a[q+1:r]$ 中任何一个元素大于等于 $a[q]$。下标 q 在划分过程中确定。

(2) 递归求解(Conquer)

通过递归调用快速排序算法分别对 $a[p:q-1]$ 和 $a[q+1:r]$ 进行排序。

(3) 合并(Merge)

由于对 $a[p:q-1]$ 和 $a[q+1:r]$ 的排序是就地进行的,所以在 $a[p:q-1]$ 和 $a[q+1:r]$ 都已排好序后不需要执行任何计算 $a[p:r]$ 就已排好序。

算法 11.9　快速排序算法实现

```
void QuickSort(Type a[],int p,int r)
{
    if(p < r){
        int q = Partition(a,p,r);
        QuickSort(a,p,q - 1);   /* 对左半段排序 */
        QuickSort(a,q + 1,r);   /* 对右半段排序 */
    }
}
```

对含有 n 个元素的数组 a[0:n-1] 进行快速排序只要调用 QuickSort(a,0,$n-1$) 即可。上述算法中的函数 Partition,以一个确定的基准元素 $a[p]$ 对子数组 $a[p:r]$ 进行划分,它是快速排序算法的关键。

算法 11.10　Partition 函数实现

```
int Partition(Type a[],int p,int r)
{
    int i = p;
```

```
    j = r + 1
    Type x = a[p];
    /* 将 >= x 的元素交换到左边区域 */
    /* 将 <= x 的元素交换到右边区域 */
    while(true){
        while(a[++i] < x);
        while(a[--j] > x);
        if(i >= j)break;
        Swap(a[i],a[j]);
    }
    a[p] = a[j];
    a[j] = x;
    return j;
}
```

Partition 对 $a[p:r]$ 进行划分时，以元素 $x=a[p]$ 作为划分的基准，分别从左、右两端开始，扩展两个区域 $a[p:i]$ 和 $a[j:r]$，使得 $a[p:i]$ 中元素小于或等于 x，而 $a[j:r]$ 中元素大于或等于 x。初始时，$i=p$，且 $j=r+1$。

在 while 循环体中，下标 j 逐渐减小，i 逐渐增大，直到 $a[i]\geqslant x\geqslant a[j]$。如果这两个不等式是严格的，则 $a[i]$ 不会是左边区域的元素，而 $a[j]$ 不会是右边区域的元素。此时若 $i<j$，就应该交换 $a[i]$ 与 $a[j]$ 的位置，扩展左右两个区域。

while 循环重复至 $i\geqslant j$ 时结束。这时 $a[p:r]$ 已被划分成 $a[p:q-1]$，$a[q]$ 和 $a[q+1:r]$，且满足 $a[p:q-1]$ 中元素不大于 $a[q+1:r]$ 中元素。在 Partition 结束时返回划分点 $q=j$。

事实上，函数 Partition 的主要功能就是将小于 x 的元素放在原数组的左半部分。而将大于 x 的元素放在原数组的右半部分。其中，有一些细节需要注意。例如，算法中的下标 i 和 j 不会超出 $a[p:r]$ 的下标界。另外，在快速排序算法中选取 $a[p]$ 作为基准可以保证算法正常结束。如果选择 $a[r]$ 作为划分的基准，且 $a[r]$ 又是 $a[p:r]$ 中的最大元素，则 Partition 返回的值为 $q=r$，这就会使 QuickSort 陷入死循环。

对于输入序列 $a[p:r]$，Partition 的计算时间显然为 $O(r-p-1)$。

快速排序的运行时间与划分是否对称有关，其最坏情况发生在划分过程产生的两个区域分别包含 $n-1$ 个元素和 1 个元素的时候。由于函数 Partition 的计算时间为 $O(n)$，所以如果算法 Partition 的每一步都出现这种不对称划分，则其计算时间复杂性 $T(n)$ 满足

$$T(n)=\begin{cases}O(1) & n\leqslant 1\\ T(n-1)+O(n) & n>1\end{cases} \tag{11-12}$$

解此递归方程可得 $T(n)=O(n^2)$。

在最好情况下，每次划分所取的基准都恰好为中值，即每次划分都产生两个大小为 $n/2$ 的区域，此时，Partition 的计算时间 $T(n)$ 满足

$$T(n)=\begin{cases}O(1) & n\leqslant 1\\ 2T(n/2)+O(n) & n>1\end{cases} \tag{11-13}$$

其解为 $T(n)=0(n\log n)$。

可以证明，快速排序算法在平均情况下的时间复杂性也是 $O(n\log n)$，这在基于比较的排序算法类中算是快速的，快速排序也因此而得名。

我们已看到，快速排序算法的性能取决于划分的对称性。通过修改函数 Partition，可以设计出采用随机选择策略的快速排序算法。在快速排序算法的每一步中，当数组还没有被划分时，可以在 $a[p:r]$ 中随机选出一个元素作为划分基准，这样可以使划分基准的选择是随机的，从而可以期望划分是较对称的。

算法 11.11　随机化的划分算法实现

```
int RandomizedPartition(Type a[],int p,int r)
{
    int i = Random(p,r);
    Swap(a[i],a[p]);
    return Partition(a,p,r);
}
```

其中，函数 Random(p,r) 产生 p 和 r 之间的一个随机整数，且产生不同整数的概率相同。随机化的快速排序算法通过调用 RandomizedPartition 来产生随机的划分。

```
void RandomizedQuickSort(Type a[],int p,int r)
{
    if(p < r)
    {
        int q = RandomizedQuickSort(a,p,r);
        RandomizedQuickSort(a,p,q - 1);/* 对左半段排序 */
        RandomizedQuicksort(a,q + 1,r);/* 对右半段排序 */
    }
}
```

11.8　找最大和最小元素

如果要在含有 n 个不同元素的集合中同时找出它的最大和最小元素，最简单的方法是将元素逐个进行比较。这种直接算法可初步描述如下。

算法 11.12　直接找最大元和最小元

```
void STRAITMAXMIN(Type A[],int n,Type&max,Type&min)
{
    /* 将 A[n] 中的最大元素置于 max,最小元素置于 min */
    max = min = A[0];
    for(int i = 1;i < n;i ++)
    {
        if(A[i] > max)
          max = A[i];
        if(A[i] < min)
```

```
            min = A[i];
        }
    }//STRAITMAXMIN
```

当要分析这个算法的时间复杂度时，只需将元素比较次数求出即可。这不仅是因为算法中的其他运算与元素比较有相同数量级的频率计数，而且更重要的是，当 A[n] 中的元素是多项式、向量、非常大的数或字符串时，一次元素比较所用的时间比其他运算的时间多得多。

容易看出算法 STRAITMAXMIN 在最好、平均和最坏情况下均需要作 $2(n-1)$ 次元素比较。另外，只要稍许考察该算法就可发现，只有当 $A[i]>$ max 为假时，才有必要比较 $A[i]<$ min，因此，可用下面的语句代替 for 循环中的语句：

```
if A[i] > max max = A[i];
else if A[i] < rain min = A[i];
```

在作出以上改进后，最好情况将在元素按递增次序排列时出现，元素比较数是 $n-1$；最坏情况将在递减次序时出现，元素比较数是 $2(n-1)$；至于在平均情况下，$A[i]$ 将有一半的时间比 max 大，因此平均比较数是 $\frac{3}{2}(n-1)$。

能否找到更好的算法呢?下面用分治策略的思想来设计一个算法与直接算法作比较。使用分治策略设计是将任一实例 $I=(n,A(1),\cdots A(n))$ 分成一些较小的实例来处理，例如，可以把 I 分成两个这样的实例：$I_1=(\lfloor n/2\rfloor,A(1),\cdots,A\lfloor n/2\rfloor)$ 和 $I_2=(n-\lfloor n/2\rfloor,A(\lfloor n/2\rfloor+1),\cdots,A(n))$。如果 MAX($I$) 和 MIN($I$) 是 I 中的最大和最小元素，则 MAX(I) 等于 MAX(I_1) 和 MAX(I_2) 中的大者，MIN(I) 等于 MIN(I_1) 和 MIN(I_2) 中的小者。如果 I 只包含一个元素，则不需要作任何分割直接就可得到其解。

算法 11.13 是以上方法所导出的过程。它是在元素集合$\{A(i),A(i+1),\cdots,A(j)\}$ 中找最大和最小元素的递归过程。过程对于集合含有一个元素($i=j$) 和两个元素($i=j-1$) 的情况分别作出处理，而对含有多于两个元素的集合，则确定其中点(正如在二分检索中那样)，并且产生两个新的子问题。当分别找到这两个子问题的最大和最小值后，再比较这两个最大值和两个最小值而得到此全集合的解。MAX 和 MIN 被看成是两个内部函数，它们分别求取两个元素的大者和小者，并认为每次调用其中的一个函数都只需作一次元素比较。

算法 11.13　递归求取最大和最小元素

```
Type A[n];      /* 长度为 n 的全局数组变量 */
void MAXMIN(int j,int j,Type&fmax,Type&fmin)
{
    /* A[n] 是含有 n 个元素的数组，参数 i,j 是整数，1 <= i,j <= n */
    /* 该过程把 A[i] 到 A[j] 中的最大和最小元素分别赋给 fmax 和 fmin */
    Type gmax,gmin;
    Type nmax,nmin;
    if(i == j)
    {
        fmax = fmin - A[i];
    }
```

```
        else if(i == j-1)
        {
            if(A[i] < A[j])
            {
                fmax = A[j];
                fmin = A[i];
            }
            else
            {
                fmax = A[i];
                fmin = A[j];
            }
        }
        else
        {
            mid = (i+j)/2;
            MAXMIN(i,mid,gmax,gmin);
            MAXMIN(mid+1,j,hmax,hmin);
            fmax = max(gmax,hmax);
            fmm = min(gmin hmin);
        }
    } /* End MAXMIN */
```

MAXMIN 需要的元素比较数是多少呢？如果用 $T(n)$ 表示这个数，则所导出的递归关系式是

$$T(n)=\begin{cases}0 & n<2\\ 1 & n=2\\ T(\lfloor n/2\rfloor)+T(\lfloor n/2\rfloor)+2 & n>2\end{cases} \tag{11-14}$$

当 n 是 2 的幂时，即对于某个正整数 k，$n=2^k$，有

$$\begin{aligned}T(n)&=2T(n/2)+2\\&=2(2T(n/4)+2)+2\\&=4T(n/4)+4+2\\&\cdots\\&=2^{k-1}T(2)+\sum_{1\leqslant i\leqslant k-1}2^i\\&=2^{k-1}+2^k-2\\&=3n/2-2\end{aligned}$$

注意，当 n 是 2 的幂时，$3n/2-2$ 是最好、平均及最坏情况的比较数和直接算法的比较数 $2n-2$ 相比，它少了 25%。

可以证明，任何一种以元素比较为基础的找最大和最小元素的算法，其元素比较下界均为

$\lfloor 3n/2 \rfloor - 2$ 次。因此，过程 MAXMIN 在这种意义上是最优的。那么，这是否意味着此算法确实比较好呢？不一定，其原因有如下两个：

1）MAXMIN 要求的存储空间比直接算法多。给出 n 个元素就有 $\lfloor \log n \rfloor + 1$ 级的递归，而每次递归调用需要保留到栈中的有 i, j, f_{max}, f_{min} 和返回地址五个值。虽然可用迭代的规则去掉递归，但所导出的迭代模型还需要一个其深度为 $\log n$ 数量级的栈。

2）当元素 $A(i)$ 和 $A(j)$ 的比较时间与主和歹的比较时间相差不大时，过程 MAXMIN 并不可取。

习题

1. $a[0:n-1]$ 是一个已排好序的数组：请改写二分搜索算法，使得当搜索元素 x 不在数组中时，返回小于 x 的最大元素位置 i 和大于 x 的最小元素位置 j。当搜索元素在数组中时，i 和 x 相同，均为 x 在数组中的位置。

2. n 个不同的整数排好序后存于 $T[0:n-1]$ 中。若存在一个下标 $i, 1 \leqslant i \leqslant n$，使得 $T[i] = i$，设计一个有效算法找到这个下标。要求算法在最坏情况下的计算时间为 $O(\log_2 n)$。

3. 设 $T[0:n-1]$ 是 n 个元素的一个数组。对任一元素 x，设 $S(x) = \{i \mid T[i] = x\}$。当 $l|S(x)| > n/2$ 时，称 x 为 T 的主元素。设计一个线性时间算法，确定 $T[0:n-1]$ 是否有一个主元素。

4. 设 $T[0:n-1]$ 是一个有 n 个元素的数组，$k(0 \leqslant k \leqslant n-1)$ 是一个非负整数。试设计一个算法将子数组 $a[0:k]$ 与 $a[k+1:n-1]$ 换位。要求算法在最坏情况下耗时 $O(n)$，且只用到 $O(1)$ 的辅助空间。

5. 设子数组 $a[0:k]$ 和 $a[k+1:n-1]$ 已排好序 $(O \leqslant k \leqslant n-1)$。试设计一个合并这两个子数组为排好序的数组 $a[0:n-1]$ 的算法。要求算法在最坏情况下所用的计算时间为 $O(n)$，且只用到 $O(1)$ 的辅助空间。

6. 考虑国际象棋棋盘上某个位置的一只马，它是否可能只走 63 步，正好走过除起点外的其他 63 个位置各一次？如果有一种这样的走法，则称所走的这条路线为一条马的周游路线。试设计一个分治算法找出这样的一条马的周游路线。

第 12 章　动态规划法

12.1　矩阵连乘问题

给定 n 个矩阵$\{A_1, A_2, \cdots, A_n\}$，其中 A_i 与 A_{i+1} 是可乘的，$i = 1, 2, \cdots, n-1$。考察这 n 个矩阵的连乘积 $A_1, A_2, \cdots, A_n$。

由于矩阵乘法满足结合律，故计算矩阵的连乘积可以有许多不同的计算次序。这种计算次序可以用加括号的方式来确定。若一个矩阵连乘积的计算次序完全确定，也就是说该连乘积已完全加括号，则可依此次序反复调用 2 个矩阵相乘的标准算法计算出矩阵连乘积。完全加括号的矩阵连乘积可递归地定义为：

1) 单个矩阵是完全加括号的。

2) 矩阵连乘积 A 是完全加括号的，则 A 可表示为 2 个完全加括号的矩阵连乘积 B 和 C 的乘积并加括号，即 $A = (BC)$。

例如，矩阵连乘积 $A_1A_2A_3A_4$ 可以有以下 5 种不同的完全加括号方式：

$(A_1(A_2(A_3A_4)))$，$(A_1((A_2A_3)A_4))$，$((A_1A_2)(A_3A_4))$，$((A_1(A_2A_3))A_4)$，$(((A_1A_2)A_3)A_4)$

每一种完全加括号方式对应于一种矩阵连乘积的计算次序，而矩阵连乘积的计算次序与其计算量有密切关系。

首先考虑计算两个矩阵乘积所需的计算量。

计算两个矩阵乘积的标准算法如下，其中，ra，ca 和 rb，cb 分别表示矩阵 A 和 B 的行数和列数。

```
void matrixMultiply(int * * a,int * * b,int * * c,int ra,int ca,int rb,int cb)
{
    if(ca! = rb)error(" 矩阵不可乘");
    for(int i = 0;i < ra;i ++)
    for(int j = 0;j < cb;j ++)
    {
        int sum = a[i][0] * b[0][j];
        for(int k = 1;k < ca;k ++)
            sum += a[i][k] * b[k][j];
        c[i][j] = sum;
    }
}
```

矩阵 A 和 B 可乘的条件是矩阵 A 的列数等于矩阵 B 的行数。若 A 是一个 $p \times q$ 矩阵，B 是一个 $q \times r$ 矩阵，则其乘积 $C = AB$ 是一个 $p \times r$ 矩阵。在上述计算 C 的标准算法中，主要计算量在三重循环，总共需要 pqr 次数乘。

为了说明在计算矩阵连乘积时,加括号方式对整个计算量的影响,考察计算3个矩阵$\{\boldsymbol{A}_1,\boldsymbol{A}_2,\boldsymbol{A}_3\}$的连乘积的例子。设这3个矩阵的维数分别为$10\times100$,$100\times5$和$5\times50$。若按第一种加括号方式$((\boldsymbol{A}_1\boldsymbol{A}_2)\boldsymbol{A}_3)$计算,3个矩阵连乘积需要的数乘次数为$10\times100\times5+10\times5\times50=7500$。若按第二种加括号方式$(\boldsymbol{A}_1(\boldsymbol{A}_2\boldsymbol{A}_3))$计算,3个矩阵连乘积总共需要$100\times5\times50+10\times100\times50=75000$次数乘。第二种加括号方式的计算量是第一种加括号方式计算量的10倍。由此可见,在计算矩阵连乘积时,加括号方式,即计算次序对计算量有很大影响。于是,人们自然会提出矩阵连乘积的最优计算次序问题,即对于给定的相继n个矩阵$\{\boldsymbol{A}_1,\boldsymbol{A}_2,\cdots,\boldsymbol{A}_n\}$(其中,矩阵$\boldsymbol{A}_i$的维数为$p_{i-1}\times p_i,i=1,2,\cdots,n$),如何确定计算矩阵连乘积$\boldsymbol{A}_1,\boldsymbol{A}_2,\cdots,\boldsymbol{A}_n$的计算次序(完全加括号方式),使得依此次序计算矩阵连乘积需要的数乘次数最少。

穷举搜索法是最容易想到的方法。也就是列举出所有可能的计算次序,并计算出每一种计算次序相应需要的数乘次数,从中找出一种数乘次数最少的计算次序。这样做计算量太大。事实上,对于n个矩阵的连乘积,设有不同的计算次序$P(n)$。由于可以先在第k个和第$k+1$个矩阵之间将原矩阵序列分为两个矩阵子序列,$k=1,2,\cdots,n-1$;然后分别对这两个矩阵子序列完全加括号;最后对所得的结果加括号,得到原矩阵序列的一种完全加括号方式。由此,可以得到关于$P(n)$的递归式如下:

$$P(n)=\begin{cases}1 & n=1\\ \sum_{k=1}^{n-1}P(k)P(n-k) & n>1\end{cases}$$

解此递归方程可得,$P(n)$实际上是Catalan数,即$P(n)=C(n-1)$,式中,

$$C(n-1)=\frac{1}{n+1}\binom{2n}{n}=\Omega(4^n/n^{3/2})$$

也就是说,$P(n)$是随n的增长呈指数增长的。因此,穷举搜索法不是一个有效算法。

下面考虑用动态规划法解矩阵连乘积的最优计算次序问题。如前所述,按以下几个步骤进行。

1. 分析最优解的结构

设计求解具体问题的动态规划算法的第1步是刻画该问题的最优解的结构特征。为方便起见,将矩阵连乘积$\boldsymbol{A}_i\boldsymbol{A}_{i+1}\cdots\boldsymbol{A}_j$简记为$\boldsymbol{A}[i,j]$。考察计算$\boldsymbol{A}[1:n]$的最优计算次序。设这个计算次序在矩阵$\boldsymbol{A}_k$和$\boldsymbol{A}_{k+1}$之间将矩阵链断开,$1\leqslant k<n$,则其相应的完全加括号方式为$((\boldsymbol{A}_1\cdots\boldsymbol{A}_k)(\boldsymbol{A}_{k+1}\cdots\boldsymbol{A}_n))$。依此次序,先计算$\boldsymbol{A}[1:k]$和$\boldsymbol{A}[k+1:n]$,然后将计算结果相乘得到$\boldsymbol{A}[1:n]$,依此计算顺序总计算量为$\boldsymbol{A}[1:k]$的计算量加上$\boldsymbol{A}[k+1:n]$的计算量,再加上$\boldsymbol{A}[1:k]$和$\boldsymbol{A}[k+1:n]$相乘的计算量。

这个问题的一个关键特征是:计算$\boldsymbol{A}[1:n]$的最优次序所包含的计算矩阵子链$\boldsymbol{A}[1:k]$和$\boldsymbol{A}[k+1:n]$的次序也是最优的。事实上,若有一个计算$\boldsymbol{A}[1:k]$的次序需要的计算量更少,则用此次序替换原来计算$\boldsymbol{A}[1:k]$的次序,得到的计算$\boldsymbol{A}[1:n]$的计算量将比最优次序所需计算量更少,这是一个矛盾。同理可知,计算$\boldsymbol{A}[1:n]$的最优次序所包含的计算矩阵子链$\boldsymbol{A}[k+1:n]$的次序也是最优的。

因此,矩阵连乘积计算次序问题的最优解包含着其子问题的最优解。这种性质称为最优子结构性质。问题的最优子结构性质是该问题可用动态规划算法求解的显著特征。

2. 建立递归关系

设计动态规划算法的第2步是递归地定义最优值。对于矩阵连乘积的最优计算次序问题，设计算 $\boldsymbol{A}[i,j]$，$1 \leqslant i \leqslant j \leqslant n$，所需的最少数乘次数为 $m[i][j]$，则原问题的最优值为 $m[1][n]$。

当 $i=j$ 时，$\boldsymbol{A}[i,j]=\boldsymbol{A}_i$ 为单一矩阵，无须计算，因此 $m[i][j]=0$，$i=1,2,\cdots,n$。

当 $i<j$ 时，可利用最优子结构性质来计算 $m[i][j]$。事实上，若计算 $\boldsymbol{A}[i,j]$ 的最优次序在 $\boldsymbol{A}_k$ 和 $\boldsymbol{A}_{k+1}$ 之间断开，$i \leqslant k < j$，则 $m[i][j]=m[i][k]+m[k+1][j]+p_{i-1}p_kp_j$。由于在计算时并不知道断开点 k 的位置，所以足还未定。不过 k 的位置只有 $j-i$ 个可能，即 $k \in \{i,i+1,\cdots,j-1\}$。因此，$k$ 是这 $j-i$ 个位置中使计算量达到最小的那个位置。从而 $m[i][j]$ 可以递归地定义为

$$m[i][j]=\begin{cases}0 & i=j \\ \min\limits_{i \leqslant k<j}\{m[i][k]+m[k+1][j]+p_{i-1}p_kp_j\} & i<j\end{cases}$$

$m[i][j]$ 给出了最优值，即计算 $\boldsymbol{A}[i,j]$ 所需的最少数乘次数。同时还确定了计算 $\boldsymbol{A}[i,j]$ 的最优次序中的断开位置 k，也就是说，对于这个 k 有

$$m[i][j]=m[i][k]+m[k+1][j]+p_{i-1}p_kp_j$$

若将对应于 $m[i][j]$ 的断开位置 k 记为 $s[i][j]$，在计算出最优值 $m[i][j]$ 后，可递归地由 $s[i][j]$ 构造出相应的最优解。

3. 计算最优值

根据计算 $m[i][j]$ 的递归式，容易写一个递归算法计算 $m[1][n]$。稍后将看到，简单地递归计算将耗费指数计算时间。注意到在递归计算过程中，不同的子问题个数只有 $O(n^2)$ 个。事实上，对于 $1 \leqslant i \leqslant j \leqslant n$ 不同的有序对 (i,j) 对应于不同的子问题。因此，不同子问题的个数最多只有 $\binom{n}{2}+n=\theta(n^2)$ 个。由此可见，在递归计算时，许多子问题被重复计算多次。这也是该问题可用动态规划算法求解的又一显著特征。

用动态规划算法解此问题，可依据其递归式以自底向上的方式进行计算。在计算过程中，保存已解决的子问题答案。每个子问题只计算一次，而在后面需要时只要简单查一下，从而避免大量的重复计算，最终得到多项式时间的算法。下面所给出的动态规划算法 MatrixChain 中，输入参数 $\{p_1,p_2,\cdots,p_n\}$ 存储于数组 p 中。算法除了输出最优值数组 m 外还输出记录最优断开位置的数组 s。

```
void MatrixChain(int * p,int n,int * * m,int * * s)
{
    for(int i = 1;i <= n;i++)m[i][i] = 0;
    for(int r = 2;r <= n;r++)
    for(int i = 1;i <= n - r + 1;i++)
    {
        int j = i + r - 1;
        m[i][j] = m[i + 1][j] + p[i - 1] * p[i] * p[j];
        s[i][j] = i;
        for(int k = i + 1;k < j;k++)
        {
```

```
            int t = m[i][k] + m[k + 1][j] + p[i - 1] * p[k] * p[j];
            if(t < m[i][j])
            {
                m[i][j] = t; s[i][j] = k;
            }
        }
    }
}
```

算法 MatrixChain 首先计算出 $m[i][j]=0, i=1,2,\cdots,n$，然后，再根据递归式，按矩阵链长递增的方式依次计算 $m[i][i+1]=0, i=1,2,\cdots,n-1$（矩阵链长度为 2）；$m[i][i+2]=0$，$i=1,2,\cdots,n-2$（矩阵链长度为 3）；…。在计算 $m[i][j]$ 时，只用到已计算出的 $m[i][k]$ 和 $m[k+1][j]$。

例：设要计算矩阵连乘积 $\boldsymbol{A}_1\boldsymbol{A}_2\boldsymbol{A}_3\boldsymbol{A}_4\boldsymbol{A}_5\boldsymbol{A}_6$，其中各矩阵的维数分别为：

$\boldsymbol{A}_1$	$\boldsymbol{A}_2$	$\boldsymbol{A}_3$	$\boldsymbol{A}_4$	$\boldsymbol{A}_5$	$\boldsymbol{A}_6$
30×35	35×15	15×5	5×10	10×20	20×25

动态规划算法 MatrixChain 计算 $m[i][j]$ 先后次序如图 12-1(a) 所示；计算结果 $m[i][j]$ 和 $s[i][j], 1\leqslant i\leqslant j\leqslant n$，分别如图 12-1(b) 和(c) 所示。

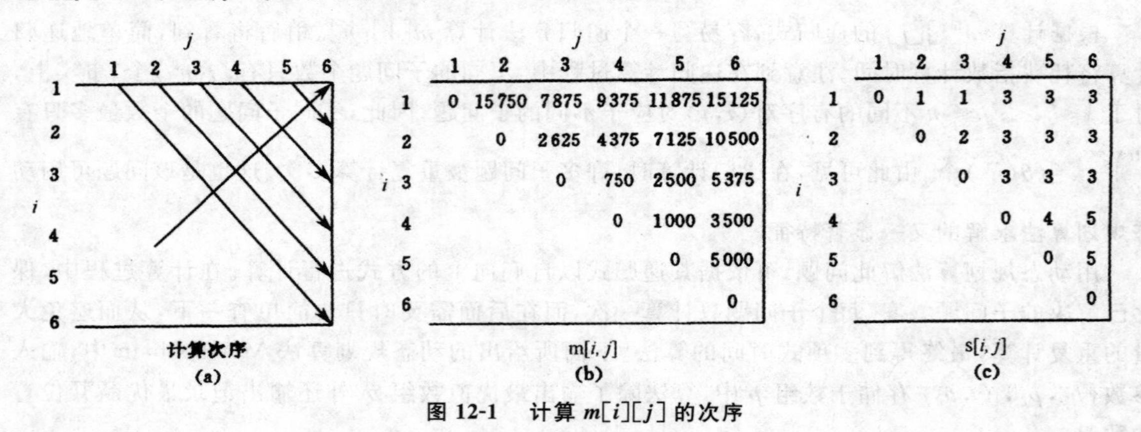

图 12-1　计算 $m[i][j]$ 的次序

例如，在计算 $m[2][5]$ 时，依递归式有

$$m[2][5]=\min\begin{cases}m[2][2]+m[3][5]+p_1p_2p_5=0+2500+35\times15\times20=13000\\m[2][3]+m[4][5]+p_1p_2p_5=2625+1000+35\times5\times20=7125\\m[2][4]+m[5][5]+p_1p_2p_5=4375+0+35\times10\times20=11375\end{cases}$$
$$=7125$$

且 $k=3$，因此，$s[2][5]=3$。

算法 MatrixChain 的主要计算量取决于程序中对 r，i 和 k 的三重循环。循环体内的计算量为 $O(1)$，而三重循环的总次数为 $O(n^3)$。因此，该算法的计算时间上界为 $O(n^3)$。算法所占用的空间显然为 $O(n^2)$。由此可见，动态规划算法比穷举搜索法要有效得多。

4. 构造最优解

动态规划算法的第4步是构造问题的最优解。算法 MatrixChain 只是计算出了最优值，并未给出最优解。也就是说，通过 MatrixChain 的计算，只知道最少数乘次数，还不知道具体应按什么次序来做矩阵乘法才能达到最少的数乘次数。

事实上，MatrixChain 已记录了构造最优解所需要的全部信息。$s[i][j]$ 中的数表明，计算矩阵链 $\boldsymbol{A}[i:j]$ 的最佳方式应在矩阵 $\boldsymbol{A}_k$ 和 $\boldsymbol{A}_{k+1}$ 之间断开，即最优的加括号方式应为 $(\boldsymbol{A}[i:k])(\boldsymbol{A}[k+1:j])$。因此，从 $s[1][n]$ 记录的信息可知计算 $\boldsymbol{A}[1:n]$ 的最优加括号方式为 $(\boldsymbol{A}[1:s[1][n]])(\boldsymbol{A}[s[1][n]+1:n])$。而 $\boldsymbol{A}[1:s[1][n]]$ 的最优加括号方式为 $(\boldsymbol{A}[1:s[1]s[1][n]])(\boldsymbol{A}[s[1]s[1][n]]+1:s[1]s[1][n])$。同理可以确定 $\boldsymbol{A}[s[1][n]+1:n]$ 的最优加括号方式在 $s[s[1][n]+1][n]$ 处断开……照此递推下去，最终可以确定 $\boldsymbol{A}[1:n]$ 的最优完全加括号方式，即构造出问题的一个最优解。

下面的算法 Traceback 按算法 MatrixChain 计算出的断点矩阵 s 指示的加括号方式输出计算 $\boldsymbol{A}[i:j]$ 的最优计算次序。

```
void Traceback(int i,int j,int * * s)
{
    if(i == j)return;
    Traceback(i,s[i][j],s);
    Traceback(s[i][j]+1,j,s);
    cout <<"Multiply A" << i <<"," << s[i][j];
    cout <<"and A" << (s[i][j]+1) << "," << j << endl;
}
```

要输出 $\boldsymbol{A}[1:n]$ 的最优计算次序只要调用 Traceback$(1,n,5)$ 即可。对于上面所举的例子，通过调用 Traceback$(1,6,s)$，即可输出最优计算次序 $((\boldsymbol{A}_1(\boldsymbol{A}_2\boldsymbol{A}_3))((\boldsymbol{A}_4\boldsymbol{A}_5)\boldsymbol{A}_6))$。

12.2 动态规划算法的基本要素

从计算矩阵连乘积最优计算次序的动态规划算法可以看出，该算法的有效性依赖于问题本身所具有的两个重要性质：最优子结构性质和子问题重叠性质。从一般意义上讲，问题所具有的这两个重要性质是该问题可用动态规划算法求解的基本要素。这对于在设计求解具体问题的算法时，是否选择动态规划算法具有指导意义。下面着重讨论动态规划算法的这两个基本要素及动态规划法的变形——备忘录方法。

1. 最优子结构

设计动态规划算法的第1步通常是要刻画最优解的结构。当问题的最优解包含了其子问题的最优解时，称该问题具有最优子结构性质。问题的最优子结构性质提供了该问题可用动态规划算法求解的重要线索。

在矩阵连乘积最优计算次序问题中注意到，若 $\boldsymbol{A}_1\boldsymbol{A}_2\cdots\boldsymbol{A}_n$ 的最优完全加括号方式在 $\boldsymbol{A}_k$ 和 $\boldsymbol{A}_{k+1}$ 之间将矩阵链断开，则由此确定的子链 $\boldsymbol{A}_1\boldsymbol{A}_2\cdots\boldsymbol{A}_k$ 和 $\boldsymbol{A}_{k+1}\boldsymbol{A}_{k+2}\cdots\boldsymbol{A}_n$ 的完全加括号方式也最优，即该问题具有最优子结构性质。在分析该问题的最优子结构性质时，所用的方法具有普遍性。

首先假设由问题的最优解导出的其子问题的解不是最优的，然后再设法说明在这个假设下可构造出比原问题最优解更好的解，从而导致矛盾。

在动态规划算法中，利用问题的最优子结构性质，以自底向上的方式递归地从子问题的最优解逐步构造出整个问题的最优解。算法考察的子问题空间中规模较小。例如，在矩阵连乘积最优计算次序问题中，子问题空间由矩阵链的所有不同子链组成。所有不同子链的个数为 $\theta(n^2)$，因而子问题空间的规模为 $O(n^2)$。

2. 重叠子问题

可用动态规划算法求解的问题应具备的另一基本要素是子问题的重叠性质。在用递归算法自顶向下解此问题时，每次产生的子问题并不总是新问题，有些子问题被反复计算多次。动态规划算法正是利用了这种子问题的重叠性质，对每一个子问题只解一次，而后将其解保存在一个表格中，当再次需要解此子问题时，只是简单地用常数时间查看一下结果。通常，不同的子问题个数随问题的大小呈多项式增长。因此，用动态规划算法通常只需要多项式时间，从而获得较高的解题效率。

为了说明这一点，考虑计算矩阵连乘积最优计算次序时，利用递归式直接计算 $\boldsymbol{A}[i:j]$ 的递归算法 RecurMatrixChain。

```
int RecurMatrixChain(int i,int j)
{
    if(i == j)return 0;
    int u = RecurMatrixChain(i,i) + RecurMatrixChain(i+1,j) + p[i-1] * p[i] * p[j];
    s[i][j] = i;
    for(int k = i+1;k < j;k ++)
    {
        int t = RecurMatrixChain(i,k) + RecurMatrixChain(k+1,j) + p[i-1] * p[k] * p[j];
        if(t < u)
        {
            u = t;s[i][j] = k;
        }
    }
    return U:
}
```

用算法 RecurMatrixChain(1,4) 计算 $\boldsymbol{A}[1:4]$ 的递归树如图 12-2 所示。从该图可以看出，许多子问题被重复计算。

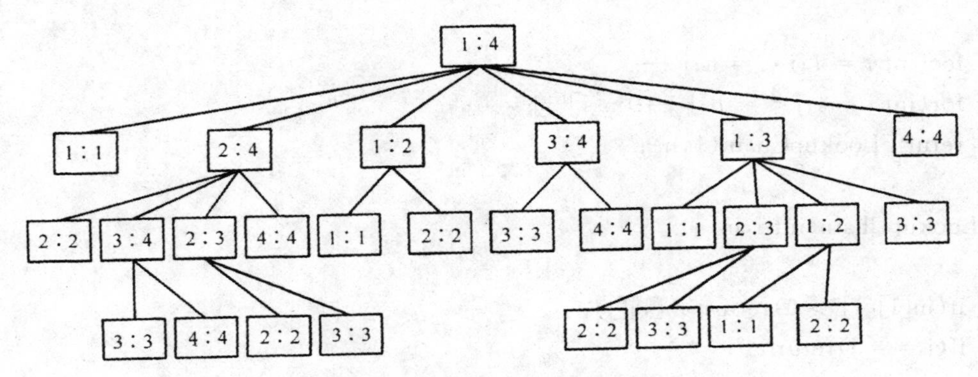

图 12-2　计算 A[1:4] 的递归树

事实上，可以证明该算法的计算时间 $T(n)$ 有指数下界。设算法中判断语句和赋值语句花费常数时间，则由算法的递归部分可得关于 $T(n)$ 的递归不等式如下：

$$T(n) \geqslant \begin{cases} O(1) & n = 1 \\ 1 + \sum\limits_{k=1}^{n-1}(T(k) + T(n-k) + 1) & n > 1 \end{cases}$$

因此，当 $n > 1$ 时，

$$T(n) \geqslant 1 + (n-1) + \sum_{k=1}^{n-1} T(k) + \sum_{k=1}^{n-1} T(n-k) = n + 2\sum_{k=1}^{n-1} T(k)$$

据此，可用数学归纳法证明 $T(n) \geqslant 2^{n-1} = \Omega(2^n)$。

因此，直接递归算法 RecurMatrixChain 的计算时间随咒指数增长。相比之下，解同一问题的动态规划算法 MatrixChain 只需计算时间 $O(n^3)$。其有效性就在于它充分利用了问题的子问题重叠性质。不同的子问题个数为 $O(n^2)$，而动态规划算法对于每个不同的子问题只计算一次，从而节省了大量不必要的计算。由此也可看出，在解某一问题的直接递归算法所产生的递归树中，相同的子问题反复出现，并且不同子问题的个数又相对较少时，用动态规划算法是有效的。

3. 备忘录方法

备忘录方法是动态规划算法的变形。与动态规划算法一样，备忘录方法用表格保存已解决的子问题的答案，在下次需要解此子问题时，只要简单地查看该子问题的解答，而不必重新计算。与动态规划算法不同的是，备忘录方法的递归方式是自顶向下的，而动态规划算法则是自底向上递归的。因此，备忘录方法的控制结构与直接递归方法的控制结构相同，区别在于备忘录方法为每个解过的子问题建立了备忘录以备需要时查看，避免了相同子问题的重复求解。

备忘录方法为每个子问题建立一个记录项，初始化时，该记录项存入一个特殊的值，表示该子问题尚未求解。在求解过程中，对每个待求的子问题，首先查看其相应的记录项。若记录项中存储的是初始化时存入的特殊值，则表示该子问题是第一次遇到，此时计算出该子问题的解，并保存在其相应的记录项中，以备以后查看。若记录项中存储的已不是初始化时存入的特殊值，则表示该子问题已被计算过，其相应的记录项中存储的是该子问题的解答。此时，只要从记录项中取出该子问题的解答即可，而不必重新计算。

下面的算法 MemoizedMatrixChain 是解矩阵连乘积最优计算次序问题的备忘录方法。

```
int MemoizedMatrixChain(int n,int **m,int **s)
```

```
{
    for(int i = 1;i <= n;i ++)
    for(int j = i;j <= n;j ++)m[i][j] = 0;
    return LookupChain(1,n);
}
int LookupChain(int i,int j)
{
    if(m[i][j] > 0)return m[i][j];
    if(i == j)return 0;
    int u = LookupChain(i,i) + LookupChain(i + 1,j) + p[i - 1] * p[i] * p[j];
    s[i][j] = i;
    for(int k = i + 1;k < j;k ++)
    {
        int t = LookupChain(i,k) + LookupChain(k + 1,j) + p[i - 1] * p[k] * p[j];
        if(t < u)
        {
            u = t;s[i][j] = k;
        }
    }
    m[i][j] = u;
    return u;
}
```

与动态规划算法 MatrixChain 一样，备忘录算法 MemoizedMatrixChain 用数组 m 来记录子问题的最优值。m 初始化为 0，表示相应的子问题还未被计算。在调用 LookupChain 时，若 $m[i][j] > o$，则表示其中存储的是所要求子问题的计算结果，直接返回此结果即可。否则与直接递归算法一样，自顶向下地递归计算，并将计算结果存入 $m[i][j]$ 后返回。因此，LookupChain 总能返回正确的值，但仅在它第一次被调用时计算，以后的调用就直接返回计算结果。

与动态规划算法一样，备忘录算法 MemoizedMatrixChain 耗时 $O(n^3)$。事实上，共有 $O(n^2)$ 个备忘记录项 $m[i][j]$，$i = 1,\cdots,n$；$j = i,\cdots,n$。这些记录项的初始化耗费 $O(n^2)$ 时间。每个记录项只填入一次。每次填入时，不包括填入其他记录项的时间，共耗费 $O(n)$ 时间。因此，LookupChain 填入 $O(n^2)$ 个记录项总共耗费 $O(n^3)$ 计算时间。由此可见，通过使用备忘录技术，直接递归算法的计算时间从 $\Omega(2^n)$ 降至 $O(n^3)$。

综上所述，矩阵连乘积的最优计算次序问题可用自顶向下的备忘录算法或自底向上的动态规划算法在 $O(n^3)$ 计算时间内求解。这两个算法都利用了子问题重叠性质。总共有 $O(n^2)$ 个不同的子问题。对每个子问题，两种方法都只解一次，并记录答案。再次遇到该子问题时，不重新求解而简单地取用已得到的答案，节省了计算量，提高了算法的效率。

一般来讲，当一个问题的所有子问题都至少要解一次时，用动态规划算法比用备忘录方法好。此时，动态规划算法没有任何多余的计算。同时，对于许多问题，常可利用其规则的表格存取方式，减少动态规划算法的计算时间和空间需求。当子问题空间中的部分子问题可不必求解时，用备忘录方法则较有利，因为从其控制结构可以看出，该方法只解那些确实需要求解的子问题。

12.3　最长公共子序列问题

一个给定序列的子序列是在该序列中删去若干元素后得到的序列。确切地说，若给定序列 $X=\{x_1,x_2,\cdots,x_m\}$，则另一序列 $Z=\{z_1,z_2,\cdots,z_k\}$，是 X 的子序列是指存在一个严格递增下标序列 $\{i_1,i_2,\cdots,i_k\}$ 使得对于所有 $j=1,2,\cdots,k$ 有：$z_j=x_{ij}$。例如，序列 $Z=\{B,C,D,B\}$ 是序列 $X=\{A,B,C,B,D,A,B\}$ 的子序列，相应的递增下标序列为 $\{2,3,5,7\}$。

给定两个序列 X 和 Y，当另一序列 Z 既是 X 的子序列又是 Y 的子序列时，称 Z 是序列 X 和 Y 的公共子序列。

例如，若 $X=\{A,B,C,B,D,A,B\}$，$Y=\{B,D,C,A,B,A\}$ 则序列 $\{B,C,A\}$ 是 X 和 Y 的一个公共子序列，但它不是 X 和 Y 的一个最长公共子序列。序列 $\{B,C,B,A\}BN$ 也是 X 和 Y 的一个公共子序列，它的长度为4，而且它是 X 和 Y 的最长公共子序列，因为 X 和 Y 没有长度大于4的公共子序列。

最长公共子序列问题：给定两个序列 $X=\{x_1,x_2,\cdots,x_{m-1}\}$ 和 $Y=\{y_1,y_2,\cdots,y_n\}$，找出 X 和 Y 的最长公共子序列。

动态规划算法可有效地解此问题。下面按照动态规划算法设计的步骤来设计解此问题的有效算法。

1. 最长公共子序列的结构

穷举搜索法是最容易想到的算法，对 X 的所有子序列，检查它是否也是 Y 的子序列，从而确定它是否为 X 和 Y 的公共子序列。并且在检查过程中记录最长的公共子序列。X 的所有子序列都检查过后即可求出 X 和 Y 的最长公共子序列。X 的每个子序列相应于下标集 $\{1,2,\cdots,m\}$ 的一个子集。因此，共有 2^m 个不同子序列，从而穷举搜索法需要指数时间。

事实上，最长公共子序列问题具有最优子结构性质。

设序列 $X=\{x_1,x_2,\cdots,x_m\}$ 和 $Y=\{y_1,y_2,\cdots,y_n\}$ 的最长公共子序列为 $Z=\{z_1,z_2,\cdots,z_k\}$，则

(1) 若 $x_m=y_n$，则 $z_k=x_m=y_n$，且 Z_{k-1} 是 X_{m-1} 和 Y_{n-1} 的最长公共子序列。

(2) 若 $x_m\neq y_n$ 以 $z_k\neq x_m$，则 Z 是 $\mathrm{X_{m-1}}$ 和 Y 的最长公共子序列。

(3) 若 $\mathrm{x_m}\neq \mathrm{y_n}$ 且 $\mathrm{z_k}\neq \mathrm{y_n}$，则 Z 是 X 和 Y_{n-1} 的最长公共子序列。

其中，$X_{m-1}=\{x_1,x_2,\cdots,x_{m-1}\}$；$Y_{n-1}=\{y_1,y_2,\cdots,y_{n-1}\}$；$Z_{k-1}=\{z_1,z_2,\cdots,z_{k-1}\}$。

证明：(1) 用反证法。若 $z_k\neq x_m$，则 $\{z_1,z_2,\cdots,z_k,z_m\}$ 是 X 和 Y 的长度为 $k+l$ 的公共子序列。这与 Z 是 X 和 Y 的最长公共子序列矛盾。因此，必有 $z_k=x_m=y_n$。由此可知 Z_{k-1} 是 X_{m-1} 和 Y_{n-1} 的长度为 $k-l$ 的公共子序列。若 X_{m-1} 和 Y_{n-1} 有长度大于 $k-l$ 的公共子序列 W，则将 $\mathrm{x_m}$ 加在其尾部产生 X 和 Y 的长度大于忌的公共子序列。此为矛盾。故 Z_{k-1} 是 X_{m-1} 和 Y_{n-1} 的最长公共子序列。

(2) 由于 $z_k\neq x_m$，Z 是 X_{m-1} 和 Y 的公共子序列。若 X_{m-1} 和 Y 有长度大于 k 的公共子序列 W，则 W 也是 X 和 Y 的长度大于是的公共子序列。这与 Z 是 X 和 Y 的最长公共子序列矛盾。由此即知，Z 是 X_{m-1} 和 Y 的最长公共子序列。

(3) 证明与(2) 类似。

由此可见,两个序列的最长公共子序列包含了这两个序列的前缀的最长公共子序列。因此,最长公共子序列问题具有最优子结构性质。

2. 子问题的递归结构

由最长公共子序列问题的最优子结构性质可知,要找出 $X=\{x_1,x_2,\cdots,x_m\}$ 和 $Y=\{y_1,y_2,\cdots,y_n\}$ 的最长公共子序列,可按以下方式递归地进行:当 $x_m=y_n$ 时,找出 X_{m-1} 和 Y_{n-1} 的最长公共子序列,然后在其尾部加上 $x_m(=y_n)$ 即可得 X 和 Y 的最长公共子序列。当 $x_m \neq y_n$ 时,必须解两个子问题,即找出 X_{m-1} 和 Y 的一个最长公共子序列及 X 和 Y_{n-1} 的一个最长公共子序列。这两个公共子序列中较长者即为 X 和 Y 的最长公共子序列。

由此递归结构容易看到,最长公共子序列问题具有子问题重叠性质。例如,在计算 X 和 Y 的最长公共子序列时,可能要计算 X 和 Y_{n-1} 及 X_{m-1} 和 Y 的最长公共子序列。而这两个子问题都包含一个公共子问题,即计算 X_{m-1} 和 Y_{n-1} 的最长公共子序列。

首先建立子问题最优值的递归关系。用 $c[i][j]$ 记录序列 X_i 和 Y_j 的最长公共子序列的长度。其中,$X_i=\{x_1,x_2,\cdots,x_i\}$;$Y_j=\{y_1,y_2,\cdots,y_j\}$。当 $i=0$ 或 $j=0$ 时,空序列是 X_i 和 Y_j 的最长公共子序列。故此时 $c[i][j]=0$。其他情况下,由最优子结构性质可建立递归关系如下:

$$c[i][j]=\begin{cases}0 \quad i=0, & j=0 \\ c[i-1][j-1]+1 & i,j>0;x_i=y_i \\ \max\{c[i][j-1],c[i-1][j]\} & i,j>0;x_i\neq y_i\end{cases}$$

3. 计算最优值

直接利用递归式容易写出计算 $c[i][j]$ 的递归算法,但其计算时间是随输入长度指数增长的。由于在所考虑的子问题空间中,总共有 $\theta(m,n)$ 个不同的子问题,因此,用动态规划算法自底向上计算最优值能提高算法的效率。

计算最长公共子序列长度的动态规划算法 LCSLength 以序列 $X=\{x_1,x_2,\cdots,x_m\}$ 和 $Y=\{y_1,y_2,\cdots,y_n\}$ 作为输入,输出两个数组 c 和 b。其中 $c[i][j]$ 存储 X_i 和 Y_j 的最长公共子序列的长度,$b[i][j]$ 记录 $c[i][j]$ 的值是由哪一个子问题的解得到的,这在构造最长公共子序列时要用到。问题的最优值,即 X 和 Y 的最长公共子序列的长度记录于 $c[m][n]$ 中。

```
void LCSLength(int m,int n,char * x,char * y,int * * c,int * b)
{
    int i,j;
    for(i = 1;i <= m;i ++)c[i][0] = 0;
    for(i = 1;i <= n;i ++)c[0][i] = 0;
    for(i = 1;i <= m;i ++)
    for(j = 1;j <= n;j ++)
    {
        if(x[i] == y[j])
        {
            c[i][j] = c[i-1][j-1] + 1;
            b[i][j] = 1;
```

```
        }
        else if(c[i－1][j] >= c[i][j－1])
        {
            c[i][j] = c[i－1][j];
            b[i][j] = 2;
        }
        else
        {
            c[i][j] = c[i][j－1];
            b[i][j] = 3;
        }
    }
}
```

由于每个数组单元的计算耗费 $O(1)$ 时间，算法 LCSLength 耗时 $O(m\ \ n)$。

4. 构造最长公共子序列

由算法 LCSLength 计算得到的数组 b 可用于快速构造序列 $X=\{x_1,x_2,\cdots,x_m\}$ 和 $Y=\{y_1,y_2,\cdots,y_n\}$ 的最长公共子序列。首先从 $b[m][n]$ 开始，依其值在数组 b 中搜索。当在 $b[i][j]=1$ 时，表示 X_i 和 Y_j 的最长公共子序列是由 X_{i-1} 和 Y_{j-1}，的最长公共子序列在尾部加上 x_i 所得到的子序列。当 $b[i][j]=2$ 时，表示 X_i 和 Y_j 的最长公共子序列与 X_{i-1} 和 Y_j 的最长公共子序列相同。当 $b[i][j]=3$ 时，表示 X_i 和 Y_j 的最长公共子序列与 X_i 和 Y_{j-1} 的最长公共子序列相同。

下面的算法 LCS 实现根据 b 的内容打印出 X_i 和 Y_j 的最长公共子序列。通过算法调用 LCS(m,n,x,b) 便可打印出序列 X 和 Y 的最长公共子序列。

```
void LCS(int i,int j,char *x,int **b)
{
    if(i == 0 || j == 0)return;
    if(b[i][j] == 1)
    {
        LCS(i－1,j－1,x,b);
        cout << x[i];
    }
    else if(b[i][j] == 2)LCS(i－1,j,x,b);
        else LCS(i,j－1,x,b);
}
```

在算法 LCS 中，每一次递归调用使 i 或 j 减 1，因此算法的计算时间为 $O(m+n)$。

5. 算法的改进

对于具体问题，按照一般的算法设计策略设计出的算法，往往在算法的时间和空间需求上还有较大的改进余地。通常可以利用具体问题的一些特殊性对算法做进一步改进。例如，在算法

LC ～Length 和 LCS 中，可进一步将数组 b 省去。事实上，数组元素 $c[i][j]$ 的值仅由 $c[i-1][j-1]$，$c[i-1][j]$ 和 $c[i][j-1]$ 这三个数组元素的值所确定。对于给定的数组元素 $c[i][j]$，可以不借助于数组 b 而仅借助于数组 c 本身在 $O(1)$ 时间内确定 $c[i][j]$ 的值是由 $c[i-1][j-1]$，$c[i-1][j]$ 和 $c[i][j-1]$ 中哪一个值所确定的。因此，可以写一个类似于 LCS 的算法，不用数组 b 而在 $O(m+n)$ 时间内构造最长公共子序列。从而可节省 $O(m+n)$ 的空间。由于数组 c 仍需要 $O(m+n)$ 的空间，因此，在渐近的意义上，箕法仍需要 $O(m+n)$ 的空间，所作的改进，只是对空间复杂性的常数因子的改进。

另外，如果只需要计算最长公共子序列的长度，则算法的空间需求可大大减少。事实上，在计算 $c[i][j]$ 时，只用到数组 c 的第 i 行和第 $i-1$ 行。因此，用两行的数组空间就可以计算出最长公共子序列的长度。进一步的分析还可将空间需求减至 $O(\min\{m,n\})$。

12.4　最大子段和问题

给定由 n 个整数(可能为负整数)组成的序列 $a_1, a_2, \cdots, a_n$，求该序列形如 $\sum_{k=i}^{j} a_k$ 是的子段和的最大值。当所有整数均为负整数时定义其最大子段和为 O。依此定义，所求的最优值为

$$\max\left\{0, \max_{1 \leqslant i \leqslant j \leqslant n} \sum_{k=i}^{j} a_k\right\}$$

例如，当 $(a_1, a_2, a_3, a_4, a_5, a_6) = (-2, 11, -4, 13, -5, -2)$ 时，最大子段和为 $\sum_{k=2}^{4} a_k = 20$。

1. 最大子段和问题的简单算法

对于最大子段和问题，有多种求解算法。先讨论一个简单算法如下。其中用数组 $a[\,]$ 存储给定的 n 个整数 $a_1, a_2, \cdots, a_n$。

```
int MaxSum(int n,int * a,int& besti,int& bestj)
{
    int sum = 0;
    for(int i = 1;i <= n;i ++)
    for(int j = i;j <= n;j ++)
    {
        int thissum = 0;
        for(int k = i;k <= j;k ++)thissum += a[k];
        if(thissum > sum)
        {
            sum = thissum;
            besti = i;
            bestj = j;
        }
    }
    return sum;
```

```
}
```

从这个算法的三个 for 循环可以看出，它所需的计算时间是 $O(n^3)$。事实上，如果注意到 $\sum_{k=i}^{j} a_k = a_j + \sum_{k=i}^{j-1} a_k$，则可将算法中的最后一个 for 循环省去，避免重复计算，从而使算法得以改进。改进后的算法可描述为：

```
int MaxSum(int n,int * a,int& besti,int& bestj)
{
    int sum = 0;
    for(int i = 1;i <= n;i ++)
    {
        int thissum = 0;
        for(int j = i;j <= n;j ++)
        {
            thissum += a[j];
            if(thissum > sum)
            {
                sum = thissum;
                besti = i;
                bestj = j;
            }
        }
    }
    return sum;
}
```

改进后的算法显然只需要 $O(n^2)$ 的计算时间。上述改进是在算法设计技巧上的一个改进，能充分利用已经得到的结果，避免重复计算，节省了计算时间。

2. 最大子段和问题的分治算法

针对最大子段和这个具体问题本身的结构，还可以从算法设计的策略上对上述 $O(n^2)$ 计算时间算法加以更深刻的改进。从这个问题的解的结构可以看出，它适合于用分治法求解。

如果将所给的序列 $a[1:n]$ 分为长度相等的两段 $a[1:n/2]$ 和 $a[n/2+1:n]$，分别求出这两段的最大子段和，则 $a[1:n]$ 的最大子段和有三种情形：

(1) $a[1:n]$ 的最大子段和与 $a[1:n/2]$ 的最大子段和相同。

(2) $a[1:n]$ 的最大子段和与 $a[n/2+1:n]$ 的最大子段和相同。

(3) $a[1:n]$ 的最大子段和为 $\sum_{k=i}^{j} a_k$，且 $1 \leqslant i \leqslant n/2, n/2+1 \leqslant j \leqslant n$。

(1) 和(2) 这两种情形可递归求得。对于情形(3)，容易看出，$a[n/2]$ 与 $a[n/2+1]$ 在最优子序列中。因此，可以在 $a[1:n/2]$ 中计算出 $s1 = \max_{1 \leqslant i \leqslant n/2} \sum_{k=i}^{n/2} a[k]$，并在 $a[n/2+1]$ 中计算出 $s2 =$

$\max\limits_{n/2+1\leqslant i\leqslant n}\sum\limits_{k=n/2+1}^{i}a[k]$。则 $s1+s2$ 即为出现情形(3)时的最优值。据此可设计出求最大子段和的分治算法如下。

```
int MaxSubSum(int * a,int left,int right)
{
    int sum = 0;
    if(1eft == right)sum = a[1eft] > 0?a[1eft] : 0;
    else
    {
        int center = (1eft + right)/2;
        int leftsum = MaxSubSum(a,left,center);
        int rightsum = MaxSubSum(a,center + 1,right);
        int s1 = 0
        int lefts = 0;
        for(int i = center;i >= left;i --)
        {
            1efts += a[i];
            if(1efts > s1)s1 = lefts;
        }
        int s2 = 0;
        int rights = 0;
        for(int i = center + 1;i <= right;i ++)
        {
            rights += a[i];
            if(rights > s2)s2 = rights;
        }
        sum = s1 + s2;
        if(sum < leftsum)sum = leftsum;
        if(sum < rightsum)sum = rightsum;
    }
    return sum;
}
int MaxSum(int n,int * a)
{
    return MaxSubSum(a,1,n);
}
```

该算法所需的计算时间 $T(n)$ 满足典型的分治算法递归式

$$T(n)=\begin{cases}O(1) & n\leqslant c\\2T(n/2)+O(n) & n>c\end{cases}$$

解此递归方程可知，$T(n) = O(n\log n)$。

3. 最大子段和问题的动态规划算法

在对上述分治算法的分析中注意到，若记 $b[j] = \max\limits_{1\leqslant i\leqslant j}\left\{\sum\limits_{k=i}^{j}a[k]\right\}, 1\leqslant j\leqslant n$，则所求的最大子段和为

$$\max_{1\leqslant i\leqslant j\leqslant n}\sum_{k=i}^{j}a_k = \max_{1\leqslant j\leqslant n}\quad\max_{1\leqslant i\leqslant j}\sum_{k=i}^{j}a[k] = \max_{1\leqslant j\leqslant n}b[j]$$

由 $b[j]$ 的定义易知，当 $b[j-1]>0$ 时 $b[j]=b[j-1]+a[j]$，否则 $b[j]=a[j]$。由此可得计算 $b[j]$ 的动态规划递归式

$$b[j] = \max\{b[j-1]+a[j], a[j]\}, 1\leqslant j\leqslant n$$

据此，可设计出求最大子段和的动态规划算法如下。

```
int MaxSum(int n,int *a)
{
    int sum = 0,b = 0;
    for(int i = 1;i <= n;i++)
    {
        if(b > 0)b += a[i];
        else b = a[i];
        if(b > sum)sum = b;
    }
    return sum;
}
```

上述算法显然需要 $O(n)$ 计算时间和 $O(n)$ 空间。

4. 最大子段和问题与动态规划算法的推广

最大子段和问题可以很自然地推广到高维的情形。

(1) 最大子矩阵和问题

给定一个 m 行 n 列的整数矩阵 **A**，试求矩阵 **A** 的一个子矩阵，使其各元素之和为最大。

最大子矩阵和问题是最大子段和问题向二维的推广。用二维数组 $a[1:m][1:n]$ 表示给定的 m 行 n 列的整数矩阵。子数组 $a[i1:i2][j1:j2]$ 表示左上角和右下角行列坐标分别为 $(i1,j1)$ 和 $(i2,j2)$ 的子矩阵，其各元素之和记为

$$s(i1,i2,j1,j2) = \sum_{i=i1}^{i2}\sum_{j=j1}^{j2}a[i][j]$$

最大子矩阵和问题的最优值为 $\max\limits_{\substack{1\leqslant i1\leqslant i2\leqslant m\\1\leqslant j1\leqslant j2\leqslant n}} s(i1,i2,j1,j2)$。

如果用直接枚举的方法解最大子矩阵和问题，需要 $O(m^2n^2)$ 时间。注意到

$$\max_{\substack{1\leqslant i1\leqslant i2\leqslant m\\1\leqslant j1\leqslant j2\leqslant n}} = \max_{1\leqslant i1\leqslant i2\leqslant m}\left\{\max_{1\leqslant j1\leqslant j2\leqslant n}s(i1,i2,j1,j2)\right\} = \max_{1\leqslant i1\leqslant i2\leqslant m}t(i1,i2)$$

式中

$$t(i1,i2) = \max_{1\leqslant j1\leqslant j2\leqslant n}s(i1,i2,j1,j2) = \max_{1\leqslant j1\leqslant j2\leqslant n}\sum_{i=i1}^{i2}\sum_{j=j1}^{j2}a[i][j]$$

设 $b[j] = \sum_{i=i1}^{i2} a[i][j]$，则

$$t(i1,i2) = \max_{1 \leqslant j1 \leqslant j2 \leqslant n} \sum_{j=j1}^{j2} b[j]$$

容易看出，这正是一维情形的最大子段和问题。由此又借助于最大子段和问题的动态规划算法 MaxSum，可设计出解最大子矩阵和问题的动态规划算法 MaxSum2 如下。

```
int MaxSum2(int m,int n,int * * a)
{
    int sum = 0;
    int * b = new int[n + 1];
    for(int i = 1;i <= m;i ++)
    {
        for(int k = 1;k <= n;k ++)b[k] = 0;
        for(int j = i;j <= m;j ++)
        {
            for(int k = 1;k <= n;k ++)b[k] += a[j][k];
            int max = MaxSum(n,b);
            if(max > sum)sum = max;
        }
    }
    return sum;
}
```

由于解最大子段和问题的动态规划算法 MaxSum 需要 $O(n)$时间，故算法 MaxSum2 的双重 for 循环需要 $O(m^2 n)$计算时间。从而算法 MaxSum2 需要 $O(m^2 n)$计算时间。特别地，当 $m = 0(n)$ 时，算法 MaxSum2 需要 $O(n^3)$计算时间。

(2) 最大 m 子段和问题

给定由九个整数(可能为负整数) 组成的序列 $a_1, a_2, \cdots, a_n$，以及一个正整数 m，要求确定序列 $a_1, a_2, \cdots, a_n$ 的 m 个不相交子段，使这 m 个子段的总和达到最大。

最大 m 子段和问题是最大子段和问题在子段个数上的推广。换句话说，最大子段和问题是最大 m 子段和问题当 $m = 1$ 时的特殊情形。

设 $b(i,j)$表示数组 a 的前 j 项中 i 个子段和的最大值，且第 i 个子段含 $a[j]$($1 \leqslant i \leqslant m$, $i \leqslant j \leqslant n$)，则所求的最优值显然为 $\max\limits_{m \leqslant j \leqslant n} b(m,j)$。与最大子段和问题类似，计算 $b(i,j)$的递归式为

$$b(i,j) = \max\left\{b(i,j-1) + a[j], \max_{i-1 \leqslant t < j} b(i-1,t) + a[j]\right\} \quad (1 \leqslant i \leqslant m, i \leqslant j \leqslant n)$$

式中，$b(i,j-1)+a[j]$项表示第 i 个子段含 $a[j-1]$；$\max\limits_{i-1 \leqslant t < j} b(i-1,t) + a[j]$ 项表示第 i 个子段含 $a[j]$。

初始时

$$b(0,j) = 0 \quad (1 \leqslant j \leqslant n)$$

$$b(i,0)=0 \quad (1 \leqslant i \leqslant m)$$

根据上述计算 $b(i,j)$ 的动态规划递归式，可设计解最大 m 子段和问题的动态规划算法如下。

```
int MaxSum(int m,int n,int * a)
{
    if(n < m || m < 1)return 0;
    int * * b = new int * [m + 1];
    for(int i = 0;i <= m;i ++)b[i] = new int[n + 1];
    for(int i = 0;i <= m;i ++)b[i][0] = 0;
    for(int j = 1;j <= n;j ++)b[0][j] = 0;
    for(int i = 1;i <= m;i ++)
    for(int j = i;j <= n - m + i;j ++)
      if(j > i)
      {
          b[i][j] = b[i][j - 1] + a[j];
          for(int k = i - 1;k < j;k ++)
            if(b[i][j] < b[i - 1][k] + a[j])b[i][j] = b[i - 1][k] + a[j];
      }
      else b[i][j] = b[i - 1][j - 1] + a[j];
      int sum = 0;
      for(int j = m;j <= n;j ++)
      if(sum < b[m][j])sum = b[m][j];
      return sum;
}
```

上述算法显然需要 $O(mn^2)$ 计算时间和 $O(mn)$ 空间。

注意到在上述算法中，计算 $b[i][j]$ 时只用到数组 b 的第 $i-1$ 行和第 i 行的值。因而算法中只要存储数组 b 的当前行，不必存储整个数组。另一方面，$\max\limits_{i-1 \leqslant t < j} b(i-1,j)$ 的值可以在计算第 $i-1$ 行时预先计算并保存起来。计算第 i 行的值时不必重新计算，节省了计算时间和空间。按此思想可对上述算法做进一步改进如下：

```
int MaxSum(int m,int n,int * a)
{
    if(n < m || m < 1)return 0;
    int * b = new int[n + 1];
    int * c = new int[n + 1];
    b[0] = 0;
    c[1] = 0;
    for(int i = 1;i <= m;i ++)
    {
        b[i] = b[i - 1] + a[i];
```

```
        c[i - 1] = b[i];
        int max = b[i];
        for(int j = i + 1;j <= i + n - m;j ++)
        {
            b[j] = b[j - 1] > c[j - 1]?b[j - 1] + a[j] : c[j - 1] + a[j];
            c[j - 1] = max;
            if(max < b[j])max = b[j];
        }
        c[i + n - m] = max;
    }
    int sum = 0;
    for(int j = m;j <= n;j ++)
        if(sum < b[j])sum = b[j];
    return sum;
}
```

上述算法需要$O(m(n-m))$计算时间和$O(n)$空间。当m或$n-m$为常数时，上述算法需要$O(n)$计算时间和$O(n)$空间。

12.5 凸多边形最优三角剖分

用动态规划算法能有效地解凸多边形的最优三角剖分问题。尽管这是一个几何问题，但在本质上它与矩阵连乘积的最优计算次序问题极为相似。

多边形是平面上一条分段线性闭曲线。也就是说，多边形是由一系列首尾相接的直线段所组成的。组成多边形的各直线段称为该多边形的边。连接多边形相继两条边的点称为多边形的顶点。若多边形的边除了连接顶点外没有别的交点，则称该多边形为一个简单多边形。一个简单多边形将平面分为三个部分：被包围在多边形内的所有点构成了多边形的内部；多边形本身构成多边形的边界；而平面上其余包围着多边形的点构成了多边形的外部。当一个简单多边形及其内部构成一个闭凸集时，称该简单多边形为一个凸多边形。即凸多边形边界上或内部的任意两点所连成的直线段上所有点均在凸多边形的内部或边界上。

通常，用多边形顶点的逆时针序列表示凸多边形，即$P=\{v_0,v_1,\cdots,v_{n-1}\}$表示具有$n$条边$(v_0v_1,v_1v_2,\cdots,v_{n-1}v_n)$的凸多边形。其中，约定$v_0=v_n$。

若v_i与v_j是多边形上不相邻的两个顶点，则线段v_iv_j称为多边形的一条弦。弦v_iv_j将多边形分割成两个多边形$\{v_i,v_{i+1},\cdots,v_j\}$和$\{v_j,v_{j+1},\cdots,v_i\}$。

多边形的三角剖分是指将多边形分割成互不相交的三角形的弦的集合T。图12-3是一个凸T边形的两个不同的三角剖分。

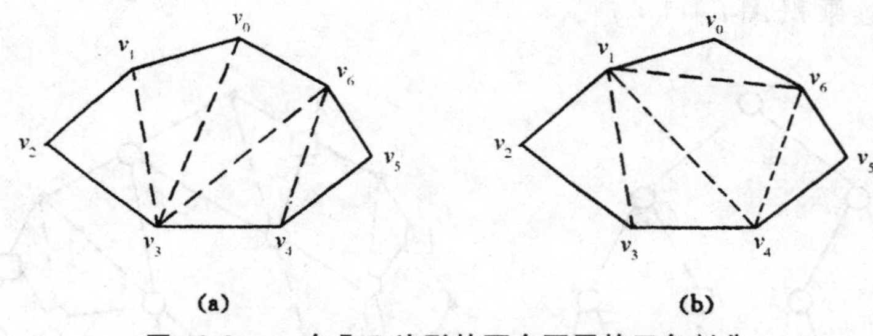

图 12-3　一个凸 7 边形的两个不同的三角剖分

在凸多边形 P 的一个三角剖分 T 中，各弦互不相交，且集合 T 已达到最大，即 P 的任一不在 T 中的弦必与 T 中某一弦相交。在有 n 个顶点的凸多边形的三角剖分中，恰有 $n-3$ 条弦和 $n-2$ 个三角形。

凸多边形最优三角剖分问题：给定凸多边形 $P=\{v_0,v_1,\cdots,v_{n-1}\}$，以及定义在由凸多边形的边和弦组成的三角形上的权函数硼。要求确定该凸多边形的三角剖分，使得该三角剖分所对应的权，即三角剖分中诸三角形上权之和为最小。

可以定义三角形上各种各样的权函数 w。例如：$w(v_iv_jv_k)=|v_iv_j|+|v_jv_k|+|v_iv_k|$，其中，$|v_iv_j|$ 是点 v_i 到 v_j 的欧氏距离。相应于此权函数的最优三角剖分即为最小弦长三角剖分。

本节所述算法可适用于任意权函数。

1. 三角剖分的结构及其相关问题

凸多边形的三角剖分与表达式的完全加括号方式之间具有十分紧密的联系。正如所看到的，矩阵连乘积的最优计算次序问题等价于矩阵链的最优完全加括号方式。这些问题之间的相关性可从它们所对应的完全二叉树的同构性看出。

一个表达式的完全加括号方式相应于一棵完全二叉树，称为表达式的语法树。例如，完全加括号的矩阵连乘积 $((A_1(A_2A_3))(A_4(A_5A_6)))$ 所相应的语法树如图 12-4(a) 所示。

语法树中每一个叶结点表示表达式中一个原子。在语法树中，若一个结点有一个表示表达式 E_l 的左子树，以及一个表示表达式 E_r 的右子树，则以该结点为根的子树表示表达式 (E_lE_r)。因此，有 n 个原子的完全加括号表达式对应于唯一的一棵有 n 个叶结点的语法树，反之亦然。

凸多边形 $\{v_0,v_1,\cdots,v_{n-1}\}$ 的三角剖分也可以用语法树来表示。例如，图 12-4(a) 中凸多边形的三角剖分可用图 12-4(b) 所示的语法树来表示。该语法树的根结点为边 v_0v_6。三角剖分中的弦组成其余的内结点。多边形中除 v_0v_6 边外的各边都是语法树的一个叶结点。树根 v_0v_6 是三角形 $v_0v_3v_6$ 的一条边。该三角形将原多边形分为三个部分：三角形 $v_0v_3v_6$，凸多边形 $\{v_0,v_1,\cdots,v_3\}$ 和凸多边形 $\{v_3,v_4,\cdots,v_6\}$。三角形 v_0,v_3,v_6 的另外两条边，即 v_0v_3 和 v_3v_6 为根的两个儿子。以它们为根的子树表示凸多边形 $\{v_0,v_1,\cdots,v_3\}$ 和 $\{v_3,v_4,\cdots,v_6\}$ 的三角剖分。

在一般情况下，凸咒边形的三角剖分对应于一棵有 $n-1$ 个叶结点的语法树。反之，也可根据一棵有 $n-1$ 个叶结点的语法树产生相应的凸九边形的三角剖分。也就是说，凸 n 边形的三角剖分与有 $n-1$ 个叶结点的语法树之间存在一一对应关系。由于 n 个矩阵的完全加括号乘积与九个叶结点的语法树之间存在一一对应关系，因此，咒个矩阵的完全加括号乘积也与凸 $(n+1)$ 边形中的三角剖分之间存在一一对应关系。图 12-4 的(a) 和(b) 表示出了这种对应关系。矩阵连乘积 $\boldsymbol{A}_1\boldsymbol{A}_2\cdots\boldsymbol{A}_n$ 行中的每个矩阵 $\boldsymbol{A}_i$ 对应于凸 $(n+1)$ 边形中的一条边 $v_{i-1}v_i$。三角剖分中的一条弦 v_iv_j，

$i < j$,对应于矩阵连乘积 $\boldsymbol{A}[i+1:j]$。

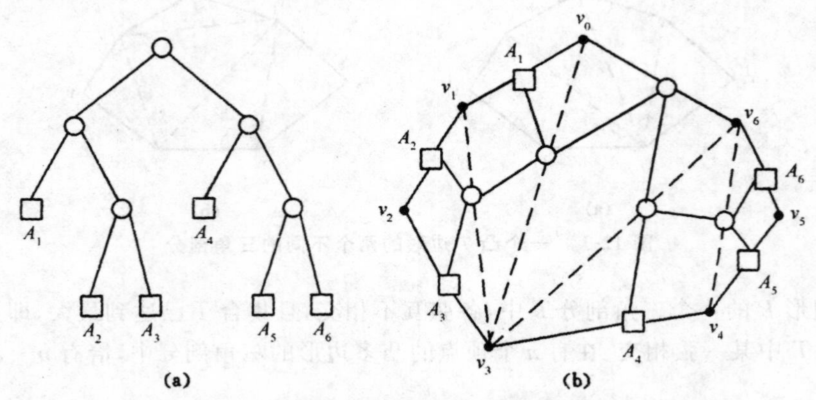

图 12-4　表达式语法树与三角剖分的对应

事实上,矩阵连乘积的最优计算次序问题是凸多边形最优三角剖分问题的特殊情形。对于给定的矩阵链 $\boldsymbol{A}_1\boldsymbol{A}_2\cdots\boldsymbol{A}_n$,定义与之相应的凸 $(n+1)$ 边形 $P=\{v_0,v_1,\cdots,v_n\}$,使得矩阵 $\boldsymbol{A}_i$ 与凸多边形的边 $v_{i-1}v_i$ 一一对应。若矩阵 $\boldsymbol{A}_i$ 的维数为 $p_{i-1}\times p_i$,$i=1,2,\cdots,n$,则定义三角形 $v_iv_jv_k$ 足上的权函数值为 $w(v_iv_jv_k)=p_ip_jp_k$。依此权函数的定义,凸多边形 P 的最优三角剖分所对应的语法树给出矩阵链 $\boldsymbol{A}_1\boldsymbol{A}_2\cdots\boldsymbol{A}_n$ 的最优完全加括号方式。

2. 最优子结构性质

凸多边形的最优三角剖分问题有最优子结构性质。

事实上,若凸$(n+1)$边形 $P=\{v_0,v_1,\cdots,v_n\}$ 的最优三角剖分丁包含三角形 $v_0v_kv_n$,$1\leqslant k\leqslant n-1$,则 T 的权为三个部分权的和:三角形 $v_0v_kv_n$ 的权,子多边形$\{v_0,v_1,\cdots,v_k\}$ 和$\{v_k,v_{k+1},\cdots,v_n\}$ 的权之和。可以断言,由丁所确定的这两个子多边形的三角剖分也是最优的。因为若有$\{v_0,v_1,\cdots,v_k\}$ 或$\{v_k,v_{k+1},\cdots,v_n\}$ 的更小权的三角剖分将导致 T 不是最优三角剖分的矛盾。

3. 最优三角剖分的递归结构

首先,定义 $t[i][j]$,$1\leqslant i<j\leqslant n$ 为凸子多边形$\{v_{i-1},v_i,\cdots,v_j\}$ 的最优三角剖分所对应的权函数值,即其最优值。为方便起见,设退化的多边形$\{v_{i-1},v_i\}$ 具有权值 0。据此定义,要计算的凸 $(n+1)$ 边形 P 的最优权值为 $t[1][n]$。

$t[i][j]$ 的值可以利用最优子结构性质递归地计算。由于退化的两顶点多边形的权值为 0,所以 $t[i][j]=0$,$i=1,2,\cdots,n$。当 $j-i\geqslant 1$ 时,凸子多边形$\{v_{i-1},v_i,\cdots,v_j\}$ 至少有 3 个顶点。由最优子结构性质,$t[i][j]$ 的值应为 $t[i][k]$ 的值加上 $t[k+1][j]$ 的值,再加上三角形 $v_{i-1}v_kv_j$ 的权值,其中,$i\leqslant k\leqslant j-1$。由于在计算时还不知道 k 的确切位置,而 k 的所有可能位置只有 $j-i$ 个,因此可以在这 $j-i$ 个位置中选出使 $t[i][j]$ 值达到最小的位置。由此,$t[i][j]$ 可递归地定义为

$$t[i][j]=\begin{cases}0 & i=j\\ \min\limits_{i\leqslant k<j}\{t[i][k]+t[k+1][j]+w(v_{i-1}v_kv_j)\} & i<j\end{cases}$$

4. 计算最优值

与矩阵连乘积问题中计算 $m[i][j]$ 的递归式进行比较容易看出,除了权函数的定义外,$t[i][j]$ 与 $m[i][j]$ 的递归式是完全一样的。因此只要对计算 $m[i][j]$ 的算法 MatrixChain 做很小

的修改就完全适用于计算 $t[i][j]$。

下面描述的计算凸 $(n+1)$ 边形 $P=\{v_0,v_1,\cdots,v_n\}$ 的最优三角剖分的动态规划算法 MinWeightTriangulation 以凸多边形 $P=\{v_0,v_1,\cdots,v_n\}$ 和定义在三角形上的权函数 w 作为输入。

```
template < class Type >
void MinWeightTriangulation(int n,Type **t,int **s)
{
    for(int i = 1;i <= n;i ++)t[i][i] = 0;
    for(int r = 2;r <= n;r ++)
    for(int i = 1;i <= n - r + 1;i ++)
    {
        int j = i + r - 1;
        t[i][j] = t[i + 1][j] + w(i - 1,i,j);
        s[i][j] = i;
         for(int k = i + 1;k < i + r - 1;k ++)
         {
             int u = t[i][k] + t[k + 1][j] + w(i - 1,k,j);
             if(u < t[i][j])
               {
                   t[i][j] = u;
                   s[i][j] = k;
               }
         }
    }
}
```

与算法 MatrixChain 一样,算法 MinWeightTriangulation 占用 $O(n^2)$空间,耗时 $O(n^3)$。

5. 构造最优三角剖分

算法 MinWeightTriangulation 在计算每一个凸子多边形$\{v_{i-1},v_i,\cdots,v_j\}$的最优值时,用数组 s 记录了最优三角剖分中所有三角形信息。$s[i][j]$ 记录了与 v_{i-1} 和 v_j 一起构成三角形的第 3 个顶点的位置。据此,用 $O(n)$时间就可构造出最优三角剖分中的所有三角形。

12.6　多边形游戏

多边形游戏是一个单人玩的游戏,开始时有一个由 n 个顶点构成的多边形。每个顶点被赋予一个整数值,每条边被赋予一个运算符“+”或“*”。所有边依次用整数从 1 到 n 编号。

游戏第 1 步,将一条边删除。

随后 $n-1$ 步按以下方式操作:

(1) 选择一条边 E 及由 E 连接着的 2 个顶点 $v1$ 和 $v2$;

(2) 用一个新的顶点取代边 E 及由 E 连接着的 2 个顶点 $v1$ 和 $v2$，将由顶点 $v1$ 和 $v2$ 的整数值通过边 E 上的运算得到的结果赋予新顶点。

最后，所有边都被删除，游戏结束。游戏的得分就是所剩顶点上的整数值。

问题：对于给定的多边形，计算最高得分。

该问题与上一节中讨论过的凸多边形最优三角剖分问题类似，但二者的最优子结构性质不同。多边形游戏问题的最优子结构性质更具有一般性。

1. 最优子结构性质

设所给的多边形的顶点和边的顺时针序列为

$$\text{op}[1], v[1], \text{op}[2], v[2], \cdots, \text{op}[\text{n}], v[n]$$

其中，$\text{op}[i]$ 表示第 i 条边所相应的运算符，$v[i]$ 表示第 i 个顶点上的数值，$i = 1 \sim n$。

在所给多边形中，从顶点 i $(1 \leqslant i \leqslant n)$ 开始，长度为 j(链中有 j 个顶点) 的顺时针链 $p(i,j)$ 可表示为

$$v[i], \text{op}[i+1], \cdots, v[i+j-1]$$

如果这条链的最后一次合并运算在 $\text{op}[i+s]$ 处发生($1 \leqslant s \leqslant j-1$)，则可在 $\text{op}[i+s]$ 处将链分割为两个子链 $p(i,s)$ 和 $p(i+s,j-s)$。

设 $m1$ 是对子链 $p(i,s)$ 的任意一种合并方式得到的值，而 a 和 b 分别是在所有可能的合并中得到的最小值和最大值。$m2$ 是 $p(i+s,j-s)$ 的任意一种合并方式得到的值，而 c 和 d 分别是在所有可能的合并中得到的最小值和最大值。依此定义有

$$a \leqslant m1 \leqslant b, c \leqslant m2 \leqslant d$$

由于子链 $p(i,s)$ 和 $p(i+s,j-s)$ 的合并方式决定了 $p(i,s)$ 在 $\text{op}[i+s]$ 处断开后的合并方式，在 $\text{op}[i+s]$ 处合并后其值为

$$m = (m1)\text{op}[i+s](m2)$$

(1) 当 $\text{op}[i+s] =$ '+' 时，显然有

$$a+c \leqslant m \leqslant b+d$$

换句话说，由链 $p(i,j)$ 合并的最优性可推出子链 $p(i,s)$ 和 $p(i+s,j-s)$ 的最优性，且最大值对应于子链的最大值，最小值对应于子链的最小值。

(2) 当 $\text{op}[i+s] =$ '*' 时，情况有所不同。

由于 $v[i]$ 可取负整数，子链的最大值相乘未必能得到主链的最大值。但是注意到最大值一定在边界点达到，即

$$\min\{ac, ad, bc, bd\} \leqslant m \leqslant \max\{ac, ad, bc, bd\}$$

换句话说，主链的最大值和最小值可由子链的最大值和最小值得到。例如，当 $m = ac$ 时，最大主链由它的两条最小子链组成；同理，当 $m = bd$ 时，最大主链由它的两条最大子链组成。无论哪种情形发生，由主链的最优性均可推出子链的最优性。

综上可知，多边形游戏问题满足最优子结构性质。

2. 递归求解

由前面的分析可知，为了求链合并的最大值，必须同时求子链合并的最大值和最小值。因此在整个计算过程中，应同时计算最大值和最小值。

设 $m[i,j,0]$ 是链 $p(i,j)$ 合并的最小值，而 $m[i,j,1]$ 是最大值。若最优合并在 $op[i+s]$ 处将

$p(i,j)$ 分为 2 个长度小于 j 的子链 $p(i,s)$ 和 $p(i+s,j-s)$，且从顶点 i 开始的长度小于 j 的子链的最大值和最小值均已计算出。为叙述方便，记

$$a = m[i,i+s,0], b = m[i,i+s,1], c = m[i+s,j-s,0], d = m[i+s,j-s,1]$$

(1) 当 $\text{op}[i+s] =$ '+' 时，

$$m[i,j,0] = \min\{ac, ad, bc, bd\}$$

$$m[i,j,1] = \max\{ac, ad, bc, bd\}$$

(2) 当 $\text{op}[i+s] =$ '*' 时，

$$m[i,j,0] = a + c$$

$$m[i,j,1] = b + d$$

综合(1) 和(2)，将 $p(i,j)$ 在 $\text{op}[i+s]$ 处断开的最大值记为 $\max f(i,j,s)$，最小值记为 $\min f(i,j,s)$，则

$$\min f(i,j,s) = \begin{cases} a + c & \text{op}[i+s] = \text{'+'} \\ \min\{ac, ad, bc, bd\} & \text{op}[i+s] = \text{'*'} \end{cases}$$

$$\max f(i,j,s) = \begin{cases} b + d & \text{op}[i+s] = \text{'+'} \\ \max\{ac, ad, bc, bd\} & \text{op[i+s]} = \text{'*'} \end{cases}$$

由于最优断开位置 s 有 $1 \leqslant s \leqslant j-1$ 的 $j-1$ 种情况，由此可知

$$m[i,j,0] = \min_{1 \leqslant s \leqslant j}\{\min f(i,j,s)\}, 1 \leqslant i,j \leqslant n$$

$$m[i,j,1] = \max_{1 \leqslant s \leqslant j}\{\max f(i,j,s)\}, 1 \leqslant i,j \leqslant n$$

初始边界值显然为

$$m[i,1,0] = v[i], 1 \leqslant i \leqslant n$$

$$m[i,1,1] = v[i], 1 \leqslant i \leqslant n$$

由于多边形是封闭的，在上面的计算中，当 $i+s > n$ 时，顶点 $i+s$ 实际编号为$(i+s)$modn。按上述递推式计算出的 $m[i,n,1]$ 即为游戏首次删去第 i 条边后得到的最大得分。

3. 算法描述

基于以上讨论可设计解多边形游戏问题的动态规划算法如下：

```
void MinMax(int n,int i,int s,int j,int&minf,int&maxf)
{
    int e[4];
    int a = m[i][s][0],b = m[i][s][1],r = (i+s-1)%n+1,c = m[r][j-s][0],d =
m[r][j-s][1];
    if(op[r] == 't')
    {
        minf = a+c;
        maxf = b+d;
    }
    else
    {
        e[1] = a*c;
```

```
        e[2] = a * d;
        e[3] == b * c;
        e[4] == b * d;
        minf = e[1];
        maxf = e[1];
        for(int r = 2;r < 5;r ++)
        {
            if(minf > e[r])minf = e[r];
            if(maxf < e[r])maxf = e[r];
        }
    }
}
int PolyMax(int n)
{
    int minf,maxf;
    for(int j = 2;j <= n;j ++)
    for(int i = 1;i <= n;i ++)
    for(int s = 1;s < j;s ++)
    {
        MinMax(n,i,s,j,minf,maxf,m,op);
        if(m[i][j][0] > minf)m[i][j][0] = minf;
        if(m[i][j][1] < maxf)m[i][j][1] = maxf;
    }
    int temp = m[1][n][1];
    for(int i = 2;i <= n;i ++)
      if(temp < m[i][n][1])temp = m[i][n][1];
    return temp;
}
```

4. 计算复杂性分析

与凸多边形最优三角剖分问题类似，上述算法需要 $O(n^3)$ 计算时间。

12.7　图像压缩

在计算机中常用像素点灰度值序列$\{p_1,p_2,\cdots,p_n\}$表示图像。其中整数 p_i，$1 \leqslant i \leqslant n$，表示像素点 i 的灰度值。通常灰度值的范围是 $0 \sim 255$。因此，需要用 8 位表示一个像素。

图像的变位压缩存储格式将所给的像素点序列$\{p_1,p_2,\cdots,p_n\}$分割成 m 个连续段 S_1，S_2，$\cdots$，S_m。第 i 个像素段 S_i 中($1 \leqslant i \leqslant m$)，有 $l[i]$ 个像素，且该段中每个像素都只用 $b[i]$ 位表示。设$t[i] = \sum_{k=1}^{i-1} l[k]$，$1 \leqslant i \leqslant m$，则第 i 个像素段 S_i 为

$$S_i = \{p_{l[i]+1}, \cdots, p_{l[i]+l[i]}\}, 1 \leqslant i \leqslant m$$

设

$$h_i = \left\lceil \log\left(\max_{l[i]+1 \leqslant k \leqslant l[i]+l[i]} p_k + 1\right) \right\rceil$$

则

$$h_i \leqslant b[i] \leqslant 8$$

因此需要用 3 位表示 $b[i]$，$1 \leqslant i \leqslant m$。如果限制 $1 \leqslant l[i] \leqslant 255$，则需要用 8 位表示 $l[i]$，$1 \leqslant i \leqslant m$。因此第 i 个像素段所需的存储空间为 $l[i] * b[i] + 11$ 位。按此格式存储像素序列 $\{p_1, p_2, \cdots, p_n\}$，需要 $\sum_{i=1}^{m} l[i] * b[i] + 11m$ 位的存储空间。

图像压缩问题要求确定像素序列 $\{p_1, p_2, \cdots, p_n\}$ 的最优分段，使得依此分段所需的存储空间最小。其中，$O \leqslant p_i \leqslant 256$，$1 \leqslant i \leqslant n$，每个分段的长度不超过 256 位。

1. 最优子结构性质

设 $l[i], b[i], 1 \leqslant i \leqslant m$ 是 $\{p_1, p_2, \cdots, p_n\}$ 的一个最优分段。显而易见，$l[1], b[1]$ 是 $\{p_1, \cdots, p_{l[1]}\}$ 的一个最优分段，且 $l[i], b[i], 2 \leqslant i \leqslant m$ 是 $\{p_{l[1]+1}, \cdots, p_n\}$ 的一个最优分段。即图像压缩问题满足最优子结构性质。

2. 递归计算最优值

设 $s[i]$，$1 \leqslant i \leqslant n$ 是像素序列 $\{p_1, p_2, \cdots, p_i\}$ 的最优分段所需的存储位数。由最优子结构性质易知：

$$s[i] = \min_{1 \leqslant k \leqslant \min\{i, 256\}} \{s[i-k] + k * b\max(i-k+1, i)\} + 11$$

式中，

$$b\max(i, j) = \left\lceil \log(\max_{i \leqslant k \leqslant j}\{p_k\} + 1) \right\rceil$$

据此可设计解图像压缩问题的动态规划算法如下：

```
void Compress(int n,int p[],int s[],int l[],int b[])
{
    int Lmax = 256,header = 11;
    s[0] = 0;
    for(int i = 1;i <= n;i ++)
    {
        b[i] = length(p[i]);
        int bmax = b[i];
        s[i] = s[i-1] + bmax;
        l[i] = 1;
        for(int j = 2;j <= i &L&j <= Lmax;j ++)
        {
            if(bmax < b[i-j+1])bmax = b[i-j+1];
            if(s[i] > s[i-j]+j * bmax)
            {
            s[i] = s[i-j]+j * bmax;
```

```
            l[i] = j;
        }
    }
    s[i] += header;
}
}
int length(int i)
{
    int k = 1;i = i/2;
    while(i > 0)
    {
        k++;i = i/2;
    }
    return k;
}
```

3. 构造最优解

算法 Compress 中用 $l[i]$,$b[i]$ 记录了最优分段所需的信息。最优分段的最后一段的段长度和像素位数分别存储于 $l[n]$ 和 $b[n]$ 中。其前一段的段长度和像素位数存储于 $l[n-l[n]]$ 和 $b[n-l[n]]$ 中。依次类推,由算法计算出的 l 和 b 可在 $O(n)$ 时间内构造出相应的最优解。具体算法可实现如下:

```
void Traceback(int n,int&i,int s[],int l[])
{
    if(n == 0)return;
    Traceback(n-l[n],i,s,l);
    s[i++] = n-l[n];
}
void Output(int s[],int l[],int b[],int n)
{
    coout <<"The optimal value is" << s[n] << endl;
    int m = 0;
    Traceback(n,m,s,l);
    s[m] = n;
    cout <<"Decompose into" << m <<"segments" << endl;
    for(int j = 1;j <= m;j++)
    {
        l[j] = l[s[j]];
        b[j] = b[s[j]];
    }
    for(int j = 1;j <= m;j++)
```

```
    cout << l[j] << ' ' << b[j] << endl;
}
```

4. 计算复杂性

算法 Compress 显然只需 $O(n)$ 空间。由于算法 Compress 中 j 的循环次数不超过 256，故对每一个确定的 i，可在 $O(1)$ 时间内完成

$$\min_{1\leqslant j\leqslant \min\{i,256\}} \{s[i-j]+j*b\max(i-j,i)\}$$

的计算。因此，整个算法所需的计算时间为 $O(n)$。

12.8　电路布线

在一块电路板的上、下两端分别有 n 个接线柱。根据电路设计，要求用导线 $(i,\pi(i))$ 将上端接线柱 i 与下端接线柱 $\pi(i)$ 相连，如图 12-5 所示。其中 $\pi(i)$，$1\leqslant i\leqslant n$ 是$\{1,2,\cdots,n)$ 的一个排列。导线 $(i,\pi(i))$ 称为该电路板上的第 i 条连线。对于任何 $1\leqslant i<j\leqslant n$，第 i 条连线和第 j 条连线相交的充分且必要条件是 $\pi(i)>\pi(j)$。

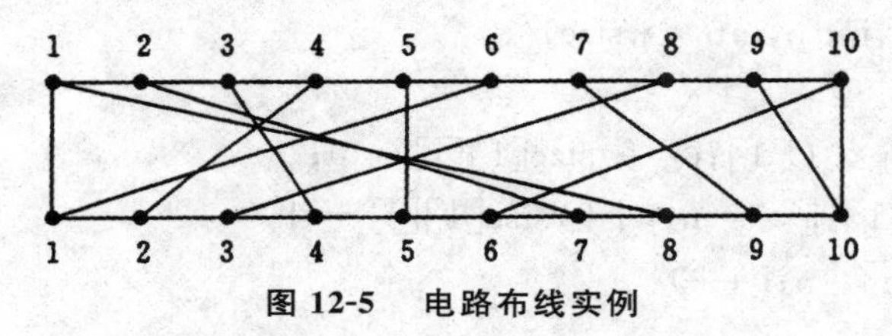

图 12-5　电路布线实例

在制作电路板时，要求将这 n 条连线分布到若干绝缘层上。在同一层上的连线不相交。电路布线问题就是要确定将哪些连线安排在第一层上，使得该层上有尽可能多的连线。换句话说，该问题要求确定导线集 $\text{Nets}=\{(i,\pi(i)),1\leqslant i\leqslant n\}$ 的最大不相交子集。

1. 最优子结构性质

记 $N(i,j)=\{t\mid(t,\pi(t))\in\text{Nets},t\leqslant i,\pi(t)\leqslant j\}$，$N(i,j)$ 的最大不相交子集为 $\text{MNS}(i,j)$，$\text{Size}(i,j)=|\text{MNS}(i,j)|$。

(1) 当 $i=1$ 时，

$$\text{MNS}(i,j)=N(1,j)=\begin{cases}\varnothing & j\geqslant\pi(1)\\ \{(1,\pi(1))\} & j\geqslant\pi(1)\end{cases}$$

(2) 当 $Z>1$ 时，

1) $j<\pi(i)$。此时，$(i,\pi(i))\notin N(i,j)$。故在这种情况下，$N(i,j)=N(i-1,j)$，从而，$\text{Size}(i,j)=\text{Size}(i-1,j)$。

2) $j\geqslant\pi(i)$。若 $(i,\pi(i))\in\text{MNS}(i,j)$，则对任意 $(t,\pi(t))\in\text{MNS}(i,j)$ 有 $t<i$ 且 $\pi(t)<\pi(i)$。否则，$(t,\pi(t))$ 与 $(i,\pi(i))$ 相交。在这种情况下，$\text{MNS}(i,j)-\{(i,\pi(i))\}$ 是 $N(i-1,\pi(i)-1)$ 的最大不相交子集。否则子集

$$\text{MNS}(i-1,\pi(i)-1)\cup\{(i,\pi(i))\}\subseteq N(i,j)$$

是比 $\text{MNS}(i,j)$ 更大的 $N(i,j)$ 的不相交子集。这与 $\text{MNS}(i,j)$ 的定义相矛盾。

若 $(i,\pi(i))\notin\text{MNS}(i,j)$，则对任意 $(t,\pi(t))\in\text{MNS}(i,j)$ 有 $t<i$。从而 $\text{MNS}(i,j)\subseteq$

$N(i-1,j)$。因此，$\text{Size}(i,j) \leqslant \text{Size}(i-1,j)$。

另一方面，$\text{MNS}(i-1,j) \subseteq N(i,j)$，故又有 $\text{Size}(i,j) \geqslant \text{Size}(i-1,j)$，从而 $\text{Size}(i,j) = \text{Size}(i-1,j)$。

综上可知，电路布线问题满足最优子结构性质。

2. 递归计算最优值

电路布线问题的最优值为 $\text{Size}(n,n)$。由该问题的最优子结构性质可知：

(1) 当 $i > 1$ 时，

$$\text{Size}(i,j) = \begin{cases} 0 & j < \pi(1) \\ 1 & j \geqslant \pi(1) \end{cases}$$

(2) 当 $i > 1$ 时，

$$\text{Size}(i,j) = \begin{cases} \text{Size}(i-1,j) & j < \pi(i) \\ \max\{\text{Size}(i-1,j), \text{Size}(i-1,\pi(i)-1)+1\} & j \geqslant \pi(i) \end{cases}$$

据此可设计解电路布线问题的动态规划算法如下。其中用二维数组单元 size[i][j] 表示函数 $\text{Size}(i,j)$ 的值。

```
void MNS(int C[],int n,int **size)
{
    for(int j = 0;j < C[1];j++)size[1][j] = 0;
    for(int j = C[1];j <= n;j++)size[1][j] = 1;
    for(int i = 2;i < n;i++)
    {
        for(int j = 0;j < C[i];j++)
        size[i][j] = size[i-1][j];
            for(int j = C[i];j <= n;j++)
        size[i][j] = max(size[i-1][j],size[i-1][C[i]-1]+1);
    }
    size[n][n] = max(size[n-1][n],size[n-1][c[n]-1]+1);
}
```

3. 构造最优解

根据算法 MNS 计算出的 size[i][j] 值，容易由算法 Traceback 构造出最优解 $\text{MNS}(n,n)$。其中，用数组 Net[0 : $m-1$] 存储 $\text{MNS}(n,n)$ 中的 m 条连线。

```
void Traceback(int C[],int **size,int n,int Net[],int m)
{
    int j = n;
    m = 0;
    for(int i = n;i > 1;i--)
        if(size[i][j]! = size[i-1][j])
        {
            Net[m++] = i;
```

```
            j = C[i] - 1;
        }
    if(j >= C[1])Net[m++] = 1;
}
```

4. 计算复杂性

算法 MNS 显然需要 $O(n^2)$ 计算时间和 $O(n^2)$ 空间。Traceback 需要 $O(n)$ 计算时间。

12.9　流水作业调度

n 个作业 $\{1,2,\cdots,n\}$ 要在由 2 台机器 M_1 和 M_2 组成的流水线上完成加工。每个作业加工的顺序都是先在 M_1 上加工，然后在 M_2 上加工。M_1 和 M_2 加工作业 i 所需的时间分别为 a_i 和 b_i，$1 \leqslant i \leqslant n$。流水作业调度问题要求确定这 n 个作业的最优加工顺序，使得从第一个作业在机器 M_1 上开始加工，到最后一个作业在机器 M_2 上加工完成所需的时间最少。

直观上，一个最优调度应使机器 M_1 没有空闲时间，且机器 M_2 的空闲时间最少。在一般情况下，机器 M_2 上会有机器空闲和作业积压两种情况。

设全部作业的集合为 $N=\{1,2,\cdots,n\}$。$S \subseteq N$ 是 N 的作业子集。在一般情况下，机器 M_1 开始加工 S 中作业时，机器 M_2 还在加工其他作业，要等时间 t 后才可利用。将这种情况下完成 S 中作业所需的最短时间记为 $T(S,t)$。流水作业调度问题的最优值为 $T(N,0)$。

1. 最优子结构性质

流水作业调度问题具有最优子结构性质。

设 π 是所给 n 个流水作业的一个最优调度，它所需的加工时间为 $a_{\pi(1)}+T'$。其中，T' 是在机器 M_2 的等待时间为 $b_{\pi(1)}$ 时，安排作业 $\pi(2),\cdots,\pi(n)$ 所需的时间。

记 $S=N-\{\pi(1)\}$，则有

$$T' = \mathrm{T}(S,b_{\pi(1)})$$

事实上，由 T 的定义知 $T' \geqslant T(S,b_{\pi(1)})$。若 $T' > T(S,b_{\pi(1)})$，设 π' 是作业集 S 在机器 M_2 的等待时间为 $b_{\pi(1)}$ 情况下的一个最优调度，则 $\pi(1),\pi'(2),\cdots,\pi'(n)$ 是 N 的一个调度，且该调度所需的时间为 $a_{\pi(1)}+T(S,b_{\pi(1)}) < a_{\pi(1)}+T'$。这与 π 是 N 的一个最优调度矛盾。故 $T' \leqslant \mathrm{T}(S,b_{\pi(1)})$。从 $T'=\mathrm{T}(S,b_{\pi(1)})$。这就证明了流水作业调度问题具有最优子结构的性质。

2. 递归计算最优值

由流水作业调度问题的最优子结构性质可知，

$$T(N,0) = \min_{1 \leqslant i \leqslant n}\{a_i + T(N-\{i\},b_i)\}$$

推广到一般情形下便有

$$T(S,t) = \min_{i \in S}\{a_i + T(S-\{i\},b_i+\max\{t-a_i,0\})\}$$

式中，$\max\{t-a,0\}$ 这一项是由于在机器 M_2 上，作业 i 须在 $\max\{t,a_i\}$ 时间之后才能开工。因此，在机器 M_1 上完成作业 i 之后，在机器上还需

$$b_i + \max\{t,a_i\} - a_i = b_i + \max\{t-a_i,0\}$$

时间才能完成对作业 i 的加工。

按照上述递归式,可设计出解流水作业调度问题的动态规划算法。但是,对递归式的深入分析表明,算法还可进一步得到简化。

3. 流水作业调度的 Johnson 法则

设 π 是作业集 S 在机器 M_2 的等待时间为 t 时的任一最优调度。若在这个调度中,安排在最前面的两个作业分别是 i 和 j,即 $\pi(1)=i,\pi(2)=j$,则由动态规划递归式可得

$$T(S,t)=a_i+T(S-\{i\},b_i+\max\{t-a_i,0\})=a_i+a_j+T(S-\{i,j\},t_{ij})$$

式中,

$$\begin{aligned}t_{ij}&=b_j+\max\{b_i+\max\{t-a_i,0\}-a_j,0\}\\&=b_j+b_i-a_j+\max\{\max\{t-a_i,0\},0,a_j-b_i\}\\&=b_j+b_i-a_j+\max\{t-a_i,a_j-b_i,0\}\\&=b_j+b_i-a_j-a_i+\max\{t,a_i+a_j-b_i,0\}\end{aligned}$$

如果作业 i 和 j 满足 $\min\{b_i,a_j\}\geqslant\min\{b_j,a_i\}$,则称作业 i 和 j 满足 Johnson 不等式。

如果作业 i 和 j 不满足 Johnson 不等式,则交换作业 i 和作业 j 的加工顺序后,作业 i 和 j 满足 Johnson 不等式。

在作业集 S 当机器 M_2 的等待时间为 t 时的调度 π 中,交换作业 i 和作业 j 的加工顺序,得到作业集 S 的另一调度 π',它所需的加工时间为

$$T'(S,t)=a_i+a_j+T(S-\{i,j\},t_{ji})$$

式中,

$$t_{ij}=b_j+b_i-a_j-a_i+\max\{t,a_i+a_j-b_i,0\}$$

当作业 i 和 j 满足 Johnson 不等式 $\min\{b_i,a_j\}\geqslant\min\{b_j,a_i\}$ 时,有

$$\max\{-b_i,-a_j\}\leqslant\max\{-b_j,-a_i\}$$

从而

$$a_i+a_j+\max\{-b_i,-a_j\}\leqslant a_i+a_j+\max\{-b_j,-a_i\}$$

由此可得

$$\max\{a_i+a_j-b_i,a_i\}\leqslant\max\{a_i+a_j-b_j,a_j\}$$

因此,对任意 t 有

$$\max\{t,a_i+a_j-b_i,a_i\}\leqslant\max\{t,a_i+a_j-b_j,a_j\}$$

从而

$$t_{ij}=t_{ji}$$

由此可见

$$T'(S,t)=T(S,t)$$

换句话说,当作业 i 和作业 j 不满足 Johnson 不等式时,交换它们的加工顺序后,作业 i 和作业 j 满足 Johnson 不等式,且不增加加工时间。由此可知,对于流水作业调度问题,必存在一个最优调度 π,使得作业 $\pi(i)$ 和 $\pi(i+1)$ 满足 Johnson 不等式

$$\min\{b_{\pi(i)},a_{\pi(i+1)}\}\geqslant\min\{b_{\pi(i+1)},a_{\pi(i)}\},1\leqslant i\leqslant n-1$$

称这样的调度 π 为满足 Johnson 法则的调度。

进一步还可以证明,调度 π 满足 Johnson 法则当且仅当对任意 $i<j$ 有

$$\min\{b_{\pi(i)},a_{\pi(j)}\}\geqslant\min\{b_{\pi(j)},a_{\pi(i)}\}$$

由此可知，任意两个满足 Johnson 法则的调度具有相同的加工时间，从而所有满足 Johnson 法则的调度均为最优调度。至此，将流水作业调度问题转化为求满足 Johnson 法则的调度问题。

4. 算法描述

从上面的分析可知，流水作业调度问题一定存在满足 Johnson 法则的最优调度，且容易由下面的算法确定。

流水作业调度问题的 Johnson 算法：

(1) 令 $N_1=\{i \mid a_i<b_i\}$，$N_2=\{i \mid a_i \geqslant b_i\}$。

(2) 将 N_1 中作业依 a_i 的非减序排序；将 N_2 中作业依 b_i 的非增序排序。

(3) N_1 中作业接 N_2 中作业构成满足 Johnson 法则的最优调度。

算法可具体实现如下：

```
int FlowShop(int n,int a,int b,int c)
{
    class Jobtype
    {
        public;
        int operator <= (Jobtype a)const
        {
            return(key <= a.key);
        }
        int key,index;
        bool job;
    };
    Jobtype *d = new Jobtype[n];
    for(int i = 0;i < n;i ++)
    {
        d[i].key = a[i] > b[i]?b[i]:a[i];
        d[i].job = a[i] <= b[i];
        d[i].index = i;
    }
    sort(d,n);
    int j = 0,k = n - 1;
    for(int i - 0;i < n;i ++)
    {
        if(d[i].job)c[j ++] = d[i].index;
        else c[k --] = d[i].index;
    }
    j = a[c[0]];
    k = j + b[c[0]];
    for(int i = 1;i < n;i ++)
```

```
    {
        j += a[c[i]];
        k = j < k?k + b[c[i]] : j + b[c[i]];
    }
    delete d;
    return k;
}
```

5. 计算复杂性分析

算法 FlowShop 的主要计算时间花在对作业集的排序上。因此，在最坏情况下算法 FlowShop 所需的计算时间为 $O(n\log n)$，所需的空间显然为 $O(n)$。

12.10 0-1 背包问题

0-1 背包问题：给定 n 种物品和一背包。物品 i 的重量是 w_i，其价值为 v_i，背包的容量为 c。问应如何选择装入背包中的物品，使得装入背包中物品的总价值最大？

在选择装入背包的物品时，对每种物品 i 只有两种选择，即装入背包或不装入背包。不能将物品 i 装入背包多次，也不能只装入部分的物品 i。因此，该问题称为 0-1 背包问题。

此问题的形式化描述是，给定 $c>0, w_i>0, v_i>0, 1\leqslant i\leqslant n$，要求找出一个 n 元 0-1 向量 $(x_1,x_2,\cdots,x_n)$，$x\in\{0,1\}, 1\leqslant i\leqslant n$，使得 $\sum_{i=1}^{n} w_i x_i \leqslant c$，而且 $\sum_{i=1}^{n} v_i x_i$ 达到最大。因此，0-1 背包问题是一个特殊的整数规划问题：

$$\max \sum_{i=1}^{n} v_i x_i$$

$$\begin{cases}\sum_{i=1}^{n} w_i x_i \leqslant c \\ x_i \in \{0,1\}, 1\leqslant i\leqslant n\end{cases}$$

1. 最优子结构性质

0-1 背包问题具有最优子结构性质。设 $(y_1,y_2,\cdots,y_n)$ 是所给 0-1 背包问题的一个最优解，则 $(y_2,y_3,\cdots,y_n)$ 是下面相应子问题的一个最优解：

$$\max \sum_{i=1}^{n} v_i x_i$$

$$\begin{cases}\sum_{i=1}^{n} w_i x_i \leqslant c - w_i y_i \\ x_i \in \{0,1\}, 2\leqslant i\leqslant n\end{cases}$$

因若不然，设 $(z_2,z_3,\cdots,z_n)$ 是上述子问题的一个最优解，而 $(y_2,y_3,\cdots,y_n)$ 不是它的最优解。由此可知，$\sum_{i=2}^{n} v_i z_i > \sum_{i=2}^{n} v_i y_i$，且 $w_1 y_1 + \sum_{i=2}^{n} w_i z_i \leqslant c$。因此，

$$v_1 y_1 + \sum_{i=2}^{n} v_i z_i > \sum_{i=1}^{n} v_i y_i$$

$$w_1 y_1 + \sum_{i=2}^{n} w_i z_i \leqslant c$$

这说明$(y_1, z_2, \cdots, z_n)$是所给 0-1 背包问题的一个更优解，从而$(y_1, y_2, \cdots, y_n)$不是所给 0-1 背包问题的最优解。此为矛盾。

2. 递归关系

设所给 0-1 背包问题的子问题

$$\max \sum_{k=i}^{n} v_k x_k$$

$$\begin{cases} \sum_{k=i}^{n} w_k x_k \leqslant j \\ x_k \in \{0,1\}, i \leqslant k \leqslant n \end{cases}$$

的最优值为 $m(i,j)$，即 $m(i,j)$ 是背包容量为 j，可选择物品为 $i, i+1, \cdots, n$ 时 0-1 背包问题的最优值。由 0-1 背包问题的最优子结构性质，可以建立计算 $m(i,j)$ 的递归式如下：

$$m(i,j) = \begin{cases} \max\{m(i+1,j), m(i+1, j-w_i) + v_i\} & j \geqslant w_i \\ m(i+1,j) & 0 \leqslant j < w_i \end{cases}$$

$$m(i,j) = \begin{cases} v_n & j \geqslant w_i \\ 0 & 0 \leqslant j < w_i \end{cases}$$

3. 算法描述

基于以上讨论，当 $w_i (1 \leqslant i \leqslant n)$ 为正整数时，用二维数组 m[][] 来存储 $m(i,j)$ 的相应值，可设计解 0-1 背包问题的动态规划算法 Knapsack 如下：

```
template < class Type >
void Knapsack(Type v,int w,int c,int n,Type * * m)
{
    int jMax = main(w[n] - 1,c);
    for(int j = 0;j <= jMax;j ++)m[n][j] = 0;
    for(int j = w[n];j <= c;j ++)m[n][j] = v[n];
    for(int i = n - 1;i > 1;i --)
    {
        jMax = min(w[i] - 1,c);
        for(int j = 0;j <= jMax;j ++)m[i][j] = m[i + 1][j];
        for(int j = w[i];j <= c;j ++)m[i][j] = max(m[i+1][j],m[i+1][j- w[i]]+
v[i]);
    }
    m[1][c] = m[2][c];
    if(c >= w[1])m[1][c] = max(m[1][c],m[2][c - w[1]] + v[1]);
}
template < class Type >
void Traceback(Type * * m,int w,int c,int n,int x)
```

```
{
    for(int i = 1;i < n;i ++)
    if(m[i][c] == = m[i+1][c])x[i] = 0;
    else{x[i] = 1;c == w[i];}
    x[n] = (m[n][c])?1 : 0;
}
```

按上述算法 Knapsack 计算后,$m[1][c]$ 给出所要求的 0-1 背包问题的最优值。相应的最优解可由算法 Traceback 计算如下。如果 $m[1][c]-m[2][c]$,则 $x_1=0$,否则 $x_1=1$。当 $x_1=0$ 时,由 $m[2][c]$ 继续构造最优解。当 $x_1=1$ 时,由 $m[2][c-w_1]$ 继续构造最优解。依次类推,可构造出相应的最优解($x_1,x_2,\cdots,x_n$)。

4. 计算复杂性分析

从计算 $m(i,j)$ 的递归式容易看出,上述算法 Knapsack 需要 $O(nc)$ 计算时间,而 Traceback 需要 $O(n)$ 计算时间。

上述算法 Knapsack 有两个较明显的缺点。其一是算法要求所给物品的重量 $w_i(1\leqslant i\leqslant n)$ 是整数。其次,当背包容量 c 很大时,算法需要的计算时间较多。例如,当 $c>2^n$ 时,算法 Knapsack 需要 $\Omega(n2^n)$ 计算时问。

事实上,注意到计算 $m(i,j)$ 的递归式在变量歹是连续变量,即背包容量为实数时仍成立,可以采用以下方法克服算法 Knapsack 的上述两个缺点。

首先考察 0-1 背包问题的一个具体实例如下:

$n=5,c=10,w=\{2,2,6,5,4\},v=\{6,3,5,4,6\}$。

由计算 $m(i,j)$ 的递归式,当 $i=5$ 时,

$$m(5,j)=\begin{cases}6 & j>4\\0 & 0\leqslant j\leqslant 4\end{cases}$$

该函数是关于变量 j 的阶梯状函数。由 $m(i,j)$ 的递归式容易证明,在一般情况下,对每一个确定的 $i(1\leqslant i\leqslant n)$,函数 $m(i,j)$ 是关于变量 j 的阶梯状单调不减函数。跳跃点是这一类函数的描述特征。如函数 $m(5,j)$ 可由其两个跳跃点(0,0) 和(4,6) 唯一确定。在一般情况下,函数 $m(i,j)$ 由其全部跳跃点唯一确定。如图 12-6 所示。

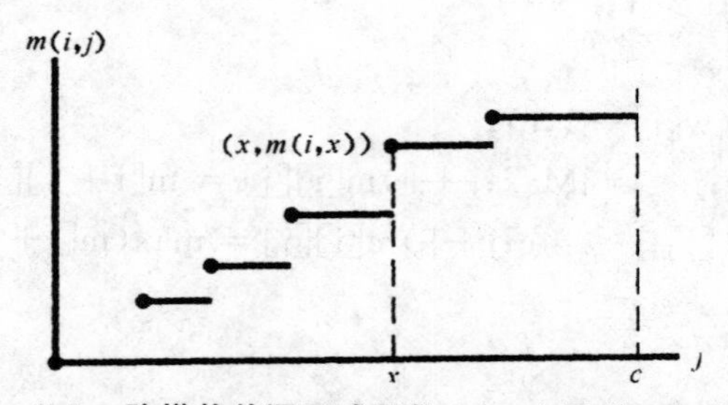

2-6　阶梯状单调不减函数 $m(i,j)$ 及其跳跃点

在变量 j 是连续变量的情况下,可以对每一个确定的 $i(1\leqslant i\leqslant n)$,用一个表 $p[i]$ 来存储函数 $m(i,j)$ 的全部跳跃点。对每一个确定的实数 j,可以通过查找表 $p[i]$ 来确定函数 $m(i,j)$ 的值。$p[i]$ 中全部跳跃点 $(j,m(i,j))$ 依 j 的升序排列。由于函数 $m(i,j)$ 是关于变量 j 的阶梯状单调不

减函数，故 $p[i]$ 中全部跳跃点的 $m(i,j)$ 值也是递增排列的。

表 $p[i]$ 可依计算 $m(i,j)$ 的递归式递归地由表 $p[i+1]$ 来计算，初始时 $p[n+1]=\{(0,0)\}$。事实上，函数 $m(i,j)$ 是由函数 $m(i+1,j)$ 与函数 $m(i+1,j-w_i)+v_i$ 作 max 运算得到的。因此，函数 $m(i,j)$ 的全部跳跃点包含于函数 $m(i+1,j)$ 的跳跃点集 $p[i+1]$ 与函数 $m(i+1,j-w_i)+v_i$ 的跳跃点集 $q[i+1]$ 的并集中。易知，$(s,t)\in q[i+1]$ 当且仅当 $w_i\leqslant s\leqslant c$ 且 $(s-w_i,t-v_i)\in p[i+1]$。因此，容易由 $p[i+1]$ 确定跳跃点集 $q[i+1]$ 如下：

$$q[i+1]=p[i+1]\oplus(w_i,v_i)=\{(j+w_i,m(i,j)+v_i)\mid(j,m(i,j))\}\in p[i+1]$$

另一方面，设 (a,b) 和 (c,d) 是 $p[i+1]\cup q[i+1]$ 中的两个跳跃点，则当 $c\geqslant a$ 且 $d<b$ 时，(c,d) 受控于 (a,b)，从而 (c,d) 不是 $p[i]$ 中的跳跃点。除受控跳跃点外，$p[i+1]\cup q[i+1]$ 中的其他跳跃点均为 $p[i]$ 中的跳跃点。由此可见，在递归地由表 $p[i+1]$ 计算表 $p[i]$ 时，可先由 $p[i+1]$ 计算出 $q[i+1]$，然后合并表 $p[i+1]$ 和表 $q[i+1]$，并清除其中的受控跳跃点得到表 $p[i]$。

对于上面的例子，初始时

$$p[6]=\{(0,0)\},(w_5,v_5)=(4,6)$$

因此有

$$q[6]=p[6]\oplus(w_5,v_5)=\{(4,6)\}$$

由函数 $m(5,j)$ 可知

$$p[5]=\{(0,0),(4,6)\}$$

又由 $(w_4,v_4)=(5,4)$ 知

$$q[5]=p[5]\oplus(w_4,v_4)=\{(5,4),(9,10)\}$$

从跳跃点集 $p[5]$ 与 $q[5]$ 的并集

$$p[5]\cup q[5]=\{(0,0),(4,6),(5,4),(9,10)\}$$

中看到跳跃点 $(5,4)$ 受控于跳跃点 $(4,6)$。

将受控跳跃点 $(5,4)$ 清除后，得到

$$p[4]=\{(0,0),(4,6),(9,10)\}$$

从而得到函数 $m(4,j)$。

依此方式可递归地计算出：

$q[4]=p[4]\oplus(6,5)=\{(6,5),(10,11)\}$

$p[3]=\{(0,0),(4,6),(9,10),(10,11)\}$

$q[3]=p[3]\oplus(2,3)=\{(2,3),(6,9)\}$

$p[2]=\{(0,0),(2,3),(4,6),(6,9),(9,10),(10,11)\}$

$q[2]=p[2]\oplus(2,6)=\{(2,6),(4,9),(6,12),(8,15)\}$

$p[1]=\{(0,0),(2,6),(4,9),(6,12),(8,15)\}$

$p[1]$ 的最后的那个跳跃点 $(8,15)$ 给出所求的最优值为 $m(1,c)=15$。

综上所述，可设计解 0-1 背包问题的改进的动态规划算法如下：

```
template < class Type >
Type Knapsack(int n,Type c,Type v[],TYPe w[],Type * * p,int x[])
{
    int * head = new int[n + 2];
    head[n + 1] = 0;p[0][0] = 0;p[0][1] = 0;
```

```
    int left = 0,right = 0,next = 1;
    head[n] = 1;
    for(int i = n;i >= 1;i--)
    {
        int k = left;
        for(int j = left;j <= right;j++)
        {
            if(p[j][0] + w[i] > c)break;
            Type y = p[j][0] + w[i],m = p[j][1] + v[i];
            while(k <= right&&p[k][0] < y)
            {
                p[next][0] == p[k][0];
                p[next ++][1] = p[k ++][1];
            }
            if(k <= right&&p[k][0] == y)
            {
                if(m < p[k][1])m = p[k][1];
                k ++;
            }
            if(m > p[next - 1][1])
            {
                p[next][0] = y;
                p[next ++][1] = m;
            }
        while(k <= right&&p[k][1] < p[next - 1][1])k ++;
    }
    while(k <= right)
        {
            p[next][0] = p[k][0];
            p[next ++][1] - p[k ++][1];
    }
    left = right + 1;right = next - 1;head[i - 1] = next;
}
Traceback(n,w,v,p,head,x);
return p[next - 1][1];
}
template < class Type >
void Traceback(int n,Type w[],Type v[],Type * * p,int * head,int x[])
{
```

```
    Type j = p[head[0]-1][0],m = p[head[0]-1][1];
    for(int i = 1;i <= n;i++)
    {
        x[i] = 0;
        for(int k = head[i+1];k <= head[i]-1;k++)
        {
            if(p[k][0] + w[i] == j&&p[k][1] + V[i] == m)
            {
                x[i] = 1;
                j = p[k][0];
                m = p[k][1];
                break;
            }
        }
    }
}
```

上述算法的主要计算量在于计算跳跃点集 $p[i](1 \leqslant i \leqslant n)$。由于 $q[i+1] = p[i+1] \oplus (w_i, v_i)$，故计算 $q[i+1]$ 需要 $O(|p[i+1]|)$ 计算时间。合并 $p[i+1]$ 和 $q[i+1]$ 并清除受控跳跃点也需要 $O(|p[i+1]|)$ 计算时间。从跳跃点集 $p[i]$ 的定义可以看出，$p[i]$ 中的跳跃点相应于 $x_i, \cdots, x_n$ 的 0－1 赋值。因此，$p[i]$ 中跳跃点个数不超过 2^{n-i-1}。由此可见，算法计算跳跃点集 $p[i](1 \leqslant i \leqslant n)$ 所花费的计算时间为

$$O\left(\sum_{i=2}^{n} |p[i+1]|\right) = 0\left(\sum_{i=2}^{n} 2^{n-i}\right) = 0(2^n)$$

从而，改进后算法的计算时间复杂性为 $O(2^n)$。当所给物品的重量 $w_i(1 \leqslant i \leqslant n)$ 是整数时，$|p[i]| \leqslant c+1, (1 \leqslant i \leqslant n)$。此时，改进后算法的计算时间复杂性为 $O(\min\{nc, 2^n\})$。

12.11　最优二叉搜索树

设 $S = \{x_1, x_2, \cdots, x_n\}$ 是有序集，且 $x_1 < x_2 < \cdots < x_n$。表示有序集 S 的二叉搜索树利用二叉树的结点来存储有序集中的元素。它具有下述性质：存储于每个结点中的元素 x 大于其左子树中任一结点所存储的元素，小于其右子树中任一结点所存储的元素。二叉搜索树的叶结点是形如 (x_i, x_{i+1}) 的开区间。在表示 S 的二叉搜索树中搜索一个元素 x，返回的结果有两种情形：

(1) 在二叉搜索树的内结点中找到 $x = x_i$。

(2) 在二叉搜索树的叶结点中确定 $x \in (x_i, x_{i+1})$。

设在第(1)种情形中找到元素 $x = x_i$ 的概率为 b_i；在第(2)种情形中确定 $x \in (x_i, x_{i+1})$ 的概率为 a_i。其中约定 $x_0 = -\infty, x_{n+1} = +\infty$。显然，有

$$a_i \geqslant 0, 0 \leqslant i \leqslant n; b_j \geqslant 0, 1 \leqslant j \leqslant n; \sum_{i=0}^{n} a_i + \sum_{j=1}^{n} b_j = 1$$

$(a_0, b_1, a_1, \cdots, b, a_n)$ 称为集合 S 的存取概率分布。

在表示 S 的二叉搜索树 T 中，设存储元素 x_i 的结点深度为 c_i；叶结点 (x_j, x_{j+1}) 的结点深度为 d_j，则

$$p = \sum_{i=1}^{n} b_i(1 + c_i) + \sum_{j=0}^{n} a_j d_j$$

表示在二叉搜索树 T 中进行一次搜索所需的平均比较次数。p 又称为二叉搜索树 T 的平均路长。在一般情形下，不同的二叉搜索树的平均路长是不相同的。

最优二叉搜索树问题是对于有序集 S 及其存取概率分布 $(a_0, b_1, a_1, \cdots, b, a_n)$，在所有表示有序集 S 的二叉搜索树中找出一棵具有最小平均路长的二叉搜索树。

1. 最优子结构性质

二叉搜索树 T 的一棵含有结点 $x_i, \cdots, x_j$ 和叶结点 $(x_{i-1}, x_i), \cdots, (x_j, x_{j+1})$ 的子树可以看作是有序集 $\{x_i, \cdots, x_j\}$ 关于全集合 $\{x_{i-1}, \cdots, x_{j+1}\}$ 的一棵二叉搜索树，其存取概率为下面的条件概率

$$\bar{b}_k = b_k / w_{ij} \quad (i \leqslant k \leqslant j)$$
$$\bar{a}_h = a_h / w_{ij} \quad (i - 1 \leqslant h \leqslant j)$$

式中，

$$w_{ij} = a_{i-1} + b_i + \cdots + b_j + a_j \quad 1 \leqslant i \leqslant j \leqslant n$$

设 T_{ij} 是有序集 $\{x_i, \cdots, x_j\}$ 关于存取概率 $\{\bar{a}_{i-1}, \bar{b}_i, \cdots, \bar{b}_j, \bar{a}_j\}$ 的一棵最优二叉搜索树，其平均路长为 p_{ij}。T_{ij} 的根结点存储元素 x_m。其左右子树 T_l 和 T_r 的平均路长分别为 p_l 和 p_r。由于 T_l 和 T_r 中结点深度是它们在 T_{ij} 中的结点深度减 1，故有

$$w_{i,j} p_{i,j} = w_{i,j} + w_{i,m-1} p_l + w_{m+1,j} p_r$$

由于 T_l 是关于集合 $\{x_i, \cdots, x_{m-1}\}$ 的一棵二叉搜索树，故 $p_l \geqslant p_{i,m-1}$。则用 $T_{i,m-1}$ 替换 T_l 可得到平均路长比 T_{ij} 更小的二叉搜索树。这与 T_{ij} 是最优二叉搜索树矛盾。故 T_{ij} 是一棵最优二叉搜索树。同理可证 T_r 也是一棵最优二叉搜索树。因此最优二叉搜索树问题具有最优子结构性质。

2. 递归计算最优值

最优二叉搜索树 T_{ij} 的平均路长为 p_{ij}，则所求的最优值为 $p_{1,n}$。由最优二叉搜索树问题的最优子结构性质可建立计算 p_{ij} 的递归式如下：

$$w_{i,j} p_{i,j} = w_{i,j} + \min_{i \leqslant k \leqslant j} \{w_{i,k-1} p_{i,k-1} + w_{k+1,j} p_{k+1,j}\}, i \leqslant j$$

初始时

$$p_{i,i-1} = 0, 1 \leqslant i \leqslant n$$

记 $w_{i,j} p_{i,j}$ 为 $m(i,j)$，则

$$m(1,n) = w_{1,n} p_{1,n} = p_{1,n}$$

为所求的最优值。

计算 $m(i,j)$ 的递归式为

$$m(i,j) = w_{i,j} + \min_{i \leqslant k \leqslant j} \{m(i,k-1) + m(k+1,j)\}, i \leqslant j$$
$$m(i,i-1) = 0, 1 \leqslant i \leqslant n$$

据此，可设计出解最优二叉搜索树问题的动态规划算法 OptimalBinarySearchTree 如下：

```
void OptimalBinarySearchTree(int a,int b,int n,int **m,int **s,int **w)
{
```

```
    for(int i = 0;i <= n;i ++)
    {
        w[i + 1][i] = a[i];m[i + 1][i] = 0;
    }
    for(int r = 0;r < n;r ++)
    for(int i = 1;i <= n - r;i ++)
    {
        int j = i + r;
        w[i][j] = w[i]w[j - 1] + a[j] + b[j];
        m[i][j] = m[i + 1][j];
        s[i][j] = i;
        for(int k = i + 1;k <= j;k ++)
        {
            int t = m[i][k = 1] + m[k + 1][j];
            if(t < m[i][j])
            {
                m[i][j] = t;s[i][j] = k;
            }
        }
        m[i][j] += w[i][j];
    }
}
```

3. 构造最优解

算法 OptimalBinarySearchTree 中用 $s[i][j]$ 保存最优子树 $T(i,j)$ 的根结点中元素。当 $s[1][n]=k$ 时，x_k 为所求二叉搜索树根结点元素。其左子树为 $T(1,k-1)$。因此，$i=s[1][k-1]$ 表示 $T(1,k-1)$ 的根结点元素为 x_i。依此类推，容易由 s 记录的信息在 $O(n)$ 时间内构造出所求的最优二叉搜索树。

4. 计算复杂性

算法中用到 3 个二维数组 m,s 和 w，故所需的空间为 $O(n^2)$。算法的主要计算量在于计算 $\min\limits_{i\leqslant k\leqslant j}\{m(i,k-1)+m(k+1,j)\}$。对于固定的 r，它需要计算时间 $O(j-i+1)=O(r+1)$。因此，算法所耗费的总时间为

$$\sum_{r=0}^{n-1}\sum_{i=1}^{n-r}O(r+1)=O(n^3)$$

事实上，在上述算法中可以证明

$$\min_{i\leqslant k\leqslant j}\{m(i,k-1)+m(k+1,j)\}=\min_{s[i][j-1]\leqslant k\leqslant s[i+1][j]}\{m(i,k-1)+m(k+1,j)\}$$

由此可对算法做出进一步改进如下：

```
void OBST(int a,int b,int n,int **m,int **s,int **w)
{
```

```
    for(int i = 0;i <= n;i ++)
    {
        w[i + 1][i] = a[i];
        m[i + 1][i] = 0;
        s[i + 1][i] = 0;
    }
    for(int r = 0;r < n;r ++)
    for(int i = 1;i <= n - r;i ++)
        {
            int j = i + r,i1 = s[i][j - 1] > i?s[i][j - 1] : i,j1 = s[i + 1][j] > i?s[i + 1]D] : j;
            w[i][j] = w[i]w[j - 1] + a[j] + b[j];
            m[i][j] = m[i][i1 - 1] + m[i1 + 1][j];
            s[i][j] = i1;
            for(int k = i1 + 1;k <= j1;k ++)
        {
        int t = m[i][k - 1] + m[k + 1][j];
        if(t <= m[i][j])
            {
                m[i][j] = t;
                s[i][j] = k;
            }
        }
        m[i][j] += w[i][j];
    }
}
```

改进后算法 OBST 所需的计算时间为 $O(n^3)$，所需的空间为 $O(n^2)$。

习题

1. 设计一个 $O(n^2)$时间的算法，找出由 n 个数组成的序列的最长单调递增子序列。

2. 将算法上一题中算法的计算时间减至 $O(n\log n)$（提示：一个长度为 i 的候选子序列的最后一个元素至少与一个长度为 $i-1$ 的候选子序列的最后一个元素一样大。通过指向输入序列中元素的指针来维持候选子序列）。

3. 考虑下面的整数线性规划问题

$$\max \sum_{i=1}^{n} c_i x_i$$

$$\begin{cases} \sum_{i=1}^{n} c_i x_i \leqslant b \\ x_i \text{ 为非负整数}, 1 \leqslant i \leqslant n \end{cases}$$

试设计一个解此问题的动态规划算法，并分析算法的计算复杂性。

4. 给定 n 种物品和一背包。物品 i 的重量是 w_i，体积是 b_i，其价值为 v_i，背包的容量为 c，容积为 d。问应如何选择装入背包中的物品，使得装入背包中物品的总价值最大？在选择装入背包的物品时，对每种物品 i 只有两种选择，即装入背包或不装入背包。不能将物品 i 装入背包多次，也不能只装入部分的物品 i。试设计一个解此问题的动态规划算法，并分析算法的计算复杂性。

5. Ackermann 函数 $A(m,n)$ 可递归定义如下：

$$A(m,n)=\begin{cases}n+1 & m=0\\ A(m-1,n) & m>0,n=0\\ A(m-1,A(m,n-1)) & m>0,n>0\end{cases}$$

试设计一个计算 $A(m,n)$ 的动态规划算法，该算法只占用 $O(m)$ 空间。

第13章　贪心法

13.1　贪心法的基本思想

在众多的算法设计策略中，贪心法可以算得上是最接近人们日常思维的一种解题策略，它以其简单、直接和高效而受到重视。尽管该方法并不是从整体最优方面来考虑问题，而是从某种意义上的局部最优角度做出选择，但对范围相当广泛的许多实际问题它通常都能产生整体最优解，如单源最短路径问题、最小生成树等。在一些情况下，即使采用贪心法不能得到整体最优解，但其最终结果却是最优解的很好近似解。正是基于此，该算法在对NP完全问题的求解中发挥着越来越重要的作用。另外，近年来贪心法在各级各类信息学竞赛、ACM程序设计竞赛中经常出现，竞赛中的一些题目常常需要选手经过细致的思考后得出高效的贪心算法。为此，学习该算法具有很强的实际意义和学术价值。

13.1.1　贪心法的基本思想

贪心法是一种稳扎稳打的算法，它从问题的某一个初始解出发，在每一个阶段都根据贪心策略来做出当前最优的决策，逐步逼近给定的目标，尽可能快地求得更好的解。当达到算法中的某一步不能再继续前进时，算法终止。贪心法可以理解为以逐步的局部最优，达到最终的全局最优。

从算法的思想中，很容易得出以下结论：

1）贪心法的精神是"今朝有酒今朝醉"。每个阶段面临选择时，贪心法都做出对眼前来讲是最有利的选择，不考虑该选择对将来是否有不良影响。

2）每个阶段的决策一旦做出，就不可更改，该算法不允许回溯。

3）贪心法是根据贪心策略来逐步构造问题的解。如果所选的贪心策略不同，则得到的贪心算法就不同，贪心解的质量当然也不同。因此，该算法的好坏关键在于正确地选择贪心策略。

贪心策略是依靠经验或直觉来确定一个最优解的决策。该策略一定要精心确定，且在使用之前最好对它的可行性进行数学证明，只有证明其能产生问题的最优解后再使用，不要被表面上看似正确的贪心策略所迷惑。

4）贪心法具有高效性和不稳定性，因为它可以非常迅速地获得一个解，但这个解不一定是最优解，即便不是最优解，也一定是最优解的近似解。

13.1.2　贪心法的基本要素

何时能、何时应该采用贪心法呢?一般认为，凡是经过数学归纳法证明可以采用贪心法的情况都应该采用它，因为它具有高效性。可惜的是，它需要证明后才能真正运用到问题的求解中。

那么能采用贪心法的问题具有怎样的性质呢?这个提问很难给予肯定的回答。但是，从许多可以用贪心法求解的问题中，可以看到这些问题一般都具有两个重要的性质：最优子结构性质和贪心选择性质。换句话说，如果一个问题具有这两大性质，那么使用贪心法来对其求解总能求得最优解。

1. 最优子结构性质

当一个问题的最优解一定包含其子问题的最优解时，称此问题具有最优子结构性质。换句话说，一个问题能够分解成各个子问题来解决，通过各个子问题的最优解能递推到原问题的最优解。那么原问题的最优解——定包含各个子问题的最优解，这是能够采用贪心法来求解问题的关键。因为贪心法求解问题的流程是依序研究每个子问题，然后综合得出最后结果。而且，只有拥有最优子结构性质才能保证贪心法得到的解是最优解。

在分析问题是否具有最优子结构性质时，通常先设出问题的最优解，给出子问题的解一定是最优的结论。然后，采用反证法证明"子问题的解一定是最优的"结论成立。证明思路是：设原问题的最优解导出的子问题的解不是最优的，然后在这个假设下可以构造出比原问题的最优解更好的解，从而导致矛盾。

2. 贪心选择性质

贪心选择性质是指所求问题的整体最优解可以通过一系列局部最优的选择获得，即通过一系列的逐步局部最优选择使得最终的选择方案是全局最优的。其中每次所做的选择，可以依赖于以前的选择，但不依赖于将来所做的选择。

可见，贪心选择性质所做的是一个非线性的子问题处理流程，即一个子问题并不依赖于另一个子问题，但是子问题间有严格的顺序性。

在实际应用中，至于什么问题具有什么样的贪心选择性质是不确定的，需要具体问题具体分析。对于一个具体问题，要确定它是否具有贪心选择性质，必须证明每一步所做的贪心选择能够最终导致问题的一个整体最优解。首先考察问题的一个整体最优解，并证明可修改这个最优解，使其以贪心选择开始。而且做了贪心选择后，原问题简化为一个规模更小的类似子问题。然后，用数学归纳法证明，通过每一步做贪心选择，最终可得到问题的一个整体最优解。其中，证明贪心选择后的问题简化为规模更小的类似子问题的关键在于利用该问题的最优子结构性质。

13.1.3 贪心法的解题步骤及算法设计模式

利用贪心法求解问题的过程通常包含如下三个步骤：

1）分解：将原问题分解为若干个相互独立的阶段。

2）解决：对于每个阶段依据贪心策略进行贪心选择，求出局部的最优解。

3）合并：将各个阶段的解合并为原问题的一个可行解。

依据该步骤，设计出的贪心法的算法设计模式如下：

```
Greedy(A,n)
 {
     /* A[0:n-1]包含n个输入，即A是问题的输入集合 */
      将解集合solution初始化为空；
     for(i = 0;i < n;i ++)       /* 原问题分解为n个阶段 */
 {
     x = select(A);     /* 依据贪心策略做贪心选择，求得局部最优解 */
     if(x可以包含在solution)     /* 判断解集合solution在加入x后是否满足约束条件
```

```
*/
        solution = union(solution,x);    /* 部分局部最优解进行合并 */
        }
        return(解向量 solution);       /* n个阶段完成后,得到原问题的最优解 */
}
```

贪心法是在少量运算的基础上做出贪心选择而不急于考虑以后的情况,一步一步地进行解的扩充,每一步均是建立在局部最优解的基础上。

13.2　活动安排问题

13.2.1　贪心策略

贪心法求解活动安排问题的关键是如何设计贪心策略,使得算法在依照该策略的前提下按照一定的顺序来选择相容活动,以便安排尽量多的活动。根据给定的活动开始时间和结束时间,活动安排问题至少有三种看似合理的贪心策略可供选择。

1) 每次从剩下未安排的活动中选择具有最早开始时间且不会与已安排的活动重叠的活动来安排。这样可以增大资源的利用率。

2) 每次从剩下未安排的活动中选择使用时间最短且不会与已安排的活动重叠的活动来安排。这样看似可以安排更多的活动。

3) 每次从剩下未安排的活动中选择具有最早结束时间且不会与已安排的活动重叠的活动来安排。这样可以使下一个活动尽早开始。

到底选用哪一种贪心策略呢?选择策略 1),如果选择的活动开始时间最早,但使用时间无限长,这样只能安排 1 个活动来使用资源;选择策略 2),如果选择的活动的开始时间最晚,那么也只能安排 1 个活动来使用资源;由策略 1) 和策略 3),人们容易想到一种更好的策略:"选择开始时间最早且使用时间最短的活动"。根据"活动结束时间—活动开始时间 + 使用资源时间"可知,该策略便是策略 3)。直观上,按这种策略选择相容活动可以给未安排的活动留下尽可能多的时间。也就是说,该算法的贪心选择的意义是使剩余的可安排时间段极大化,以便安排尽可能多的相容活动。

13.2.2　算法的设计和描述

根据问题描述和所选用的贪心策略,对贪心法求解活动安排问题的 GreedySelector 算法设计思路如下:

1) 初始化。将 n 个活动的开始时间存储在数组 B 中;将 n 个活动的结束时间存储在数组 E 中且按照结束时间的非减序排序:$e_1 \leqslant e_2 \leqslant \cdots \leqslant e_n$,数组 B 需要做相应调整;采用集合 A 来存储问题的解,即所选择的活动集合,活动 i 如果在集合 A 中,当且仅当 $A[i]$ = true。

2) 根据贪心策略,算法 GreedySelector 首先选择活动 1,即令 $A[1]$ = true。

3) 依次扫描每一个活动,如果活动 i 的开始时间不小于最后一个选入集合 A 中的活动的结束时间,即活动 i 与 A 中活动相容,则将活动 i 加入集合 A 中;否则,放弃活动 i,继续检查下一个活动与集合 A 中活动的相容性。

设活动 i 的起始时间 b_i 和结束时间 e_i 的数据类型为自定义结构体类型 struct time；则 GreedySelector 算法描述如下：

```
void GreedySelector(int n,struct time B[],struct time E[],bool A[])
{
    E 中元素按非减序排列,B 中对应元素做相应调整；
    int i,j;
    A[1] = true;      /* 初始化选择活动的集合 A,即只包含活动 1 */
    j = i;i = 2;   /* 从活动 i 开始寻找与活动 j 相容的活动 */
    while(i <= n)
    if(B[i] >= E[j]){A[i]:true;j = i}
    else A[i] = false;
}
```

例 13.1　设有 11 个活动等待安排,用贪心法找出满足目标要求的活动集合。这些会议按结束时间的非减序排列如表 13-1 所示。

表 13-1　11 个活动按结束时间的非减序排列表

活动 i	1	2	3	4	5	6	7	8	9	10	11
开始时间 b_i	1	3	0	5	3	5	6	8	8	2	12
结束时间 e_i	4	5	6	7	8	9	10	11	12	13	14

根据贪心策略可知,算法每次从剩下未安排的活动中选择具有最早的完成时间且不会与已安排的活动重叠的活动来安排。具体的求解过程如图 13-1 所示。

会议 i	1	2	3	4	5	6	7	8	9	10	11
开始时间 b_i	1	3	0	5	3	5	6	8	8	2	12
结束时间 e_i	4	5	6	7	8	9	10	11	12	13	14

图 13-1　活动安排问题的贪心法求解过程示意图

因为活动 1 具有最早的完成时间,因此 *GreedySelector* 算法首先选择活动 1 加入解集合 A。由于 $b_2 < e_1$、$b_3 < e_1$,显然活动 2 和活动 3 与活动 1 不相容,所以放弃它们,继续向后扫描,由于 $b_4 > e_1$,可见活动 4 与活动 1 相容,且在剩下未安排活动中具有最早完成时间,符合贪心策略,因此将活动 4 加入解集合 A。然后在剩下未安排活动中选择具有最早完成时间且与活动 4 相容的活动。以此类推,最终选定的解集合 A 为{1,0,0,1,0,0,0,1,0,0,1},即选定的活动集合为{1,4,8,11}。

从 *GreedySelector* 算法的描述中可以看出,该算法的时间主要消耗在将各个活动按结束时间从小到大进行排列操作。若采用快速排序算法进行排序,算法的时间复杂性为 $O(n\log n)$。显然该算法的空间复杂性是常数阶,即 S(n) = 0(1)。

(1) 贪心选择性质

贪心选择性质的证明即证明活动安排问题存在一个以贪心选择开始的最优解。设 C = {1,

2,…,n} 是所给的活动集合。由于 C 中的活动是按结束时间的非减序排列,故活动 1 具有最早结束时间。因此,该问题的最优解首先选择活动 1。

设 C^* 是所给的活动安排问题的一个最优解,且 C^* 中活动也按结束时间的非减序排列,C^* 中的第一个活动是活动 k。若 $k = 1$,则 C^* 就是一个以贪心选择开始的最优解。若 $k > 1$,则设 $C' = C—\{k\}U\{1\}$。由于 $e_1 \leqslant e_k$,且 $C^*—\{k\}$ 中的活动是互为相容的且它们的开始时间均大于等于 e_k,故 $C^*—\{k\}$ 中的活动的开始时间一定大于等于 e_1,所以 C' 中的活动也是互为相容的。又由于 C' 中活动个数与 C^* 中活动个数相同且 C^* 是最优的,故 C' 也是最优的即 C' 是一个以贪心算法选择活动 1 开始的最优活动安排。因此,证明了总存在一个以贪心选择开始的最优活动安排方案。

(2) 最优子结构性质

进一步,在做了贪心选择,即选择了活动1后,原问题就简化为对C中所有与活动1相容的活动进行活动安排的子问题。即若 A 是原问题的一个最优解,则 $A' = A—\{1\}$ 是活动安排问题 $C1 = \{i \in C \mid b_i \geqslant e_1\}$ 的一个最优解。

证明(反证法):假设 A' 不是活动安排问题 $C1$ 的一个最优解。设 A_1 是活动安排问题 C_1 的一个最优解,那么 $|A_1| > |A'|$。令 $A_2 = A_1 \cup \{1\}$,由于 A_1 中的活动的开始时间均大于等于 e_1,故 A_2 是活动安排问题 C 的一个解。又因为 $|A_2 = A_1 \cup \{1\}| > |A' \cup \{1\} = A|$,所以 A 不是活动安排问题 C 的最优解。这与 A 是原问题的最优解矛盾,所以 A' 是活动安排问题 C 的一个最优解。

13.2.3 算法的正确性证明

前面已经介绍过,使用贪心法并不能保证最终的解就是最优解。但对于活动安排问题,贪心法 GreedySelector 却总能求得问题的最优解,即它最终所确定的相容活动集合 A 的规模最大。

贪心算法的正确性证明需要从贪心选择性质和最优子结构性质两方面进行。因此,GreedySelector 算法的正确性证明只需要证明活动安排问题具有贪心选择性质和最优子结构性质即可。下面采用数学归纳法来对该算法的正确性进行证明。

(1) 贪心选择性质

贪心选择性质的证明即证明活动安排问题存在一个以贪心选择开始的最优解。设 $C = \{1, 2, \cdots, n\}$ 是所给的活动集合。由于 C 中的活动是按结束时间的非减序排列,故活动 1 具有最早结束时间。因此,该问题的最优解首先选择活动 1。

设 C。是所给的活动安排问题的一个最优解,且 C^* 中活动也按结束时间的非减序排 $k > 1$,则设 $C' = C^*—\{k\} \cup \{1\}$。由于 $e_1 \leqslant e_k$,且 $C^*—\{k\}$ 中的活动是互为相容的且它们的开始时间均大于等于 e_k,故 $C^*—\{k\}$ 中的活动的开始时间一定大于等于 e_1,所以 C' 中的活动也是互为相容的。又由于 C' 中活动个数与 C^* 中活动个数相同且 C^* 是最优的,故 C' 也是最优的。即 C' 是一个以贪心算法选择活动 1 开始的最优活动安排。因此,证明了总存在一个以贪心选择开始的最优活动安排方案。

(2) 最优子结构性质

进一步,在做了贪心选择,即选择了活动1后,原问题就简化为对C中所有与活动1相容的活动进行活动安排的子问题。即若A是原问题的一个最优解,则 $A' = A—\{1\}$ 是活动安排问题 $C_1 = \{i \in C \mid b_i \geqslant e_1\}$ 的一个最优解。

证明(反证法)：假设 A' 不是活动安排问题 C_1 的一个最优解。设 A_1 是活动安排问题 C1 的一个最优解，那么 $|A_1| > |A'|$。令 $A_2 = A_1 \cup \{1\}$，由于 A_1 中的活动的开始时间均大于等于 e_1，故 A_2 是活动安排问题 C 的一个解。又因为 $|A_2 = A_1 \cup \{1\}| > |A' \cup \{1\} = A|$，所以 A 不是活动安排问题 C 的最优解。这与 A 是原问题的最优解矛盾，所以 A' 是活动安排问题 C 的一个最优解。

13.3　背包问题

13.3.1　0-1 背包问题

0-1 背包问题中，需对容量为 c 的背包进行装载。从 n 个物品中选取装入背包的物品，每件物品 i 的重量为 w_i，价值为 p_i。对于可行的背包装载，背包中物品的总重量不能超过背包的容量，最佳装载是指所装入的物品价值最高，即 $n_i = \sum p_i x_i$ 取得最大值。约束条件为 $n_i = \sum w_i x_i \leqslant c$ 和 $x_i \in [0,1] (1 \leqslant i \leqslant n)$。

在这个表达式中，需求出 x_i 的值。$x_i = 1$ 表示物品 i 装入背包中，$x_i = 0$ 表示物品 i 不装入背包。0-1 背包问题是一个一般化的货箱装载问题，即每个货箱所获得的价值不同。如船的货箱装载问题转化为背包问题的形式为：船作为背包，货箱作为可装入背包的物品。

0-1 背包问题有好几种贪心算法，每个贪心算法都采用多步过程来完成背包的装入。在每一步过程中利用贪心准则选择一个物品装入背包。一种贪心准则为：从剩余的物品中，选出可以装入背包的价值最大的物品，利用这种规则，价值最大的物品首先被装入(假设有足够容量)，然后是下一个价值最大的物品，如此继续下去。这种策略不能保证得到最优解。例如，考虑 $n = 2, w = [100,10,10], p = [20,15,15], c = 105$。当利用价值贪心准则时，获得的解为 $x = [1,0,0]$，这种方案的总价值为 20。而最优解为[0,1,1]，其总价值为 30。

另一种方案是重量贪心准则：从剩下的物品中选择可装入背包的重量最小的物品。虽然这种规则对于前面的例子能产生最优解，但在一般情况下则不一定能得到最优解。考虑 $n = 2, w = [10, 20], p = [5,100], c = 25$。当利用重量贪心算法时，获得的解为 $x = [1,0]$，比最优解[0,1]要差。

还可以利用另一方案，价值密度 p_i/w_i 贪心算法，这种选择准则为：从剩余物品中选择可装入包的 p_i/w_i 值最大的物品，这种策略也不能保证得到最优解。利用此策略试解 $n = 3, w = [20, 15,15], p = [40,25,25], c = 30$ 时的最优解。

0-1 背包问题是一个 NP. 复杂问题。对于这类问题，也许根本就不可能找到具有多项式时间的算法。虽然按 p_i/w_i 非递(增)减的次序装入物品不能保证得到最优解，但它是一个直觉上近似的解。我们希望它是一个好的启发式算法，且大多数时候能很好地接近最后算法。

在 600 个随机产生的背包问题中，用这种启发式贪心算法来解有 239 题为最优解。有 583 个例子与最优解相差 10%，所有 600 个答案与最优解之差全在 25% 以内。该算法能在 $O(n\log n)$ 时间内获得如此好的性能。那么是否存在一个 $x(x < 100)$，使得贪心启发法的结果与最优值相差在 $x\%$ 以内。答案是否定的。为说明这一点，考虑例子 $n = 2, w = [1, y] = [10, 9y]$，和 $c = y$。贪心算法结果为 $x = [1,0]$，这种方案的值为 10。对于 $y \geqslant 10/9$，最优解的值为 $9y$。

因此，贪心算法的值与最优解的差对最优解的比例为 $((9y—10)/9y * 100)\%$，对于大的 y，这个值趋近于100%。但是可以建立贪心启发式方法来提供解，使解的结果与最优解的值之差在最优值的x%($x<100$)之内。首先将最多k件物品放入背包，如果这k件物品重量大于c，则放弃它。否则，剩余的容量用来考虑将剩余物品按p_i/w_i递减的顺序装入。通过考虑由启发法产生的解法中最多为k件物品的所有可能的子集来得到最优解。

考虑$n=4,w=[2,4,6,7]p=[6,10,12,13],c=11$。当$k=0$时，背包按物品价值密度非递减顺序装入，首先将物品1放入背包，然后是物品2，背包剩下的容量为5个单元，剩下的物品没有一个合适的，因此解为$x=[1,1,0,0]$。此解获得的价值为16。

现在考虑$k=1$时的贪心启发法。最初的子集为{1}、{2}、{3}、{4}。子集{1}、{2}产生与$k=0$时相同的结果，考虑子集{3}，置x_3为1。此时还剩5个单位的容量，按价值密度非递增顺序来考虑如何利用这5个单位的容量。首先考虑物品1，它适合，因此取x_1为1，这时仅剩下3个单位容量了，且剩余物品没有能够加入背包中的物品。通过子集{3}开始求解得结果为$x=[1,0,1,0]$，获得的价值为18。若从子集{4}开始，产生的解为$x=[1,0,0,1]$，获得的价值为19。考虑子集大小为0和1时获得的最优解为[1,0,0,1]。这个解是通过$k=1$的贪心启发式算法得到的。

若$k=2$，除了考虑$k<2$的子集，还必须考虑子集{1,2}、{1,3}、{1,4}、{2,3}、{2,4}和{3,4}。首先从最后一个子集开始，它是不可行的，故将其抛弃，剩下的子集经求解分别得到如下结果：[1,1,0,0]、[1,0,1,0]、[1,0,0,1]、[0,1,1,0]和[0,1,0,1]，这些结果中最后一个价值为23，它的值比$k=0$和$k=1$时获得的解要高，这个答案即为启发式方法产生的结果。

这种修改后的贪心启发方法称为k阶优化方法(k-optimal)。也就是，若从答案中取出k件物品，并放入另外的k件，获得的结果不会比原来的好，而且用这种方式获得的值在最优值的$(100/(k+1))$%以内。当$k=1$时，保证最终结果在最佳值的50%以内；当$k=2$时，则在33.33%以内等，这种启发式方法的执行时间随k的增大而增加，需要测试的子集数目为$O(nk)$，每一个子集所需时间为$O(n)$，因此当$k>0$时总的时间开销为$O(nk+1)$，实验得到的性能要好得多。对于背包问题的更一般的情况，也可称之为可拆物品背包问题。

13.3.2 可拆背包问题

已知n种物品和一个可容纳c重量的背包，物品i的重量为w_i，产生的效益为p_i。装包时物品可拆，即可只装每种物品的一部分。显然物品i的一部分x_i放入背包可产生的效益为x_ip_i，这里$0\leqslant x_i\leqslant 1,p_i>0$。问如何装包，使所得整体效益最大。

(1)算法设计

应用贪心算法求解。每一种物品装包，由$0\leqslant x_i\leqslant 1$，可以整个装入，也可以只装一部分，也可以不装。

约束条件：

$$\sum_{1\leqslant i\leqslant n} w_ix_i\leqslant c$$

目标函数：

$$\max\sum_{1\leqslant i\leqslant n} p_ix_i$$

$$0\leqslant x_i\leqslant 1,p_i>0,w_i>0,1\leqslant i\leqslant n;\ \sum_{1\leqslant i\leqslant n} w_ix_i\leqslant c$$

要使整体效益即目标函数最大，每次选择单位重量效益最高的物品装包，这就是贪心策略。

各物品按单位重量的效益进行降序排列，从单位重量效益最高的物品开始，一件件物品装包，直至某一件物品装不下时，装这种物品的一部分把包装满。

解背包问题贪心算法的时间复杂度为 $O(n)$。

(2) 物品可拆背包问题

物品可拆背包问题 C 程序设计代码如下：

```
/*   可拆背包问题 */
#include < stdio. h >
#define N50
void main()
    {noat p[N],w[N],x[N],c,cw,s,h;
    int i,j,n;
    printf("\n input n:");scanf("%d",&n);     /*    输入已知条件    */
    printf("input c:");scanf("%f",&c);
    for(i == 1;i <= n;i ++)
    {     printf("input w%d,p%d:",i,i);
        scanf("%f,%f",&w[i],&p[i]);
    }
    for(i = 1;i <= n - 1;i ++)        /* 对 n 件物品按单位重量的效益从大到小排序 */
    for(j = i + 1. j <= n. j ++)
    if(p[i]/W[i] < p[j]/w[j])
    {h = p[i];p[i] = p[j];p[j] = h;
        h = w[i];w[i]:w[j];w[j] = h;
    }
    cw = c;s = 0;      /*cw 为背包还可装的重量 */
    for(i = 1;i <= n;i ++)
    {if(w[i] > CW)break;
        x[i] = 1.0 =              /* 若 w(i) <= cw,整体装入 */
        cw = cw—W[i];
        s = s + p[i];
    }
    x[i] = (noat)(cw/w[i]);      /* 若 w(i) > cw,装入一部分 x(i) */
    s = s + p[i] * x[i];
    printf(" 装包:");     /* 输出装包结果 */
    for(、i = 1;i <= n;i ++)
    if(x[i] < 1)break;
    else
      printf("\n 装入重量为 %5.1f 的物品 .",w[i]);
    if(x[i] > 0&&x[i] < 1)
    printf("\n 装入重量为 %5.1  f的物品百分之 %5.1  f",w[i],x[i] * 100);
```

```
    printf("\n 所得最大效益为:%7.1  ft",s);
}
运行程序,
input n:5
input c:90.0
input w1,p1:32.5,56.2
input w2,p2:25.3,40.5
input w3,p3:37.4,70.8
input w4,p4:41.3,78.4
input w5,p5:28.2,40.2
装包:装入重量为 41.3 的物品.
装入重量为 37.4 的物品.
装入重量为 32.5 的物品百分之 34.8.
所得最大效益为:168.7
```

13.4　最优装载问题

有一批集装箱要装上一艘载重量为 c 的轮船。其中集装箱 i 的重量为 ω_i。最优装载问题要求在装载体积不受限制的情况下,将尽可能多的集装箱装上轮船。

该问题可形式化描述为

$$\max\sum_{i=1}^{n}x_i$$

$$\sum_{i=1}^{n}\omega_i x_i \leqslant c$$

$$x_i \in \{0,1\},1 \leqslant i \leqslant n$$

式中,变量 $x_i = 0$ 表示不装入集装箱 i,$x_i = 1$ 表示装入集装箱 i。

13.4.1　算法描述

最优装载问题可用贪心算法求解。采用重量最轻者先装的贪心选择策略,可产生最优装载问题的最优解。具体算法描述如下:

```
template < class Type
void Loading(int x[],Type w[],Type c,int n)
{int * t = new int [n + 1];
    Sort(w,t,n);
    for(int i = 1;i <= n;i ++)x[-i] = 0;
    for(int i = 1;i <= n&&w[t[i]] <= c;i ++){x[t[i]] = 1;c = w[t[i]];}
}
```

13.4.2　贪心选择性质

设集装箱已依其重量从小到大排序,$(x_1,x_2,\cdots,x_n)$是最优装载问题的一个最优解。又设 k

$=\min\limits_{1\leqslant i\leqslant n}\{i|x_i=1\}$。易知，如果给定的最优装载问题有解，则 $1\leqslant k\leqslant n$。

1) 当 $k=1$ 时，$(x_1,x_2,\cdots,x_n)$ 是一个满足贪心选择性质的最优解。

2) 当 $k>1$ 时，取 $y_1=1;y_k=0;y_i=x_i,1<i\leqslant n,i\neq k$，则

$$\sum_{i=1}^{n}\omega_i y_i=\omega_1-\omega_k+\sum_{i=1}^{n}\omega_i x_i\leqslant\sum_{i=1}^{n}\omega_i x_i\leqslant c$$

因此，$(y_1,y_2,\cdots,y_n)$ 是所给最优装载问题的可行解。

另一方面，由 $\sum_{i=1}^{n}y_i=\sum_{i=1}^{n}x_i$ 知，$(y_1,y_2,\cdots,y_n)$ 是满足贪心选择性质的最优解。所以，最优装载问题具有贪心选择性质。

13.4.3 最优子结构性质

设 $(x_1,x_2,\cdots,x_n)$ 是最优装载问题的满足贪心选择性质的最优解，则易知 $x_1=1$，$(x_2,x_3,\cdots,x_n)$ 是轮船载重量为 $c-\omega_1$，待装船集装箱为 $\{2,3,\cdots,n\}$ 时相应最优装载问题的最优解。也就是说，最优装载问题具有最优子结构性质。

由最优装载问题的贪心选择性质和最优子结构性质，容易证明算法 Loading 的正确性。

算法 Loading 的主要计算量在于将集装箱依其重量从小到大排序，故算法所需的计算时间为 $O(n\log n)$。

13.5 多机调度问题

设有 n 个独立的作业 $\{1,2,\cdots,n\}$，由 m 台相同的机器进行加工处理。作业 i 所需的处理时间为 t_i。现约定，任何作业可以在任何一台机器上加工处理，但未完工前不允许中断处理。任何作业不能拆分成更小的子作业。

多机调度问题要求给出一种作业调度方案，使所给的 n 个作业在尽可能短的时间内由 m 台机器加工处理完成。

这个问题是一个 NP 完全问题，到目前为止还没有有效的解法。对于这一类问题，用贪心选择策略有时可以设计出较好的近似算法。

采用最长处理时间作业优先的贪心选择策略可以设计出解多机调度问题的较好的近似算法。按此策略，当 $n\leqslant m$ 时，只要将机器 i 的 $[0,t_i]$ 时间区间分配给作业 i 即可。当 $n>m$ 时，首先将 n 个作业依其所需的处理时间从大到小排序。然后依此顺序将作业分配给空闲的处理机。

实现该策略的贪心算法 Greedy 可描述如下：

```
class JobNode{
    friend void Greedy(JobNode *,int,int);
    friend void main(void);
    public:
    operator int( )const{return time;}
    private:
    int ID,time;}; class MachineNode{
        friend void Greedy(JobNode *,int,int);
```

```
public:
operator int( )const{return avail;}
private:
int ID,avail;}
template < ClaSS Type >
void Greedy(Type a[],int n,int m)
{
    if(n <= m){
        cout <<" 为每个作业分配一台机器." << endl;
        return;
        Sort(a,n);
        MinHeap < MachineNode > H(m);
        MachineNode x;
        for(int i = 1;i <= m;i++){
        X. avail = 0;
        X. ID = i;
        H. Insert(x);
    }
    for(int i = n;i >= 1;i--){
        H. DeleteMin(x);
        cout <<" 将机器" << x. ID <<" 从" << x. avail <<" 到"
        <<(x. avail + a[i]. time) <<" 的时间段分配给作业" << a[i]. ID<< endl;
        X. avail += a[i]. time;
        H. Insert(x);
    }
}
```

当 $n \leqslant m$ 时，算法 Greedy 需要 $O(1)$时间。

当$n > m$时，排序耗时$O(n\log n)$。初始化堆需要$O(m)$时间。关于堆的DeleteMin和Insert运算共耗时 $O(n\log n)$，因此算法 Greedy 所需的计算时间为

$$O(n\log n + n\log m) = 0(n\log n)$$

例如，设 7 个独立作业{1,2,3,4,5,6,7} 由 3 台机器 M_1，M_2 和 M_3 来加工处理。各作业所需的处理时间分别为{2,14,4,16,6,5,3}。按算法 Greedy 产生的作业调度如图 13-2 所示，所需的加工时间为 17。

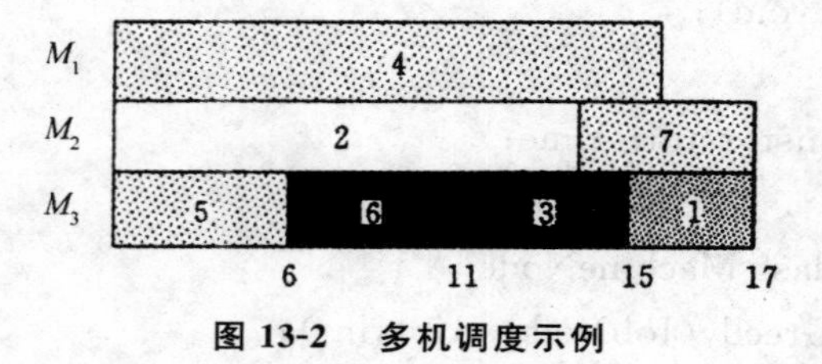

图 13-2　多机调度示例

习题

1. 删除数字求最小值。给定一个高精度正整数 a，去掉其中 s 个数字后按原左右次序将组成一个新的正整数。对给定的 a、s 寻找一种方案，使得剩下的数字组成的新数最小。

2. 枚举求解埃及分数式。应用贪心算法构造了埃及分数式：3/11＝1/5＋1/15＋1/165，试用枚举法求解分数 3/11 的所有 3 项埃及分数式，约定各项分母不超过 200。

3. 币种统计。单位给每个职工发工资（约定精确到元），为了保证不至临时兑换零钱，且使每个职工取款的张数最少，请在取工资前统计所有职工所需的各种票面（约定为 100，50，20，10，5，2，1 元共 7 种）的张数，并验证币种统计是否正确。

4. 只显示两端的取数游戏。A 与 B 玩取数游戏：随机产生的 2n 个整数排成一排，但只显示排在两端的数。两人轮流从显示的两端数中取一个数，取走一个数后即显示该端数，以便另一人再取，直到取完。

胜负评判：所取数之和大者为胜。

- A 的取数策略："取两端数中的较大数" 这一贪心策略；
- B 的取数策略：当两端数相差较大时，取大数；当两端数相差为 1 时，随意选取。

试模拟 A 与 B 取数游戏进程，2n 个整数随机产生。

5. 全显取数游戏"先取不败"的实现。

A 与 B 玩取数游戏：随机产生的 2n 个整数排成一排，但只显示排在两端的数。两人轮流从显示的两端数中取一个数，取走一个数后即显示该端数，以便另一人再取，直到取完。

胜负评判：所取数之和大者为胜。

A 说：还是采用贪心策略，每次选取两端数中较大者为好。虽不能确保胜利，但胜的几率大得多。

B 说：我可以确保不败，但有两个条件：一是我先取；二是明码，即所有整数全部显示。试模拟 A、B 的取数游戏。

第 14 章　回溯法

14.1　回溯法的基本思想

14.1.1　问题的解空间和状态空间树

无论是货郎担问题、还是背包问题，都有这样一个共同的特点，即所求解的问题都有 n 个输入，都能用一个 n 元组 $X=(x_1,x_2,\cdots,x_n)$ 来表示问题的解。其中，x_i 的取值范围为某个有穷集 S。例如，在 0/1 背包问题中，$S=\{0,1\}$；而在货郎担问题中，$S=\{1,2,\cdots,n\}$。一般，把 $X=(x_1,x_2,\cdots,x_n)$ 称为问题的解向量；而把 x_i 的所有可能取值范围的组合，称为问题的解空间。例如，当 $n=3$ 时，0/1 背包问题的解空间是：

$\{(0,0,0),(0,0,1),(0,1,0),(0,1,1),(1,0,0),(1,0,1),(1,1,0),(1,1,1)\}$

它有 8 种可能的解。当输入规模为 n 时，它有 2^n 种可能的解。而在当 $n=3$ 时的货郎担问题中，x_i 的取值范围 $S=\{1,2,3\}$。于是，在这种情况下，货郎担问题的解空间是：

$\{(1,1,1),(1,1,2),(1,1,3),(1,2,1),(1,2,2),(1,2,3),\cdots,(3,3,1),(3,3,2),(3,3,3)\}$

它有 27 种可能的解。当输入规模为 n 时，它有以 n 种可能的解。考虑到货郎担问题的解向量 $X=(x_1,x_2,\cdots,x_n)$ 中，必须满足约束方程 $x_i \neq x_j$，因此可以把货郎担问题的解空间压缩为如下形式：

$$\{(1,2,3),(1,3,2),(2,1,3),(2,3,1),(3,1,2),(3,2,1)\}$$

它有 6 种可能的解。当输入规模为 n 时，它有 $n!$ 种可能的解。

可以用树的表示形式，把问题的解空间表达出来。在这种情况下，当 $n=4$ 时，货郎担问题解空间的树表示形式，如图 14-1 所示。树中从第 0 层结点到第 1 层结点路径上所标记的数字，表示变量 x_1 可能的取值；类似地，从第 i 层结点到第 $i+1$ 层结点路径上所标记的数字表示变量 x_{i+1} 可能的取值。从图 14-1 中看到，x_1 可能取值 1,2,3,4。当 x_1 取值为 1 时，x_1 可能的取值范围为 2,3,4。而当 x_1 取 1，x_2 取 2 时，x_3 的取值范围为 3,4。当 x_1 取 1，x_2 取 2，x_3 取 3 时，x_4 只能取 4。由此，图 14-1 表示了在各种情况下变量可能的取值状态。由根结点到叶结点路径上的标号，构成了问题一个可能的解。有时，把这种树称为状态空间树。0/1 背包问题的状态空间树如图 14-2 所示。

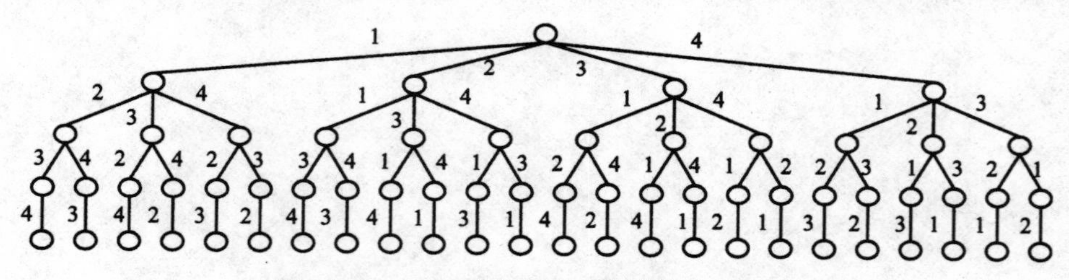

图 14-1　$n=4$ 时货郎担问题的状态空间树

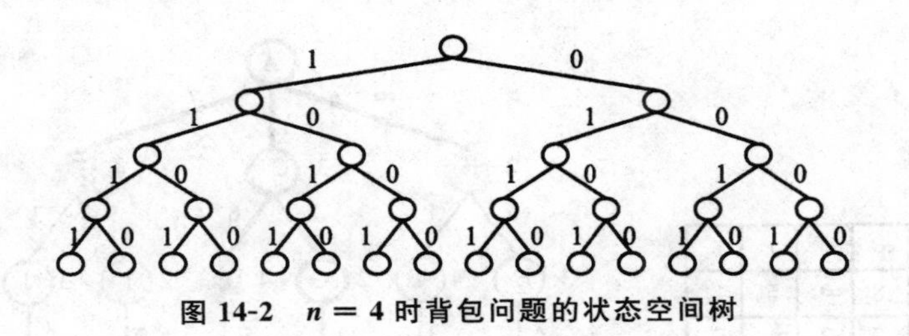

图 14-2 $n=4$ 时背包问题的状态空间树

14.1.2 状态空间树的动态搜索

问题的解只是整个解空间中的一个子集，子集中的解必须满足事先给定的某些约束条件。我们把满足约束条件的解称为问题的可行解。可行解可能不止一个，因此对需要寻找最优解的问题，还需事先给出一个目标函数，使目标函数取极值（极大或极小），这样得到的可行解称为最优解。有些问题，需要寻找最优解。例如在货郎担问题中，如果其状态空间树未经压缩，就有 n^n 种可能解。把不满足约束条件的解删去之后，剩下 $n!$ 种可能解，这些解都是可行的，但是，其中只有一个或几个解是最优解。在背包问题中，有 2^n 种可能解，其中有些是可行解，有些不是可行解。在可行解中，也只有一个或几个是最优解。有些问题不需要寻找最优解，例如后面将要提到的 n 后问题和图的着色问题，只要找出满足约束条件的可行解即可。

穷举法是对整个状态空间树中的所有可能解进行穷举搜索的一种方法。但是，只有满足约束条件的解才是可行解；只有满足目标函数的解才是最优解。这就有可能使需要搜索的空间大为压缩。于是，可以从根结点出发，沿着其儿子结点向下搜索。如果它和儿子结点的边所标记的分量 x_i 满足约束条件和目标函数的界，就把分量 x_i 加入到它的部分解中，并继续向下搜索以儿子结点作为根结点的子树；如果它和儿子结点的边所标记的分量 x_i 不满足约束条件或目标函数的界，就结束对以儿子结点作为根的整棵子树的搜索，选择另一个儿子结点作为根的子树进行搜索。

一般地，如果搜索到一个结点，而这个结点不是叶结点，并且满足约束条件和目标函数的界，同时该结点的所有儿子结点还未全部搜索完毕，就把该结点称为 $l\_$ 结点（活结点）；把当前正在搜索其儿子结点的结点，称为 $e\_$ 结点（扩展结点），则 $e\_$ 结点也必然是一个 $l\_$ 结点；把不满足约束条件或目标函数的结点，或其儿子结点已全部搜索完毕的结点，或者叶结点，统称为 $d\_$ 结点（死结点）。以 $d\_$ 结点作为根的子树，可以在搜索过程中删除。

当搜索到一个 $l\_$ 结点时，就把这个 $l\_$ 结点变为 $e\_$ 结点，继续向下搜索这个结点的儿子结点。当搜索到一个 $d\_$ 结点，而还未得到问题的最终解时，就向上回溯到它的父亲结点。如果这个父亲结点当前还是 $e\_$ 结点，就继续搜索这个父亲结点的另一个儿子结点；如果这个父亲结点随着所有儿子结点都已搜索完毕而变成 $d\_$ 结点，就沿着这个父亲结点向上，回溯到它的祖父结点。这个过程持续进行，直到找到满足问题的最终解，或者状态空间树的根结点变为 $d\_$ 结点为止。

例 14.1 有 4 个顶点的"货郎担"问题，其费用矩阵如图 14-3 所示，求从顶点 1 出发，最后回到顶点 1 的最短路线。

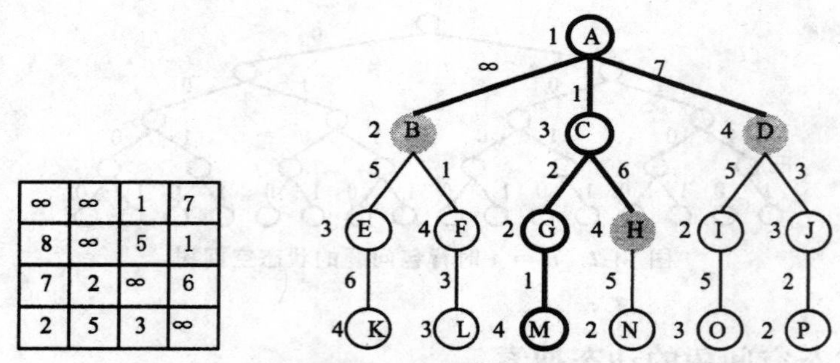

∞	∞	1	7
8	∞	5	1
7	2	∞	6
2	5	3	∞

图 14-3　4 个顶点的“货郎担”问题的费用矩阵及搜索树

这个问题的状态空间树，如图 14-3 所示。用回溯法求解这个问题时，搜索过程中所经过的路径和顶点，生成所谓的搜索树，即图中用粗线表示的部分。为方便观察，状态空间树的结点用大写字母表示；城市顶点的编号标记在树结点旁边；顶点之间的距离，标记在结点与结点之间的路径旁边。图中，所有不满足约束方程 $x_i \neq x_j$ 的可能解已从状态空间树中删去。搜索过程如下：

(1) 把目标函数的下界 b 初始化为 ∞。

(2) 从结点 A 开始搜索，结点 A 是 l_- 结点，因此它变为 e_- 结点，向下搜索它的第 1 个儿子结点 B，即顶点 2。

(3) 由于顶点 1 到顶点 2 之间的距离为 ∞，大于或等于目标函数的下界 b，因此结点 b 是 d_- 结点，故由结点 B 回溯到结点 A。

(4) 这时，结点 A 仍然是 e_- 结点，向下搜索它的第 2 个儿子结点 C，即顶点 3；顶点 1 与顶点 3 之间的距离为 1，小于下界 b，因此结点 C 是一个 l_- 结点。同时，它有两个儿子结点，因此它成为一个 e_- 结点。

(5) 由结点 C 向下搜索它的第 1 个儿子结点 G，即顶点 2，得到一条从顶点 1 经顶点 3 到顶点 2 的路径，其长度为 3。该长度小于目标函数的下界 b，于是结点 G 是一个 l_- 结点。又因为结点 G 有儿子结点，所以它立即成为 e_- 结点。

(6) 由结点 G 向下搜索它的儿子结点 M，即顶点 4，得到一条由顶点 1 经顶点 3、2、4 又回到顶点 1、长度为 6 的回路，它是问题的一个可行解。同时，6 成为目标函数的新下界。

(7) 因为结点 M 是叶子结点，因此是 d_- 结点，所以从结点 M 回溯到结点 G。

(8) 这时，结点 G 的所有儿子结点都已搜索完毕，它也成为 d_- 结点，又由结点 G 向上回溯到结点 C。

(9) 结点 C 仍然是 e_- 结点，由结点 C 向下搜索它的第 2 个儿子结点日，即顶点 4，得到一条由顶点 1 经顶点 3 到顶点 4、长度为 7 的路径。

(10) 这条路径的长度大于目标函数的新下界 6，因此结点 H 是 d_- 结点，于是又由结点 H 向上回溯到结点 C。

(11) 这时，结点 C 的儿子结点都已搜索完毕，因此它也成为 d_- 结点，并向上回溯到结点 A。

(12) 结点 A 仍然是 e_- 结点，由结点 A 向下搜索它的第 3 个儿子结点 A，即顶点 4。

(13) 由顶点 1 到顶点 4 的路径长度为 7，大于目标函数的下界 6，于是结点 D 是一个 d_- 结点。

(14) 这时，结点 A 的儿子结点已全部搜索完毕，成为 d_- 结点。于是，结束搜索，并得到一条长度为 6 的最短的回路 1、3、2、4、1，它就是问题的最优解。

14.1.3 回溯法的一般性描述

在一般情况下，问题的解向量 $X=(x_0,x_1,\cdots,x_{n-1})$ 中，每一个分量 x 的取值范围为某个有穷集 S_i，$S_i=\{a_{i,0},a_{i,1},\cdots,a_{i,m_i}\}$。因此，问题的解空间由笛卡儿积 $A=S_0\times S_1\times\cdots\times S_{n-1}$ 构成。这时，可以把状态空间树看成是一棵高度为 n 的树，第 0 层有 $|S_0|=m_0$ 个分支，因此在第 1 层有 m_0 个分支结点，它们构成 m_0 棵子树；每一棵子树都有 $|S_1|=m_1$ 个分支，因此在第 2 层共有 $m_0\times m_1$ 个分支结点，构成 $m_0\times m_1$ 棵子树…… 最后，在第 n 层，共有 $m_0\times m_1\times\cdots\times m_{n-1}$ 个结点，它们都是叶子结点。

回溯法在初始化时，令解向量 X 为空。然后，从根结点出发，在第 0 层选择 S_0 的第 1 个元素作为解向量 X 的第 1 个元素，即置 $x_0=a_{0.0}$，这是根结点的第 1 个儿子结点。如果 $X=(x_0)$ 是问题的部分解，则该结点是 l_- 结点。因为它有下层的儿子结点，所以它也是 e_- 结点。于是，搜索以该结点为根的子树。首次搜索这棵子树时，选择 S_1 的第 1 个元素作为解向量 X 的第 2 个元素，即置 $x_1=a_{1.0}$，这是这棵子树的第 1 个分支结点。如果 $X=(x_0,x_1)$ 是问题的部分解，则这个结点也是 l_- 结点，并且也是 e_- 结点，就继续选择 S_2 的第 1 个元素作为解向量 X 的第 3 个元素，即置 $x_2=a_{2.0}$。但是，如果 $X=(x_0,x_1)$ 不是问题的部分解，则该结点是一个 d_- 结点，于是舍弃以该 d_- 结点作为根的子树的搜索，取 d_- 的下一个元素作为解向量 X 的第 2 个元素，即置 $x_1=a_{1.1}$，这是第 1 层子树的第 2 个分支结点 …… 依此类推。在一般情况下，如果已经检测到 $X=(x_0,x_1,\cdots,x_i)$ 是问题的部分解，在把 $x_{i+1}=a_{i+1.0}$ 扩展到 X 去时，有下面几种情况。

(1) 如果 $X=(x_0,x_1,\cdots,x_{i+1})$ 是问题的最终解，就把它作为问题的一个可行解存放起来。如果问题只希望有一个解，而不必求取最优解，则结束搜索；否则，继续搜索其他的可行解。

(2) 如果 $X=(x_0,x_1,\cdots,x_{i+1})$ 是问题的部分解，则设 $x_{i+2}=a_{i+2.0}$，搜索其下层子树，继续扩展解向量 X。

(3) 如果 $X=(x_0,x_1,\cdots,x_{i+1})$ 既不是问题的最终解，也不是问题的部分解，则有下面两种情况。

1) 如果 $x_{i+1}=a_{i+1.k}$ 不是 S_{i+1} 的最后一个元素，就令 $x_{i+1}=a_{i+1.k+1}$，继续搜索其兄弟子树。

2) 如果 $x_{i+1}=a_{i+1.k}$ 是 S_{i+1} 的最后一个元素，就回溯到 $X=(x_0,x_1,\cdots,x_i)$ 的情况。如果此时的 $x_i=a_{i.k}$ 不是 S_i 的最后一个元素，就令 $x_i=a_{i.k+1}$，搜索上一层的兄弟子树；如果此时的 $x_i=a_{i.k}$ 是 S_i 的最后一个元素，就继续回溯到 $X=(x_0,x_1,\cdots,x_{i-1})$ 的情况。

根据上面的叙述，如果用 $m[i]$ 表示集合 S_i 的元素个数，则 $|S_i|=m[i]$；用变量 $x[i]$ 表示解向量 X 的第 i 个分量；用变量 $k[i]$ 表示当前算法对集合 S_i 中的元素的取值位置。这样，就可以给回溯方法作如下的一般性描述。

```
1. void backt rack _item( )
2. {
3.    initial(x);
4.    i = 0;k[i] = 0;flag = FALSE;
5.    while(i >= 0){
6.      while(k[i] < m[i]){
7.          x[i] = a(i,k[i]);
8.        if(constrain(x)&&bound(x)){
```

```
9.            if(solution(x)){
10.               flag = TRUE;break;
11.           }
12.           else{
13.             i = i+1;k[i] = 0;
14.           }
15.         }
16.         elsek[i] = k[i]+1;
17.     }
18.     if(flag)break;
19.     i = i-1;
20. }
21. if(!flag)
22.     initial(x);
23. }
```

其中,第3行的函数 initial(x) 把解向量初始化为空。第4行置变量 i 为0,使算法从解向量的第一个分量开始处理,搜索第0层子树;置变量 $k[0]$ 为0,复位集合 S_0 的取值位置。然后进入一个 while 循环进行搜索。在第5行,只要 $i \geqslant 0$,这种搜索就一直进行。在第6行开始,控制第 i 层的同一父亲的兄弟子树的搜索。在第7行,开始时 $k[i]$ 为0,搜索第 $k[i]$ 层相应父亲结点的第一棵子树。函数 $a(i,k[i])$ 取 S_i 的第 $k[i]$ 个值,把该值赋给解向量的分量 $x[i]$。第8行的函数 constrain(x) 判断解向量是否满足约束条件,如果满足,返回值为真;函数 bound(x) 判断解向量是否满足目标函数的界,如果满足,返回值为真。在这两个条件都为真的情况下,当前的解向量是问题的一个部分解。第9行的函数 solution(x) 判断解向量是否为问题的最终解。如果是,在第10行把标志变量 flag 置为真,退出循环。如果不是最终解,在第13行令变量 i 加1,向下搜索其儿子子树;置变量后 $k[i]$ 为0,复位集合 S_i 的取值位置,把控制返回到内循环的顶部,从它的第一棵儿子子树取值。如果既不是部分解,也不是最终解,则舍弃它的所有子树,也把控制返回到这个循环体的顶部继续执行。但是,这时只简单地使变量后 $k[i]$ 加1,搜索其同一父亲的另一个兄弟子树。在第18行,当前层的同一父亲的兄弟子树已全部搜索完毕,如果既找不到部分解,也找不到最终解,这时在第19行,使变量 i 减1,回溯到上一层子树,继续搜索上一层子树的兄弟子树。在下面两种情况下退出外循环:找到问题的最终解,或者第0层的子树已全部搜索完毕,都找不到问题的部分解。如果是前者,返回最终解;如果是后者,用 initial(x) 把解向量置为空,返回空向量,说明问题没有解。

上面是用循环的形式,对回溯法所作的一般性描述。此外,也可以用递归形式对回溯法作一般性的描述。

```
1. void backtrack_rec( )
2. {
3.     flag = FALSE;
4.     initial(x);
5.     back_rec(0,flag);
```

```
6.    if(!flag)   initial(x);
7. }
1. void back_rec(int i,BOOL&flag)
2. {
3.    k[i] = 0;
4.    while((k[i] <= m[i])&&!flag){
5.    x[i] = a(i,k[i]);
6.    if(constrain(x)&&bound(x)){
7.      if(solution(x)){
8.         flag = TRUE;break;
9.    }
10.     else back_rec(i+1,flag);
11.  }
12. if(!flag)
13. k[i] = k[i]+1;
14.       }
15. }
```

综上所述，在使用回溯法解题时，一般包含下面 3 个步骤。

(1) 对所给定的问题，定义问题的解空间。

(2) 确定状态空间树的结构。

(3) 用深度优先搜索方法搜索解空间，用约束方程和目标函数的界对状态空间树进行修剪，生成搜索树，得到问题的解。

14.2　*n* 皇后问题

8 后问题是一个古典的问题，它要求在 8×8 格的国际象棋的棋盘上放置 8 个皇后，使其不在同一行、同一列或斜率为 ±1 的同一斜线上，这样这些皇后便不会互相攻杀。8 后问题可以一般化为 n 后问题，即在 $n \times n$ 格的棋盘上放置 n 个皇后，使其不会互相攻杀的问题。

14.2.1　4 后问题的求解过程

考虑在 4×4 格的棋盘上放置 4 个皇后的问题，把这个问题称为 4 后问题。因为每一行只能放置一个皇后，每一个皇后在每一行上有 4 个位置可供选择，因此在 4 × 4 格的棋盘上放置 4 个皇后，有 44 种可能的布局。令向量 $x = (x_1, x_2, x_3, x_4)$ 表示皇后的布局。其中，分量 x_i 表示第 i 行皇后的列位置。例如，向量(2,4,3,1) 对应图 14-4(a) 所示的皇后布局，而向量(1,4,2,3) 对应图 14-4(b) 所示的皇后布局。显然，这两种布局都不满足问题的要求。

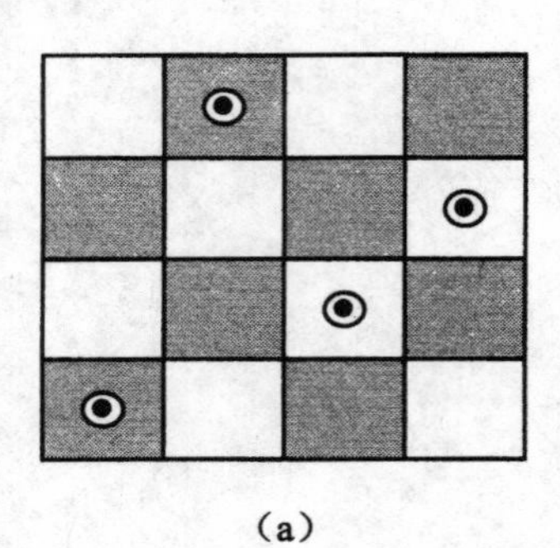

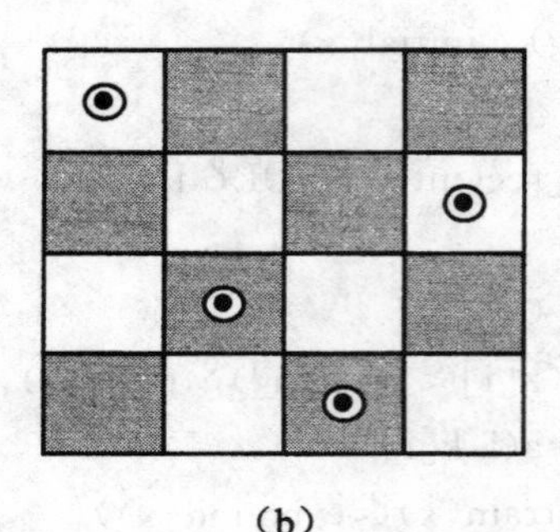

(a)　　(b)

图 14-4　4 后问题的两种无效布局

4 后问题的解空间可以用一棵完全 4 叉树来表示，每一个结点都有 4 个可能的分支。因为每一个皇后不能放在同一列，因此可以把 44 种可能的解空间压缩成，如图 14-5 所示的解空间，它有 41 种可能的解。其中，第 1、2、3、4 层结点到上一层结点的路径上所标记的数字，对应第 1、2、3、4 行皇后可能的列位置。因此，每一个 x_i 的取值范围 $S_i = \{1,2,3,4\}$。

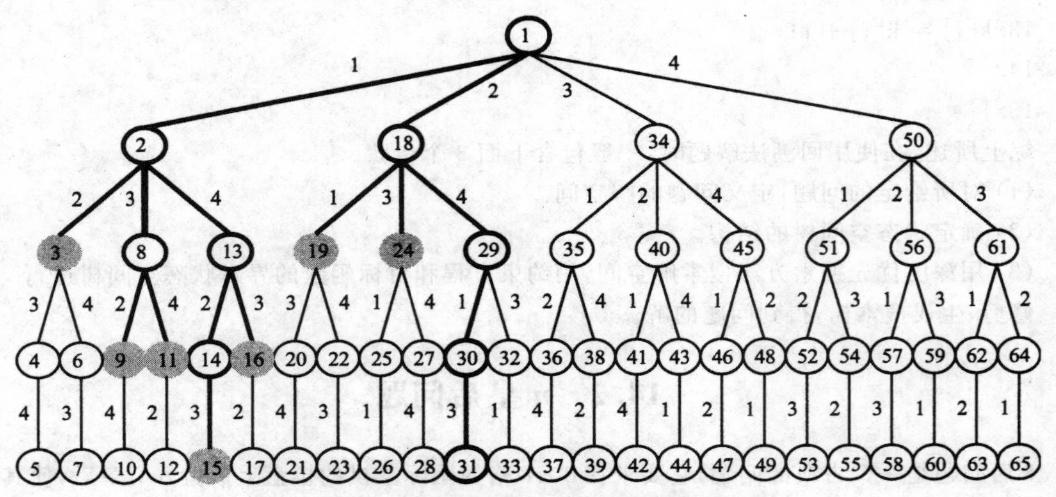

图 14-5　4 后问题的状态空间树及搜索树

按照问题的题意，对 4 后问题可以列出下面的约束方程：

$$x_i \neq x_j \quad 1 \leqslant i \leqslant 4, 1 \leqslant j \leqslant 4, i \neq j \tag{14-1}$$

$$|x_i - x_j| \neq |i - j| \quad 1 \leqslant i \leqslant 4, 1 \leqslant j \leqslant 4, i \neq j \tag{14-2}$$

式(14-1) 保证第 i 行的皇后和第 j 行的皇后不会在同一列；式(14-2) 保证两个皇后的行号之差的绝对值不会等于列号之差的绝对值，因此它们不会在斜率为 ±1 的同一斜线上。这两个关系式还保证 i 和 j 的取值范围应该为 1 到 4。

在图 14-5 中，不满足式 14－1 的结点及其子树已被剪去。用回溯法求解时，解向量初始化为 (0,0,0,0)。从根结点 1 开始搜索它的第一棵子树，首先生成结点 2，并令 $x_1 = 1$，得到解向量(1,0,0,0)，它是问题的部分解。于是，把结点 2 作为 e_- 结点，向下搜索结点 2 的子树，生成结点 3，并令 $x_2 = 2$，得到解向量(1,2,0,0)。因为 x_1 及 x_2 不满足约束方程，所以(1,2,0,0) 不是问题的部分解。于是，向上回溯到结点 2，生成结点 e_-，并令 $x_2 = 3$，得到解向量(1,3,0,0)，它是问题的部分解。于是，把结点 8 作为 e_- 结点，向下搜索结点 8 的子树，生成结点 9，并令 $x_3 = 2$，得到解向量(1,3,2,0)。因为 x_2 及 x_3 不满足约束方程，所以(1,3,2,0) 不是问题的部分解。向上回溯到结点 8，生成结点 11，并令 $x_3 = 4$，得到解向量(1,3,4,0)。同样，(1,3,4,0) 不是问题的部分解，向上回溯到结点 8。这时，结点 8 的所有子树都已搜索完毕，所以继续回溯到结点 2，生成结点 13，并令 $x_2 = 4$，得到解向量(1,4,0,0)。继续这种搜索过程，最后得到解向量(2,4,1,3)，它就是 4 后问题的一个可行解。在图 14-5 中，搜索过程动态生成的搜索树用粗线画出。对应于图 14-5 所示的搜索过程所产生的皇后布局，如图 14-6 所示。

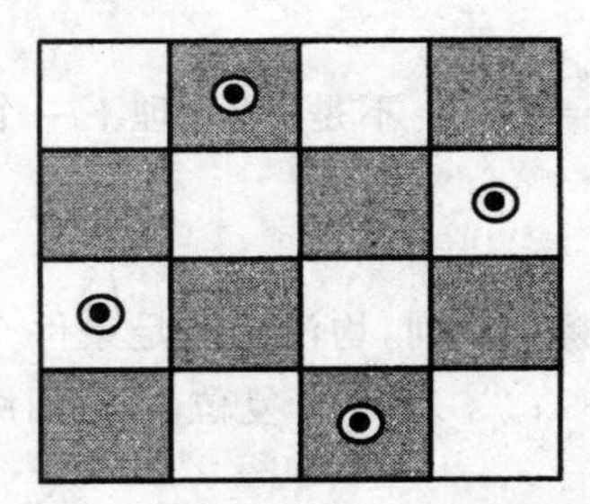

图 14-6　4 后问题的一个有效布局

14.2.2　*n* 后问题算法的实现

可以容易地把 4 后问题推广为 *n* 后问题。实现时，用一棵完全即叉树来表示问题的解空间，用关系式(14-1) 和式(14-2) 来判断皇后所处位置的正确性，即判断当前所得到的解向量是否满足问题的解，以此来实现对树的动态搜索，而这是由函数 place 来完成的。

函数 place 的描述如下：

```
1. BOOL place(int x[ ],int k)
2. {
3.     int i;
4.     for(i = 1;i < k;i ++)
5.         if((x[i] == x[k]) || (abs(x[i] - x[k]) == abs(i - k)))
6.             return FALSE;
7.     returnTRUE;.
8. }
```

这个函数以解向量 $x[\,]$ 和皇后的行号 k 作为形式参数，判断第 k 个皇后当前的列位置 $x[k]$ 是否满足关系式(14-1) 和式(14-2)。这样，它必须和第 $1 \sim k-1$ 行的所有皇后的列位置进行比较。由一个循环来完成这项工作。函数返回一个布尔量，若第 k 个皇后当前的列位置满足问题的要求，返回真，否则返回假。

k 后问题算法的描述如下：

输入：皇后个数 n

输出：n 后问题的解向量 $x[\,]$

```
1. void n_queens(int n,int x[ ])
2. {
3.     int k = 1;
```

```
4.  x[1] = 0;
5.  while(k > 0){
6.     x[k] = x[k] + 1; /* 在当前列加 1 的位置开始搜索 */
7.     while((x[k] <= n)&&(!place(x,k)))/* 当前列位置是否满足条件 */
8.        x[k] = x[k] + 1;/* 不满足条件,继续搜索下一列位置 */
9.     if(x[k] <= n){       /* 存在满足条件的列 */
10.        if(k == n)break;/* 是最后一个皇后,完成搜索 */
11.        else{
12.        k = k + 1;x[k] = 0;/* 不是,则处理下一个行皇后 */
13.        }
14.    }
15.    else{          /* 已判断完 n 列,均没有满足条件 */
16.       x[k] = 0;k = k - 1;/* 第 k 行复位为 0,回溯到前一行 */
17.       }
18.    }
19. }
```

算法中,用变量 k 表示所处理的是第 k 行的皇后,则 $x[k]$ 表示第 k 行皇后的列位置。开始时,k 赋予 1,变量 $x[1]$ 赋予 0,从第 1 个皇后的第 0 列开始搜索。第 6 行使第 k 个皇后的当前列位置加 1。第 7 行判断皇后的列位置是否满足条件,若不满足条件,则在第 8 行把列位置加 l。当找到一个满足条件的列,或是已经判断完第 n 列都找不到满足条件的列时,都退出这个内部循环。如果存在一个满足条件的列,则该列必定小于或等于 n,第 9 行判断这种情况。在此情况下,第 10 行进一步判断 n 个皇后是否全部搜索完成,若是则退出 while 循环,结束搜索;否则,使变量后加 1,搜索下一个皇后的列位置。如果不存在一个满足条件的列,则在第 16 行使变量后减 1,回溯到前一个皇后,把控制返回到 while 循环的顶部,从前一个皇后的当前列加 1 的位置上继续搜索。

该算法由一个二重循环组成:第 5 行开始的外部 while 循环和第 7 行开始的内部 while 循环。因此,算法的运行时间与内部 while 循环的循环体的执行次数有关。每访问一个结点,该循环体就执行一次。因此,在某种意义下,算法的运行时间取决于它所访问过的结点个数 c。同时,每访问一个结点,就调用一次 place 函数计算约束方程。place 函数由一个循环组成,每执行一次循环体,就计算一次约束方程。循环体的执行次数与搜索深度有关,最少一次,最多 $n-1$ 次。因此,计算约束方程的总次数为 $O(cn)$。结点个数 c 是动态生成的,对某些问题的不同实例,具有不确定性。但在一般情况下,它可由一个以的多项式确定。

用该算法处理 4 后问题的搜索过程,如图 14-7 所示。在一个 4 叉完全树中,结点总数有 $1+4+16+64+256=341$ 个。用回溯算法处理这个问题,只访问了其中的 27 个结点,即得到问题的解。被访问的结点数与结点总数之比约为 8%。实际模拟表明:当 $n=8$ 时,被访问的结点数与状态空间树中的结点总数之比约为 1.5%。尽管理论上回溯法在最坏情况下的花费是 $O(n^n)$,但实际上,它可以很快地得到问题的解。

显然,该算法需要使用一个具有 n 个分量的向量来存放解向量,所以算法所需要的工作空间为 $O(n)$。

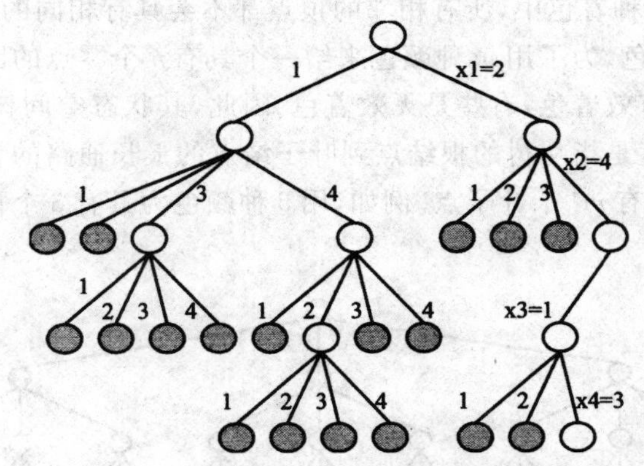

图 14-7 用 4_queens 算法解 4 后问题时的搜索树

14.3 图的着色问题

给定无向图 $G(V,E)$，用 m 种颜色为图中每个顶点着色，要求每个顶点着一种颜色，并使相邻两个顶点之间具有不同的颜色，这个问题就称为图的着色问题。

图的着色问题是由地图的着色问题引申而来的：用 m 种颜色为地图着色，使得地图上的每一个区域着一种颜色，且相邻区域的颜色不同。如果把每一个区域收缩为一个顶点，把相邻两个区域用一条边相连接，就可以把一个区域图抽象为一个平面图。例如，如图 14-8(a) 所示的区域图可抽象为，如图 14-8(b) 所示的平面图。19 世纪 50 年代，英国学者提出了任何地图都可用 4 种颜色来着色的 4 色猜想问题。过了 100 多年，这个问题才由美国学者在计算机上予以证明，这就是著名的四色定理。例如，在图 14-8 中，区域用大写字母表示，颜色用数字表示，则图中表示了不同区域的不同着色情况。

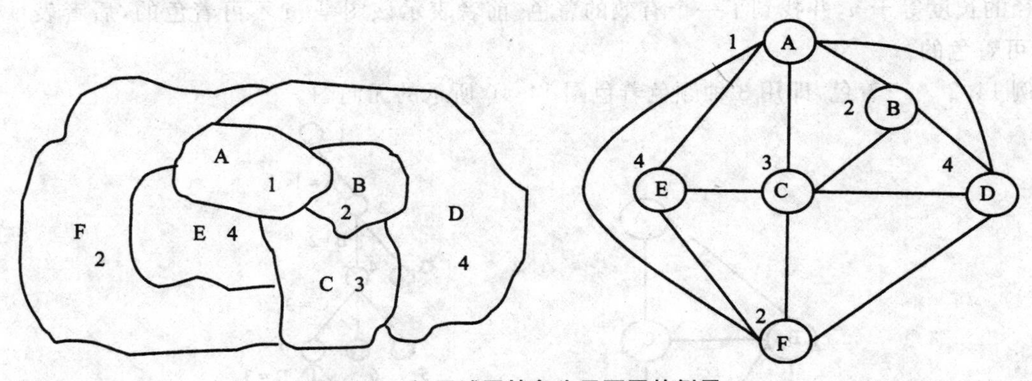

图 14-8 把区域图抽象为平面图的例子

14.3.1 图着色问题的求解过程

用 m 种颜色来为无向图 $G(V,E)$ 着色，其中 V 的顶点个数为 n。为此，用一个 n 元组(c_1，c_2，…，c_n)来描述图的一种着色。其中，$c_i \in \{1,2,\cdots,m\}$，$1 \leqslant i \leqslant n$，表示赋予顶点 i 的颜色。例如，5 元组(1,3,2,3,1)表示对具有 5 个顶点的图的一种着色，顶点 1 被赋予颜色 1，顶点 2 被赋予颜色 3，如此等等。如果在这种着色中，所有相邻的顶点都不会具有相同的颜色，就称这种着色是有效着色，否则称为无效着色。为了用 m 种颜色来给一个具有 n 个零点的图着色，就有 m^n 种可能的着色组合。其中，有些是有效着色，有些是无效着色。因此，其状态空间树是一棵高度为 n 的完全 m 叉树。在这里，树的高度是指从树的根结点到叶子结点的最长通路的长度。每一个分支结点，都有 m 个儿子结点。最底层有 m^n 个叶子点。例如，用 3 种颜色为具有 3 个顶点的图着色的状态空间树，如图 14-9 所示。

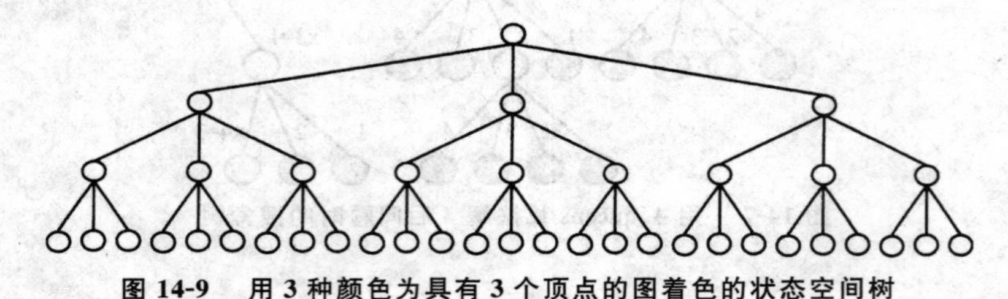

图 14-9　用 3 种颜色为具有 3 个顶点的图着色的状态空间树

用回溯法求解图的聊着色问题时，按照题意可列出如下约束方程：

$$x[i] \neq x[j] \qquad \text{若顶点 } i \text{ 与顶点 } j \text{ 相邻接} \tag{14-3}$$

首先，把所有顶点的颜色初始化为 0。然后，一个顶点一个顶点地为每个顶点赋予颜色。如果其中 i 个顶点已经着色，并且相邻两个顶点的颜色都不一样，就称当前的着色是有效的局部着色；否则，就称为无效的着色。如果由根结点到当前结点路径上的着色，对应于一个有效的着色，并且路径的长度小于 n，那么相应的着色是有效的局部着色。这时，就从当前结点出发，继续搜索它的儿子结点，并把儿子结点标记为当前结点。在另一方面，如果在相应路径上搜索不到有效的着色，就把当前结点标记为 d_- 结点，并把控制转移去搜索对应于另一种颜色的兄弟结点。如果对所有 m 个兄弟结点，都搜索不到一种有效的着色，就回溯到其父亲结点，并把父亲结点标记为 d_- 结点，转移去搜索父亲结点的兄弟结点。这种搜索过程一直进行，直到根结点变为 d_- 结点，或搜索路径的长度等于 n，并找到了一个有效的着色。前者表示该图是 m 不可着色的，后者表示该图是 m 可着色的。

例 14.2　三着色，即用 3 种颜色着色图 14-10 所示的无向图。

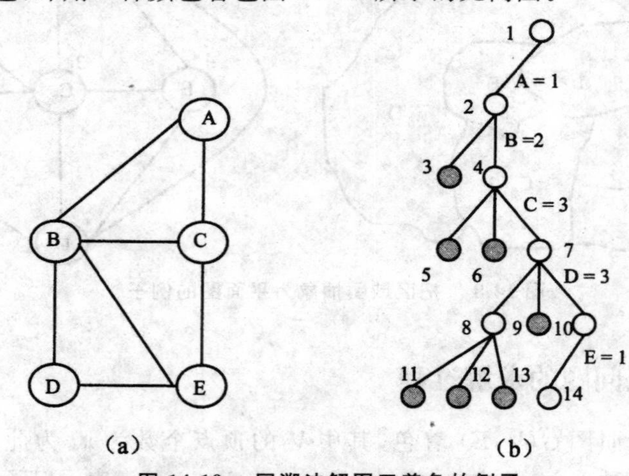

图 14-10　回溯法解图三着色的例子

用 3 种颜色为图 14-10(a) 所示无向图着色时所生成的搜索树，如图 14-10(b) 所示。首先，把 5 元组初始化为(0,0,0,0,0)。然后，从根结点开始向下搜索，以颜色 1 为顶点 A 着色，生成结点 2 时产生(1,0, 0,0,0)，是一个有效的局部着色。继续向下搜索，以颜色 1 为顶点 B 着色，生成结点 3 时产生(1,1,0,0,0)，是个无效着色，结点 3 成为 d_- 结点；所以，继续以颜色 2 为顶点 B 着色，生成结点 4 时产生(1,2,0,0,0)，是个有效着色。继续向下搜索，以颜色 1 及 2 为顶点 C 着色时，都是无效着色，因此结点 5 和 6 都是 d_- 结点。最后以颜色 3 为顶点 C 着色时，产生(1,2,3,0,0)，是个有效着色。重复上述步骤，最后得到有效着色(1,2,3,3,1)。

图 14-10(a) 所示无向图的状态空间树，其结点总数为 $1+3+9+27+81+243=364$ 个，而

在搜索过程中所访问的结点数只有 14 个。

14.3.2　图着色问题算法的实现

假定图的 n 个顶点集合为$\{0,1,2,\cdots,n-1\}$，颜色集合为$\{1,2,\cdots,m\}$；用数组 $x[n]$ 来存放 n 个顶点的着色，用邻接矩阵 $c[n][n]$ 来表示顶点之间的邻接关系，若顶点 i 和顶点 j 之间存在关联边，则元素 $c[i][j]$ 为真，否则为假。所使用的数据结构为：

```
int      n;            /* 顶点个数 */
int      m;            /* 最大颜色数 */
int      x[n];         /* 顶点的着色 */
BOOL     c[n][n]       /* 布尔值表示的图的邻接矩阵 */
```

此外，用函数 ok 来判断当前顶点的着色是否为有效的着色，如果是有效着色，就返回真，否则返回假。ok 函数的处理如下：

```
1. BOOL ok(intx[],int k,BOOL c[][],int n)
2. {
3.   int i;
4.   for(i = 0;i < k;i ++){
5.     if(c[k][i]&&(x[k] == x[i])
6.       Return FALSE;
7.   returnTRUE;
8. }
```

ok 函数假定 $0\sim k-1$ 顶点的着色是有效着色，在此基础上判断 $0\sim k$ 顶点的着色是否有效。如果顶点 k 与顶点 i 是相邻接的顶点，$0\leqslant i\leqslant k-1$，而顶点 k 的颜色与顶点 i 的颜色相同，就是无效着色，即返回 FALSE，否则返回 TRUE。

有了 ok 函数之后，图的 m 色问题的算法可叙述如下。

输入：无向图的顶点个数 n，颜色数 m，图的邻接矩阵 c[ ][ ]

输出：n 个顶点的着色 x[ ]

```
1. BOOL m_coloring(int n,int m,. int x[ ],BOOL c[ ][ ])
2. {
3.     inti,k;
4.     for(i = 0;i < n;i ++)
```

```
5.        x[i] = 0;/* 解向量初始化为 0 */
6.     k = 0;
7.     while(k >= 0){
8.        x[k] = x[k]+1;/* 使当前的颜色数加 1 */
9.        while((x[k] <= m)&&(!ok(x,k,c,n)))/* 当前着色是否有效 */
10.          x[k] = x[k]+1;/* 无效,继续搜索下一颜色 */
11.          if(x[k] <= m){    /* 搜索成功 */
12.             if(k == n-i) break;/* 是最后的顶点,完成搜索 */
13.             else k = k+1;    /* 不是,处理下一个顶点 */
14.          }
15.        else{                         /* 搜索失败,回溯到前一个顶点 */
16.           x[k] = 0;k = k-1;
17.        }
18.     }
19.     if(k == n-1)return TRUE;
20.     else return FALSE;
21.}
```

算法中,用变量后来表示顶点的号码。开始时,所有顶点的颜色数都初始化为 0。第 6 行把后赋予 0,从编号为 0 的顶点开始进行着色。第 7 行开始的 while 循环执行图的着色工作。第 8 行使第 k 个顶点的颜色数加 1。第 9 行判断当前的颜色是否有效;如果无效,第 10 行继续搜索下一种颜色。如果搜索到一种有效的颜色,或已经搜索完 m 种颜色,都找不到有效的颜色,就退出这个内部循环。如果存在一种有效的颜色,则该颜色数必定小于或等于 m,第 11 行判断这种情况。在此情况下,第 12 行进一步判断 n 个顶点是否全部着色,若是则退出外部的 while 循环,结束搜索;否则,使变量 k 加 1,为下一个顶点着色。如果不存在有效的着色,在第 16 行使第 k 个顶点的颜色数复位为 0,使变量 k 减 1,回溯到前一个顶点,把控制返回到外部 while 循环的顶部,从前一个顶点的当前颜色数继续进行搜索。

该算法的第 4、5 行的初始化花费 $O(n)$ 时间。主要工作由一个二重循环组成,即第 7 行开始的外部 while 循环和第 9 行开始的内部 while 循环。因此,算法的运行时间与内部 while 循环的循环体的执行次数有关。每访问一个结点,该循环体就执行一次。状态空间树中的结点总数为:

$$\sum_{i=0}^{n} m^{i} = (m^{n+1}-1)/(m-1) = 0(m^{n})$$

同时,每访问一个结点,就调用一次 ok 函数计算约束方程。ok 函数由一个循环组成,每执行一次循环体,就计算一次约束方程。循环体的执行次数与搜索深度有关,最少一次,最多 $n-1$ 次。因此,每次 ok 函数计算约束方程的次数为 $O(n)$。这样,理论上在最坏情况下,算法的总花费为 $O(nm^{n})$。但实际上,被访问的结点个数 c 是动态生成的,其总个数远远低于状态空间树的总结点数。这时,算法的总花费为 $O(cn)$。

如果不考虑输入所占用的存储空间,则该算法需要用 $O(n)$ 的空间来存放解向量。因此,算法所需要的空间为 $O(n)$。

14.4　0-1 背包问题

14.4.1　回溯法解 0-1 背包问题的求解过程

在 0-1 背包问题中，假定 n 个物体 v_i，其重量为 w_i，价值为 p_i，$0 \leqslant i \leqslant n-1$，背包的载重量为 M。x_i 表示物体 v_i 被装入背包的情况，$x_i = 0,1$。当 $x_i = 0$ 时，表示物体没被装入背包；当 $x_i = 1$ 时，表示物体被装入背包。

根据问题的要求，有下面的约束方程和目标函数：

$$\sum_{i=1}^{n} w_i x_i \leqslant M \tag{14-3}$$

$$optp = \max \sum_{i=1}^{n} p_i x_i \tag{14-4}$$

令问题的解向量为 $X = (x_0, x_1, \cdots, x_{n-1})$，它必须满足上述约束方程，并使目标函数达到最大。

使用回溯法搜索这个解向量时，状态空间树是一棵高度为 n 的完全二叉树，如图 14-14 所示。其结点总数为 $2^{n+1} - 1$。从根结点到叶结点的所有路径，描述问题的解的所有可能状态。可以假定：第 i 层的左儿子子树描述物体 v_i 被装入背包的情况；右儿子子树描述物体 v_i 未被装入背包的情况。

0-1 背包问题是一个求取可装入的最大价值的最优解问题。在状态空间树的搜索过程中，一方面可利用约束方程(14－3)来控制不需访问的结点，另一方面还可利用目标函数(14－4)的界，来进一步控制不需访问的结点个数。在初始化时，把目标函数的上界初始化为 0，把物体按价值重量比的非增顺序排序，然后按照这个顺序搜索；在搜索过程中，尽量沿着左儿子结点前进，当不能沿着左儿子继续前进时，就得到问题的一个部分解，并把搜索转移到右儿子子树。此时，估计由这个部分解所能得到的最大价值，把该值与当前的上界进行比较，如果高于当前的上界，就继续由右儿子子树向下搜索，扩大这个部分解，直到找到一个可行解，最后把可行解保存起来，用当前可行解的值刷新目标函数的上界，并向上回溯，寻找其他的可能解；如果由部分解所估计的最大值小于当前的上界，就丢弃当前正在搜索的部分解，直接向上回溯。

假定当前的部分解是 $\{x_0, x_1, \cdots, x_{k-1}\}$，同时有：

$$\sum_{i=0}^{k-1} x_i w_i \leqslant M \text{且} \quad \sum_{i=0}^{k-1} x_i w_i + w_k > M \tag{14-5}$$

式(14-5)表示，装入物体 v_k 之前，背包尚有剩余载重量，继续装入物体 v_k 后，将超过背包的载重量。由此，将得到部分解 $\{x_0, x_1, \cdots, x_k\}$，其中 $x_k = 0$。由这个部分解继续向下搜索，将有：

$$\sum_{i=0}^{k} x_i w_i + \sum_{i=0}^{k} w_i \leqslant M \text{且} \sum_{i=0}^{k-1} x_i w_i + \sum_{i=k+1}^{k+m-1} w_i + w_{k+m} > M \tag{14-6}$$

式(14-6)表示，不装入物体 $v_k(x_k = 0)$，继续装入物体 $v_{k+1}, \cdots, v_{k+m-1}$，背包尚有剩余载重量，但继续装入物体 v_{k+m}，将超过背包的载重量。其中 $m = 2, \cdots, n-k-1$。因为物体是按价值重量比非增顺序排序的，显然由这个部分解继续向下搜索，能够找到的可能解的最大值不会超过：

$$\sum_{i=1}^{n} x_i p_i + \sum_{i=k+1}^{k+m-1} x_i p_i + (M - \sum_{i=0}^{k} x_i w_i - \sum_{i=k+1}^{k+m-1} x_i w_i) \times p_{k+m} / w_{k+m} \tag{14-7}$$

因此，可以用式(14-6)和式(14-7)来估计从当前的部分解$\{x_0, x_1, \cdots, x_k\}$继续向下搜索时，可能取得的最大价值。如果所得到的估计值小于当前目标函数的上界，就放弃向下搜索。向上回溯有两种情况：

一种如果当前的结点是左儿子分支结点，就转而搜索相应的右儿子分支结点；

另一种如果当前的结点是右儿子分支结点，就沿着右儿子分支结点向上回溯，直到左儿子分支结点为止，然后再转而搜索相应的右儿子分支结点。

这样，如果用 w_cur 和 p_cur 分别表示当前正在搜索的部分解中装入背包的物体的总重量和总价值；用 p_est 表示 _当前正在搜索的部分解可能达到的最大价值的估计值；用 p_total 表示当前搜索到的所有可行解中的最大价值，它也是当前目标函数的上界；用 y_k 和 x_k 分别表示问题的部分解的第 k 个分量及其副本，同时 k 也表示当前对搜索树的搜索深度，

则回溯法解 0-1 背包问题的步骤可叙述如下。

1) 把物体按价值重量比的非增顺序排序。

2) 把 w_cur、p_cur 和 p_total 初始化为 0，把部分解初始化为空，搜索树的搜索深度后置为 0。

3) 按式(14-6)和式(14-7)估计从当前的部分解可取得的最大价值 p_est。

4) 如果 $p\_est > p\_total$ 转步骤 5)；否则转步骤 8)。

5) 从 v_k 开始把物体装入背包，直到没有物体可装或装不下物体 v_i 为止，并生成部分解 $y_k, \cdots, y_i, k \leqslant i < n$，刷新 p_cur。

6) 如果 $i \geqslant n$，则得到一个新的可行解，把所有的 y_i 复制到 $v_i p\_total = p\_cur$，则 p_total 是目标函数的新上界；令 $k = n$，转步骤 3)，以便回溯搜索其他的可能解。

7) 否则，得到一个部分解，令 $k = i + 1$，舍弃物体 v_i，从物体 v_{i+1} 继续装入，转步骤 3)。

8) 当 $i \geqslant 0$ 并且 $y_i = 0$ 时，执行 $i = i - 1$，直到 $y_i \neq 0$ 为止；即沿右儿子分支结点方向向上回溯，直到左儿子分支结点

9) 如果 $i < 0$，算法结束；否则，转步骤 10)。

10) 令 $y_i = 0, w\_cur = w\_cur - w_i, p\_cur = p\_cur - p_i, k = i + 1$，转步骤③；

从左儿子分支结点转移到相应的右儿子分支结点，继续搜索其他的部分解或可能解。

例 14.4　有载重量 $M = 50$ 的背包，物体重量分别为 5,1 5,25,27,30，物体价值分别为 12,30,44,46,50，求最优装入背包的物体及价值。

如图 14-11 所示是根据上述的求解步骤所生成的搜索树。其过程如下：

1) 开始时，目标函数的上界 p_total 初始化为 0，计算从根结点开始搜索可取得的最大价值 $p\_est = 94.5$，大于 p_total，因此生成结点 1,2,3,4，并得到部分解(1,1,1,0)。

2) 结点 4 是右儿子分支结点，所以估计从结点 4 继续向下搜索可取得的最大价值 $p\_est = 94.3$，仍然大于 p_total，由此继续向下搜索并生成结点 5，得到最大价值为 86 的可行解(1,1,1,0,0)，把这个可行解保存在解向量 X 中，把 p_total 更新为 86

3) 由叶结点 5 继续搜索，在估算可能取得的最大价值时，p_est 被置为 86，不大于 p_total 的值，因此沿右儿子分支结点方向向上回溯，直到左儿子分支结点 3，并生成相应的右儿子分支结点 6，得到部分解(1,1,0)。

4) 结点 6 是右儿子分支结点，所以计算从结点 6 继续搜索可取得的最大价值 $p\_est = 93$，大于 p_total，因此生成结点 7,8，并得到最大价值为 87 的可行解(1,1,0,1,0)，用它来更新解向量

X 中的内容，p_total 被更新为 87。

5）由叶结点 8 继续搜索，在计算可能取得的最大价值时，p_est 被置为 87，不大于 p_total 的值，因此沿右儿子分支结点 8 方向向上回溯，到达左儿子分支结点 7，并生成相应的右儿子分支结点 9，得到部分解（1,1,0,0）。

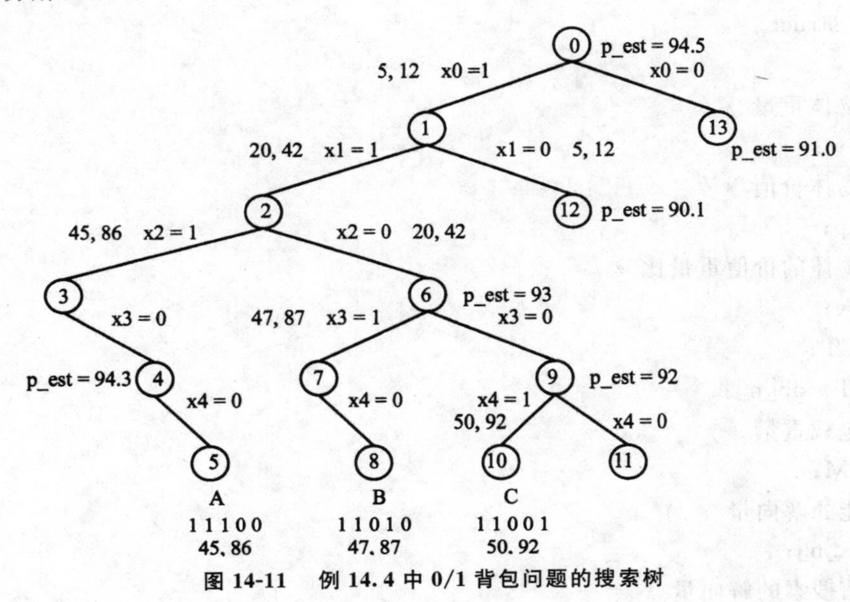

图 14-11　例 14.4 中 0/1 背包问题的搜索树

6）结点 9 是右儿子分支结点，所以计算从结点 9 开始搜索可取得的最大价值 $p\_est = 92$，大于 p_total，因此生成结点 10，并得到最大价值为 92 的可能解（1,1,0,0,1），用它来更新解向量 X 中的内容，p_total 被更新为 92。

7）由叶结点 10 继续搜索，在计算可能取得的最大价值时，p_est 被置为 92，不大于 p_total 的值，因此进行回溯。因为结点 10 是左儿子结点，因此生成相应的右儿子结点 11，得到价值为 42 的可行解（1,1,0,0,0），p_total 未被更新。

8）由叶结点 11 继续搜索，在计算可能取得的最大价值时，p_est 被置为 42，不大于 p_total 的值，因此沿右儿子分支结点方向向上回溯，到达左儿子分支结点 2，并生成相应的右儿子分支结点 12，得到部分解（1,0）。

9）结点 12 是右儿子分支结点，所以计算从结点 12 开始搜索可取得的最大价值 $p\_est = 90.1$，小于 p_total，因此向上回溯到左儿子分支结点 1，并生成相应的右儿子分支结点 13，得到部分解（0）。

10）结点 13 是右儿子分支结点，所以计算从结点 13 开始搜索可取得的最大价值为 $p\_est = 91.0$，小 p_total 因此向上回溯到根结点 0，结束算法。最后，由保存在向量 X 中的内容，得到最优解（1,1,0,0,1），从 p_total 中得到最大价值 92。

从上面的例子看到，在状态空间树的 63 个结点中，被访问的结点数为 14 个。在搜索过程中，尽量沿着左儿子分支结点向下搜索，直到无法继续向前推进而生成右儿子分支结点为止；在回溯过程中，尽量沿着右儿子分支结点向上回溯，直到遇到左儿子分支结点并转而生成右儿子分支结点；在右儿子分支结点开始搜索时，都对可能取得的最大价值进行估计；在叶结点开始继续搜索时，通过把搜索深度 k 置为 n，使得不会进行估计值的计算，而直接把估计值置为当前值，从而不会大于当前目标函数的上界，而直接从叶结点进行回溯。

14.4.2 回溯法解 0-1 背包问题算法的实现

首先，定义算法中所用到的数据结构和变量。

```
typedef struct
{
   /* 物体重量 */
   float w;
   /* 物体价值 */
   float p;
   /* 物体的价值重量比 */
   float v;
}OBJECT;
OBJECT  ob[n];
/* 背包载重量 */
float   M;
/* 可能的解向量 */
int     x[n];
/* 当前搜索的解向量 */
int   y[n];
/* 当前搜索方向装入背包的物体的估计最大价值 */
float   p_est;
/* 装入背包的物体的最大价值的上界 */
float   p_total;
/* 当前装入背包的物体的总重量 */
float   w_cur;
/* 当前装入背包的物体的总价值 */
float   p_cur;
```

于是，解 0-1 背包问题的回溯算法可叙述如下。

输入：背包载重量 M，问题个数 n，存放物体的价值和重量的结构体数组 0b[ ]

输出：0-1 背包问题的最优解 x[ ]

```
1. float knapsack_back(OBJECT ob[ ],float M,int n,BOOL x[ ])
2. {
3.    int i,k;
4.    float  w_curr,p_total,p_cur,w_est,p_est;
5.     BOOL *y = new BOOL[n+1];
6.     for(i = 0;i < n;i++){   /* 计算物体的价值重量比 */
7.        ob[i].v = ob[i].p/ob[i].w;
8.        y[i] = FALSE;/* 当前的解向量初始化 */
```

```
9. }
10. merge_sort(ob,n);/* 物体按价值重量比的非增顺序排序 */
11. w_cur = p_cur = p_total = 0;/* 当前背包中物体的价值重量初始化 */
12. y[n] = FALSE;k = 0;/* 搜索到的可能解的总价值初始化 */
13. while(k >= 0){
14.    w_est = w_cur;p_est = p_cur;
15.    for(i = k;i < n;i ++){/* 沿当前分支可能取得的最大价值 */
16.     w_est = w_est + ob[i]. w;
17.     if(w_est < M)
18.      p_est = p_est + ob[i]. p;
19.    else{
20.       p_est = p_est + ((M - w_est + ob[i]. w)/ob[i]. w) * ob[i]. p;
21.       break;
22.      }
23.   }
24.  if(p_est > ptotal){ /* 估计值大于上界 */
25.   for(i = k;i < n;i ++){
26.    if(w_cur + ob[i]. w <= M){ /* 可装入第 i 个物体 */
27.       w_cur = w_cur + ob[i]. w;
28.       p_cur = p _cur + ob[i]. p;
29.       y[i]= TRUE;
30.    }
31.    else{
32.     y[i] = FALSE;break;/* 不能装入第 i 个物体 */
33.   }
34.}
35.if(i >= n - 1){ /* n 个物体已全部装入 */
36.if(p_cur > p_total){
37.p_total = p_cur;k = n;/* 刷新当前上限 */
38.for(i = 0;i < n;i ++)/* 保存可能的解 */
39.        x[i] = y[i];
40.      }
41.   }
42.   else k = i + 1;/* 继续装入其余物体 */
43. }
44. else{/* 估计价值小于当前上限 */
45.      while((i >= 0)&&(!y[i]) /* 沿着右分支结点方向回溯 */
46.             i = i - 1;/* 直到左分支结点 */
47.      if(i < 0)break;/* 已到达根结点,算法结束 */
```

```
48.        else{
49.                w_cur = w_cur - ob[i]. w;/ * 修改当前值 * /
50.                p_cur = p_cur - ob[i]. p;
51                  y[i] = FALsE;k = i + 1;/ * 搜索右分支子树 * /
52.            }
53.        }
54. }
55. Delete y;
56. return p_total;
57. }
```

算法的第 6 ～ 12 行是初始化部分，先计算物体的价值重量比，然后按价值重量比的非增顺序对物体进行排序。算法的主要工作由从第 13 行开始的 while 循环完成。分成如下 3 部分：

第 1 部分由第 14 ～ 23 行组成，计算沿当前分支结点向下搜索可能取得的最大价值；

第 2 部分由第 24 ～ 43 行组成，当估计值大于当前目标函数的上界时，向下搜索；

第 3 部分由第 44 ～ 53 行组成，当估计值小于或等于当前目标函数的上界时，向上回溯。

在开始搜索时，变量 w_cur、p_cur 初始化为 0。在整个搜索过程中，动态维护这两个变量的值。当沿着左儿子分支结点向下推进时，这两个变量分别增加相应物体的重量和价值；当沿着左儿子分支结点无法再向下推进，而生成右儿子分支结点时，这两个变量的值维持不变；当沿着右儿子分支结点向上回溯时，这两个变量的值维持不变；当回溯到达左儿子分支结点，就结束回溯，转而生成相应的右儿子分支结点时，这两个变量分别减去相应左儿子分支结点的物体重量和价值；每当搜索转移到右儿子分支结点时，就对继续向下搜索可能取得的最大价值进行估计；当搜索到叶子结点时，已得到一个可能解，这时变量 k 被置为 n，而 $y[n]$ 被初始化为 FALSE，因此不管该叶子结点是左儿子结点，还是右儿子结点，都可顺利向上回溯，继续搜索其他的可能解。

显然，算法所使用的工作空间为 $O(n)$。算法的第 6 ～ 9 行花费 $O(n)$ 时间；第 10 行对物体进行合并排序，需花费 $O(n\log n)$ 时间；在最坏情况下，状态空间树有 $O(n\log n)$ 个结点，其中有 $O(2^n)$ 个左儿子结点，花费 $O(2^n)$ 时间；有 $O(2^n)$ 个右儿子结点，每个右儿子结点都需估计继续搜索可能取得的目标函数的最大价值，每次估计需花费 $O(n)$ 时间，因此右儿子结点需花费 $O(n2^n)$ 时间，而这也是算法在最坏情况下所花费的时间。

习题

1. 对图 14-12 所示无向图，使用回溯法求解三着色问题，画出搜索的解空间树。

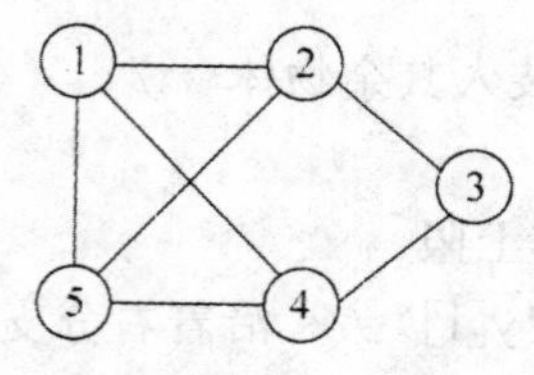

图 14-12　第 1 题图

2. 给定背包容量 $W = 20$，以及 6 个物品，重量分别为(5,3,2,10,4,2)，价值分别为(11,8,15,18,12,6)，画出回溯法求解上述 0/1 背包问题的搜索空间。

3. 有三个作业{1,2,3}要在两台机器上处理，每个作业必须先由机器 1 处理，然后再由机器 2 处理，这三个作业在机器 1 上所需的处理时间为(2,3,2)，在机器 2 上所需的处理时间为(1,1,3)，用回溯法求解这三个作业完成的最短时间，画出搜索空间。

4. 给定一个正整数集合 $X = \{x_1, x_2, \cdots, x_n\}$ 和一个正整数 y，设计回溯算法，求集合 X 的一个子集 Y，使得 Y 中元素之和等于 y。

5. 迷宫问题。迷宫问题的求解是实验心理学中的一个经典问题，心理学家把一只老鼠从一个无顶盖的大盒子的入口处赶进迷宫，迷宫中设置很多隔壁，对前进方向形成了多处障碍，心理学家在迷宫的唯一出口处放置了一块奶酪，吸引老鼠在迷宫中寻找通路以到达出口。设计回溯算法实现如图 14-13 所示迷宫的求解。

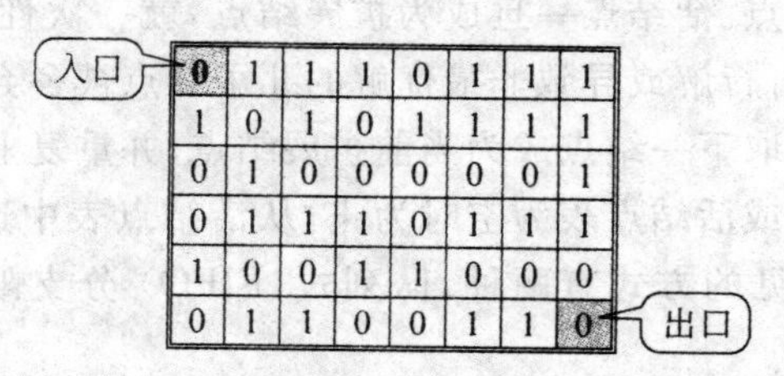

图 14-13　第 5 题图(其中 1 代表有障碍，0 代表无障碍)

前进的方向有 8 个，分别是上、下、左、右、左上、左下、右上、右下

6. 桥本分数。把{1,2,…,9}这 9 个数字填入图 14-14 所示的 9 个方格中，使得等式成立(要求不得重复)。用回溯法设计桥本分数的算法。

$$\frac{\square}{\square\square}+\frac{\square}{\square\square}=\frac{\square}{\square\square}$$

图 14-14　桥本分数

7. 农夫过河。一个农夫带着一只狼、一只羊和一筐菜，想从河一边(左岸)乘船到另一边(右岸)，由于船太小，农夫每次只能带一样东西过河，而且如果没有农夫看管，则狼会吃羊，羊会吃菜。请用回溯法设计过河方案。

8. 错位问题。有九个人参加聚会，入场时随意将帽子挂在衣架上，走时再顺手戴一顶走，问没有一人拿对(即所有人戴走的都不是自己的帽子)的概率，并展示所有戴错帽子的具体情况。

9. 亚瑟王打算请 150 名骑士参加宴会，但是有些骑士相互之间会有口角，而亚瑟王知道谁和谁不合。亚瑟王希望能让他的客人围着一张圆桌坐下，而所有不和的骑士相互之间都不会挨着坐。回答下列问题：

1) 哪一个经典问题能够作为亚瑟王问题的模型？

2) 请证明，如果与每个骑士不和的人数不超过 75，则该问题有解。

3) 设计回溯算法求解亚瑟王问题。

第 15 章　分支限界法

15.1　分支限界法的基本思想

分支限界法常以广度优先或以最小耗费(最大效益)优先的方式搜索问题的解空间树。问题的解空间树是表示问题解空间的一棵有序树,常见的有子集树和排列树。在搜索问题的解空间树时,分支限界法与回溯法对当前扩展结点所采用的扩展方式不同。在分支限界法中,每一个活结点只有一次机会成为扩展结点。活结点一旦成为扩展结点,就一次性产生其所有儿子结点。在这些儿子结点中,那些导致不可行解或导致非最优解的儿子结点被舍弃,其余儿子结点被加入活结点表中。此后,从活结点表中取下一结点成为当前扩展结点,并重复上述结点的扩展过程。这个过程一直持续到找到所需的解或活结点表为空时为止。从活结点表中选择下一结点的不同方式导致不同的分支限界法。最常见的方式有两种:队列式(FIFO)分支限界法和优先队列式分支限界法。

1. 队列式(FIFO)分支限界法

队列式分支限界法将活结点表组织成一个队列,并按队列的先进先出原则选取下一结点为扩展结点。

2. 优先队列式分支限界法

优先队列式的分支限界法将活结点表组织成一个优先队列,并按优先队列中规定的结点优先级选取优先级最高的下一个结点成为当前扩展结点。优先队列中规定的结点优先级常用一个与该结点相关的数值 p 来表示。结点优先级的高低与 p 值的大小相关。最大优先队列规定 p 值较大的结点优先级较高。在算法实现时通常用一个最大堆来实现最大优先队列,用最大堆的 Deletemax 运算抽取堆中下一个结点成为当前扩展结点,体现最大效益优先的原则。类似地,最小优先队列规定 p 值较小的结点优先级较高。在算法实现时通常用一个最小堆来实现最小优先队列,用最小堆的 Deletemin 运算抽取堆中下一个结点成为当前扩展结点,体现最小费用优先的原则。

用优先队列式分支限界法解具体问题时,应根据具体问题的特点确定选用最大优先队列或最小优先队列来表示解空间的活结点表。

例 15.1　考虑 $n=3$ 时 0-1 背包问题的一个实例如下:$w=[16,15,15]$,$p=[45,25,2]$,$c=30$。其解空间是图 15-1 中的子集数。

用队列式分支限界法解此问题时,用一个队列来存储活结点表。算法从根结点 A 开始时活结点队列为空,结点 A 是当前扩展结点。结点 A 的 2 个儿子结点 B 和 C 均为可行结点,故将这 2 个儿子结点按从左到右的顺序加入活结点队列,并且舍弃当前扩展结点 A。依先进先出原则,下一个扩展结点是活结点队列的队首结点 B。扩展结点 B 得到其儿子结点 D 和 E,由于 D 是不可行结点,故被舍去。E 是可行结点,被加入活结点队列。接下来,C 成为当前扩展结点,它的 2 个儿子

结点 F 和 G 均为可行结点，因此被加入到活结点队列中。扩展下一个结点 E 得到结点 J 和 K。J 是不可行结点，因而被舍去。K 是一个可行的叶结点，表示所求问题的一个可行解，其价值为 45。

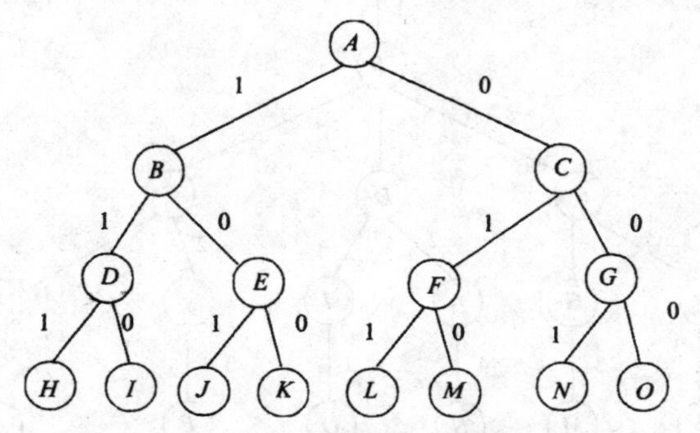

图 15-1　0-1 背包问题解空间树

当前活结点队列的队首结点 F 成为下一个扩展结点。它的 2 个儿子结点 L 和 M 均为叶结点。L 表示获得价值为 50 的可行解；M 表示获得价值为 25 的可行解。G 是最后的一个扩展结点，其儿子结点 N 和 O 均为可行叶结点。最后，活结点队列已空，算法终止。算法搜索得到最优值为 50。

从例 15.1 容易看出，队列式分支限界法搜索解空间树的方式与解空间树的广度优先遍历算法极为相似。唯一的不同之处是队列式分支限界法不搜索以不可行结点为根的子树。

优先队列式分支限界法也是从根结点 A 开始搜索解空间树的。我们用一个极大堆来表示活结点表的优先队列，该优先队列的优先级定义为活结点所获得的价值。初始时堆为空，扩展结点 A 得到它的 2 个儿子结点 B 和 C。这 2 个结点均为可行结点，因此被加入到堆中，结点 A 被舍弃。结点 B 获得的当前价值是 40，而结点 C 的当前价值为 O。由于结点 B 的价值大于结点 C 的价值，所以结点 B 是堆中最大元素，从而成为下一个扩展结点。扩展结点 B 得到结点 D 和 E。D 不是可行结点，因而被舍去。E 是可行结点被加入到堆中。E 的价值为 40，成为当前堆中最大元素，从而成为下一个扩展结点。扩展结点 E 得到 2 个叶结点 J 和 K。J 是不可行结点被舍弃。K 是一个可行叶结点，表示所求问题的一个可行解，其价值为 45。此时，堆中仅剩下一个活结点 C，它成为当前扩展结点。它的 2 个儿子结点 F 和 G 均为可行结点，因此被插入到当前堆中。结点 F 的价值为 25，是堆中最大元素，成为下一个扩展结点。结点 F 的 2 个儿子结点 L 和 M 均为叶结点。叶结点 L 相应于价值为 50 的可行解。叶结点 M 相应于价值为 25 的可行解。叶结点 L 所相应的解成为当前最优解。最后，结点 G 成为扩展结点，其儿子结点 N 和 O 均为叶结点，它们的价值分别为 25 和 0。接下来，存储活结点的堆已空，算法终止。算法搜索得到最优值为 50。相应的最优解是从根结点 A 到结点 L 的路径(0,1,1)。

当我们要寻求问题的一个最优解时，与我们在讨论回溯法时类似地可以用剪枝函数来加速搜索。该函数给出每一个可行结点相应的子树可能获得的最大价值的上界。如果这个上界不会比当前最优值更大，则说明相应的子树中不含问题的最优解，因而可以剪去。另一方面，我们也可以将上界函数确定的每个结点的上界值作为优先级，以该优先级的非增序抽取当前扩展结点。这种策略有时可以更迅速地找到最优解。

例 15.2　4 个城市旅行推销员的例子，如图 15-2 所示，该问题的解空间树是一棵排列树。

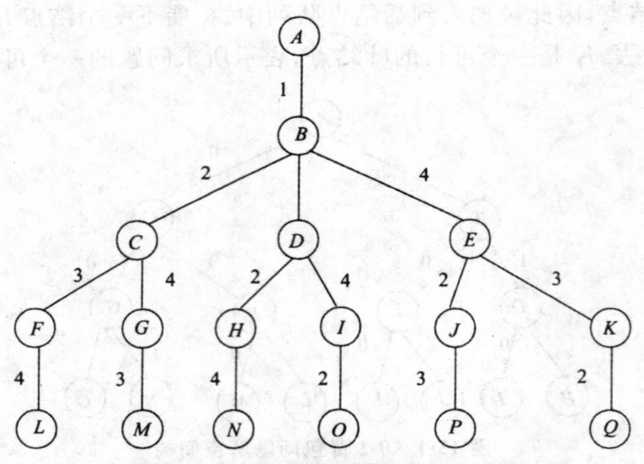

图 15-2　旅行推销员问题的解空间树

解此问题的队列式分支限界法以排列树中结点 B 作为初始扩展结点。此时，活结点队列为空。由于从图 G 的顶点 1 到顶点 2,3 和 4 均有边相连，所以结点 B 的儿子结点 C,D,E 均为可行结点，它们被加入到活结点队列中，并舍去当前扩展结点 B。当前活结点队列中的队首结点 C 成为下一个扩展结点。由于图 G 的顶点 2 到顶点 3 和 4 有边相连，故结点 C 的 2 个儿子结点 F 和 G 均为可行结点，从而被加入到活结点队列中。接下来，结点 D 和结点 E 相继成为扩展结点而被扩展。此时，活结点队列中的结点依次为 F,G,H,J,J,K。

结点 F 成为下一个扩展结点，其儿子结点 L，是一个叶结点。我们找到了一条旅行推销员回路，其费用为 59。从下一个扩展结点 G 得到叶结点 M，它相应的旅行推销员回路的费用为 66。结点 H 依次成为扩展结点，得到结点 N 相应的旅行推销员回路，其费用为 25。这是当前最好的一条回路。下一个扩展结点是结点 I，由于从根结点到叶结点 I 的费用 26 已超过了当前最优值，故没有必要扩展结点 I，以结点 I 为根的子树被剪去。最后，结点 J 和 K 被依次扩展，活结点队列成为空，算法终止。算法搜索得到最优值为 25，相应的最优解是从根结点到结点 N 的路径(1,3,2,4,1)。

解同一问题的优先队列式分支限界法用一极小堆来存储活结点表。其优先级是结点的当前费用。算法还是从排列树的结点 B 和空优先队列开始。结点 B 被扩展后，它的 3 个儿子结点 C,D 和 E 被依次插入堆中。此时，由于 E 是堆中具有最小当前费用(4) 的结点，所以处于堆顶的位置，它自然成为下一个扩展结点。结点 E 被扩展后，其儿子结点 J 和 K 被插入当前堆中，它们的费用分别为 14 和 24。此时，堆顶元素是结点 D，它成为下一个扩展结点。它的 2 个儿子结点 H 和 I 被插入堆中。此时堆中含有结点 C,H,I,J,K。在这些结点中，结点 H 具有最小费用，从而它成为下一个扩展结点。扩展结点 H 后得到一条旅行推销员回路(1,3,2,4,1)，相应的费用为 25。接下来，结点 J 成为扩展结点，由此得到另一条费用为 25 的回路(1,4,2,3,1)。此后的 2 个扩展结点是结点 K 和 L 由结点 K 得到的可行解费用高于当前最优解，结点 J 本身的费用已高于当前最优解，从而它们都不能得到更好的解。最后，优先队列为空，算法终止。

与 0-1 背包问题的例子类似，可以用一个限界函数在搜索过程中裁剪子树，以减少产生的活结点。此时剪枝函数是当前结点扩展后得到的最小费用的一个下界。如果在当前扩展结点处，这个下界不比当前最优值更小，则以该结点为根的子树可以被剪去。另一方面，我们也可以把每个结点的下界作为优先级，依非减序从活结点优先队列中抽取下一个扩展结点。

15.2　旅行推销员问题

1. 旅行推销员问题(TSP)

设有 5 个城 v_1, v_2, v_3, v_4, v_5，从某一城市出发，遍历各城市一次且仅一次，最后返回原地，求最短路径。其费用矩阵如下：

$$\boldsymbol{D}=\begin{bmatrix} \infty & 14 & 1 & 16 & 2 \\ 14 & \infty & 25 & 2 & 3 \\ 2 & 25 & \infty & 11 & 9 \\ 16 & 1 & 9 & \infty & 6 \\ 2 & 3 & 9 & 6 & \infty \end{bmatrix}$$

将矩阵 $\boldsymbol{D}$ 对角线以上的元素从小到大排列为

$$d_{13}, d_{15}, d_{24}, d_{25}, d_{45}, d_{35}, d_{34}\cdots$$

取最小的 5 个求和得：

$$d_{13}+d_{15}+d_{24}+d_{25}+d_{45}=14$$

用

$$^{(1)}\begin{bmatrix} d_{13} & d_{15} & d_{24} & d_{25} & d_{45} \\ & & 14 & & \end{bmatrix}$$

表示要构成一个回路，所以每个顶点的下标在回路的所有边中各出现两次。(1) 中显然 5 出现了 3 次，若用 d_{35} 代替 d_{15} 则

$$d_{13}+d_{35}+d_{24}+d_{25}+d_{45}=21$$

即

$$^{(2)}\begin{bmatrix} d_{13} & d_{35} & d_{24} & d_{25} & d_{45} \\ & & 21 & & \end{bmatrix}$$

搜索过程如图 15-3 所示。

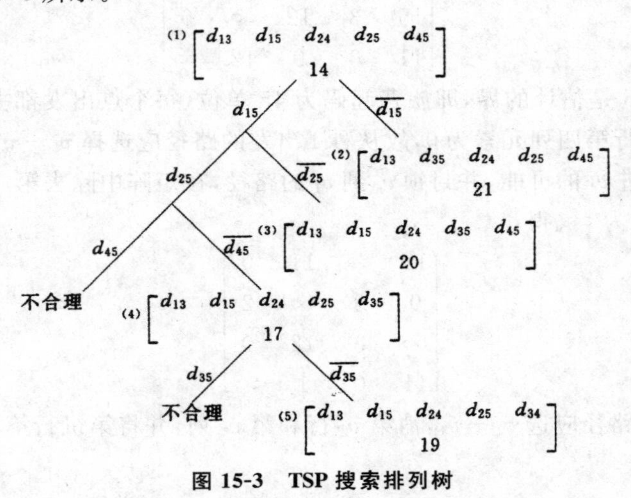

图 15-3　TSP 搜索排列树

在图中,(2) 的下界为 21,(3) 的下界为 20,都大于 19 故没有进一步搜索的价值,因此(5) 为最佳路径：$v_1 \to v_3 \to v_4 \to v_2 \to v_5 \to v_1$

2. 旅行推销员问题的分析设计

$D = (d_{ij})_{n\times n}$ 即 $d_{ij} \neq d_{ji}$。不妨把 D 看成旅费,即从 v_j 到 v_i 的旅费与 v_j 到 v_i 不一样。

$$D = \begin{bmatrix} \infty & 24 & 34 & 14 & 15 \\ 19 & \infty & 20 & 9 & 6 \\ 7 & 9 & \infty & 6 & 8 \\ 23 & 10 & 22 & \infty & 7 \\ 20 & 8 & 11 & 20 & \infty \end{bmatrix}$$

对 D 的每行减去该行的最小元素,或每列减去该列的最小元素,得一新矩阵,使得每行每列至少都有一个 0 元素。

$$D = \begin{bmatrix} \infty & 24 & 34 & 14 & 15 \\ 19 & \infty & 20 & 9 & 6 \\ 7 & 9 & \infty & 6 & 8 \\ 23 & 10 & 22 & \infty & 7 \\ 20 & 8 & 11 & 20 & \infty \end{bmatrix} \begin{matrix} -14 \\ -6 \\ -6 \\ -7 \\ -8 \end{matrix} \Rightarrow D = \begin{bmatrix} \infty & 10 & 20 & 0 & 1 \\ 13 & \infty & 14 & 3 & 0 \\ 1 & 3 & \infty & 0 & 2 \\ 16 & 3 & 15 & \infty & 0 \\ 12 & 0 & 3 & 12 & \infty \end{bmatrix}_{41}$$

第一列和第三列没有为 0 的元素,所以第一列和第三列分别减去其最小元素 1 和 3 得：

$$D = \begin{bmatrix} \infty & 10 & 17 & 0 & 1 \\ 12 & \infty & 11 & 3 & 0 \\ 0 & 3 & \infty & 0 & 2 \\ 15 & 3 & 12 & \infty & 0 \\ 11 & 0 & 0 & 12 & \infty \end{bmatrix}_{45}$$

由于从任一 v_i 出发一次,进入 v_i 也是一次,所以问题等价于求

$$D = \begin{bmatrix} \infty & 10 & 17 & 0 & 1 \\ 12 & \infty & 11 & 3 & 0 \\ 0 & 3 & \infty & 0 & 2 \\ 15 & 3 & 12 & \infty & 0 \\ 11 & 0 & 0 & 12 & \infty \end{bmatrix}_{45}$$

最佳路径,下标 45 是估计的界,即旅费起码为 45 单位(每个点出发都去最小值)。

由于矩阵 D 第一行第四列元素为 0,故从秒 1 出发的路径应选择 $v_1 - v_4$,为了排除 v_1 出发进入其他点和从其他点进 v_4 的可能,并封锁 v_4 到 v_1 的路径,在矩阵中除去第一行和第四列,并将第四列第一行元素 15 改为 ∞。得：

$$\begin{bmatrix} 12 & \infty & 11 & 0 \\ 0 & 3 & \infty & 2 \\ \infty & 3 & 12 & 0 \\ 11 & 0 & 1 & \infty \end{bmatrix}_{45}$$

类似地从 v_2 出的路径应选 $v_2 - v_5$,消第 v_2 行和第 v_5 列,并将第饥行第 v_2 列元素改为 ∞ 得：

$$\begin{bmatrix} 0 & 3 & \infty \\ \infty & 3 & 12 \\ 11 & \infty & 0 \end{bmatrix}_{45}$$

这时第二行没有 0 元素，减去最小元素 3 得：

$$\begin{bmatrix} 0 & 3 & \infty \\ \infty & 0 & 9 \\ 11 & \infty & 0 \end{bmatrix}_{45}$$

搜索过程如图 15-4 所示。

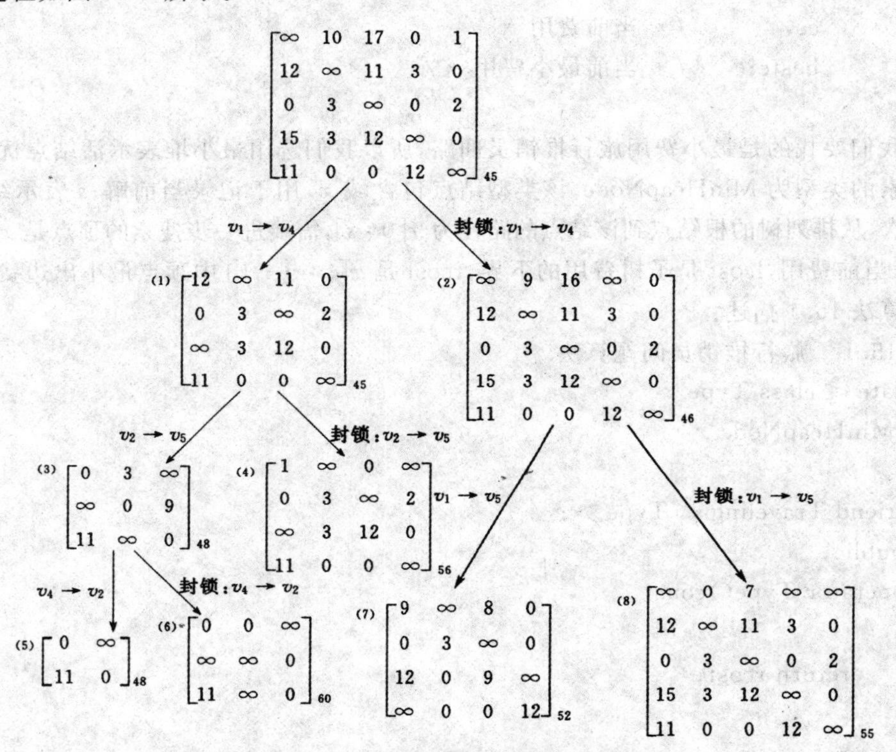

图 15-4　权值不等的 TSP 搜索排列树

最后得到最佳路径为：$v_1 \rightarrow v_4 \rightarrow v_2 \rightarrow v_5 \rightarrow v_3 \rightarrow v_1$

3. 算法设计及实现

旅行推销员问题的解空间树是一棵排列树。实现对排列树搜索的优先队列式分支限界法也可以有两种不同的实现方式。其一是仅使用一个优先队列来存储活结点。优先队列中的每个活结点都存储从根到该活结点的相应路径。另一种实现方式是用优先队列来存储活结点，并同时存储当前已构造出的部分排列树。在这种实现方式下，优先队列中的活结点就不必再存储从根到该活结点的相应路径。这条路径可在必要时从存储的部分排列树中获得。在下面的讨论中我们采用第一种实现方式。

我们用邻接矩阵表示所给的图 G。在类 Traveling 中用一个二维数组 a 存储图 G 的邻接矩阵。

```
template < class Type >
class Traveling
```

```
{
    friend void main(void);
    public:
    Type BBTSP(int v[]);
    private:
    int n;          /* 图 G 的顶点数 */
    Type **a,       /* 图 G 的邻接矩阵 */
         NoEdge,    /* 图 G 的无边标志 */
         cc,        /* 当前费用 */
         bestc;     /* 当前最小费用 */
};
```

由于我们要找的是最小费用旅行推销员回路，所以我们选用最小堆表示活结点优先队列。最小堆中元素的类型为 MinHeapNode。该类型结点包含域 x，用于记录当前解；s 表示结点在排列树中的层次，从排列树的根结点到该结点的路径为 $x[0:s]$，需要进一步搜索的顶点是 $x[s+1:n-1]$。cc 表示当前费用，lcost 是子树费用的下界，rcost 是 $x[s:n-1]$ 中顶点最小出边费用和。具体算法可用算法 15.1 描述：

算法 15.1　旅行推销员问题算法

```
template < class Type >
class MinHeapNode
{
    friend Traveling < Type >;
    public:
    operator Type()const
    {
        return rcost;
    }
    private:
    Type rcost,        /* 子树费用的下界 */
         cc,               /* 当前费用 */
         rcost,              /* x[s:n-1] 中顶点最小出边费用和 */
         int s,           /* 根结点到当前结点的路径为 x[0:s] */
         *x;              /* 需要进一步搜索的顶点是 x[s+1:n-1] */
};
```

算法开始时创建一个容量为 1000 的最小堆，用于表示活结点优先队列。堆中每个结点的 lcost 值是优先队列的优先级。接着计算出图中每个顶点的最小费用出边并用 Minout 记录。如果所给的有向图中某个顶点没有出边，则该图不可能有回路，算法即告结束。如果每个顶点都有出边，则根据计算出的 Minout 作算法初始化。算法的第 1 个扩展结点是排列树中根结点的唯一儿子结点(图 15-2 中结点 B)。在该结点处，已确定的回路中唯一顶点为顶点 1。因此，初始时有 $s=$

0, x[0] = 1, $x[1:n-1]=(2,3,\cdots,n)$, cc = 0 且 rcost = $\sum_{i=s}^{n}$ Minout[i]。算法中用 bestc 记录当前最优值，初始时还没有找到回路，故 bestc = NoEdge。

```
template < class Type >
Type Traveling < Type >::BBTSP(int v[])
{
    /* 解旅行推销员问题的优先队列式分支限界法 */
    /* 定义最小堆的容量为 1000 */
    MinHeap < MinHeapNode < Type >> H(1000)
    Type * MinOut = new Type[n+1];      /* 计算 MinOut[i] = 顶点 i 的最小出边费用 */
    Type MinSum = 0;                    /* 最小出边费用和 */
    for(int i = 1;i <= n;i ++)
    {
    Type Min = NoEdge;
    for(int j = 1;j <= n;j ++)
      if(a[i][j]! = NoEdge&&(a[i][j] < Min || Min == NoEdge))
        Min = a[i][j];
      if(Min == NoEdge)
        return NoEdge;
      MinOut[i] = Min;
      MinSum += Min;
}
MinHeapNode < Type > E;
E. X = new int[n];
for(int i = 0;i < n;i ++)
      E. x[i] = i+1;
      E. s = 0;
      E. cc = 0;
      E. rcost = MinSum;
Type bestc = NoEdge;                /* 搜索排列空间树 */
      while(E. s < n-1)
      {/* 非叶结点
        if(E. s == n-2)
        {
          /* 当前扩展结点是叶结点的父结点 */
        /* 再加 2 条边构成回路 */
        /* 所构成回路是否优于当前最优解 */
        if(a[E. x[n = 2]][E. x[n-1]]! = NoEdge&&
        a[E. x[n-1]][1]! = NoEdge&&(E. cc+
```

```
          a[E.x[n-2]][E.x[n-1]] + a[E.x[n-1]][1]
          < bestc || bestc == NoEdge))
          {
          /* 费用更小的回路 */
              bestc = E.cc + a[E.x[n-2]][E.x[n-1]] + a[E.x[n-1]][1];
              E.cc = bestc;
              E.1cost = bestc;
              E.s++;
              H.Insert(E);
          }
          else delete[]E x;
      }                 /* 舍弃扩展结点 */
      else
      {
          /* 产生当前扩展结点的儿子结点 */
          for(int i = E.s + 1;i < n;i++)
          if a[E.x[E.s]][E.x[i]]! = NoEdge)
              {
                  /* 可行儿子结点 */
                  Type cc = E.cc + a[E.x[E.s]][E.x[i]];
                  Type rcost = E.rcost = MinOut[E.K[E.s]];
                  Type b = cc + rcost;                        /* 下界 */
                  if(b < bestc || bestc == NoEdge)
                  {
                      /* 子树可能含最优解 */
                  /* 结点插入最小堆 */
                      MinHeapNode < Type > N;
                      N.x = new int[n];
                      for(int j = 0;j < n;j++)
                      N.x[j] = E.X[j];
                      N.x[E.s + 1] = E.x[i];
                      N.x[i] = E.x[E.s + 1];
                      N.cc = cc;
                      N.s = E.s + 1;
                      N.1cost = b;
                      N.rcost = rcost;
                      H.Insert(N);
                  }
          }
```

```
        delete[]E.x;
      }                                          /* 完成结点扩展 */
      try
      {
          H.DeleteMin(E);
      }/* 取下一扩展结点 */
      catch(OutOfBounds)
      {
          break;
      }/* 堆已空 */
    }
    if(bestc == NoEdge)return NoEdge;            /* 无回路 */
                                                 /* 将最优解复制到 v[1:n] */
    for(int i = 0;i < n;i ++)
    v[i + 1] = E.x[i];
    while(true)
      {/* 释放最小堆中所有结点 */
      delete[]E.x;
      try
        {
          H.DeleteMin(E);
        }
        catch(OutOfBoubds)
        {
          break;
        }
      }
      return bestc;
  };
```

算法中 while 循环的终止条件是排列树的一个叶结点成为当前扩展结点。当 $s = n-1$ 时，已找到的回路前缀是 $x[O:n-1]$，它已包含图 G 的所有咒个顶点。因此，当 $s = n-1$ 时，相应的扩展结点表示一个叶结点。此时该叶结点所相应的回路的费用等于 cc 和 lcost 的值。剩余的活结点的 lcost 值不小于已找到的回路的费用。它们都不可能导致费用更小的回路。因此已找到的叶结点所相应的回路是一个最小费用旅行推销员回路，算法可以结束。

算法的 while 循环体完成对排列树内部结点的扩展。对于当前扩展结点，算法分两种情况进行处理。首先考虑 $s = n-2$ 的情形。此时当前扩展结点是排列树中某个叶结点的父结点。如果该叶结点相应一条可行回路且费用小于当前最小费用，则将该叶结点插入到优先队列中，否则舍去该叶结点。

当 $s < n-2$ 时，算法依次产生当前扩展结点的所有儿子结点。由于当前扩展结点所相应的路

径是 $x[O:s]$，其可行儿子结点是从剩余顶点 $x[s+1;n-1]$ 中选取的顶点 $[x]$，且 $(x[s],x[i])$ 是所给有向图 G 中的一条边。对于当前扩展结点的每一个可行儿子结点，计算出其前缀 $(x[0:s],x[i])$ 的费用 cc 和相应的下界 lcost。当 lcost < bestc 时，将这个可行儿子结点插入到活结点优先队列中。

在所给的有向图没有回路时，算法返回 NoEdge。否则返回找到的最小费用，相应的最优解由数组移给出。

在算法 15.1 中，优点是可以求得最优解、平均速度快。因为从最小下界分支，每次算完限界后，把搜索树上当前所有的叶子结点的限界进行比较，找出限界最小的结点，此结点即为下次分支的结点。这种决策的优点是检查子问题较少，能较快的求得最佳解。

缺点是要存储很多叶子结点的限界和对应的耗费矩阵。花费很多内存空间。存在的问题：分支定界法可应用于大量组合优化问题。其关键技术在于各结点权值如何估计，可以说一个分支定界求解方法的效率基本上由值界方法决定，若界估计不好，在极端情况下将与穷举搜索没多大区别。

15.3　单源最短路径问题

1. 问题描述

单源最短路径问题适合于用分支限界法求解。我们先来看单源最短路径问题的一个实例。在图 15-5 所给的有向图 G 中，每一边都有一个非负边权。我们要求图 G 的从源顶点 s 到目标顶点 t 之间的最短路径。解单源最短路径问题的优先队列式分支限界法用一极小堆来存储活结点表。其优先级是结点所对应的当前路长。算法从图 G 的源顶点 s 和空优先队列开始。结点 s 被扩展后，它的 3 个儿子结点被依次插入堆中。此后，算法从堆中取出具有最小当前路长的结点作为当前扩展结点，并依次检查与当前扩展结点相邻的所有顶点。如果从当前扩展结点 i 到结点 j 有边可达，且从源出发，途经顶点 i 再到顶点 j 的所相应的路径的长度小于当前最优路径长度，则将该顶点作为活结点插入到活结点优先队列中。这个结点的扩展过程一直继续到活结点优先队列为空时为止。

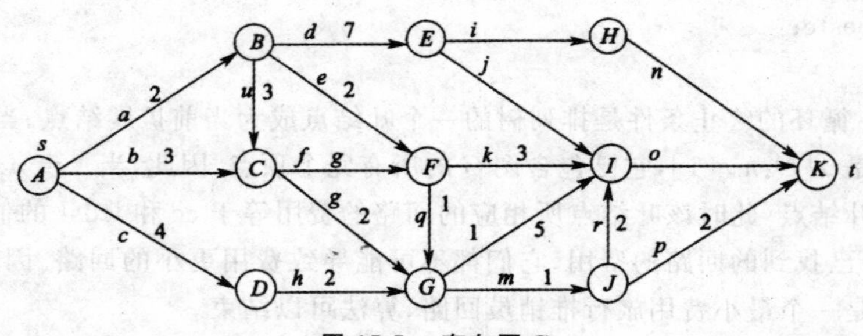

图 15-5　有向图 G

图 15-6 是用优先队列式分支限界法解图 15-5 所给的有向图 G 的单源最短路径问题所产生的解空间树。其中，每一个结点旁边的数字表示该结点所对应的当前路长。由于图 G 中各边的权均非负，所以结点所对应的当前路长也是解空间树中以该结点为根的子树中所有结点所对应的

路长的一个下界。在扩展结点的过程中，一旦发现一个结点的下界不小于当前找到的最短路长，则剪去以该结点为根的子树。

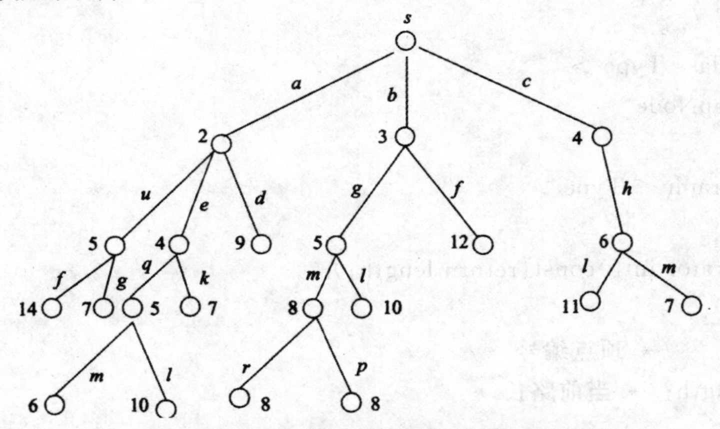

图 15-6　有向图 G 的单源最短路径问题的解空间树

2. 算法设计

在算法中，我们利用结点间的控制关系进行剪枝。例如在上例中，从源顶点 s 出发，经过边 a，e，q（路长为 5）和经过边 c，h（路长为 6）的 2 条路径到达图 G 的同一顶点。在该问题的解空间树中，这 2 条路径相应于解空间树的 2 个不同的结点 A 和 B。由于结点 A 所相应的路长小于结点 B 所相应的路长，因此以结点 A 为根的子树中所包含的从 5 到 f 的路长小于以结点 B 为根的子树中所包含的从 s 到 t 的路长。因而可以将以结点 B 为根的子树剪去。这时称结点 A 控制了结点 B。

算法 15.2 找出从源顶点 s 到图 G 中所有其他顶点之间的最短路径，主要利用结点控制关系进行剪枝。在一般情况下，如果解空间树中以结点 y 为根的子树中所含的解优于以结点 x 为根的子树中所含的解，则结点 y 控制了结点 x，以被控制的结点 x 为根的子树可以剪去。

在算法 15.2 中，用邻接矩阵表示所给的图 G。在类 Graph 中用一个二维数组 c 存储图 G 的邻接矩阵；用数组 dist 记录从源到各顶点的距离；用数组 prev 记录从源到各顶点的路径上的前驱顶点。

由于我们要找的是从源到各顶点的最短路径，所以选用最小堆表示活结点优先队列。最小堆中元素的类型为 MinHeapNode。该类型结点包含域 x，用于记录该活结点所表示的图 G 中相应顶点的编号；length 表示从源到该顶点的距离。

算法 15.2　源顶点 s 到，图 G 中所有其他顶点之间的最短路径算法

```
template < class Type >
class Graph
{
    friend void main(void);
    public:
    void ShortestPaths(int);
    private:
    int n,      /* 图 G 的顶点数 */
     * prey;      /* 前驱顶点数组 */
```

```
    Type **c,  /* 图 G 的邻接矩阵 */
     *dist;     /* 最短距离数组 */
};
template < class Type >
class MinHeapNode
{
    friend Graph < Type >
    public:
        operator int()const{return length;)
    private:
    int i;        /* 顶点编号 */
    Type length;/* 当前路长 */
};
```

具体算法可描述如下：

```
Template < class Type >
Void Graph < Type >::ShortestPaths(int v)
{
    /* 单源最短路径问题的优先队列式分支限界法 */
    /* 定义最小堆的容量为 1000 */
    MinHeap < MinHeapNode < Type >> H(1000);  /* 定义源为初始扩展结点 */
    MinHeapNode(Type)E;
    E.i = V;
    E.length = 0;
    dist[v] = 0;                          /* 搜索问题的解空间 */
      while(true)
      {
        for(int j = 1;j <= n;j ++)
        if((c[E.i][j] < inf)&&(E.1ength + c[E.i][j] < dist[j]))
        {/* 顶点 i 到顶点 j 可达,且满足控制约束 */
          Dist[j] = E.1ength + c[E.i][j];
          prev[j] = l;                    /* 加入活结点优先队列 */
          MinHeapNode < Type)N;
          N.i = j;
          N.1ength = dist[j];
          H.Insert(N);}
          try{H.DeleteMin(E);}            /* 取下一扩展结点 */
          catch(OutOfBounds){bteak;}      /* 优先队列空 */
      }
    }
```

算法开始时创建一个容量为 1000 的最小堆,用于表示活结点优先队列。堆中每个结点的 length 值是优先队列的优先级。接着算法将源顶点 v 初始化为当前扩展结点。

算法中 while 循环体完成对解空间内部结点的扩展。对于当前扩展结点,算法依次检查当前扩展结点相邻的所有顶点。如果从当前扩展结点 i 到顶点 j 有边可达,且从源出发,途经顶点 i 再到顶点 j 的所相应的路径的长度小于当前最优路径长度,则将该顶点作为活结点插入活结点优先队列中。完成对当前结点的扩展后,算法从活结点优先队列中取出下一个活结点为当前扩展结点,重复上述结点的分支扩展。这个结点的扩展过程一直继续到活结点优先队列为空时为止。算法结束后,数组 dist 返回从源到各顶点的最短距离。相应的最短路径可利用从前驱顶点数组 prey 记录的信息构造出来。

15.4　布线问题

1. 问题描述

如图 15-7 所示,印刷电路板将布线区域划分成 $n\times m$ 个方格。精确的电路布线问题要求确定连接方格口的中点到方格 b 的中点的最短布线方案。在布线时,电路只能沿直线或直角布线,如图 15-8 所示。为了避免线路相交,已经布线的方格做了封锁标记(图 15-7 中阴影部分),其他线路不允许穿过被封锁的方格。

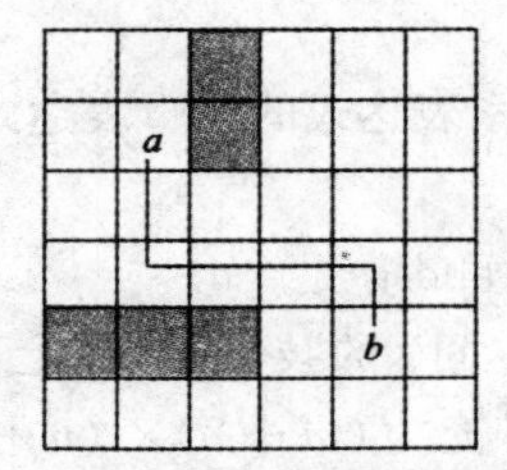

图 15-7　一个布线区域和布线方案

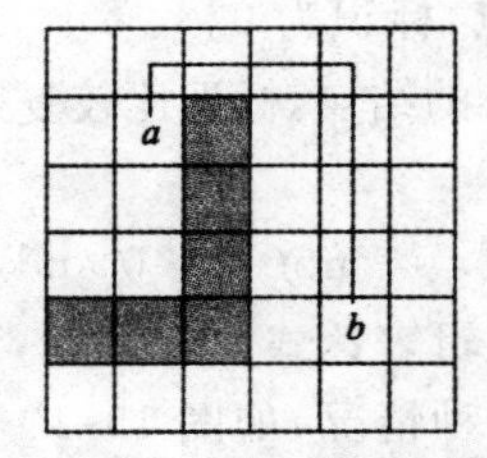

图 15-8　另一个布线区域和布线方案

题目的要求是要找到最短的布线方案,从图 15-7 的情况看,可以用贪婪算法解决问题,也就是从 a 开始朝着 b 的方向垂直布线即可。实际上,再看一下图 15-8,就知道贪婪算法策略是行不通的。因为已布线的方格是没有规律的,所以直观上说只能用搜索方法去找问题的解。

根据布线方法的要求,除边界处或已布线处,每个结点分支扩充的方向有 4 个:上、下、左、右,也就是说,一个结点扩充后最多产生 4 个活结点。以图 15-8 的情况为例,图的搜索过程如图 15-9 所示。

2	1	2	3	4	5
1	a		4	5	6
2	1		5	6	7
3	2		6	7	8
			7	b	

图 15-9　a 到 b 的扩展活结点的过程

搜索以 a 为第一个结点，以后不断扩充新的活结点，直到 b 结束(反之也可以)。反过来从 b 到 a，按序号 8－7－6－5－4－3－2－1 就可以找到最短的布线方案。从图 15-7 中也可断发现最短的布线方案是不唯一的。且由此可以看出，此问题适合用分支限界搜索方法。

2. 算法设计

(1) 初始化部分

开辟 $m \times n$ 的二维数组模拟布线区域，初始值均置为 0，表示没有被使用。已使用的位置，通过键盘输入其下标，将对应值置为－1。输入方格 a、b 的下标，存储在变量中。

(2) 用 FIFO 分支搜索的过程

1) 一开始，唯一的活结点是 a。

2) 从活结点表中取出后为当前扩展结点。

3) 对当前扩展结点，按上、下、左、右的顺序，找出可布线的位置，加入活结点队列中。

4) 再从活结点队列中取出一个结点为当前扩展结点。

5) 依此类推，直到搜索到达 6 结点，然后按序号 8－7－6－5－4－3－2－1 输出最短的布线方案，算法结束。或活结点队列已为空，表示无解，算法结束。

(3) 可布线位置的识别

可布线位置不能简单地认为是结点为－1 的点，因为还要考虑数组越界的情况。反过来说，不可布线的位置有两种情况：

1) 已占用结点，标识为 0。

2) 布线区域外的结点，标识比较复杂，是一个含 4 个关系表达式的逻辑表达式，结点下标 (i,j) 满足：

not(i ＞ 0 and i ＜＝ m and j ＞ 0 and j ＜＝ n)

第二种情况逻辑表达式比较复杂，可以用设置“边界空间”的技巧，把以上两种不可布线的情况都归纳为第一种情况，如图 15-10 所示，把布线区域扩充为 $(m+2)\times(n+2)$ 数组，边界置占用状态，就无需做越界的检查了。这也是用空间效率换取时间效率的技巧。

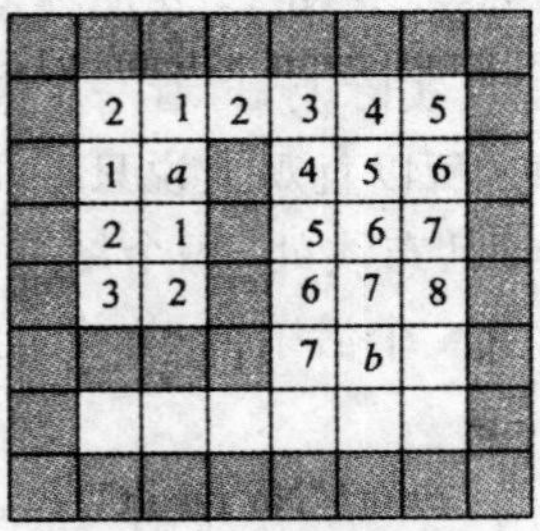

	2	1	2	3	4	5	
	1	*a*		4	5	6	
	2	1		5	6	7	
	3	2		6	7	8	
				7	*b*		

图 15-10 有边界的布线区域图

(4) 队列的结构类型和操作

为了突出算法思想，关于队列的结构类型和操作，只用抽象的符号代替：

1)teamtype 为队列的类型说明符，具体可以是数组或链表。

2)inq(temp) 结点 temp 入队 q。

3)outq(q) 结点从队列 q 中出队，并返回队首结点。

4)empty(q) 判断队列是否为空，空返回“真”，非空返回“假”。

具体算法见算法15.3。

算法15.3　布线问题算法

```
struct node
{
    int x,y;
}stTRY,end;
int a[100][100];
teamtype q;
main()
{
    int i,j,k;
    struct node temp;
    print("how mang row?");
    input(m);
    print("how mang col? ");
    input(n);
    print("input stTRY and end? ");
    input(stTRY.x,stTRY.y);
    input(end.x,end.y);
    if(stTRY.x == end.x || stTRY.y = end.y)error();
    if(stTRY.x < 1 || stTRY.x > m|| stTRY.y < 1 || stTRY.y > n)error(),
    if(end.x < 1 || end.x > m || end.y < 1 || end.y > n)error();
    for(i = 1;i <= m;i = i + 1)
        for(j = 1;j <= n,j = j + 1)
            a[0][0] =-1;
    for(i = 1,i <= m,i = i + 1)      /* 设置边界 */
        a[i][0] = a[i][n + 1] = 0,
    for(i = 1;i <= n + 1,i = i + 1)
        a[0][i] = a[m + 1][j] = 0;
    print("input the node of tie - up");
    input(temp.x,temp.y);       /* 设置占用区域 */
    while(x! = 0)
    {
        a[x][y] = 0;
        input(temp.x,temp.y);
    }
    k = search();
    if(k ==- 1)
    print("No result");
```

```
    else
    output(k);
}
search()
{
    struct node temp,templ;
    int(sttry),
    k = 0;
    while(not empty(q))
    {
        temp = outq(q);
        if(a[temp. x－1][temp. y] ==－1)      /* 上 */
        {
            templ. x = temp. x－1;
            templ. y = temp. y;
              k = k+1;
            a[templ. x][templ. y] = k;
              if(templ. x == end. x and templ. y == end. y)return(k);
            inq(templ);
        }
        if(a[temp. x+1][temp. y] ==－1)              /* 下 */
        {
            templ. x = temp. x+1;
            templ. y = temp. y;
            k = k+1;
            a[templ. x][templ. y] = k;
            if(templ. x == end. x and templ. y == end. y)return(k);
            inq(templ);
        }
        if(a[temp. x][temp. y－1] ==－1)    /* 左 */
        {
            templ. x = ternp. x;
            templ. y = temp. y－1;
              k = k+1
            a[templ. x][templ. y] = k;
              if(templ. x == end. x and templ. y == end. y)return(k),
              inq(templ);
        }
        if(a[temp. x][temp. y+1] ==－1)      /* 右 */
```

```
        {
            templ. x = temp. x;
            templ. y = temp. y+1;
              k = k+1;
            a[templ. x][templ. y] = k;
              if(templ. x == end. x and templ. y == end. y)return(k);
            inq(templ);
        }
    }
    return(-1);
}
output(int k)
{
    int x,y;
    print("(",end. x,",",end. y,")");
    x = end. x;
    y = end. y;
    while(k > 2)
    {
        k = k-1;
        if(a[x-1][y] == k)
        {
            x = x-1;
            print ("(",x,",",y,")");
            continue;
        }
        if(a[x+1][y] == k)
        {
            x = x+1;
            print("(",x,",",y,")");
            continue;
        }
        if(a[x][y-1] == k)
        {
            y = y-1;
            print("(",x,",",y,")");
            continue;
        }
        if(a[x][y+1] == k)
```

```
            {
                y = y+1;
                print("(",x,",",y,")");
                continue;
            }
        }
        print("(",stTRY.x,",",stTRY.y,")");
    }
```

在回溯算法中，当前的扩展结点记为 *F*，每次搜索一个儿子 *C*，这个儿子结点就变成一个新的扩展结点，原来的扩展结点仍为活结点。当完全检测了子树 *C* 之后 *F* 结点就再次成为当前扩展结点，搜索其他儿子。而在 FIFO 分支搜索方法中，在搜索当前扩展结点全部儿子后，其儿子成为活结点，扩展结点变为死结点；活结点存储在队列中，队首的活结点出队后变为扩展结点，其再生成其他活结点的儿子 ……，直到找到问题的解或活结点队列为空搜索完毕。

15.5 0-1 背包问题

在解 0-1 背包问题的优先队列式分支限界法中，活结点优先队列中结点元素 N 的优先级由该结点的上界函数 Bound 计算出的值 uprofit 给出。该上界函数已在讨论解 0-1 背包问题的回溯法时讨论过。子集树中以结点 N 为根的子树中任一结点的价值不超过 N. profit。因此我们用一个最大堆来实现活结点优先队列。堆中元素类型为 HcapNode，其私有成员有 uprofit、profit、weight、level 和 ptr。对于任意一个活结点 N，N. weight 是结点 N 所相应的重量；N. profit 是 N 所相应的价值；N. uprofit 是结点 N 的价值上界，最大堆以这个值作为优先级。子集空间树中结点类型为 bbnode。

```
class object
{
    friend int Knapsack(int *,int *,int,int,int *);
    public:
        int operator <= (object a)const
        {
            return(d >= a.d);
        }
    private:
        int ID;
        float d;                    /* 单位重量价值 */
};
Template < class Typew,class Typep > class Knap;
class bbnode
{
    friend Knap(int,int);
```

```
    friend int Knapsack(int * ,int * ,int,int,int *);
    private:
    bbnode * parent;            /* 指向父结点的指针 */
    bool LChild;                /* 左儿子结点标志 */
};
template < class Typew,class Typep >
class HeapNode
{
    friend Knap(Typew,Typep);
    public:
    Typep uprofit;              /* 结点的价值上界 */
    profit;                     /* 结点所相应的价值 */
    Typew weight;               /* 结点所相应的重量 */
    int level;                  /* 活结点在子集树中所处的层序号 */
    bbnode * ptr;               /* 指向活结点在子集树中相应结点的指针 */
};
```

这里用到的是类 Knap 与解 0-1 背包问题的回溯法中用到的类 Knap 十分相似。它们的区别是新的类中没有成员变量 bestp，而增加了新的成员 bestx。bestx[i] = 1 当且仅当最优解含有物品 i。

```
Template < class Typew,class Typep >
Class Knap
{
    friend Typep Knapsack(Typep * ,Typew * ,int,int * );
    public:
        Typep MaxKnapsack();
    private;
        Maxheap < Typep,Typew >, * H;
        Typep Bound(int i);
        void AddLiveNode(Typep up,Typew cw,bool ch,int level);
        bbnode * E;     /* 指向扩展结点的指针 */
        Typew c;        /* 背包容量 */
        int n;          /* 物品数量 */
        Typew * w;      /* 物品重量数组 */
        Typep * p;      /* 物品价值数组 */
        Typew cw;       /* 当前装包重量 */
        Typep cp;       /* 当前装包价值 */
    int * bestx;        /* 最优解 */
};
```

上界函数 Bound 计算结点所相应价值的上界。

```
template < class Typew,class Typep >
Type knap < Typew,Typep >::Bound(int i)
{/* 计算结点所相应价值的上界 */
    Typew cleft = c - cw!           /* 剩余容量 */
    Typep b = cp;                  /* 价值上界 */
                                   /* 以物品单位重量价值递减序装填剩余容量 */
    While(i <= n&&w[i] <= cleft)
    {
        cleft -= W[i];
        b += p[i];
        i ++;
    }
                                   /* 装填剩余容量装满背包 */
    if(i <= n)b += p[i]/w[i] * cleft;
    return h;
}
```

函数 AddLiveNode 将一个新的活结点插入到子集树和优先队列中。

```
Template < class Typep,Typew >
void Knap < Typep,Typew >::AddLiveNode(Typep up,Typep cp,Typew cw,bool ch,
int lev)
{/* 将一个新的活结点插入到子集树和最大堆 H 中 */
    Bbnode * b = new bbnode;
    b -> parent = E;
    b -> LChild = ch;
    HeapNode(Typep,Typew)N;
    N. uprofit = up;
    N. profit = cp;
    N. weight = cw;
    N. 1evel = lev;
    N. ptr = b;
    H -> Insert(N);
}
```

函数 MaxKnapsack 实施对子集树的优先队列式分支限界搜索。其中假定各物品依其单位重量价值从大到小排好序。相应的排序过程可在算法的预处理部分完成。

算法中 E 是当前扩展结点;cw 是该结点所相应的重量;cp 是相应的价值;up 是价值上界。

算法的 while 循环不断扩展结点,直到子集树的一个叶结点成为扩展结点时为止。此时优先队列中所有活结点的价值上界均不超过该叶结点的价值。因此该叶结点相应的解为问题的最优解。

在 while 循环内部,算法首先检查当前扩展结点的左儿子结点的可行性。如果该左儿子结点是可行结点,则将它加入到子集树和活结点优先队列中。当前扩展结点的右儿子结点一定是可行结点,仅当右儿子结点满足上界约束时才将它加入子集树和活结点优先队列。算法 MaxKnapsack 具体可用算法 15.4 描述:

算法 15.4　MaxKnapsack 算法

```
Template(class Typew,class TyPep)
TypepKnap < Typew,Typep)::MaxKanpsack()
{
    /* 优先队列式分支限界法,返回最大价值,bestx 返回最优解 */
    /* 定义最大堆的容量为 1000 */
    H = new MaxHeap < HeapNode < TyPep,Typew >> (1000);
    /* 为 bestx 分配存储空间 */
    bestx = new int[i + 1];
    /* 初始化 */
    int i = 1;
    E = 0;
    cw = cp = 0;
    Typep bestp = 0;          /* 当前最优值 */
    Typep up = Bound(1);       /* 价值上界 */
    /* 搜索子集空间树 */
    while(i! = n + 1)
    {/* 非叶结点 */
     /* 检查当前扩展结点的左儿子结点 */
        Typew wt = cw + w[i];
        if(wt <= c)
        {
        /* 左儿子结点为可行结点 */
            if(cp + p[i] > bestp)bestp = cp + p[i];
            AddLiveNode(up,cp + p[i],cw + w[i],true,i + 1);
        }
        up = Bound(i + 1);
        /* 检查当前扩展结 A 的右儿子结点 */
        if(up >= bestp)      /* 右子树可能含最优解 */
        AddLiVeNode(up,cp,ew,false,i + 1);
          /* 取下一扩展结点 */
        HeapNode < Typep,Typew > N;
        H => DeleteMax(N);
        E = N.ptr;
        cw = N.weight;
        cp = N.profit;
```

```
        up = N.uprofit;
        i = N.level;
    }/* 构造当前最优解 */
    for(int j = n;j > 0;j--)
    {
        bestx[j] = E->LChild;
        E = E->Parent;
    }
    return cp;
}
```

下面的函数 Knapsack 完成对输入数据的预处理。其主要任务是将各物品依其单位重量价值从大到小排好序。然后调用函数 MaxKnapsack 完成对子集树的优先队列式分支限界搜索。

```
Template < class Typew,class Typep >
Typep Knapsack(Typep p[],Typew w[],TyPew c,int n,int bestx[])
{
    /* 返回最大价值,bestx 返回最优解 */
    /* 初始化 */
    Typew W = 0;  /* 装包物品重量 */
    Typep P = 0;     /* 装包物品价值 */
                  /定义依单位重量价值排序的物品数组 */
    Object * Q = new object[n];
    for(int i = 1;i <= n;i++)
    {/* 单位重量价值数组 */
        Q[i-1].ID = i;
        Q[i-1].d = 1.0 * p[i]/w[i];
        P += p[i];
        W += w[i];
    }
    if(W <= c)return P;  /* 所有物品装包 */
                   /* 依单位重量价值排序 */
    Sort(Q,n);
                   /* 创建类 Knap 的数据成员 */
    Knap < Typew,Typep > K;
    K.p = new Typep[n+1];
    K.w = new Typew[n+1];
    for(int i = 1;i <= n;i++)
    {
        K.p[i] = p[Q[i-1].ID];
        K.w[i] = w[Q[i-1].ID];
```

```
    }
    K.cp = 0;
    K.cw = 0;
    K.c = c;
    K.n = n;
    /* 调用 MaxKnapspack 求问题的最优解 */
    Typep bestp = K.MaxKnapsack();
    for(int j = 1;j <= n;j ++)
        bestx[Q[j - 1].ID] = K.bestx[j];
    delete[]Q;
    delete[]K.w;
    delete[]K.p;
}
```

15.6 装载问题

装载问题已在第六章中详细描述,其实质是要求第1艘船的最优装载。装载问题是一个子集选取问题,因此其解空间树是一棵子集树。

1. 队列式分支限界法

解装载问题的队列式分支限界法只求出所要求的最优值,稍后将进一步讨论求出最优解。函数 MaxLoading 具体实施对解空间的分支限界搜索。其中队列 Q 用于存放活结点表。在队列 Q 中用 weight 表示每个活结点所相应的当前载重量。当 weight $=-1$ 时,表示队列已到达解空间树同一层结点的尾部。

函数 EnQueue 用于将活结点加入到活结点队列中。该函数首先检查 i 是否等于 n。如果 $i=n$,则表示当前活结点为一个叶结点。由于叶结点不会被进一步扩展,因此不必加入到活结点队列中。此时只要检查该叶结点表示的可行解是否优于当前最优解,并适时更新当前最优解。当 $i<n$ 时,当前活结点是一个内部结点,应加入到活结点队列中。

函数 MaxLoading 在开始时将 i 初始化为 1,bestw 初始化为 0。此时活结点队列为空。将同层结点尾部标志 -1 加入到活结点队列中,表示此时位于第1层结点的尾部。Ew 存储当前扩展结点所相应的重量。在 while 循环中,首先检测当前扩展结点的左儿子结点是否为可行结点。如果是则调用 EnQueue 将其加入到活结点队列中,然后将其右儿子结点加入到活结点队列中(右儿子结点一定是可行结点)。两个儿子结点都产生后,当前扩展结点被舍弃。活结点队列中的队首元素被取出作为当前扩展结点。由于队列中每一层结点之后都有一个尾部标记 -1,故在取队首元素时,活结点队列一定不空。当取出的元素是 -1 时,再判断当前队列是否为空。如果队列非空,则将尾部标记 -1 加入活结点队列,算法 15.5 开始处理下一层的活结点。

算法 15.5 装载问题的队列式分支限界算法

```
Template < class Type >
void EnQueue(Queue < Type > &Q,Type wt,Type& bestw,int i,int n)
{/* 将活结点加入到活结点队列 Q 中 */
```

```
    if(i == = n)
    {/* 可行叶结点 */
        if(wt > bestw)bestw = wt;
        else Q.Add(wt);                    /* 非叶结点 */
    }
    Template(class Type)
    Type MaxLoadine(Type w[],Type c,int n)
    {/* 队列式分支限界法,返回最优载重量 */
     /* 初始化 */
        Queue(Type)Q;                          /* 活结点队列 */
            Q.Add(-1)          /* 同层结点尾部标志 */
        int i = 1;        /* 当前扩展结点所处的层 */
        Type Ew = 0,          /* 扩展结点所相应的载重量 */
            bestw = 0;            /* 当前最优载重量 */
        /* 搜索子集空间树 *
        while(true)
        {/* 检查左儿子结点 */
            if(Ew + w[i] < c)                    /* x[i] = 1 */
            EnQueue(Q,Ew + w[i],bestw,i,n);   /* 右儿子结点总是可行的 */
            EnOueue(Q,Ew,bestw,i,n);  /* x[i] = 0 */
            Q.Delete(Ew);             /* 取下一扩展结点 */
            if(Ew ==-1)
            {/* 同层结点尾部 */
                if(Q.IsEmpty())return bestw;
                Q.Add(-1)             /* 同层结点尾部标志 */
                Q.Delete(Ew)          /* 取下一扩展结点 */
                i++;
            }/* 进入下一层 */
        }
    }
}
```

算法 Maxloading 的计算时间和空间复杂性均为 $O(2^n)$。

2. 算法的改进

与解装载问题的回溯法类似,可对上述算法作进一步改进。设 bestw 是当前最优解;Ew 是当前扩展结点所相应的重量;f 是剩余集装箱的重量。则当 $Ew + f \leqslant$ bestw 时,可将其右子树剪去。

算法 MaxLoading 初始时将 bestw 置为0,直到搜索到第一个叶结点时才更新 be = stw。在算法搜索到第一个叶结点之前,总有 bestw = 0,f > 0,故 Ew + f > bestw 总是成立。也就是说,此时右子树测试不起作用。

为了使上述右子树测试尽早生效,应提早更新 bestw。我们知道算法最终找到的最优值是所求问题的子集树中所有可行结点相应重量的最大值。而结点所相应的重量仅在搜索进入左子树时增加。因此,我们可以在算法每一次进入左子树时更新 bestw 的值。由此可对算法作进一步改进如算法15.6。

算法15.6　改进的队列式分支限界算法

```
template < class Type >
Type MaxLoading < Type w[],Type c,int n >
{
    /* 队列式分支限界法,返回最优载重量 */
    /* 初始化 */
    Queue < Type >;           /* 活结点队列 */
    Q.Add(-1);             /* 同层结点尾部标志 */
    int i = 1;             /* 当前扩展结点所处的层 */
    Type Ew = 0,              /* 扩展结点所相应的载重量 */
        bestw = 0,         /* 当前最优载重量 */
        r = 0,             /* 剩余集装箱重量 */
    for(int j = 2;j <= n;j ++)
        r += w[i];
    /* 搜索子集空间树 */
    while(true)
    {/* 检查左儿子结点 */
      Type wt = Ew + w[i];          /* 左儿子结点的重量 */
      if(wt <= c)
      {/* 可行结点 */
          if(wt > bestw)bestw = wt
          /* 加入活结点队列 */
          if(i < n)Q.Add(wt);
      }/* 检查右儿子结点 */
      if(Ew + r > bestw&&i < n)
         Q.Add(Ew);              /* 可能含最优解 */
         Q.Delete(Ew);         /* 取下一扩展结点 */
      if(Ew ==-1)
      {/* 同层结点尾部 */
         if(Q.IsEmpty())ceturn bestw;
         Q.Add(-1);              /* 同层结点尾部标志 */
         Q.Delete(Ew);          /* 取下一扩展结点 */
         i ++;                   /* 进入下一层 */
         r == w[i];
      }                      /* 剩余集装箱重量 */
    }
```

}

当算法要将一个活结点加入活结点队列时，wt 的值不会超过 bestw，故不必更新 bestw。因此算法中可直接将该活结点插入到活结点队列中，不必动用函数 EnQueue 来完成插入。

3. 构造最优解

为了在算法结束后能方便地构造出与最优值相应的最优解，算法必须存储相应子集树中从活结点到根结点的路径。为此，可在每个结点处设置指向其父结点的指针，并设置左、右儿子标志。与此相应的数据类型由 QNode 表示。

```
Template < class Type >
class Qnode
{
    friend void Enqueue(Queue(QNode(Type > * > &,Type,int,int,Type,QNode(Type > *,
    QNode(Type) * &,int bool);
    friend Type MaxLoading(Type * ,Type,int,int * );
    private:
    QNode * parent;      /* 指向父结点的指针 */
    bool LChild;         /* 左儿子标志 */
    Type weight;         /* 结点所相应的载重量 */
};
```

将活结点加入到活结点队列中的函数 EnQueue 作相应的修改如下：

```
template < class Type >
void EnQueue(Queue(QNode < Type > *)&Q,Type wt,int i,int *,Type bestw,Qnode(Type) * E,
Qnode < Type > * &bestE,int bestx[],bool ch)
{/* 将活结点加入到活结点队列 Q 中 */
    if(i == n)
    {/* 可行叶结点 */
        if(wt == bestw)
        {/* 当前最优载重量 */
            bestE = E;
            bestx[n] = ch;
        }
        return;
    } /* 非叶结点 */
    Qnode < Type > *b;
    b = new Qnode < Type >;
    b -> weight = wt;
    b -> parent = E;
    b -> LChild = ch;
    Q. Add(b);
}
```

这样，算法就可以在搜索子集树的过程中保存当前已构造出的子集树中的路径指针，从而可在结束搜索后，从子集树中与最优值相应的结点处向根结点回溯，构造出相应的最优解。据上述思想设计的新的队列式分支限界法可表述为算法 15.7。算法结束后，bestx 中存放算法找到的最优解。

算法 15.7　存放最优解的算法

```
Template < class Type >
Type MaxLoading(Type w[],Type c,int n,int bestx[])
{/* 队列式分支限界法,返回最优载重量,bestx 返回最优解 */
/* 初始化 */
    Queue(QNode < Type > * > Q;          /* 活结点队列 */
    Q. Add(O);                          /* 同层结点尾部标志 */
    int i = 1;                          /* 当前扩展结点所处的层 */
    Type Ew = 0,                         /* 扩展结点所相应的载重量 */
         bestw = 0,                      /* 当前最优载重量 */
         r = 0;                          /* 剩余集装箱重量 */
    for(int j = 2;j <= n;j ++)
    r += w[i];
    QNode < Type > * E = 0,              /* 当前扩展结点 */
                 * bestE;                /* 当前最优扩展结点 */
        /* 搜索子集空间树 */
    while(true)
    {/* 检查左儿子结点 */
        Type wt = Ew + w[i];
        if(wt <= c)
            {/* 可行结点 */
            if(wt > bestw)bestw = wt;
        EnOueue(Q,wt,i,n,bestw,E,bestE,bestx,truh);
        }/* 检查右儿子结点 */
    if(Ew + r > bestw)EnQueue(Q,Ew,i,n,bestw,E,bestE,bestx,false);
    Q. Delete(E);                        /* 取下一扩展结点 */
    if(!E)
    {/* 同层结点尾部 */
        if(Q. IsEmpty())break;
        Q. Add(O);                       /* 同层结点尾部标志 */
        Q. Delete(E);                    /* 取下一扩展结点 */
        i ++;                            /* 进入下一层 */
        r -= w[i];                       /* 剩余集装箱重量 */
        Ew = E -> weight;                /* 新扩展结点所相应的载重量 */
    }/* 构造当前最优解 */
```

```
        for(int j = n - 1;j > 0;j --)
        {
            bestx[j] = bestE -> LChild;
            bestE = bestE -> parent;
            }
            return bestw;
        }
    }
```

4. 优先队列式分支限界法

解装载问题的优先队列式分支限界法将活结点表存储于一个最大优先队列中。活结点 x 在优先队列中的优先级定义为从根结点到结点 x 的路径所相应的载重量再加上剩余集装箱的重量之和。优先队列中优先级最大的活结点成为下一个扩展结点。优先队列中活结点 x 的优先级为 X. uweight。以结点 x 为根的子树中所有结点相应的路径的载重量不超过 X. uweight。子集树中叶结点所相应的载重量与其优先级相同。因此在优先队列式分支限界法中，一旦有一个叶结点成为当前扩展结点，则可以断言该叶结点所相应的解即为最优解，此时可终止算法。

上述策略可以用两种不同方式来实现。第一种方式在结点优先队列的每一个活结点中保存从解空间树的根结点到该活结点的路径，在算法确定了达到最优值的叶结点时，就在该叶结点处同时得到相应的最优解。第二种策略在算法的搜索进程中保存当前已构造出的部分解空间树，这样在算法确定了达到最优值的叶结点时，就可以在解空间树中从该叶结点开始向根结点回溯，构造出相应的最优解。在下面的算法中，我们采用第二种策略。

我们用一个元素类型为 HeapNode 的最大堆来表示活结点优先队列。其中 uweight 是活结点优先级（上界）；level 是活结点在子集树中所处的层序号；ptr 是指向活结点在子集树中相应结点的指针螃子集空间树中结点类型为 bbnode。

```
template < class Type > class HeapNode;
class bbnode
{
    friend void AddLiveNode(MaxHeap < HeapNode < int >> &, bbnode * ,int,bool,int);
    friehd int MaxLoading(int *    ,int,int,int *);
    friend class Adj acencyGraph;
    private:
    bbnode * parent;   /* 指向父结点的指针 */
    bool Lchild;       /* 左儿子结点标志 */
};

template < class Type >
class HeapNode
{
    friend void AddLiveNode(MaxHeap < HeapNode < Type >> &,bbnode * ,Type,bool,int);
    friend Type MaxLoading(Type * ,Type,int,int * );
```

```
    public:
    operator Type()const
    {
        return uweight;
    }
    private:
    bbnode * ptr;      /* 指向活结点在子集树中相应结点的指针 */
    Type uweight;    /* 活结点优先级(上界)*/
    int level;      /* 活结点在子集树中所处的层序号 */
};
```

在解装载问题的优先队列式分支限界法中，函数 AddLiveNode 以结点元素类型 bbnode 将一个新产生的活结点加入到子集树中，并以结点元素类型 HeapNode 将这个新结点插入到表示活结点优先队列的最大堆中。

```
template < class Type >
void AddLiveNode(MaxHeap(HeapNode(Type)) &H,bbnode *E,Type wt,bool ch,
int lev)
{/* 将活结点加入到表示活结点优先队列的最大堆 H 中 */
    bbnode *b = new bbnode;
    b ->= parent = E;
    b -> Lchild = ch;
    HeapNode(Type)N;
    N. uweight = wt;
    N. 1evel = lev;
    N. ptr = b;
    H. Insert(N);
}
```

函数 MaxLoading 具体实施对解空间的优先队列式分支限界搜索。在函数 Max-Loading 中，定义最大堆的容量为 1000，即在算法运行期间，活结点优先队列最多可容纳 1000 个活结点。第 $i+1$ 层结点的剩余重量 $r[i]$ 定义为让 $r[i]=\sum_{j=i+1}^{n} w[j]$。变量 E 指向子集树中当前扩展结点，Ew 是相应的重量。算法开始时，$i=1$，$Ew=0$，子集树的根结点是扩展结点。

while 循环体产生当前扩展结点的左右儿子结点。如果当前扩展结点的左儿子结点是可行结点，即它所相应的重量未超过船载容量，则将它加入到子集树的第 $i+1$ 层上，并插入最大堆。扩展结点的右儿子结点总是可行的，故直接插入子集树的最大堆中。接着算法从最大堆中取出最大元素作为下一个扩展结点。如果此时不存在下一个扩展结点，则相应的问题无可行解。如果下一个扩展结点是一个叶结点，即子集树中第 $n+1$ 层结点，则它相应的可行解为最优解。该最优解所相应的路径可由子集树中从该叶结点开始沿结点父指针逐步构造出来。具体算法可用算法 15.8 描述：

算法 15.8　优先队列式分支限界算法

```
template < class Type >
Type MaxLoading(Type w[],Type C,int n,int bestx[])
{/* 优先队列式分支限界法,返回最优载重量,bestx 返回最优解 */
    /* 定义最大堆的容量为 1000 */
    MaxHeap < HeapNode < Type >> H(1000);
    /* 定义剩余重量数组 */
    Type *r = new Type[n+1];
    r[n] = 0;
    for(int j = n-1;j > 0;j--)
    r[j] = r[i+1] + w[j+1];
    /* 出始化 */
    int i = 1;            /* 当前扩展结点所处的层 */
    bbnode *E = 0;        /* 当前扩展结点 */
    Type Ew = 0;          /* 扩展结点所相应的载重量 */
                          /* 搜索子集空间树 */
    while(i! = n+1)
    {/* 非叶结点 */
    /* 检查当前扩展结点的儿子结点 */
        if(Ew + w[i] <= c)
        {/* 左儿子结点为可行结点 */
            AddLiveNode(H,E,Ew + r[i] + w[i],true,i+1);
        }/* 右儿子结点 */
        AddLiveNode(H,E,Ew + r[i],false,i+1);
        /* 取下一扩展结点 */
        HeapNode < Type > N;
        H. DeleteMax(N);/* 非空 */
        i = N. 1evel;
        E = N. ptr;
        Ew = N. uweight - r[i-1];
    }
    /* 构造当前最优解 */
    for(int j = n;j > 0;j--)
    {
        best[j] = E-> Lchild;
        E = E-> parent;
    }
    return Ew;
}
```

算法中预先估计最大堆的容量(1000)是由于用数组来实现最大堆所需要的。如果改用基于指针的优先队列实现方式则不必预先设置优先队列的容量。

如果我们用变量 bestw 来记录当前子集树中可行结点所相应的重量的最大值，则当前活结点优先队列中可能包含某些结点的 uweight 值小于 bestw。易知以这些结点为根的子树中肯定不含最优解。如果不及时将这些结点从优先队列中删去，则一方面耗费优先队列的空间资源，另一方面增加执行优先队列的插入和删除操作的时间。为了避免产生这些无效活结点，可以在活结点插入优先队列前测试 uweight > bestw。通过测试的活结点才插入优先队列中。这样做可以避免产生一部分无效活结点。然而随着 bestw 不断增加，插入时还是有效的活结点，可能变成无效活结点。因此，为了及时删除由于 bestw 的增加而产生的无效活结点，即使 uweight < bestw 的活结点，要求优先队列除了支持 Insert，DeleteMax 运算外，还支持 DeleteMin 运算。这样的优先队列称为双端优先队列。有多种数据结构可有效地实现双端优先队列。

习题

1. 请简述分支限界法的算法思想以及两种主要的实现方法。

2. 请指出回溯法与分支限界法的相同点与不同点。

3. 已知在如图 15-11 所示的电路板中，阴影部分是已作了封锁标记的方格，请按照队列式分支限界法在图中确定 a 到 b 的最短布线方案，要求布线时只能沿直线或直角进行，在图 15-11 中标出求得最优解时各方格情况。

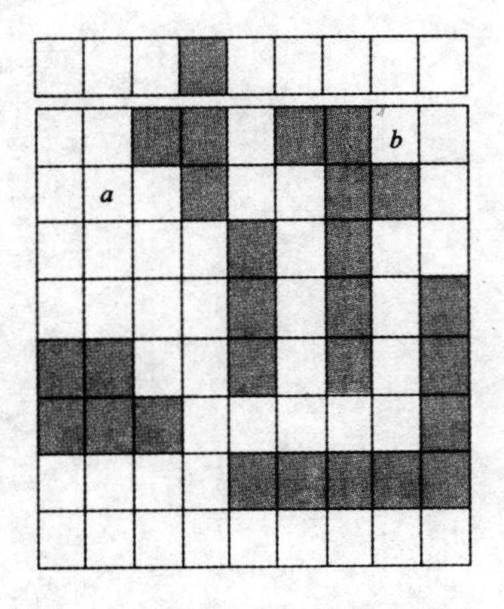

图 15-11　第 3 题图

4. 有如图 15-12 所示的城市网络图。

试画出用优先队列式分支限界法求解时的搜索情况。

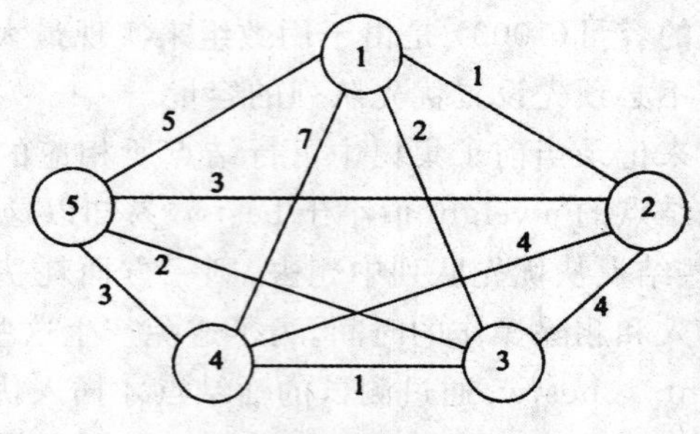

图 15-12　第 4 题图

5．栈式分支限界法将活结点表以后进先出（LIFO）的方式存储于一个栈中。试设计一个解 0-1 背包问题的栈式分支限界法，并说听栈式分支限界法与回溯法的区别。

6．试修改解旅行推销员问题的分支限界法，使得 $s = n - 2$ 的结点不插入优先队列，而是将当前优先队列存储于 bestp 中。经这样修改后，算法在下一个扩展结点满足条件 Lcost $\geqslant$ bestc 时结束。

7．试修改解旅行推销员问题的分支限界法，使得算法保存已产生的排列树。

8．修改解装载问题的分支限界算法 MaxLoading，使得算法在结束前释放所有已由 EnQueue 产生的结点。

9．试修改解装载问题和解 0-1 背包问题的优先队列式分支限界法，使其算法在运行结束时释放所有类型为 bbnode 和 HeapNode 的结点所占用的空间。

参考文献

[1] 吕国英．算法设计与分析[M]．北京：清华大学出版社，2006.

[2] 王晓东．算法设计与分析[M]．北京：清华大学出版社，2008.

[3] 于晓敏等．数据结构与算法[M]．北京：北京航空航天大学出版社，2010.

[4] 张晓莉，王苗．数据结构与算法[M]．北京：机械工业出版社，2008.

[5] 严蔚敏，陈文博．数据结构及应用算法教程[M]．北京：清华大学出版社，2001.

[6] 夏燕，张兴科．数据结构(C语言版)[M]．北京：北京大学出版社，2007.

[7] 黄刘生．数据结构[M]．北京：经济科学出版社，2000.

[8] 廖明宏等．数据结构与算法[M]．4版．北京：高等教育出版社，2007.

[9]Anany Levitin. 算法设计与分析基础[M]．北京：清华大学出版社，2007.

[10]R. J. Baron and L. G. Shapiro. Data Structures and Implementation[M]，By Van Nostrand Reinhold company，1980.

[11] 霍红卫．算法设计与分析[M]．西安：西安电子科技大学出版社，2005.

[12] 吴杰．分布式系统设计[M]．北京：机械工业出版社，2001.

[13]M. L. Liu. 分布式计算原理与应用[M]．北京：清华大学出版社，2004.

[14]Andrew S. Tanenbaum，Maarten van Steen. 分布式系统原理与范型[M]．北京：清华大学出版社，2004.

[15]George Coulouris，Jean Dollimore，Tim Kindber. 分布式系统概念与设计[M]．北京：机械工业出版社；中信出版社，2004.

[16]E. Horowitz and S. Sahni. Fundamentals of Data Structures[M]，By pitmen Publishing limited，1976.

[17] 朱战立，李文．数据结构：使用C[M]．西安：西安交通大学出版社，1997.

[18] 李春葆．数据结构习题与解析 [M]．2版．北京：清华大学出版社，2004.

[19] 李春葆．数据结构程序设计题典[M]．北京：清华大学出版社，2002.

[20] 苏光奎，李春葆．数据结构导学[M]．北京：清华大学出版社，2002.

[21] 黄扬铭．数据结构[M]．北京：科学出版社，2001.

[22] 潘道才，陈一化．数据结构[M]．成都：电子科技大学出版社，1994.

[23] 严蔚敏，吴伟民．数据结构(C语言版)[M]．北京：清华大学出版社，1997.

[24] 谭浩强．C程序设计[M]．北京：清华大学出版社，1991.

[25] 徐绪松．数据结构与算法导论[M]．北京：电子工业出版社，1995.